Python 資料科學實戰教本

爬蟲・清理・資料庫・視覺化・探索式分析・
機器學習建模，數據工程一次搞定！

感謝您購買旗標書，
記得到旗標網站
www.flag.com.tw
更多的加值內容等著您…

<請下載 QR Code App 來掃描>

- FB 官方粉絲專頁：旗標知識講堂
- 旗標「線上購買」專區：您不用出門就可選購旗標書！
- 如您對本書內容有不明瞭或建議改進之處，請連上旗標網站，點選首頁的 聯絡我們 專區。

若需線上即時詢問問題，可點選旗標官方粉絲專頁留言詢問，小編客服隨時待命，盡速回覆。

若是寄信聯絡旗標客服 email，我們收到您的訊息後，將由專業客服人員為您解答。

我們所提供的售後服務範圍僅限於書籍本身或內容表達不清楚的地方，至於軟硬體的問題，請直接連絡廠商。

學生團體　訂購專線：(02)2396-3257 轉 362
　　　　　傳真專線：(02)2321-2545

經銷商　　服務專線：(02)2396-3257 轉 331
　　　　　將派專人拜訪
　　　　　傳真專線：(02)2321-2545

國家圖書館出版品預行編目資料

Python 資料科學實戰教本：爬蟲、清理、資料庫、視覺化、探索式分析、機器學習建模，數據工程一次搞定！
陳會安 著. -- 初版. -- 臺北市：旗標科技股份有限公司,
2022.08　面；公分

ISBN 978-986-312-724-6(平裝)

1. CST: Python (電腦程式語言)
2. CST: 人工智慧　3. CST: 機器學習

312.32P97　111010872

作　　者／陳會安

發 行 所／旗標科技股份有限公司

台北市杭州南路一段15-1號19樓

電　　話／(02)2396-3257(代表號)

傳　　真／(02)2321-2545

劃撥帳號／1332727-9

帳　　戶／旗標科技股份有限公司

監　　督／陳彥發

執行企劃／張根誠

執行編輯／張根誠

美術編輯／林美麗

封面設計／林美麗

校　　對／張根誠

新台幣售價：680 元

西元 2023 年 9 月 初版 2 刷

行政院新聞局核准登記-局版台業字第 4512 號

ISBN 978-986-312-724-6

序

PREFACE

「資料科學」（Data Science）是一門藝術，也是一門科學，其主要目的是從資料（Data）來獲得知識（Knowledge），當中會運用到機器學習這樣的人工智慧（Artificial Intelligence，AI）技術。人工智慧是讓機器變的更聰明的一種科技，可以讓機器具備和人類一樣的思考邏輯與行為模式。

事實上，機器學習就是一種人工智慧，也是一種資料科學技術，可以讓電腦使用現有資料來進行訓練和學習，以便建立預測模型，然後就可以使用模型來預測未來的行為、結果和趨勢，或進行資料分類與分群。

本書是使用 Python 3 語言實作資料科學和機器學習的一本學習手冊，可作為大專院教、科技大學和技術學院的人工智慧、資料科學或機器學習相關課程的教材，在內容上，本書是從基礎的資料本身開始說起，詳細說明如何取得資料、清理資料、儲存資料、探索資料和預測資料，強調不只單純學習 Python 資料科學和機器學習的程式設計，更希望能夠讓讀者建立正確的資料科學、人工智慧和機器學習相關觀念，全書採用實務角度來詳細說明一位資料科學家需要具備的理論、觀念和技能，可以幫助你輕鬆了解當紅的資料科學、大數據分析、人工智慧、機器學習和深度學習。

基本上，資料科學需要的背景知識與技能相當的多，不只要會 Python 程式設計，更需要了解各種相關 Python 套件和模組的使用，再加上機器學習的基礎就是機率和統計，所以本書內容也詳細說明資料科學必備的機率和統計知識。

為了方便初學者能夠深入了解資料科學和機器學習，本書是從資料取得的網路爬蟲開始，提供一個標準 SOP 來幫助讀者從網路取得資料，然後在詳細說明資料科學必備的 Python 套件後，再從機率、統計和探索式資料分析來進入人工智慧的機器學習，可以提供讀者一個完整資料科學和機器學習的歷程，讓讀者能夠透過本書來看懂網路上眾多資料科學與機器學習的 Python 程式碼和線上教材，並且有能力自行參加機器學習的網路競賽，和建立進入深度學習領域的基礎。

本書在定位上是一本 Python 資料科學和機器學習的入門書，除了基礎機率和統計的數學公式外，都是採用大量範例和圖例來取代複雜的數學公式，並且實際使用多個小型資料集，直接使用 Scikit-learn 套件來實作常見的機器學習演算法，最後使用 Google Colaboratory 雲端服務，使用 TensorFlow+Keras 實作深度學習的神經網路和 CNN 卷積神經網路。

如何閱讀本書

Introduction

本書在架構上是循序漸進從資料科學的基礎知識開始，首先說明 Python 語言和開發環境後，從網路爬蟲開始學習如何取得資料、擷取資料和儲存資料，接著學習 Python 資料科學必備套件來幫助讀者能夠進行探索資料，最後才進入人工智慧與機器學習（深度學習），可以幫助我們建立所需的預測模型來預測資料。

第一篇：資料科學和 Python 基礎

第一篇是資料科學和 Python 語言的基礎，在第 1 章說明什麼是資料科學，資料種類和源於資料採礦的資料科學基本步驟，並且使用 Anaconda 套件建立本書使用的 Python 開發環境，在第 2 章說明 Python 程式語言，以便讓讀者擁有能力寫出本書範例的 Python 程式。請注意！如果讀者完全沒有 HTML 網頁基礎，請在進入本書的第 2 篇前，先參閱附錄 A（電子書）的 HTML 網頁結構與 CSS。

第二篇：網路爬蟲和 Open Data － 取得、清理與儲存資料

第二篇說明如何使用網路爬蟲來取得資料，在第 3 章說明如何使用 requests 和 Selenium 送出 HTTP 請求來取得網路資料，即 HTML 網頁和 Open Data 的 JSON 資料，第 4 章使用 BeatuifulSoup 物件剖析取得的 HTML 網頁，我們可以使用相關函數、CSS 選擇器或正規表達式來擷取出所需的資料，在第 5 章是資料清理和資料儲存，可以將清理後的資料存成 CSV 或 JSON 檔案，或存入 SQLite、MySQL 和 NoSQL 的 MongoDB 資料庫。第 6 章（電子書）是 Web API 和多種不同類型的網路爬蟲實作案例。

第三篇：Python 資料科學套件 - 探索資料

第三篇的主要重點就是 Python 資料科學套件、機率和統計，在第 7 章是向量與矩陣運算的 NumPy 套件，第 8 章是資料處理與分析的 Pandas 套件，即 Python 程式版的 Excel 試算表，在第 9~10 章是資料視覺化的 Matplotlib 和 Seaborn 套件，可以讓我們快速繪製各種漂亮圖表來展示或探索資料，第 11 和 12 章是資料科學必備的機率與統計知識，在第 13 章說明探索性資料分析的主要工作後，使用一個完整實作案例來說明資料前處理的資料整理（Data Munging），和實作視覺化的探索性資料分析。

第四篇：人工智慧和機器學習 - 預測資料

在第四篇是人工智慧、機器學習和深度學習，第 14 章說明人工智慧與機器學習的相關知識，並且說明什麼是深度學習，第 15~16 章使用實際範例說明多種機器學習演算法，包含：線上迴歸、複迴歸、Logistic 迴歸演算法、決策樹、KNN 和 K-means 演算法，在第 17 章（電子書）是使用 Google Colaboratory 來實作深度學習的神經網路。

附錄 A（電子書）說明 HTML 網頁結構和 CSS，附錄 B（電子書）是檔案和 Python字串處理，附錄 C（電子書）是在 Windows 作業系統安裝和使用 MySQL 和 MongoDB 資料庫系統。

編著本書雖力求完美，但學識與經驗不足，謬誤難免，尚祈讀者不吝指正。

陳會安於台北 hueyan@ms2.hinet.net

書附範例檔說明

About samples

為了方便讀者學習 Python 資料科學與機器學習，筆者已經將本書使用的 Python 範例程式和相關檔案、電子書，都收錄在書附下載檔，如下表所示：

檔案與資料夾	說明
Sample.zip	本書各章 Python 範例程式、HTML 網頁、CSV 和 JSON 等相關檔案
內文 PDF 電子書.zip	CH06 - 網路爬蟲實作案例 (電子書).pdf Ch17 - 深度學習神經網路實作案例 (電子書).pdf 附錄 A - HTML 網頁結構與 CSS (電子書).pdf 附錄 B - Python 文字檔案存取與字串處理 (電子書).pdf 附錄 C - 安裝與使用 MySQL 與 MongoDB 資料庫 (電子書).pdf
HTMLeBook.zip	特別附贈「HTML 與 CSS 網頁設計範例教本」全文電子書

請連到以下網址，即可取得本書的範例檔及電子書：

http://www.flag.com.tw/bk/st/F2745

目錄

CONTENTS

第一篇 資料科學和 Python 基礎

第 1 章 資料科學概論與開發環境建立

第 2 章 Python 程式語言

第二篇 網路爬蟲和 Open Data - 取得、清理與儲存資料

第 3 章 取得網路資料

第 4 章 資料擷取

第 5 章 資料清理與資料儲存

電子書

第 6 章 網路爬蟲實作案例

第三篇 Python資料科學套件 - 探索資料（資料視覺化與大數據分析）

第 7 章 向量與矩陣運算 - NumPy 套件

第 8 章 資料處理與分析 - Pandas 套件

第 9 章　大數據分析 (一)：Matplotlib 和 Pandas 資料視覺化

第 10 章　大數據分析 (二)：Seaborn 統計資料視覺化

第 11 章 機率與統計

第 12 章 估計與檢定

第 13 章 探索性資料分析實作案例

第四篇 人工智慧、機器學習與深度學習 - 預測資料

第 14 章 人工智慧與機器學習概論

第 15 章 機器學習演算法實作案例 - 迴歸

第 16 章 機器學習演算法實作案例 - 分類與分群

電子書

第 17 章 深度學習神經網路實作案例

電子書

附錄 A HTML 網頁結構與 CSS

電子書

附錄 B　Python 文字檔案存取與字串處理

電子書

附錄 C　安裝與使用 MySQL 與 MongoDB 資料庫

CHAPTER

1

資料科學概論與開發環境建立

1-1 資料科學的基礎

「資料科學」（Data Science）是一門藝術；也是一門科學，其主要目的是從資料（Data，或稱數據）獲得知識（Knowledge）。對於公司或組織來說，資料已經是一項重要的資產，如何從龐大資料中找出獲利模式或開發出新產品，已經成為現今各大公司或組織下一個主戰場。

1-1-1 認識資料科學

在 19 世紀的工業世代（Industrial Age），因為發明了機器，人們快速從農業社會進入工業製造的年代，到了 20 世紀，人們已經能夠建造超大型工廠和各種大型機具，不過，我們的目標已經轉移至越小越快的晶片、CPU 和電腦，工業世代已經被資訊世代（Information Age）、資料世代（Data Age）取代，我們開始使用電腦儲存和處理資訊，並且大量使用電子資料。

☆ 資料世代（Data Age）

電子資料隨著全球網際網路（Internet）的興起，資料的取得已經非常的容易，例如：Facebook 臉書無時無刻不在取得使用者資料、手機定位資料、使用者產生的資料（留言、按讚和上傳圖片等）、社交網路資料（加入朋友）、感測器接收資料和電腦系統自動產生的記錄資料等，如下所示：

◆ https://www.statista.com/statistics/871513/worldwide-data-created/

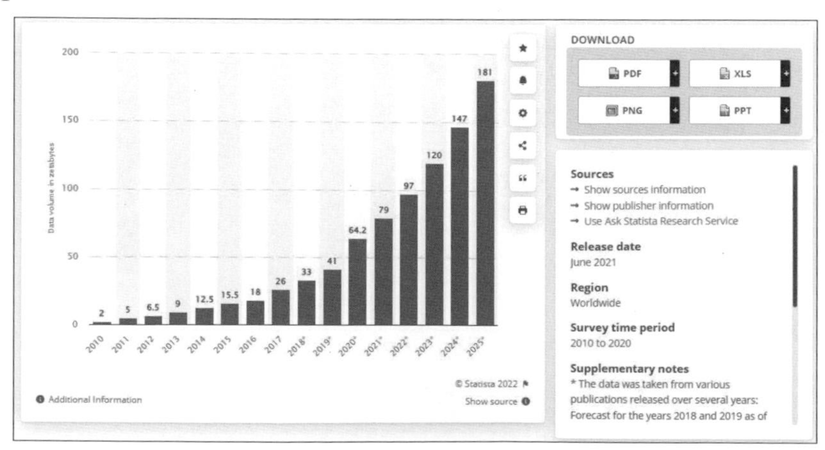

上述統計資料是全世界儲存的數位資料，以 Zettabytes（ZB）為單位，1ZB = 1000 Exabytes（EB）；1 EB 等於 1 百萬 GB（Gigabytes），從 2010 年預估至 2025 年，可以看到數位資料快速增加的成長趨勢，而且，絕大部分新產生的資料都是非結構化資料（Unstructured Data），或半結構化資料（Semistructure Data），而不是結構化資料（Structure Data），詳細資料種類的說明，請參閱第 1-2-1 節。

21 世紀已經進入資料世代，龐大和持續產生的大量資料已經成為重要的資源和資產，再加上硬體運算能力的快速成長，人工智慧、機器學習已經躍升成為顯學，如何從大量資料中獲得知識，藉由資料來學習和產生智慧，這就是資料科學家（Data Scientist）的工作。

☆ 資料科學（Data Science）

資料科學是一個完整過程的研究方法，可以使用資料作出科學性的研究成果，簡單的說，就是從資料（Data）獲得知識（Knowledge）。資料科學家需要蒐集資料、觀察資料、探索資料和提出假設，然後驗證結果（使用統計或數學方法），以便讓我們從資料獲得知識來做到以下事情：

- ◆ 幫助我們進行決策。
- ◆ 了解過去和現在。
- ◆ 預測未來。
- ◆ 開發新產品。

因為資料科學的目標是「資料」（Data，或稱數據），所以在學習資料科學之前，我們需要先了解資料科學當中的資料是什麼樣的資料。

基本上，資料的格式分為兩種，如下所示：

- ◆ **有組織的資料**（Organized Data）：或稱**結構化資料**（Structure Data），指資料已經排列成列（Rows）和欄（Columns）的表格形式，其中的每一列代表一個單一觀測結果（Observation）；每一個欄位代表觀測結果的單一特點（Characteristics），例如：資料庫的資料表或 Excel 工作表等。

◆ **沒有組織的資料**（Unorganized Data）：或稱**非結構化資料**（Unstructured Data），即自由格式的資料，通常是一些原始資料（Raw Data），我們需要進一步轉換和清理成有組織的資料。

基本上，資料科學真正在用、能派上用場的並不是原始資料（Raw Data），而是有意義的資料，也就是資訊（Information），而知識就是經過連接的資訊，如右圖所示資料科學家的工作就是建立具體步驟和程序來發現資料（資訊）之間的關聯性和因果關係，然後連接資訊產生知識，接著應用知識來產生智慧。

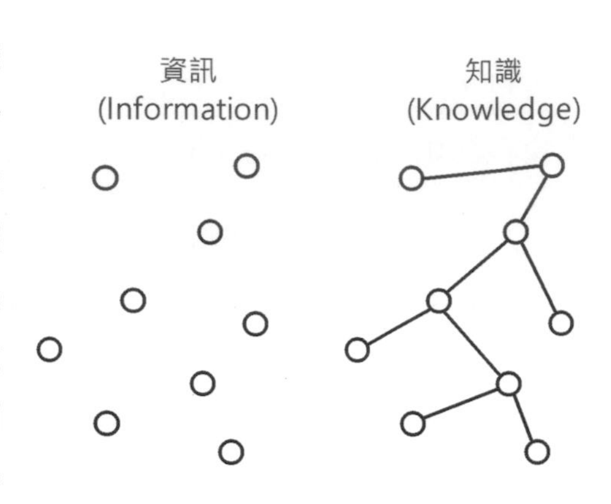

1-1-2 資料科學的文氏圖

基本上，資料科學需要的背景知識與技能相當的多，我們可以使用資料科學文氏圖（Venn Diagram）來呈現這些知識與技能的關係，如右圖所示：

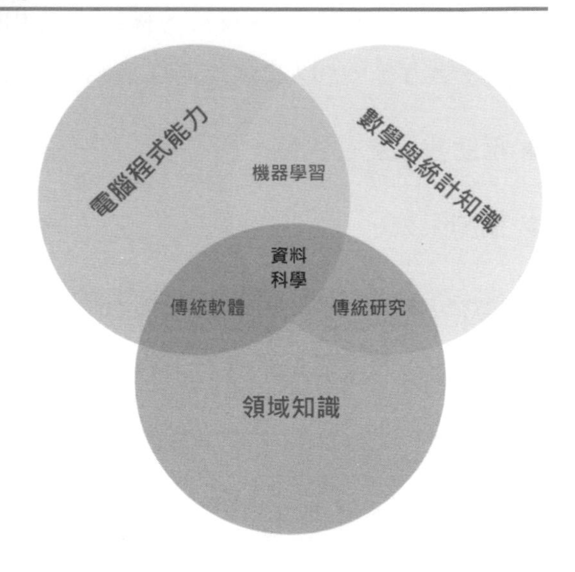

上述圖例列出的主要知識與技能有三種，即外圍那三大圈，其說明如下：

- **電腦程式能力**（Computer Programming）：撰寫程式碼來轉換和清理資料，以便產生分析和訓練資料，在本書是使用 Python 語言。
- **數學與統計知識**（Math/Statistics Knowledge）：使用數學（線性代數）或統計公式/運算式來分析資料、建立預測模型和驗證結果。
- **領域知識**（Domain Knowledge）：因為取得的資料是屬於不同的領域，例如：醫療、財務、社會科學等，在分析資料時，我們需要擁有該領域的相關知識，如此才能正確的認知和分析資料。

1-2 資料的種類

資料科學研究的目標是資料，而且通常都是大量的資料，本節先稍微了解我們面對的資料種類，之後會更了解資料科學的處理過程 (1-3 節)。

1-2-1 結構化、非結構化和半結構化資料

我們面對的資料依結構來區分，可以分成三種：**結構化資料**、**非結構化資料**和**半結構化資料**。

☆ 結構化資料（Structured Data）

結構化資料就是第 1-1-1 節說明的有組織資料，這是一種已經預先定義格式，而且可以讓電腦讀取的資料，通常是使用表格方式來呈現，例如：資料庫或 Excel 工作表，如下圖所示：

編號	姓名	地址	電話	生日	電子郵件地址
1	陳會安	新北市五股成泰路一段1000號	02-11111111	1978/5/3	hueyan@ms2.hinet.net
2	江小魚	新北市中和景平路1000號	02-22222222	1978/2/2	jane@ms1.hinet.net
3	劉得華	桃園市三民路1000號	02-33333333	1982/3/3	lu@tpts2.seed.net.te
4	郭富成	台中市中港路三段500號	03-44444444	1981/4/4	ko@gcn.net.tw
5	離明	台南市中正路1000號	04-55555555	1978/5/5	light@ms11.hinet.net
6	張學有	高雄市四維路1000號	05-66666666	1979/6/6	geo@ms10.hinet.net
7	陳大安	台北市羅斯福路1000號	02-99999999	1979/9/9	an@gcn.net.tw

上述範例表格是通訊錄資料表，這是一種結構化資料，在表格的每一列是一筆觀測結果，我們已經在第 1 列定義每一個欄位的特點，欄位定義就是預先定義的格式。

☆ 非結構化資料（Unstructured Data）

非結構化資料是沒有組織的自由格式資料，我們並無法直接使用這些資料，通常都需要進行資料轉換或清理後才能使用，例如：文字、網頁內容、原始訊號和音效等。

在本書第二篇的網路爬蟲，就是說明如何從網頁內容擷取資料，這些擷取出的單純文字資料是非結構化資料，需要轉換成結構化資料，例如：從 PTT 網頁取出非結構化資料後，再整理轉換成表格資料做後續使用：

author	href	push_count	title
vm04vm04	/bbs/NBA/M.1517289750.A.EC3.html	37	[花邊] LBJ：舅父們從小就教育我要好…
filmystery	/bbs/NBA/M.1517290055.A.D50.html	60	[討論] 有哪個球員的大約末期還能讓…
ChenWay	/bbs/NBA/M.1517291835.A.D08.html	11	Re: [情報] Blake Griffin被交易到活塞
asdf1256	/bbs/NBA/M.1517292834.A.B76.html	12	[新聞] 左手賣球員右手談續約 快艇玩…
tzeru592	/bbs/NBA/M.1517293010.A.632.html	3	[新聞] 厄文決勝節領軍 布朗致勝三分…
Yui5	/bbs/NBA/M.1517293174.A.CC6.html	1	[新聞] 裁判吹判最爆爭議湖人主帥華…
Ayanami5566	/bbs/NBA/M.1517293371.A.219.html	14	[討論] 騎士有機會趁機換來小AB嗎?

☆ 半結構化資料（Semistructured Data）

半結構化資料是介於結構化和非結構化資料之間的資料，這是一種結構沒有規則且快速變化的資料，簡單的說，半結構化資料雖然有欄位定義的結構，但是每一筆資料的欄位定義可能都不同，而且在不同時間點存取時，其結構也可能不一樣。

最常見的半結構化資料是 JSON 或 XML，例如：從 PTT 文章內容轉換成的 JSON 資料，如下圖所示：

```
[
  {
    "author": "vm04vm04",
    "href": "/bbs/NBA/M.1517289750.A.EC3.html",
    "push_count": 37,
    "title": "[花邊] LBJ：舅父們從小就教育我要好好存錢，不"
  },
  {
    "author": "filmystery",
    "href": "/bbs/NBA/M.1517290055.A.D50.html",
    "push_count": 60,
    "title": "[討論] 有哪個球員的大約末期還能讓球團感到超值"
  },
```

1-2-2 質的資料（Qualitative Data）與量的資料（Quantitative Data）

對於資料科學來說，每一筆觀察結果都有多個欄位，這些欄位資料可以區分成兩種型態（源於統計學）：質的資料與量的資料。

☆ 質的資料（Qualitative Data）

質的資料是以文字來描述性質、順序和分類的資料，它無法量化，也就是無法使用數值和基本數學運算來呈現。但請注意！有些質的資料也可能看起來像數值資料，但這些數值資料本身並沒有數值的性質，只是一個符號，例如：在性別欄位使用 1 代表男性；2 代表女性。

☆ 量的資料（Quantitative Data）

量的資料是觀察結果的數值資料，可以使用數值和基本數學運算來呈現。量的資料可以區分成兩種，如下所示：

- **連續資料**（Continuous Data）：以連續數值呈現的資料，在資料之間可以比較大小或先後關係，任何 2 個數值之間可以插入無限多個數值資料，例如：時間、身高、體重、血壓和經濟成長率等。

- **離散資料**（Discrete Data）：以不連續數值呈現的資料，此類型資料的資料值都是離散的數值，也就是說，任何 2 個數值之間不可以插入無限數量的數值資料，例如：骰子點數和考試分數等。

底下針對質的資料與量的資料舉個例子，例如從一間咖啡店觀察出的資料，筆者只列出欄位，如下圖所示：

店名	年營業額	郵遞區號	月平均來客數	咖啡產地

上述各欄位資料種類的說明，如下表所示：

欄位	資料種類	說明
店名	質的資料	文字內容，無法使用數值來描述和計算
年營業額	量的資料	每年的營業額是金額的數值資料，可以進行計算，例如：每月的平均營業額
郵遞區號	質的資料	郵遞區號雖然是數值資料，但這些數值並不能計算，例如：加總郵遞區號沒有任何意義，所以這是質的資料
月平均來客數	量的資料	每月來客數是數值資料，我們可以加總計算年來客數
咖啡產地	質的資料	產地是地區名稱的文字內容，並無法使用數值描述和計算

1-2-3 四種尺度的資料

資料除了區分成為第 1-2-2 節的質的資料和量的資料外，我們還可以分類成是否可計算，和不同運算能力的四種尺度的資料，如下圖所示：

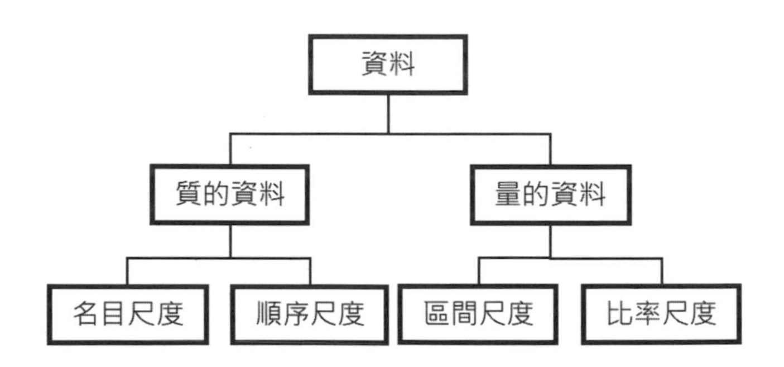

上述四類資料是統計學中依據測量方式定義的量測資料，可以分成四種測量尺度（Level of Measurement），簡單的說，測量尺度就是指取得的資料可以執行哪些數學運算或操作，例如右圖是從員工找出的四種尺度資料：

溫度: 38°
(區間尺度)

性別: 男
(名目尺度)

體重: 70
(比率尺度)

成績: 第 3 名
(順序尺度)

☆ 名目尺度（The Nominal Level）

名目尺度的資料是文字內容的名稱或分類，例如：動物性別、動物種類、人類的種族、國籍、眼睛顏色、宗教信仰和咖啡產地等，因為名目尺度的資料是一種定性資料，我們並不能執行加法或減法等運算，只能夠進行分類或計數動作，同時名目尺度也不具有特定的順序。

名目尺度資料可以執行的運算或操作，如下所示：

- **相等**：名目尺度的資料可以比較是否相等，例如：同一個咖啡產地，相同性別等。
- **集合的成員**：名目尺度的資料可以執行成員運算，即是否屬於此集合，例如：是否屬於此國的咖啡產地，是否是亞洲國籍等。

☆ 順序尺度（The Ordinal Level）

因為名目尺度的資料沒有順序性，所以可執行的運算十分有限，如果名目尺度的資料擁有順序性，就是**順序尺度**資料，順序尺度資料是使用不同順序來區別資料，但是無法判斷不同順序之間的差異或意義。

例如：滿意度是 1~10 分，快樂程度 1~5 分等。滿意度 10 分大於 9 分；9 分大於 8 分，以此類推。或使用飲料品牌來區分，黑松沙士排第 1、可口可樂排第 2、百事可樂排第 3，以此類推等。

順序尺度的資料雖然是使用數值來表示，但是執行加法和減法等運算，仍然沒有什麼意義。順序尺度資料除了名目尺度的運算和操作外，還可以執行的運算或操作，如下所示：

- **順序性**：順序尺度資料擁有順序性，我們可以使用圖表呈現其原始順序，例如：可見光色彩是順序尺度資料，其預設順序是紅、橙、黃、綠、藍、靛、紫。
- **比較**：順序尺度資料可以使用順序性來進行比較，例如：快樂程度 5 高於 1；滿意度 8 小於 10 等。

☆ 區間尺度（The Interval Level）

區間尺度資料包含順序尺度資料的所有特性，還增加不同數值資料之間的等距特性。簡單的說，在各資料區間的資料 (例如：攝氏、華氏溫度、服裝尺寸區間...等) 是可以執行加法或減法運算，例如以攝氏溫度來說，台北 25 度、高雄 35 度，高雄是比台北溫暖，因為 2 個城市之間差了 10 度。

要注意的是，0 在區間尺度並不是代表沒有，例如溫度 0 度並不是表示沒有溫度，這只是測量溫度的單位（絕對 0 度是 -273.15 度 C）。

☆ 比率尺度（The Ratio Level）

比率尺度和區間尺度的最大差異是可以計算比率，而且 0 值就是沒有。例如：工資、銀行存款，生產單位和股票價格等都是比率尺度資料。此外，比率尺度資料除了區間尺度的運算和操作外，還可以執行乘法和除法的運算。

在比率尺度資料中，0 值表示沒有、資料之間的差距與比率都是有意義的。例如銀行存款的存款餘額可以是 0 沒有存款；或者存款餘額 20000 是 10000 的兩倍...等。

1-3 資料科學的五大步驟

在說明資料科學和資料的種類後，接著我們需要了解資料科學的五大基本步驟，這也是資料科學和資料分析之間的最大差異。

資料科學事實上就是現代版的資料採礦（Data Mining），資料採礦是資料科學的子集，在說明資料科學的處理過程前，我們先來看一看資料採礦。

1-3-1 資料採礦

資料採礦（Data Mining）是使用軟體技術分析資料庫儲存的龐大資料，以便從這些資料中找出隱藏的規則性或因果關係，即找尋「樣式」（Patterns）。

☆ 認識資料採礦

資料採礦能夠幫助公司或組織專注於最重要的資料和預測未來的趨勢與行為，也稱為「資料庫的知識探索」（Knowledge Discovery in Database；KDD）。資料採礦的目的分為四種，如下所示：

- **預測** (Prediction)：使用現有資料預測未來情況。例如：分析消費者的購買習慣，即可預測可能購買的商品；分析以往打折促銷的業績，預測再降低折扣可能增加的業績。
- **識別** (Identification)：當找出特定樣式 (Pattern) 後，可以識別項目是否存在。例如：分析電腦病毒碼找出特定的病毒樣式，可以再讓電腦掃毒程式識別出是否中了病毒。
- **分類** (Classification)：將資料以不同等級、參數和特性來分門別類。例如：分析信用卡消費金額的大小，可以分類出經常使用、常常使用、偶爾使用和不曾使用的客戶，然後透過客戶分類寄送郵購目錄來進一步分析不同消費者的購物習慣。
- **最佳化**（Optimization）：可以在目前已知的有限資源中，創造出有限資源的最大效益。例如：便利商店因為賣場面積有限，只能銷售 1000 種商品，我們需要最佳化商品的選擇、選購動線設計和商品排列的架位，以便創造出最大的營業額。

☆ 資料採礦的步驟

Usama Fayyad 和 Evangelos Simoudis 提出的資料採礦步驟，也稱為 KDD 步驟，這是從原始資料（Raw Data）開始，經過多個步驟的處理後，直到從資料探索出知識為止，其步驟如下圖所示：

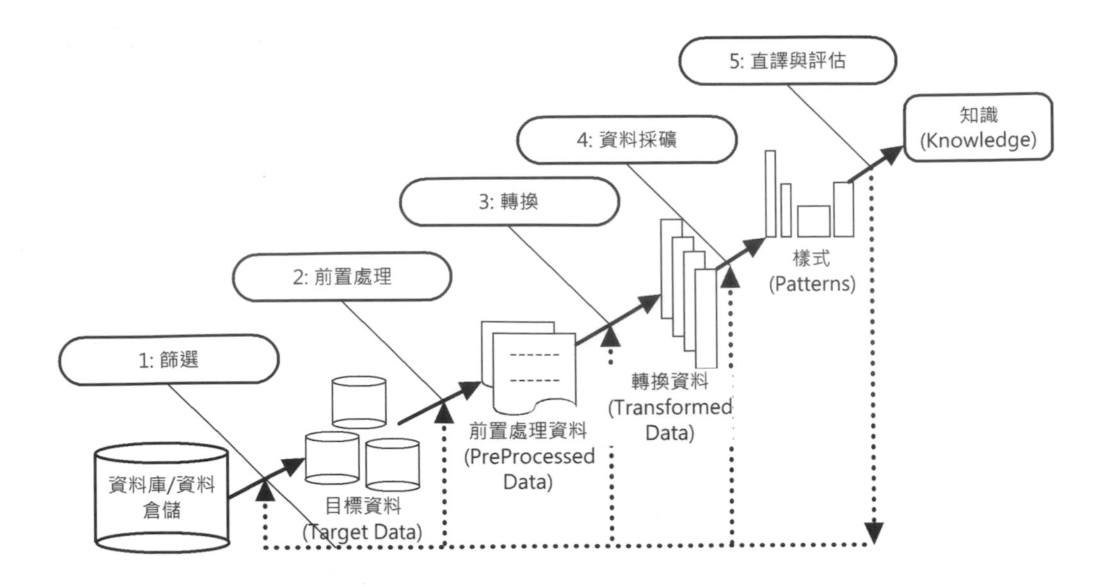

上述資料採礦的各步驟說明，如下所示：

◆ **篩選**（Selection）：使用一些標準或準則來選取或篩選資料，以便從資料中取得所需的資料子集。例如：取得擁有車的客戶資料、年收入超過 100 萬的保戶資料。

◆ **前置處理**（Preprocessing）：由於一些不需要的資料可能降低查詢速度，此步驟要刪除錯誤或不一致的資料。例如：針對男性用品來說，性別資料就是多餘資料。在此步驟還需要整合資料，也就是將不同格式的資料整合成相同格式的資料，例如：月薪整合成新台幣計價；性別以 f 和 m 代表女和男。

◆ **轉換**（Transformation）：為了進行資料採礦，在此步驟需要將資料進行分割或合併等資料轉換，以便將資料轉換成可用和操作的資料。例如：將銷售資料切割成月、季、周和日的銷售資料；信用卡種類有三種，轉換成數值 0~3 來代表，以方便資料操作。

◆ **資料採礦**（Data Mining）：最主要的資料分析步驟，使用資料採礦方法從資料中找出樣式（Patterns）和規則。

◆ **直譯與評估**（Interpretation and Evaluation）：評估找出的樣式（Patterns）和規則是否為具有參考價值的知識，如果沒有，就需要回到前面步驟進行調整後，重新執行資料採礦，直到找到足以支援經理人決策的有用結果。

1-3-2 資料科學的處理過程

資料科學（Data Science）包含第 1-3-1 節資料採礦的所有步驟和目的，我們只需將資料採礦第四步驟的資料採礦轉換成**建立模型**，就可以建立資料科學處理過程的步驟。

基本上，資料科學和資料分析（Data Analytics）在本質上並沒有什麼不同，其最大差異在於資料科學必須遵循結構化步驟，需要遵循這些步驟來維護分析結果的完整性。資料科學處理過程的步驟（源於 Joe Blitzstein 和 Hanspeter Pfister 哈佛大學 CS 109 課程），如右圖所示：

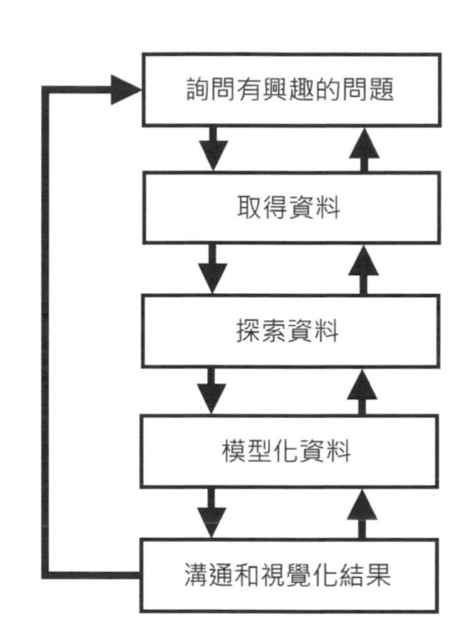

上述資料科學處理過程的五大步驟說明，如下所示：

◆ **詢問有興趣的問題**（Ask an Interesting Question）：在實際解決問題前，我們需要先定義問題是什麼？這需要科學、領域知識和好奇心，我們可以發起腦力激盪活動，寫下所有可能的問題，然後在之中選出可以取得資料來解決的問題。

- **取得資料**（Get The Data）：在選擇好問題後，接著需要取得所有與問題相關的原始資料（Raw Data），資料來源可以是公開資料、內部資料或向外面購買的資料，我們需要使用網路爬蟲、Open Data、資料清理和查詢資料庫的技能來取得這些資料。

- **探索資料**（Explore The Data）：當成功取得資料後，我們需要進一步整理、歸納和描述資料，以便進行資料分析（Data Analysis），在此步驟有兩項主要工作，如下所示：

  - **資料預處理**（Data Preprocessing：依據第 1-2 節的資料種類，分辨各種資料是屬於哪一種尺度的資料，然後花些時間學習相關的領域知識，才能正確的轉換和清理資料，因為取得資料通常都有些問題，例如：重複資料和遺漏值等大大小小的問題，解決這些問題稱為「資料整理」（Data Munging）。

  - **探索性資料分析**（Exploratory Data Analysis，EDA）：在完成資料轉換和清理後，我們可以開始探索資料，直接利用資料集（Data Sets）的統計摘要資訊和視覺化圖表方式來進行判斷，以便找出隱藏在資料之間的關係、樣式或異常情況，然後提出「假設」（Hypotheses），例如：解釋為什麼此群組客戶的業績會下滑，目標客戶不符合年齡層造成產品銷售不佳等。

- **模型化資料**（Model the Data）：使用統計和機器學習（Maching Learning）模型來驗證提出的假設，例如：統計檢定和機器學習的線性迴歸等，簡單的說，此步驟是在證明你的假設是正確無誤。

- **溝通和視覺化結果**（Communicate and Visualize the Results）：最後需要溝通和說明分析結果來讓人能夠了解，如果是一個資料科學專案，我們更需要說服客戶相信這個分析結果，最常使用的方式是使用圖表等視覺化方式來呈現結果。

1-4 Python 開發環境的建立

在本書是使用 Python 語言實作資料科學和機器學習，所以建立的開發環境是 Python 開發環境和相關套件，為了方便學習，在本書是安裝 Anaconda 整合安裝套件。

1-4-1 認識 Anaconda

Anaconda 是著名的 Python 整合安裝套件，內建 Spyder 整合開發環境，除了 Python 標準模組外，還包含資料科學所需的 Numpy、Pandas、Scipy（本書使用此套件學習基礎統計概念）和 Matplotlib 等套件，機器學習的 Scikit-learn 套件。Anaconda 整合套件的特點如下所示：

◆ Anaconda 完全開源和免費下載安裝。

◆ 內建眾多科學、數學、工程和資料科學的 Python 套件。

◆ 跨平台支援 Windows、Linux 和 Mac 作業系統。

◆ 內建 Spyder 整合開發環境、IPython Shell，和 Jupyter Notebook 環境。

1-4-2 下載與安裝 Anaconda

Anaconda 整合安裝套件可以在官方網站免費下載，在這一節我們準備在 Windows 電腦下載和安裝 Anaconda 整合安裝套件。

☆ 下載 Anaconda

在 Anaconda 官方網站可以免費下載 Anaconda 整合安裝套件，其網址如下所示：

◆ https://www.anaconda.com/products/distribution

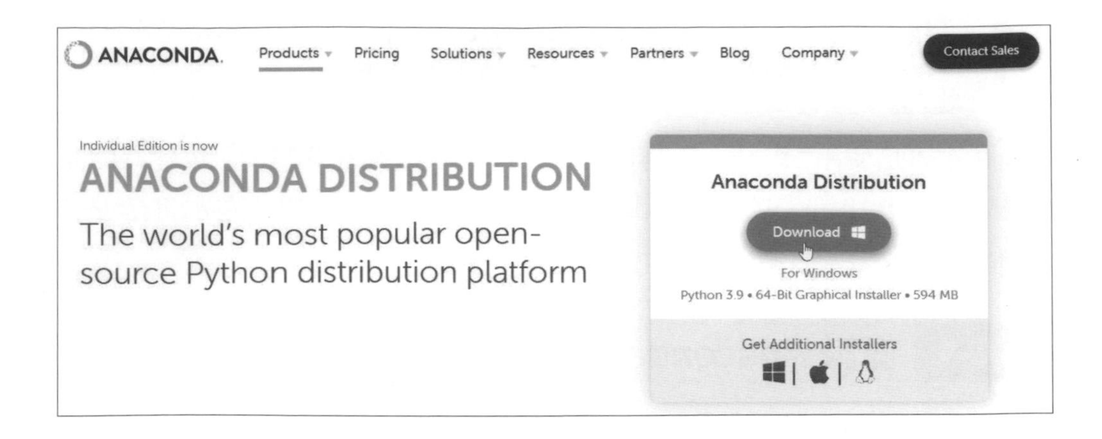

請按 **Download** 鈕下載 Anaconda 安裝程式，在本書下載的 Anaconda 安裝程式檔名是：Anaconda3-2022.05-Windows-x86_64.exe。

☆ 安裝 Anaconda

當成功下載 Anaconda 安裝程式後，就可以在 Windows 電腦安裝開發環境，筆者是在 Windows 10 作業系統進行安裝（如果已經安裝舊版 Anaconda，請先解除安裝套件），其步驟如下所示：

Step 1 請雙擊 **Anaconda3-2022.05-Windows-x86_64.exe** 安裝程式檔案，稍等一下，可以看到歡迎安裝的精靈畫面，按 **Next >** 鈕。

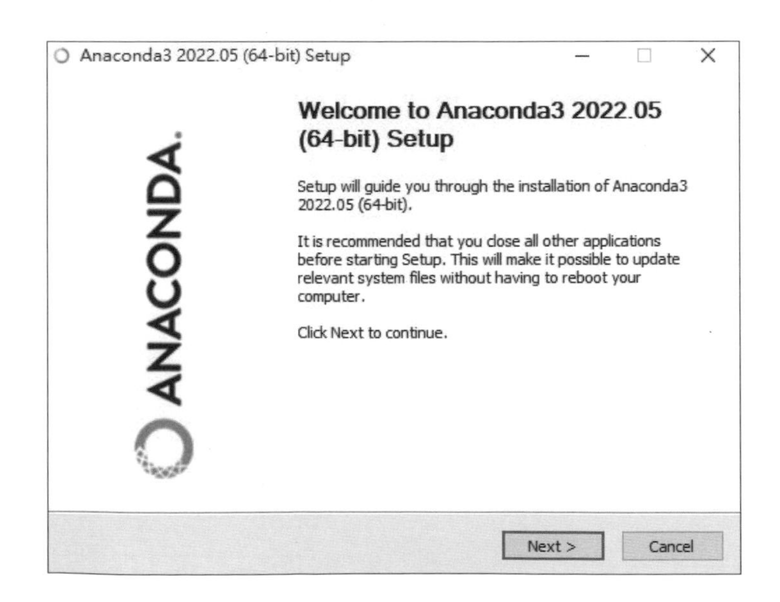

Step 2 在使用者授權書步驟，按 I Agree 鈕同意授權。

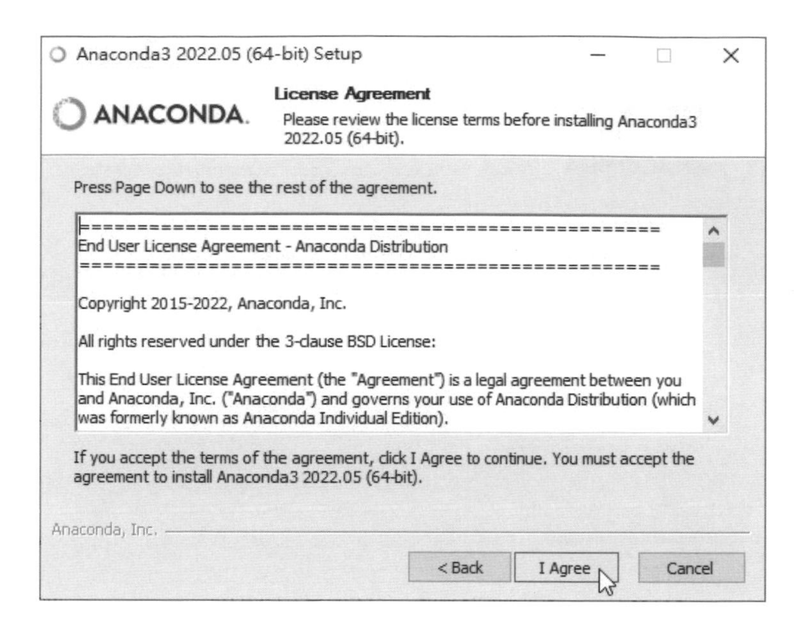

Step 3 預選 Just Me 安裝給目前使用者使用（建議），或選 All Users 安裝給所有使用者，不用更改，按 Next > 鈕。

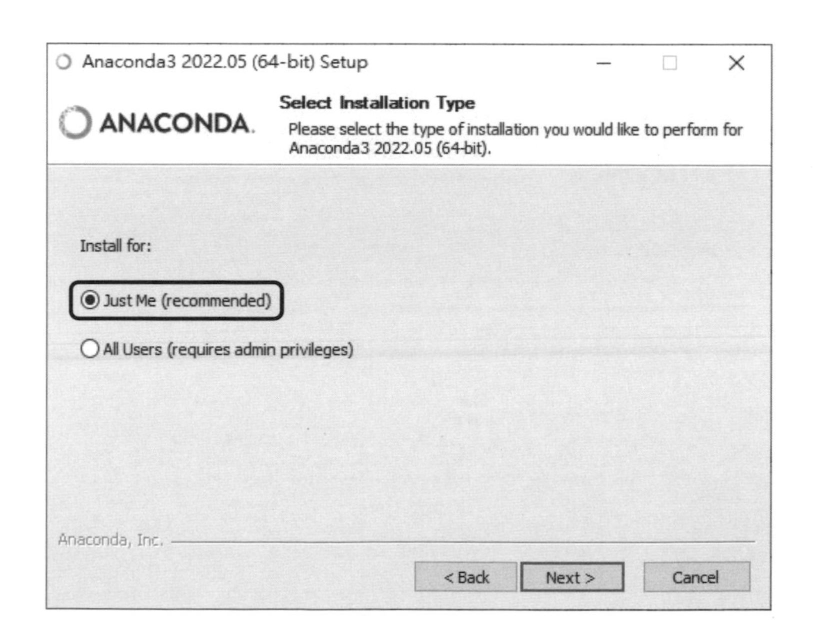

Step 4 選擇安裝目錄，可以按 Browse 鈕更改安裝目錄，不用更改，按 Next > 鈕。

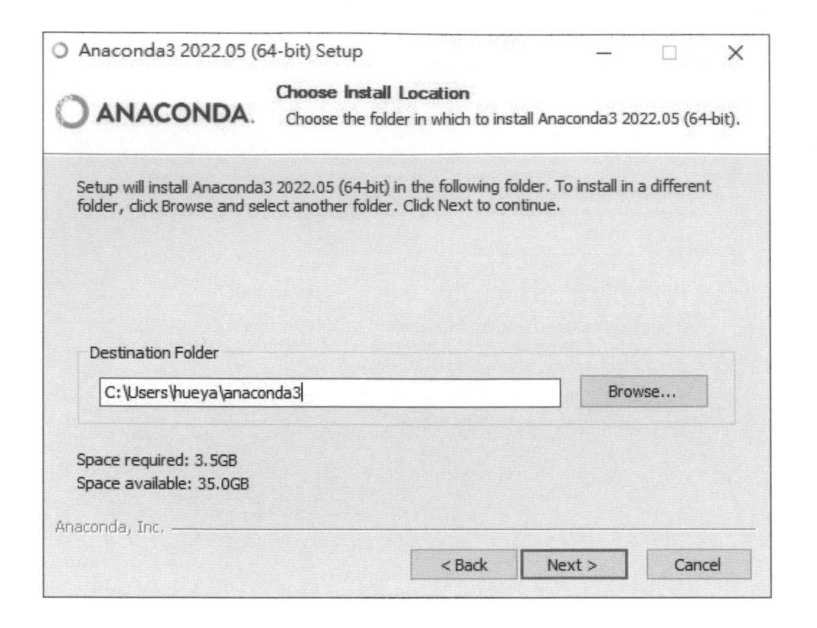

Step 5 在進階安裝選項，預設勾選註冊 Anaconda 是預設 Python 3.x，不用更改，按 Install 鈕開始安裝，可以看到目前的安裝進度。

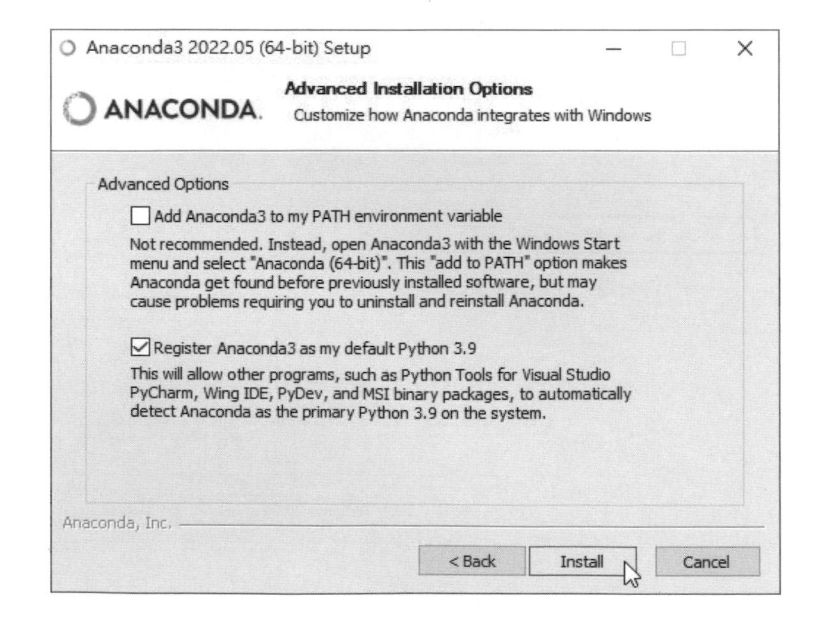

Step 6 請耐心等候安裝，等到安裝完成，按 Next > 鈕，可以看到推薦應用程式的精靈畫面，按 Next > 鈕。

Step 7 在完成安裝的精靈畫面，按 **Finish** 鈕完成 Anaconda 整合安裝套件的安裝，同時可以看到瀏覽器開啟的教學文件。

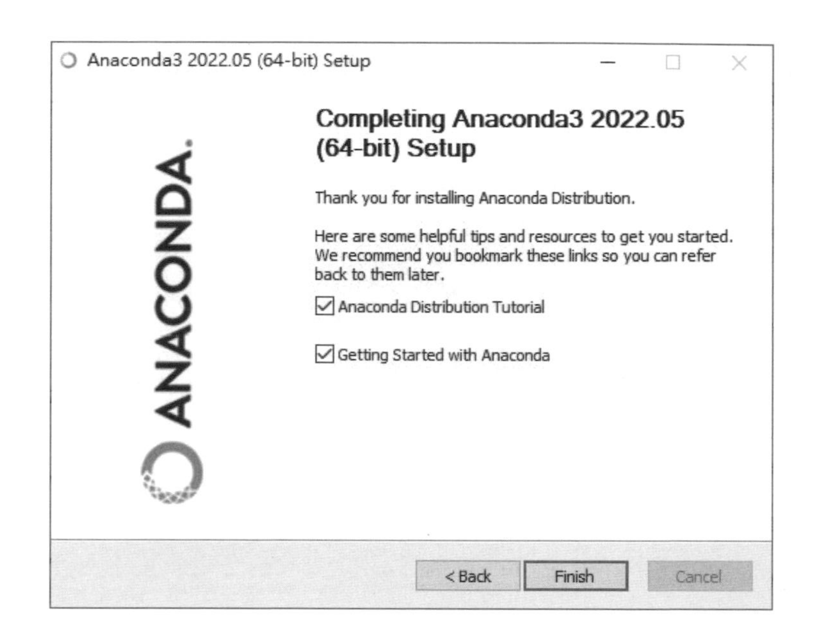

1-4-3 啟動 Anaconda Navigator

Anaconda Navigator 是 Anaconda 整合安裝套件的桌面圖形使用介面（不需下達命令列指令來使用 Anaconda），我們可以從此介面來啟動所需應用程式和管理 Anaconda 安裝的套件。

在成功安裝 Anaconda 套件後，我們可以從 Windows 開始功能表來啟動 Anaconda Navigator，其步驟如下所示：

Step 1 請執行「**開始 / Anaconda3（64-bit）/ Anaconda Navigator（anaconda3）**」命令，稍等一下，可以看到 Anaconda Navigator 管理面板，如下圖所示：

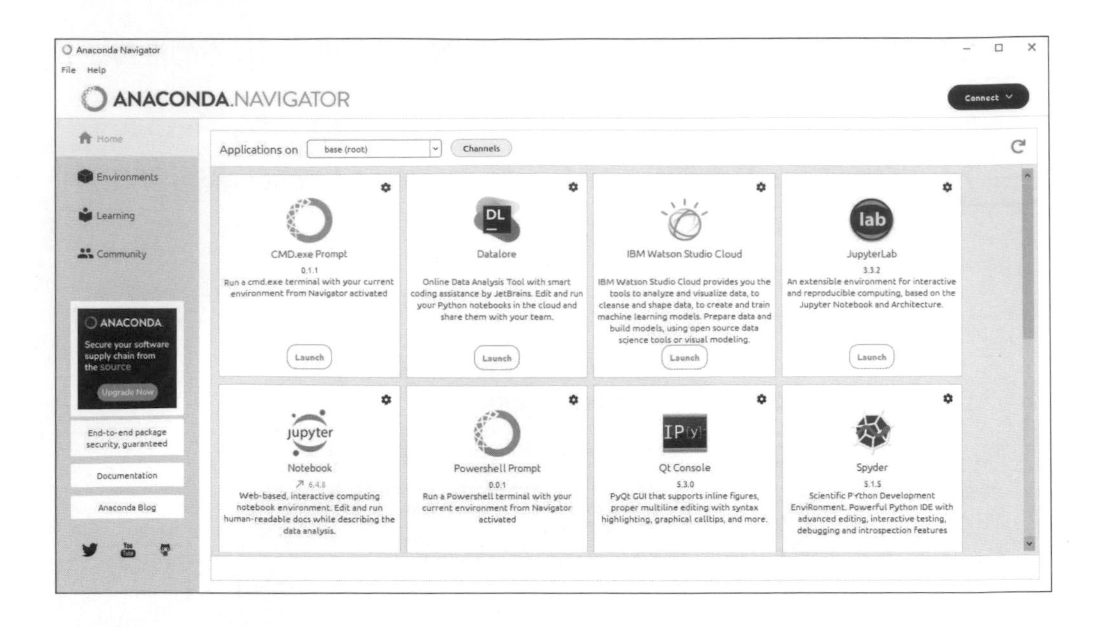

Step 2 在畫面表格顯示的圖框是管理的應用程式清單，請捲動檢視應用程式清單，每一個應用程式是一個圖框，例如：Spyder，在圖框下方有 Launch 鈕，如下圖所示：

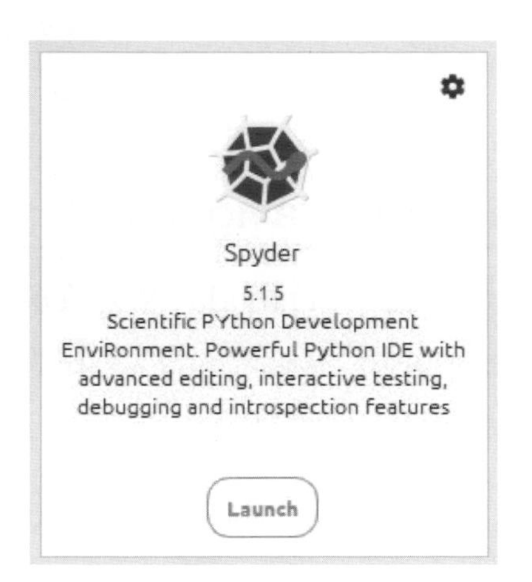

Step 3 按 Launch 鈕即可啟動 Spyder 整合開發環境。

如果應用程式尚未安裝，在圖框下方是 Install 鈕，按下按鈕即可安裝此工具，例如：PyCharm 等，如下圖所示：

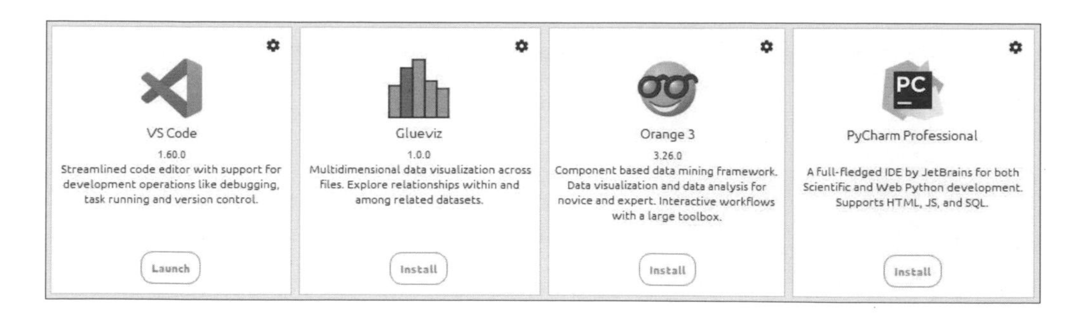

1-4-4 Spyder 整合開發環境的使用

Spyder 是一套開放原始碼跨平台的 Python 整合開發環境（IDE），這是功能強大的互動開發環境，支援程式碼編輯、互動測試、偵錯、執行 Python 程式。

☆ 啟動與結束 Spyder

我們可以從 Anaconda Navigator 啟動 Spyder，也可以直接從開始功能表來啟動，其步驟如下所示：

Step 1 請執行「**開始 / Anaconda3 (64-bit) / Spyder (anaconda3)**」命令，如果有看到歡迎視窗，按 Dismiss 鈕繼續。

Step 2 稍等一下，可以看到 Spyder 整合開發環境的執行畫面。

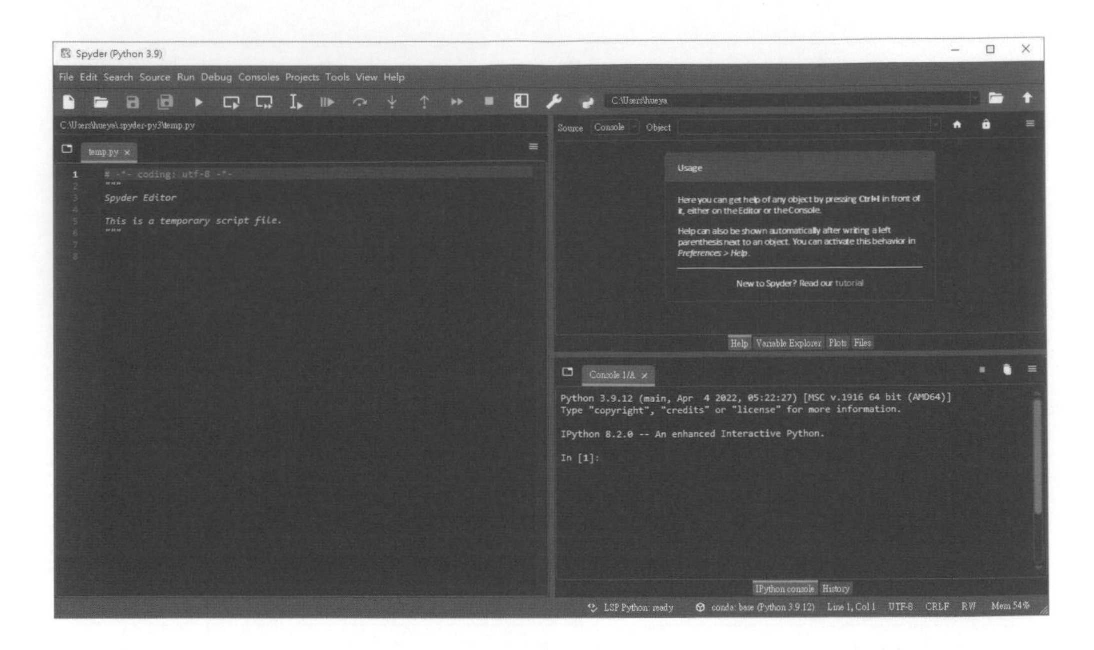

上述執行畫面上方是功能表和工具列，下方分成左右兩邊的多個窗格，在左邊窗格是程式碼編輯區域的標籤頁，右邊分成上下兩個窗格，右上方窗格下方是幫助、顯示變數值、顯示圖表和檔案窗格，可以使用下方標籤來切換窗格。

在右下方是 IPython console 的 IPython Shell 窗格，這是互動模式和顯示 Python 程式的執行結果。結束 Spyder 請執行「**File / Quit**」命令。

☆ 使用 IPython console

Spyder 整合開發環境內建 IPython，這是功能強大的互動運算和測試環境，在啟動 Spyder 後，可以在右下方看到 IPython console 視窗，這就是 IPython Shell，如下圖所示：

因為 Python 是直譯語言，IPython Shell 提供互動模式，可以讓我們在「In[?]:」提示文字輸入 Python 程式碼來測試執行，例如：輸入 5+10，按 Enter 鍵，可以馬上看到執行結果 15，如下圖所示：

```
Console 1/A ×

Python 3.9.12 (main, Apr  4 2022, 05:22:27) [MSC v.1916 64 bit (AMD64)]
Type "copyright", "credits" or "license" for more information.

IPython 8.2.0 -- An enhanced Interactive Python.

In [1]: 5+10
Out[1]: 15

In [2]:
```

不只如此，我們還可以定義變數 num = 10，然後執行 print() 函數來顯示變數值，如下圖所示：

```
Console 1/A ×

Python 3.9.12 (main, Apr  4 2022, 05:22:27) [MSC v.1916 64 bit (AMD64)]
Type "copyright", "credits" or "license" for more information.

IPython 8.2.0 -- An enhanced Interactive Python.

In [1]: 5+10
Out[1]: 15

In [2]: num = 10

In [3]: print(num)
10

In [4]:
```

同理，我們可以測試 if 條件，在輸入 if num >= 10: 後，按 Enter 鍵，就會自動縮排 4 個空白字元，然後輸入 print() 函數，請按二次 Enter 鍵，就可以看到執行結果，如下圖所示：

```
Console 1/A

In [1]: 5+10
Out[1]: 15

In [2]: num = 10

In [3]: print(num)
10

In [4]: if num >= 10:
   ...:     print("數字是10")
   ...:
數字是10

In [5]:

IPython console  History
```

☆ 使用 Spyder 新增、編輯和執行 Python 程式檔

在 Spyder 整合開發環境可以新增和開啟存在的 Python 程式檔案來編輯和執行，請執行「**File/New file**」命令新增 Python 程式檔，可以在 Python 程式碼編輯器看到名為「untitled0.py*」的標籤頁。

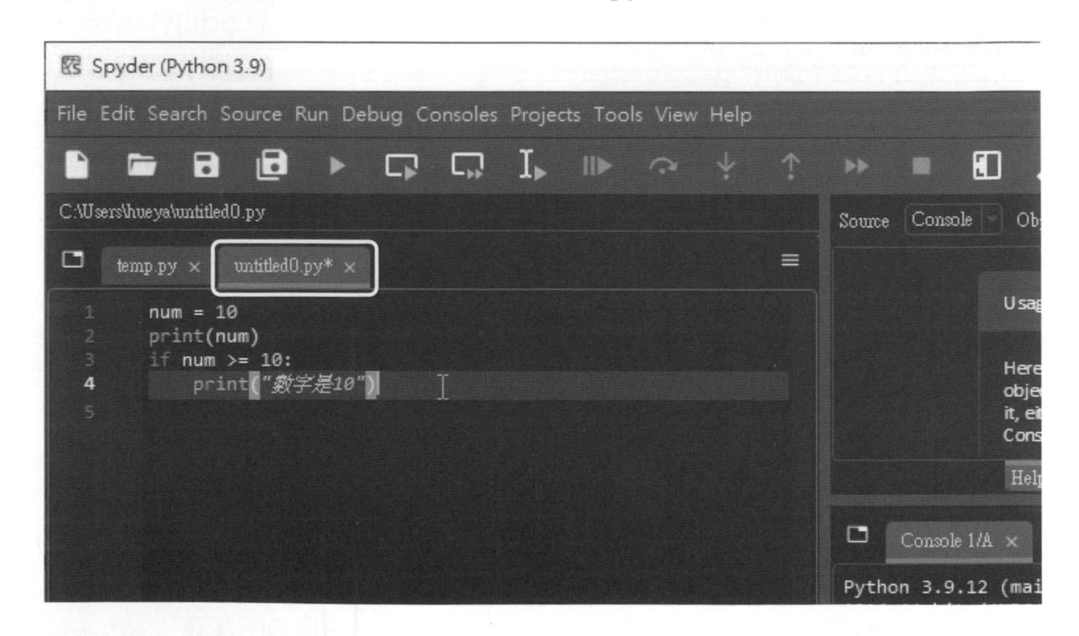

請在上述程式碼編輯標籤頁輸入之前 IPython Shell 輸入的 Python 程式碼，在完成 Python 程式碼的編輯後，執行「**File / Save**」命令，然後在「Save file」對話方塊切換路徑，按**存檔**鈕儲存成名為 ch1-4-4.py 的 Python 程式檔案，如下圖所示：

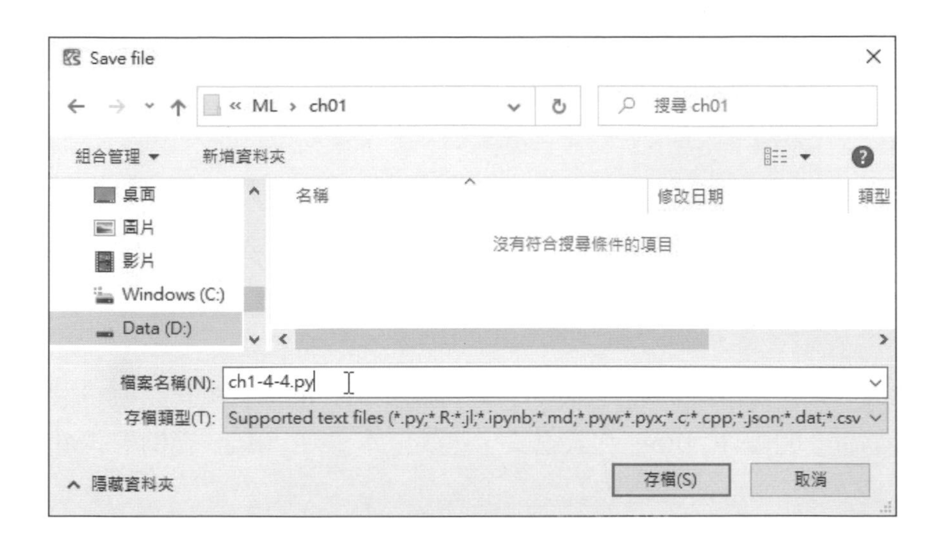

在 Spyder 執行 Python 程式請執行「Run / Run」命令或按 F5 鍵，如下圖所示：

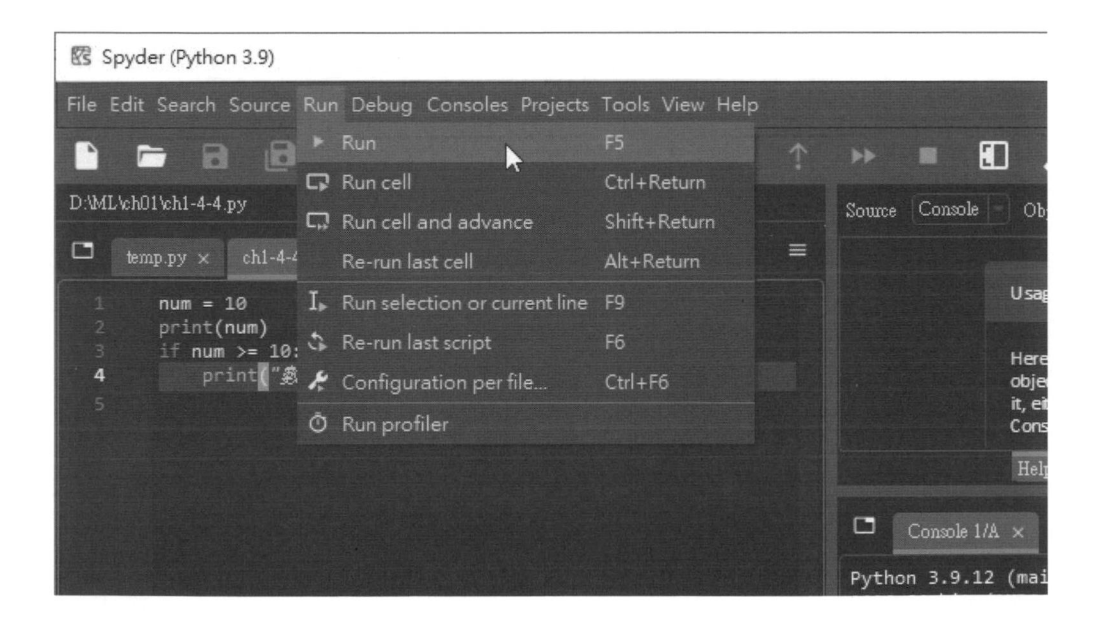

當執行 Python 程式後，我們是在右下方 Python console 看到 Python 程式 ch1-4-4.py 的執行結果，如果程式需要輸入，也是在此視窗輸入，如下圖所示：

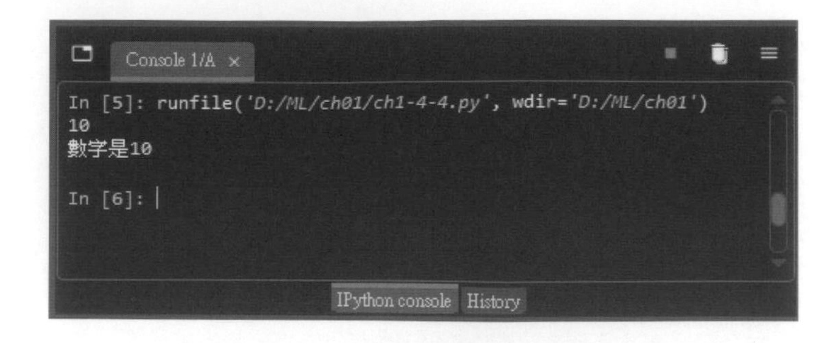

若想開啟已經存在的 Python 程式檔案，請在 Spyder 執行「File / Open」命令開啟 Python 程式檔案，例如：本書 Python 範例程式檔案。

在 Spyder 執行程式所繪出的圖表預設只顯示右上方的 **Plots** 標籤的視窗，如果需要在 IPython console 顯示圖表，請點選右上角的選單，取消勾選 **Mute inline plotting** 命令，如下圖所示：

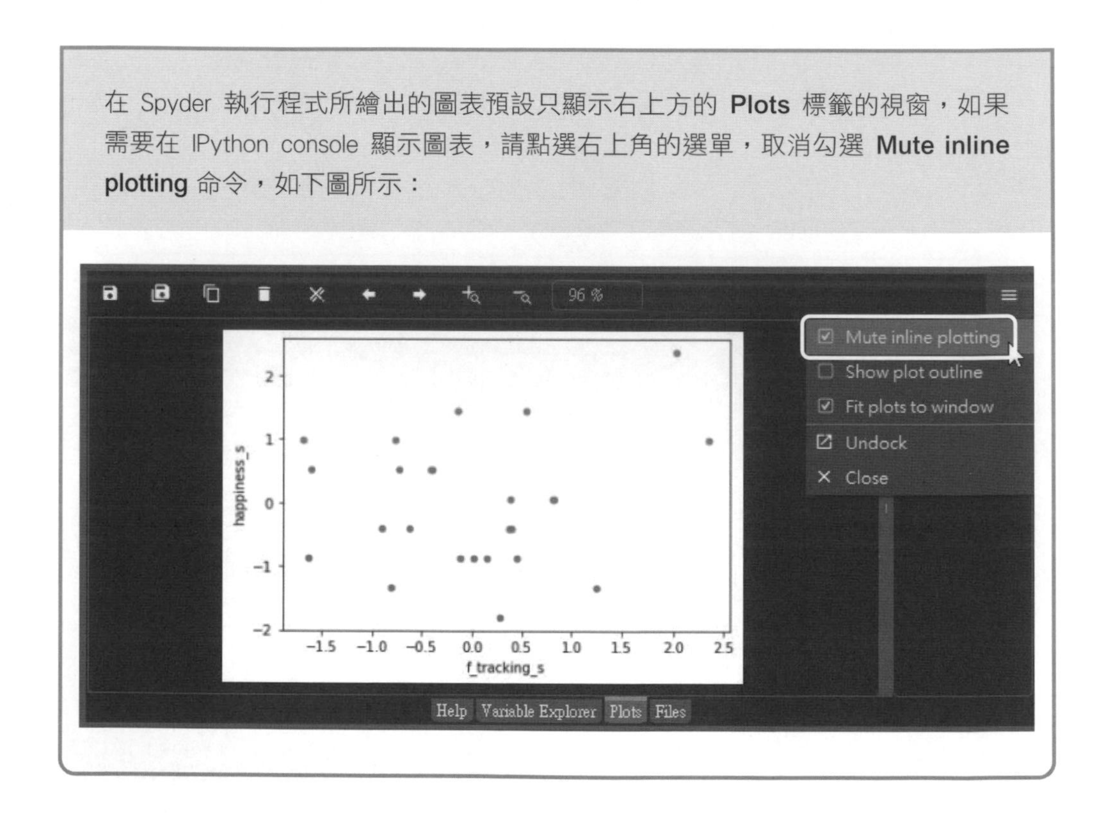

★ 學習評量 ★

1. 請說明什麼資料科學？
2. 請舉例說明何謂結構化、非結構化和半結構化資料？
3. 請簡單說明四種尺度的資料？什麼是質的資料？何謂量的資料？
4. 請簡單說明什麼是資料採礦？資料科學的處理過程步驟為為何？
5. 請問 Anaconda 安裝套件是什麼？
6. 請在讀者電腦下載與安裝 Anaconda 套件來建立資料科學的 Python 開發環境。
7. 請簡單說明什麼是 Spyder？
8. 請啟動 Spyder 新增名為 ch1-5.py 的 Python 程式檔案。

MEMO

CHAPTER

2

Python 程式語言

- 2-1 認識 Python 程式語言
- 2-2 變數、資料型態與運算子
- 2-3 流程控制
- 2-4 函數、模組與套件
- 2-5 容器型態
- 2-6 類別與物件

2-1 認識 Python 程式語言

Python 是 Guido Van Rossum 開發的一種通用用途（General Purpose）的程式語言，這是擁有優雅語法和高可讀性的程式語言，可以讓我們開發 GUI 視窗程式、Web 應用程式、系統管理工作、財務分析、大數據分析和人工智慧等各種不同的應用程式。

Python 語言共有兩大版本，Python 2 和 Python 3，在本書是使用 Python 3 語言，其主要特點如下所示：

◆ **Python 是直譯語言**（Interpreted Language）：傳統 C/C++ 語言是編譯語言（Compiled Language），需要使用編譯器（Compilers）先將整個程式檔翻譯成機器語言後，建立成可執行檔。Python 是使用「直譯器」（Interpreters）來執行，並不會輸出可執行檔，而是一個指令一個動作，一列接著一列轉換成機器語言後，馬上執行程式碼，所以執行效率比 C 或 C++ 等編譯語言來的低，如下圖所示：

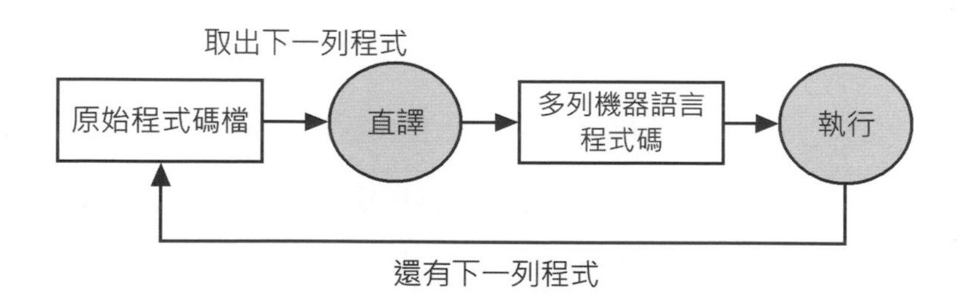

◆ **Python 是動態型態（Dynamically Typed）語言**：Python 程式碼宣告的變數並不需要預設宣告使用的資料型態，Python 直譯器會依據變數值來自動判斷資料型態。例如：在下方變數 a 是指定成整數 1，所以變數 a 的資料型態是整數；變數 b 指定成字串，其資料型態是字串，如下所示：

```
a = 1
b = "Hello World!"
```

◆ **Python 是強型態（Strongly Typed）語言**：雖然，Python 變數並不需要預設宣告使用的資料型態，但是 Python 不會自動轉換變數的資料型態，例如：一個字串加上整數的運算式「"計算結果 = " + 100」，整數 100 並不會自動轉換成字串型態來執行字串連接，我們需要自行呼叫 str() 函數將其轉換成字串後，再和前面的字串進行字串連接，如下所示：

```
v = "計算結果 = " + str(100)
```

2-2 變數、資料型態與運算子

「變數」（Variables）是儲存程式執行期間的暫存資料，其內容是指定資料型態（Data Types）的資料，Python 基本資料型態有：整數、浮點數、布林和字串。

Python 程式可以使用指定敘述來指定變數初值，或使用運算子和變數建立運算式來執行所需運算後，將運算結果的值指定給變數。

2-2-1 使用 Python 變數

變數可以儲存程式執行時的暫存資料，Python 變數不需要先宣告，我們只需指定變數值，就可以馬上建立變數，不過，Python 變數在使用前一定要記得先指定初值（Python 程式：ch2-2-1.py），如下所示：

```
grade = 76
height = 175.5
weight = 75.5
```

上述程式碼建立整數變數 grade，使用「=」等號的指定敘述來指定初值（詳見第 2-2-2 節的說明），因為初值是整數，同理，變數 height 和 weight 是浮點數（因為初值 175.5 有小數點），接著如下使用 print() 函數顯示這 3 個變數值：

◆ **方法一**：print() 函數使用 str() 函數將整數和浮點數變數轉換成字串，「+」號是字串連接運算子，在連接字串字面值和轉換成字串的變數值後，輸出 3 個變數值（有「#」符號開頭的列是註解文字），如下所示：

```
# 方法一
print("成績 = " + str(grade))
print("身高 = " + str(height))
print("體重 = " + str(weight))
```

◆ **方法二**：print() 函數可以輸出多個使用「,」號分隔的參數，此時 print() 函數會自動轉換參數的型態（每一個參數預設使用 1 個空白字元來分隔），如下所示：

```
# 方法二
print("成績 =", grade)
print("身高 =", height)
print("體重 =", weight)
```

2-2-2 Python 指定敘述 (Assignment Statements)

「**指定敘述**」（Assignment Statements）是在程式執行中指定或更改變數值，可以指定或更改變數值成為字面值、其他變數或運算結果，如下所示：

```
height = 135
weight = weight + 2
bmi = weight / height / height
```

☆ 使用指定敘述：ch2-2-2.py

Python 語言的指定敘述是使用「=」等號，其基本語法如下所示：

變數 = 字面值、其他變數或運算式

上述指定敘述「=」的左邊是變數，右邊是字面值（就是數值或字串值）、其他變數，或運算式，如下所示：

```
score1 = 35
score2 = 10
score3 = 10
score2 = 27
```

上述程式碼建立 3 個變數且指定初值，這是整數變數，然後將變數 score2 使用指定敘述從 10 更改成變數值 27。在指定敘述等號右邊的 27 稱為字面值（Literals），也就是直接使用數值來指定變數值，如果在指定敘述右邊是另一個變數，如下所示：

```
score3 = score2
```

上述程式碼的等號左邊是變數 scorc3，指定敘述就是將變數 score2 的值指派給變數 score3，也就是更改變數 score3 的值成為變數 score2 的值，即 27。

☆ 多重指定敘述：ch2-2-2a.py

多重指定敘述（Multiple Assignments）可以在一列指定敘述同時指定多個變數值，如下所示：

```
score1 = score2 = score3 = 25
print(score1, score2, score3)
```

上述指定敘述同時將 3 個變數值指定為 25，請注意！多重指定敘述一定只能指定成相同值，而且其優先順序是**從右至左**，先執行 score3 = 25，然後才是 score2 = score3 和 score1 = score2。

☆ 同時指定敘述：ch2-2-2b.py

同時指定敘述（Simultaneous Assignments）的「=」等號左右邊是使用「,」逗號分隔的多個變數和值，如下所示：

```
x, y = 1, 2
print("X =", x, "Y =", y)
```

上述程式碼分別指定變數 x 和 y 的值，相當於是 2 個指定敘述，如下所示：

```
x = 1
y = 2
```

同時指定敘述還可以簡化 2 個變數值交換的程式碼，如下所示：

```
x, y = y, x
print("X =", x, "Y =", y)
```

上述程式碼可以交換變數 x 和 y 的值，以此例本來 x 是 1；y 是 2，執行後 x 是 2；y 是 1。

2-2-3 Python 運算子

Python 支援完整的算術（Arithmetic）、指定（Assignment）、位元（Bitwise）、關係（Relational）和邏輯（Logical）運算子。Python 運算子預設的優先順序（愈上面愈優先），如下表所示：

運算子	說明
()	括號運算子
**	指數運算子
~	位元運算子 NOT
+、-	正號、負號
*、/、//、%	算術運算子的乘法、除法、整數除法和餘數
+、-	算術運算子加法和減法
<<、>>	位元運算子左移和右移
&	位元運算子 AND
^	位元運算子 XOR
|	位元運算子 OR
in、not in、is、is not、<、<=、>、>=、<>、!=、==	成員、識別和關係運算子小於、小於等於、大於、大於等於、不等於和等於
not	邏輯運算子 NOT
and	邏輯運算子 AND
or	邏輯運算子 OR

Python 運算式大多是二元運算式，即擁有 2 個運算子，例如：加、減、乘和除法四則運算（Python 程式：ch2-2-3.py），如下所示：

```
a = 6 + 7      # 計算 6+7 的和後，指定給變數 a
b = a - 2      # 計算 a-2 的值後，指定給變數 b
c = a * b      # 計算 a*b 的值後，指定給變數 c
d = 10 / 3     # 計算 10/3 的值後，指定給變數 d
```

當 Python 運算式的多個運算子擁有相同的優先順序時，如下所示：

```
3 + 4 - 2
```

上述運算式的「+」和「-」運算子擁有相同優先順序，此時的運算順序是從左至右依序的進行運算，即先運算 3+4=7，然後再運算 7-2=5。

2-2-4 Python 基本資料型態

Python 資料型態分為**基本型態**，和**容器型態**的串列、字典、集合和元組等，在這一節先說明基本資料型態的整數、浮點數、布林和字串，容器型態的說明請參閱第 2-5 節。

請注意！Python 變數不用宣告，變數的資料型態自動使用變數值（字面值）來判斷，而且，當變數指定成不同型態的值後，變數的資料型態也同時變更成此值的資料型態。

☆ 整數（Integers）

整數資料型態是指變數儲存資料是整數值，沒有小數點，其資料長度可以是任何長度，視記憶體空間而定。例如：一些整數值範例，而這些整數值也稱為字面值（Literals），如下所示：

```
a = 1
b = 100
c = 122
d = 56789
```

Python 變數可以指定成整數值，然後執行相關的數學運算（Python 程式：ch2-2-4.py），如下所示：

```
x = 5
print(type(x))   # 顯示 "<class 'int'>"
print(x)         # 顯示 "5"
print(x + 1)     # 加法: 顯示 "6"
print(x - 1)     # 減法: 顯示 "4"
print(x * 2)     # 乘法: 顯示 "10"
print(x / 2)     # 除法: 顯示 "2.5"
print(x // 2)    # 整數除法: 顯示 "2"
print(x % 2)     # 餘數: 顯示 "1"
print(x ** 2)    # 指數: 顯示 "25"
x += 1
print(x)         # 顯示 "6"
x *= 2
print(x)         # 顯示 "12"
```

上述程式碼指定變數 x 值是整數 5 後，依序使用 type(x) 顯示資料型態、執行加法、減法、乘法、除法、整數除法、餘數和指數運算，最後 2 個 x += 1 和 x *= 2 是運算式的簡化寫法，其簡化的運算式如下所示：

```
x = x + 1
x = x * 2
```

☆ 浮點數（Floats）

浮點數資料型態是指變數儲存的是整數加上小數，其精確度可以到達小數點下第 15 位，基本上，整數和浮點數的差異就是在小數點，5 是整數；5.0 就是浮點數，如下是一些浮點數字面值的範例：

```
e = 1.0
f = 55.22
```

Python 浮點數的精確度只到小數點下第 15 位。同樣的，Python 變數可以指定成浮點數值，然後執行相關的數學運算（Python 程式：ch2-2-4a.py），如下所示：

```
y = 2.5
print(type(y)) # 顯示 "<class 'float'>"
print(y, y + 1, y * 2, y ** 2) # 顯示 "2.5 3.5 5.0 6.25"
```

上述程式碼指定變數 y 的值是 2.5 後，顯示資料型態和執行數學運算。

☆ 布林（Booleans）

布林（Boolean）資料型態是使用 True 和 False 關鍵字來表示（請注意！True 和 False 是 Python 保留的關鍵字，字頭是大寫），如下所示：

```
x = True
y = False
```

我們除了使用 True 和 False 關鍵字外，下列變數值也視為 False，如下所示：

- 0、0.0：整數值 0 或浮點數值 0.0。
- []、()、{}：容器型態的空串列、空元組和空字典。
- None：關鍵字 None。

在實作上，當運算式使用關係運算子（==、!=、<、>、<=、>=）或邏輯運算子（not、and、or）時，其運算結果就是布林值。首先是邏輯運算子（Python 程式：ch2-2-4b.py），如下所示：

```
a = True
b = False
print(type(a))    # 顯示 "<class 'bool'>"
print(a and b)    # 邏輯 AND: 顯示 "False"
print(a or b)     # 邏輯 OR: 顯示 "True"
print(not a)      # 邏輯 NOT: 顯示 "False"
```

上述程式碼指定變數是布林值後，依序執行 AND、OR 和 NOT 運算。接著我們來看 2 個變數比較的關係運算子（Python 程式：ch2-2-4c.py），如下所示：

```
a = 3
b = 4
print(a == b)   # 相等: 顯示 "False"
print(a != b)   # 不等: 顯示 "True"
print(a > b)    # 大於: 顯示 "False"
print(a >= b)   # 大於等於: 顯示 "False"
print(a < b)    # 小於: 顯示 "True"
print(a <= b)   # 小於等於: 顯示 "True"
```

☆字串（Strings）

Python「**字串**」（Strings）並不能更改字串內容，所有字串變更都是建立一個全新字串。Python 字串是使用「'」單引號或「"」雙引號括起的一序列 Unicode 字元（關於字串處理的進一步說明，請參閱附錄 B-2），如下所示：

```
s1 = "學習Python語言程式設計"
s2 = 'Hello World!'
```

上述程式碼的變數是字串資料型態，Python 語言並沒有字元型態，當引號括起的字串只有 1 個時，我們可以視為是字元，如下所示：

```
ch1 = "A"
ch2 = 'b'
```

當 Python 程式碼建立字串後，就可以呼叫 print() 函數顯示字串、呼叫 len() 函數計算字串長度、連接 2 個字串和格式化顯示的字串內容...等（Python 程式：ch2-2-4d.py），如下所示：

```
str1 = 'hello'                    # 使用單引號建立字串
str2 = "python"                   # 使用雙引號建立字串
print(str1)                       # 顯示 "hello"
print(len(str1))                  # 字串長度: 顯示 "5"
str3 = str1 + ' ' + str2          # 字串連接
print(str3)                       # 顯示 "hello python"
```

```
str4 = '%s %s %d' % (str1, str2, 12) # 格式化字串
print(str4)                          # 顯示 "hello python 12"
```

上述程式碼建立字串變數 str1 和 str2 後，使用 print() 函數顯示字串內容；使用 len() 函數計算字串有幾個英文或中文字元；我們還使用加法「+」連接字串，或類似 C 語言 printf() 函數的格式字串來建立字串內容，格式字元「%s」是字串；「%d」是整數；「%f」是浮點數。

最後，Python 字串物件提供一些方法 (Method) 來處理字串（Python 程式：ch2-2-4e.py），如下所示：

```
s = "hello"
print(s.capitalize())          # 第 1 個字元大寫: 顯示 "Hello"
print(s.upper())               # 轉成大寫: 顯示 "HELLO"
print(s.rjust(7))              # 右邊填空白字元: 顯示 "  hello"
print(s.center(7))             # 置中顯示: 顯示 " hello "
print(s.replace('l', 'L'))     # 取代字串: 顯示 "heLLo"
print('  python '.strip())     # 刪除空白字元: 顯示 "python"
```

2-3 流程控制

Python **流程控制**可以配合條件運算式的條件來執行不同程式區塊（Blocks），或重複執行指定區塊的程式碼。

Python 程式區塊是程式碼縮排相同數量的空白字元，一般是使用 4 個空白字元（或 1 個 Tab 鍵），所以，相同縮排的程式碼是屬於同一個程式區塊。

流程控制主要分為兩種，如下所示：

- **條件控制**：條件控制是選擇題，分為單選、二選一或多選一，依照條件運算式的結果決定執行哪一個程式區塊的程式碼。
- **迴圈控制**：迴圈控制是重複執行程式區塊的程式碼，並設定一個結束條件可以結束迴圈的執行。

2-3-1 條件控制

Python 條件控制敘述是使用條件運算式，配合程式區塊建立的決策敘述，可以分為三種：單選（if）、二選一（if/else）或多選一（if/elif/else）。

☆ if 單選條件敘述：ch2-3-1.py

if 條件敘述是一種是否執行的單選題，只是決定是否執行程式區塊內的程式碼，如果條件運算式的結果為 True，就執行程式區塊的程式碼，Python 程式區塊是相同縮排的多列程式碼，習慣用法是縮排 4 個空白字元。例如：判斷氣溫決定是否加件外套的 if 條件敘述，如下所示：

```
t = int(input("請輸入氣溫 => "))
if t < 20:
    print("加件外套!")
print("今天氣溫 = " + str(t))
```

上述程式碼使用 input() 函數輸入字串，然後呼叫 int() 函數轉換成整數值，當 if 條件敘述的條件成立（在 t < 20 條件後有「:」號，表示下一列是程式區塊），才會執行縮排的程式敘述，如下圖所示：

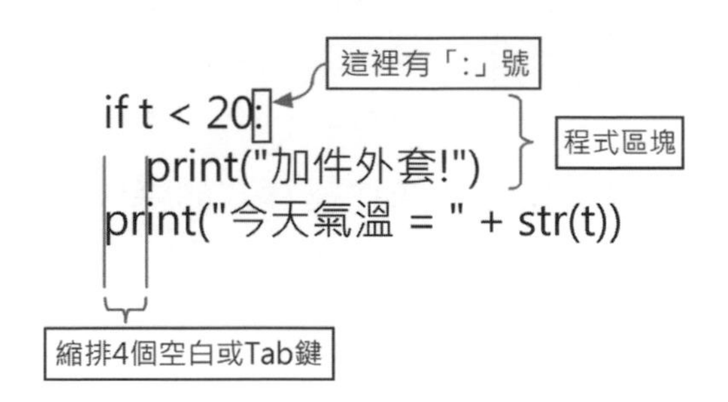

更進一步，我們可以活用邏輯運算式，當氣溫在 20~22 度之間時，顯示「加一件薄外套!」訊息文字，如下所示：

```
if t >= 20 and t <= 22:
    print("加一件薄外套!")
```

☆ if/else 二選一條件敘述：ch2-3-1a.py

單純 if 條件只能選擇執行或不執行程式區塊的單選題，更進一步，如果是排它情況的兩個執行區塊，只能二選一，我們可以加上 else 關鍵字，依條件決定執行哪一個程式區塊。

例如：學生成績以 60 分區分是否及格的 if/else 條件敘述，如下所示：

```
s = int(input("請輸入成績 => "))
if s >= 60:
    print("成績及格!")
else:
    print("成績不及格!")
```

上述程式碼因為成績有排它性，60 分以上為及格分數，60 分以下為不及格。請注意！在 else 關鍵字之後也有「:」號。

☆ if/elif/else 多選一條件敘述：ch2-3-1b.py

Python 多選一條件敘述是 if/else 條件的擴充，在之中新增 elif 關鍵字來新增一個條件判斷，就可以建立多選一條件敘述，在輸入時，別忘了輸入在條件運算式和 else 關鍵字之後的「:」冒號。

例如：輸入年齡值來判斷不同範圍的年齡，小於 13 歲是兒童；小於 20 歲是青少年；大於等於 20 歲是成年人，因為條件不只一個，所以需要使用多選一條件敘述，如下所示：

```
a = int(input("請輸入年齡 => "))
if a < 13:
    print("兒童")
elif a < 20:
    print("青少年")
else:
    print("成年人")
```

上述 if/elif/else 多選一條件敘述從上而下如同階梯一般，一次判斷一個 if 條件，如果為 True，就執行程式區塊，並且結束整個多選一條件敘述；如果為 False，就進行下一次判斷。

☆ 單行條件敘述：ch2-3-1c.py

我們可以使用單行 if/else 條件敘述來撰寫「**條件運算式**」（Conditional Expressions），其語法如下所示：

變數 = 變數 1 if 條件運算式 else 變數 2

上述指定敘述的「=」號右邊是單行 if/else 條件敘述，如果條件成立，就將變數指定成變數 1 的值；否則就是指定成變數 2 的值。例如：12/24 制的時間轉換運算式，如下所示：

```
h = h-12 if h >= 12 else h
```

上述程式碼開始是條件成立指定的變數值或運算式，接著是 if 加上條件運算式，最後 else 之後是不成立，所以，當條件為 True，h 變數值為 h-12；False 是 h。

2-3-2 迴圈控制

Python 迴圈控制敘述提供 for/in「計數迴圈」（Counting Loop），和 while 條件迴圈。

☆ for/in 計數迴圈：ch2-3-2.py

在 for/in 迴圈的程式敘述中擁有計數器變數，計數器可以每次增加或減少一個值，直到迴圈結束條件成立為止。基本上，如果已經知道需重複執行幾次，就可以使用 for/in 計數迴圈來重複執行程式區塊。

例如：在輸入最大值後，可以計算出 1 加至最大值的總和，如下所示：

```
m = int(input("請輸入最大值 =>"))
s = 0
for i in range(1, m + 1):
    s = s + i
print("總和 = " + str(s))
```

上述 for/in 計數迴圈需要使用內建 range() 函數，請注意！此函數的範圍**不包含第 2 個參數本身**，所以，1~m 範圍是 range(1, m + 1)。

☆ for/in 迴圈與 range() 函數：ch2-3-2a.py

Python 的 for/in 計數迴圈是使用 range() 函數來產生指定範圍的計數值，這是 Python 內建函數，可以有 1、2 和 3 個參數，如下所示：

◆ **擁有 1 個參數的 range() 函數**：此參數是終止值（並不包含終止值），預設的起始值是 0，如下表所示：

range() 函數	整數值範圍
range(5)	0~4
range(10)	0~9
range(11)	0~10

例如：建立計數迴圈顯示值 0~4，如下所示：

```
for i in range(5):
    print("range(5)的值 = " + str(i))
```

◆ **擁有 2 個參數的 range() 函數**：第 1 參數是起始值，第 2 個參數是終止值（並不包含終止值），如下表所示：

range() 函數	整數值範圍
range(1, 5)	1~4
range(1. 10)	1~9
range(1, 11)	1~10

例如：建立計數迴圈顯示值 1~4，如下所示：

```
for i in range(1, 5):
    print("range(1,5) 的值 = " + str(i))
```

◆ **擁有 3 個參數的 range() 函數**：第 1 參數是起始值，第 2 個參數是終止值（不含終止值），第 3 個參數是增量值，如下表所示：

range() 函數	整數值範圍
range(1, 11, 2)	1、3、5、7、9
range(1, 11, 3)	1、4、7、10
range(1, 11, 4)	1、5、9
range(0, -10, -1)	0、-1、-2、-3、-4…-7、-8、-9
range(0, -10, -2)	0、-2、-4、-6、-8

例如：建立計數迴圈從 1~10 顯示奇數值，如下所示：

```
for i in range(1, 11, 2):
    print("range(1,11,2) 的值 = " + str(i))
```

☆ while 條件迴圈：ch2-3-2b.py

while 迴圈敘述需要在程式區塊自行處理計數器變數的增減，迴圈是在程式區塊開頭檢查條件，條件成立才允許進入迴圈執行。例如：使用 while 迴圈來計算階層函數值，如下所示：

```
m = int(input("請輸入階層數 =>"))
r = 1
n = 1
while n <= m:
    r = r * n
    n = n + 1
print("階層值! = " + str(r))
```

上述 while 迴圈的執行次數是直到條件 False 為止，假設 m 輸入 5，就是計算 5! 的值，變數 n 是計數器變數。如果符合 n <= 5 條件，就進入迴圈執行程式區塊，迴圈結束條件是 n > 5，在程式區塊是用 n = n + 1 敘述來更新計數器變數 。

☆ break 跳出迴圈：ch2-3-2c.py

Python 語言的 break 關鍵字可以強迫終止 for/in 和 while 迴圈的執行。雖然 Python 迴圈都是在開頭測試結束條件，如果需要在迴圈中結束迴圈，我們可以使用 if 條件配合 break 關鍵字來跳出迴圈，跳出迴圈就會結束迴圈執行。例如：在 while 無窮迴圈有 if 條件敘述決定是否跳出迴圈，如下所示：

```
i = 1
while True:
    print(i, end="  ")
    i = i + 1
    if i > 5:
        break
```

上述 while 迴圈是無窮迴圈（因為條件運算式永遠是 True），在迴圈中使用 if 條件判斷 i > 5 是否成立，成立就執行 break 關鍵字跳出迴圈，所以迴圈只會執行 5 次。

☆ continue 繼續迴圈：ch2-3-2d.py

Python 程式在 for/in 和 while 迴圈在執行過程中，可以使用 continue 關鍵字馬上繼續下一次迴圈的執行，此時並不會執行程式區塊位在 continue 關鍵字之後的程式碼。例如：使用 for 迴圈顯示 1 到 10 之中的偶數，如下所示：

```
for i in range(1, 11):
    if i % 2 == 1:
        continue
    print(i, end=" ")
```

上述程式碼當計數器是奇數時，就馬上繼續下一次迴圈的執行，所以，print() 函數只會顯示 1 到 10 之間的偶數，end 參數是結尾的命名參數，預設值是新行字元換行，空白字元就不會換行。

2-4 函數、模組與套件

Python「**函數**」(Functions, 也可稱函式）是一個獨立程式單元，可以將大工作分割成一個個小型工作，我們可以重複使用之前建立的函數或直接呼叫 Python 內建函數。

Python 之所以擁有強大的功能，都是因為有眾多標準和網路上現成模組（Modules）與套件（Packages）來擴充程式功能，我們可以匯入 Python 模組與套件來直接使用模組與套件提供的函數，而不用自己撰寫相關函數。

2-4-1 函數

函數名稱如同變數是一種識別字，其命名方式和變數相同，程式設計者需要自行命名，在函數的程式區塊中，可以使用 return 關鍵字回傳函數值，和結束函數的執行。函數的參數（Parameters）列是函數的使用介面，在呼叫時，我們需要傳入對應的引數（Arguments）。

☆ 定義函數：ch2-4-1.py

底下自行定義一個沒有參數列和回傳值的 print_msg() 函數，如下所示：

```
def print_msg():
    print("歡迎學習 Python 程式設計!")
```

上述函數名稱是 print_msg，在名稱後的括號定義傳入的參數列，如果函數沒有參數，就是空括號 ()，在空括號後不要忘了輸入「:」冒號。

Python 函數如果有回傳值，我們需要使用 return 關鍵字來回傳值。例如：判斷參數值是否在指定範圍的 is_valid_num() 函數，如下所示：

```
def is_valid_num(no):
    if no >= 0 and no <= 200.0:
        return True
    else:
        return False
```

上述函數的括號中是參數 no，如果參數不只 1 個，請使用「,」分隔，此函數共使用 2 個 return 關鍵字來回傳值，回傳 True 表示合法；False 為不合法。

再來是一個執行運算的 convert_to_f() 函數，擁有 1 個參數 c，如下所示：

```
def convert_to_f(c):
    f = (9.0 * c) / 5.0 + 32.0
    return f
```

上述函數使用 return 關鍵字回傳函數的執行結果，即攝氏 (c) 轉華氏 (f) 的溫度轉換結果。

☆ 函數呼叫：ch2-4-1.py

Python 程式碼呼叫函數是使用函數名稱加上括號中的引數列，有幾個參數，就有幾個引數。因為 print_msg() 函數沒有回傳值和參數列，呼叫函數只需使用函數名稱加上空括號，如下所示：

```
print_msg()
```

函數如果擁有參數和回傳值，在括號中是傳入的引數 c，函數呼叫可以使用指定敘述來取得回傳值，如下所示：

```
f = convert_to_f(c)
```

上述程式碼的變數 f 可以取得 convert_to_f() 函數的回傳值。

如果函數回傳值為 True 或 False，例如：is_valid_num() 函數，我們可以在 if 條件敘述呼叫函數作為判斷條件，如下所示：

```
if is_valid_num(c):
    print("合法!")
else:
    print("不合法")
```

上述條件式使用函數回傳值作為判斷條件，可以顯示數值是否合法。

2-4-2 使用 Python 模組與套件

Python **模組**（Modules）簡單說就是單一 Python 程式檔案，即副檔名 .py 的檔案，每一個 .py 檔案都可作為模組來使用。**套件**（Packages）則是一個目錄內含多個模組的集合，而且在根目錄包含名為 __init__.py 的 Python 檔案。

為了方便說明，當本書 Python 程式匯入 Python 模組與套件後，不論是呼叫模組的物件方法或函數，都會統一使用函數來說明。

☆ 匯入模組或套件：ch2-4-2.py

Python 程式是使用 import 關鍵字來匯入模組或套件，例如：匯入名為 random 的模組，如下所示：

```
import random
```

上述程式碼匯入名為 random 的模組後，就可以呼叫模組的 randint() 函數，馬上產生指定範圍之間的整數亂數值，如下所示：

```
target = random.randint(1, 100)
```

上述程式碼產生 1~100 之間的整數亂數值。

☆ 模組或套件的別名 (alias)：ch2-4-2a.py

在 Python 程式檔匯入模組或套件，除了使用模組或套件名稱來呼叫函數，我們也可以使用 as 關鍵字替模組取一個別名 (alias)，然後使用別名來呼叫函數，如下所示：

```
import random as R

target = R.randint(1, 100)
```

上述程式碼在匯入 random 模組時，使用 as 關鍵字取了別名 R，所以，我們可以使用別名 R 來呼叫 randint() 函數。

☆ 匯入模組或套件的部分名稱：ch2-4-2b.py

當 Python 程式使用 import 關鍵字匯入模組後，匯入的模組預設是全部內容，在實務上，我們可能只會使用到模組的 1 或 2 個函數或物件，此時請改用 from/import 程式敘述匯入模組的部分名稱，例如：在 Python 程式匯入 BeautifulSoup 模組，如下所示：

```
from bs4 import BeautifulSoup
```

上述程式碼匯入 BeautifulSoup 模組後，就可以建立 BeautifulSoup 物件，如下所示：

```
html_str = "<p>Hello World!</p>"
soup = BeautifulSoup(html_str, "lxml")
print(soup)
```

請注意！from/import 程式敘述匯入的變數、函數或物件是匯入到目前的程式檔案，成為目前程式檔案的範圍，所以在使用時並不需要使用模組名稱來指定所屬的模組，直接使用 BeautifulSoup 即可。

2-4-3 例外處理程式敍述

當程式執行時偵測出的錯誤稱為「**例外**」（Exception），Python 例外處理（Exception Handling）是建立 try/except 程式區塊，以便當 Python 程式執行時產生例外時，能夠撰寫程式碼來進行補救處理，其基本語法如下所示：

```
try:
    # 產生例外的程式碼
except <Exception Type>:
    # 例外處理
```

上述語法的程式區塊說明，如下所示：

- **try 程式區塊**：在 try 程式區塊的程式碼是用來檢查是否產生例外，當例外產生時，就丟出指定例外類型（Exception Type）的物件。
- **except 程式區塊**：當 try 程式區塊的程式碼丟出例外物件，需要準備一到多個 except 程式區塊來處理不同類型的例外。

例如：當開啟檔案不存在，就會產生 FileNotFoundError 例外，Python 程式可以使用 try/except 處理檔案不存在的例外（Python 程式：ch2-4-3.py），如下所示：

```
try:
    fp = open("myfile.txt", "r")
    print(fp.read())
    fp.close()
except FileNotFoundError:
    print("錯誤: myfile.txt 檔案不存在!")
```

上述 try 程式區塊開啟和關閉檔案，如果檔案不存在，open() 函數就會丟出 FileNotFoundError 例外，然後在 except 程式區塊進行例外處理（即錯誤處理），以此例是顯示錯誤訊息，關於 Python 文字檔案處理的說明請參閱附錄 B-1 節。

2-5 容器型態

Python 支援的容器型態有：**串列**（Lists）、**字典**（Dictionaries）、**集合**（Sets）和**元組**（Tuple），容器型態如同一個放東西的盒子，我們可以將項目或元素的東西儲存在盒子中。

2-5-1 串列（Lists）

Python「串列」（Lists）類似其他程式語言的「陣列」（Arrays），中文譯名有清單和列表等。不同於字串型態的不能更改，串列允許更改（Mutable）內容，可以新增、刪除、插入和更改串列項目（Items）。

☆ 串列的基本使用：ch2-5-1.py

Python 串列（Lists）是使用「[]」方括號括起的多個項目，每一個項目使用「,」逗號分隔，如下所示：

```
ls = [6, 4, 5]       # 建立串列
print(ls, ls[2])     # 顯示 "[6, 4, 5] 5"
print(ls[-1])        # 負索引從最後開始: 顯示 "5"
ls[2] = "py"         # 指定字串型態的項目
print(ls)            # 顯示 "[6, 4, 'py']"
ls.append("bar")     # 新增項目
print(ls)            # 顯示 "[6, 4, 'py', 'bar']"
ele = ls.pop()       # 取出最後項目
print(ele, ls)       # 顯示 "bar [6, 4, 'py']"
```

上述程式碼首先建立 3 個項目的串列 ls，然後使用索引取出第 2 個項目（索引從 0 開始），負索引 -1 是指最後 1 個，更改串列項目是字串後，再使用 append() 方法在最後新增項目，pop() 方法可以取出最後 1 個項目。

☆ 切割串列：ch2-5-1a.py

Python 串列可以在「[]」方括號中使用「:」符號的語法，即指定開始和結束來分割串列成為子串列，如下所示：

```
nums = list(range(5))  # 建立一序列的整數串列
print(nums)            # 顯示 "[0, 1, 2, 3, 4]"
print(nums[2:4])       # 切割索引 2~4 (不含 4): 顯示 "[2, 3]"
print(nums[2:])        # 切割索引從 2 至最後: 顯示 "[2, 3, 4]"
print(nums[:2])        # 切割從開始至索引 2 (不含 2): 顯示 "[0, 1]"
print(nums[:])         # 切割整個串列: 顯示 "[0, 1, 2, 3, 4]"
print(nums[:-1])       # 使用負索引切割: 顯示 "[0, 1, 2, 3]"
nums[2:4] = [7, 8]     # 使用切割來指定子串列
print(nums)            # 顯示 "[0, 1, 7, 8, 4]"
```

☆ 走訪串列：ch2-5-1b.py

Python 程式是使用 for/in 迴圈走訪顯示串列的每一個項目，如下所示：

```
animals = ['cat', 'dog', 'bat']
for animal in animals:
    print(animal)
```

上述 for/in 迴圈可以一一取出串列每一個項目和顯示出來，其執行結果如下所示：

```
cat
dog
bat
```

如果需要顯示串列各項目的索引值，我們需要使用 enumerate() 函數，如下所示：

```
animals = ['cat', 'dog', 'bat']
for index, animal in enumerate(animals):
    print(index, animal)
```

上述的 enumerate() 函數有 2 個回傳值，第 1 個 index 就是索引值，其執行結果如下所示：

```
0 cat
1 dog
2 bat
```

☆ 串列生成式（List Comprehension）：ch2-5-1c.py

串列生成式（List Comprehension）是以一種簡潔語法來建立串列，我們可以在「[]」方括號中使用 for/in 迴圈產生串列項目，如果需要，還可以加上 if 條件子句篩選出所需的項目，如下所示：

```
list1 = [x for x in range(10)]
```

上述程式碼的第 1 個變數 x 是串列項目，這是使用之後 for/in 迴圈來產生項目，以此例是 0~9，可以建立串列：[0, 1, 2, 3, 4, 5, 6, 7, 8, 9]。

不只如此，在方括號第 1 個 x 是變數，也可以是一個運算式，例如：使用 x+1 產生項目，如下所示：

```
list2 = [x+1 for x in range(10)]
```

上述程式碼可以建立串列：[1, 2, 3, 4, 5, 6, 7, 8, 9, 10]。如果需要還可以在 for/in 迴圈後加上 if 條件子句，例如：只顯示偶數項目，如下所示：

```
list3 = [x for x in range(10) if x % 2 == 0]
```

上述程式碼在 for/in 迴圈後是 if 條件子句，可以判斷 x % 2 的餘數是否是 0，也就是只顯示餘數值是 0 的項目，即偶數項目，其執行結果可以建立串列：[0, 2, 4, 6, 8]。同樣的，我們可以使用運算式來產生項目，如下所示：

```
list4 = [x*2 for x in range(10) if x % 2 == 0]
```

上述程式碼可以建立串列：[0, 4, 8, 12, 16]。

2-5-2 字典（Dictionaries）

Python「**字典**」（Dictionaries）是一種儲存鍵值資料的容器型態，我們可以使用鍵（Key）來取出和更改值（Value），或使用鍵來新增和刪除項目，對比其他程式語言，就是結合陣列（Associative Array）。

☆ 字典的基本使用：ch2-5-2.py

Python 字典（Dictionaries）是使用大括號「{}」定義成對的鍵和值（Key-value Pairs），每一對使用「,」逗號分隔，其中的鍵和值是使用「:」冒號分隔，如下所示：

```
d = {"cat": "white", "dog": "black"}   # 建立字典
print(d["cat"])                        # 使用 Key 取得項目: 顯示 "white"
print("cat" in d)                      # 是否有 Key: 顯示 "True"
d["pig"] = "pink"                      # 新增項目
print(d["pig"])                        # 顯示 "pink"
print(d.get("monkey", "N/A"))          # 取出項目+預設值: 顯示 "N/A"
print(d.get("pig", "N/A"))             # 取出項目+預設值: 顯示 "pink"
del d["pig"]                           # 使用 Key 刪除項目
print(d.get("pig", "N/A"))             # "pig" 不存在: 顯示 "N/A"
```

上述程式碼建立字典變數 d 後，使用鍵 "cat" 取出值，然後使用 in 運算子檢查是否有此鍵值，接著新增 "pig" 鍵值（如果鍵值不存在，就是新增）和顯示此鍵值，最後使用 get() 方法使用鍵取出值，如果鍵值不存在，就回傳第 2 個參數的預設值；del 是刪除項目。

☆ 走訪字典：ch2-5-2a.py

如同串列，Python 程式一樣是使用 for/in 迴圈以鍵來走訪字典，如下所示：

```
d = {"chicken": 2, "dog": 4, "cat": 4, "spider": 8}
for animal in d:
    legs = d[animal]
    print(animal, legs)
```

上述程式碼建立字典變數 d 後，使用 for/in 迴圈走訪字典的所有鍵，可以顯示各種動物有幾隻腳，其執行結果如下所示：

```
chicken 2
dog 4
cat 4
spider 8
```

如果需要同時走訪字典的鍵和值，我們需要使用 items()方法，如下所示：

```
d = {"chicken": 2, "dog": 4, "cat": 4, "spider": 8}
for animal, legs in d.items():
    print("動物: %s 有 %d 隻腳" % (animal, legs))
```

上述 for/in 迴圈是走訪 d.items()，可以回傳鍵 animal 和值 legs，其執行結果如下所示：

```
動物: chicken 有 2 隻腳
動物: dog 有 4 隻腳
動物: cat 有 4 隻腳
動物: spider 有 8 隻腳
```

☆ 字典生成式：ch2-5-2b.py

字典生成式（Dictionary Comprehension）是以一種簡潔語法來建立字典，我們可以在「{}」大括號中使用 for/in 迴圈產生字典項目，如果需要，還可以加上 if 條件子句來篩選出所需的項目，如下所示：

```
d1 = {x:x*x for x in range(10)}
```

上述程式碼的第 1 個 x:x*x 是字典項目，位在「:」前是鍵；之後是值，這是使用之後 for/in 迴圈產生項目，以此例是 0~9，其執行結果可以建立字典：{0: 0, 1: 1, 2: 4, 3: 9, 4: 16, 5: 25, 6: 36, 7: 49, 8: 64, 9: 81}。

不只如此，我們還可以在 for/in 迴圈後加上 if 條件子句，例如：只顯示奇數的項目，如下所示：

```
d2 = {x:x*x for x in range(10) if x % 2 == 1}
```

上述程式碼在 for/in 迴圈後是 if 條件子句，可以判斷 x % 2 的餘數是否是 1，也就是只顯示餘數值是 1 的項目，即奇數項目，其執行結果可以建立字典：{1: 1, 3: 9, 9: 81, 5: 25, 7: 49}。

2-5-3 集合（Sets）

Python「**集合**」（Sets）是一種無順序的元素集合，每一個元素是唯一；不可重複，我們可以更新、新增和刪除元素，和執行數學集合運算：交集、聯集和差集等。

☆ 集合的基本使用：ch2-5-3.py

Python 集合（Sets）也是使用「{}」大括號括起，每一個元素是使用「,」逗號分隔，如下所示：

```
animals = {"cat", "dog", "pig"} # 建立集合
print("cat" in animals)      # 檢查是否有此元素: 顯示 "True"
print("fish" in animals)     # 顯示 "False"
animals.add("fish")          # 新增集合元素
print("fish" in animals)     # 顯示 "True"
print(len(animals))          # 元素數: 顯示 "4"
animals.add("cat")           # 新增存在的元素
print(len(animals))          # 顯示 "4"
animals.remove('cat')        # 刪除集合元素
print(len(animals))          # 顯示 "3"
```

上述程式碼建立集合變數 animals 後，使用 in 運算子檢查集合是否有指定的元素，然後呼叫 add() 方法新增元素，len() 方法顯示元素數，可以看到如果新增集合已經存在的元素 "cat"，並不會再次新增，刪除元素是使用 remove() 方法。

☆ 走訪集合：ch2-5-3a.py

走訪集合和走訪串列是相同的，只是因為集合沒有順序，並沒有辦法使用其建立的順序來走訪，如下所示：

```
animals = {"cat", "dog", "pig", "fish"} # 建立集合
for index, animal in enumerate(animals):
    print('#%d: %s' % (index + 1, animal))
```

上述程式碼建立集合後，使用 for/in 迴圈和 enumerate() 函數走訪集合的所有元素，可以看到執行結果的順序和建立時的順序並不相同，如下所示：

```
#1: dog
#2: fish
#3: pig
#4: cat
```

☆ 集合運算：ch2-5-3b.py

Python 集合可以執行集合運算的交集、聯集和差集。本節測試的 2 個集合，如下所示：

```
A = {1, 2, 3, 4, 5}
B = {4, 5, 6, 7, 8}
```

◆ **交集**（Set Intersection）：交集是 2 個集合都存在元素的集合，如右圖所示：

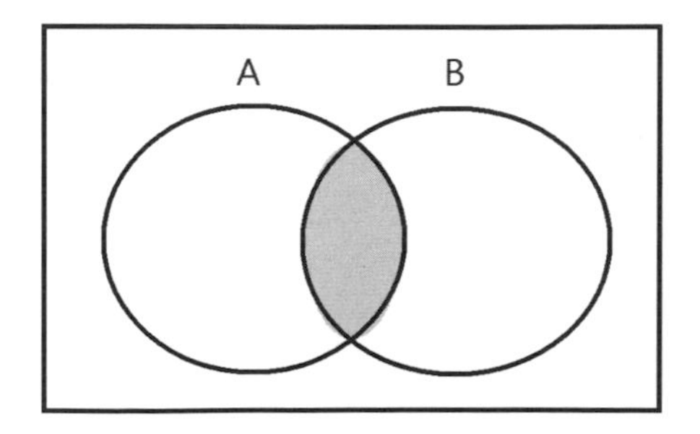

Python 交集是使用「&」運算子或 intersection() 函數，如下所示：

```
C = A & B
C = A.intersection(B)
```

上述運算式結果的集合是：{4, 5}。

◆ **聯集**（Set Union）：聯集是 2 個集合所有不重複元素的集合，如右圖所示：

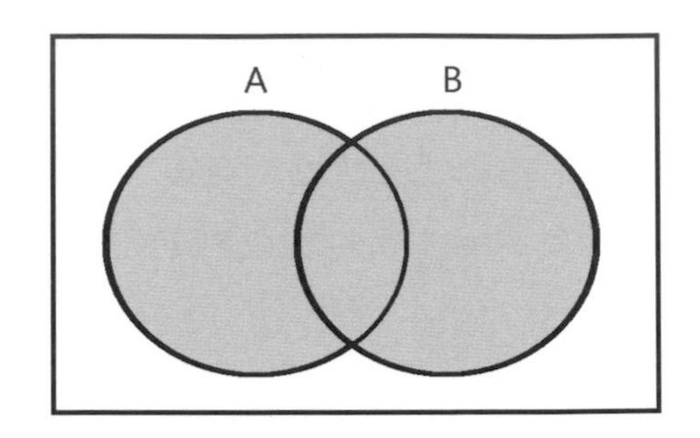

Python 聯集是使用「|」運算子或 union() 函數，如下所示：

```
C = A | B
C = A.union(B)
```

上述運算式結果的集合是：{1, 2, 3, 4, 5, 6, 7, 8}。

◆ **差集**（Set Difference）：差集是 2 個集合 A - B，只存在集合 A，不存在集合 B 的元素集合（B - A 就是存在 B；不存在 A），如右圖所示：

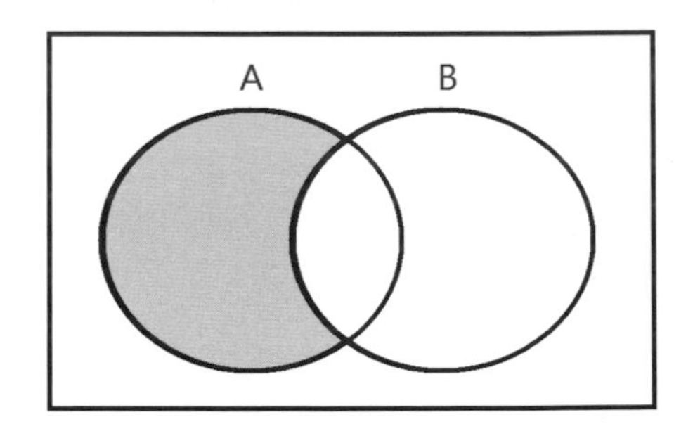

Python 差集是使用「-」運算子或 difference() 函數，如下所示：

```
C = A - B
C = A.difference(B)
```

上述運算式結果的集合是：{1, 2, 3}。

◆ **對稱差集**（Set Symmetric Difference）：對稱差集是 2 個集合的元素，不包含 2 個集合都擁有的元素，如右圖所示：

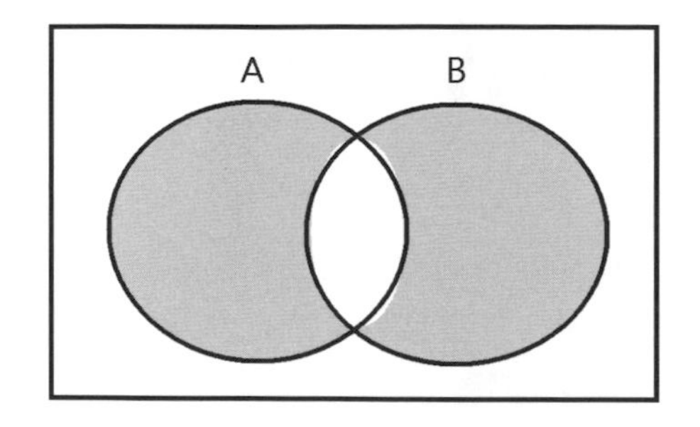

Python 對稱差集是使用「^」運算子或 symmetric_difference() 函數，如下所示：

```
C = A ^ B
C = A.symmetric_difference(B)
```

上述運算式結果的集合是：{1, 2, 3, 6, 7, 8}。

2-5-4 元組（Tuple）

「**元組**」（Tuple）是一種類似串列的容器型態，簡單的說，元組就是唯讀串列，一旦 Python 程式指定元組的項目，就不再允許更改元組的項目。Python 元組是使用「()」括號來建立，每一個項目使用「,」逗號分隔（Python 程式：ch2-5-4.py），如下所示：

```
t = (5, 6, 7, 8)           # 建立元組
print(type(t))             # 顯示 "<class 'tuple'>"
print(t)                   # 顯示 "(5, 6, 7, 8)"
print(t[0])                # 顯示 "5"
print(t[1])                # 顯示 "6"
print(t[-1])               # 顯示 "8"
print(t[-2])               # 顯示 "7"
for ele in t:              # 走訪項目
    print(ele, end=" ") # 顯示 "5, 6, 7, 8"
```

上述程式碼建立元組變數 t 後，顯示型態名稱，在顯示元組內容後，使用索引取出指定的項目，最後使用 for/in 迴圈走訪元組的項目。

2-6 類別（Class）與物件（Object）

Python 語言是一種物件導向程式語言，事實上，Python 所有內建資料型態都是物件（Objcet），包含：模組和函數等也都是物件。

2-6-1 定義類別和建立物件

物件導向程式是使用物件來建立程式，每一個物件儲存資料（Data）和提供行為（Behaviors），透過物件之間的通力合作來完成程式的功能。

☆ 定義類別

類別（Class）是物件的模子，也是藍圖，我們需要先定義類別，才能依據類別的模子來建立物件。Python 語言是使用 class 關鍵字來定義類別，如下例定義了 Student 類別（Python 程式：ch2-6-1.py）：

```
class Student:
    def _ _init_ _(self, name, grade):
        self.name = name
        self.grade = grade

    def displayStudent(self):
        print("姓名 = " + self.name)
        print("成績 = " + str(self.grade))

    def whoami(self):
        return self.name
```

上述程式碼使用 class 關鍵字定義類別，在之後是類別名稱 Student，然後是「:」冒號，在之後是類別定義的程式區塊（Function Block）。

一般來說，類別擁有儲存資料的「資料欄位」（Data Field）和定義行為的方法（Methods），而且擁有一個特殊名稱的方法稱為「建構子」（Constructors），其名稱一定是「_ _init_ _」。

☆ 類別建構子

類別建構子是每一次使用類別建立新物件時，就會自動呼叫的方法，Python 類別的建構子名為「_ _init_ _」，不能更名，在 init 前後是 2 個「_」底線，如下所示：

```
def _ _init_ _(self, name, grade):
    self.name = name
    self.grade = grade
```

上述建構子的寫法和 Python 函數相同，在建立新物件時，可以使用參數來指定資料欄位 name 和 grade 的初值。

☆ 建構子和方法的 self 變數

在 Python 類別建構子和方法的第 1 個參數是 self 變數，這是一個特殊變數，絕對不可以忘記此參數，其功能相當於是 C# 和 Java 語言的 this 關鍵字。

請注意！self 不是 Python 關鍵字，只是約定俗成的變數名稱，self 變數的值是參考呼叫建構子或方法的物件，以建構子 _ _init_ _() 方法來說，參數 self 的值是參考新建立的物件，如下所示：

```
self.name = name
self.grade = grade
```

上述程式碼 self.name 和 self.grade 就是指定新物件資料欄位 name 和 grade 的值。

☆ 資料欄位

類別的資料欄位，或稱為成員變數（Member Variables），在 Python 類別定義資料欄位並不需要特別語法，只要是使用 self 開頭存取的變數，就是資料欄位，在 Student 類別的資料欄位有 name 和 grade，如下所示：

```
self.name = name
self.grade = grade
```

上述程式碼是在建構子指定資料欄位的初值，沒有特別語法，name 和 grade 就是類別的資料欄位。

☆ 方法

類別的方法就是 Python 函數，只是第 1 個參數一定是 self 變數，而且在存取資料欄位時，不要忘了使用 self 變數來存取（因為有 self 才是存取資料欄位），如下所示是定義 displayStudent() 方法：

```
def displayStudent(self):
    print("姓名 = " + self.name)
    print("成績 = " + str(self.grade))
```

☆ 使用類別建立物件

在定義類別後，就可以使用類別建立物件，也稱為實例（Instances），同一類別可以如同工廠生產一般的建立多個物件，如下所示：

```
s1 = Student("陳會安", 85)
```

上述程式碼建立物件 s1，Student() 就是呼叫 Student 類別的建構子方法，擁有 2 個參數來建立物件，然後可以使用「.」運算子呼叫物件方法，如下所示：

```
s1.displayStudent()
print("s1.whoami() = " + s1.whoami())
```

同樣的語法，我們可以存取物件的資料欄位，如下所示：

```
print("s1.name = " + s1.name)
print("s1.grade = " + str(s1.grade))
```

2-6-2 隱藏資料欄位

Python 類別定義的資料欄位和方法預設可以在其他 Python 程式碼存取這些資料欄位，和呼叫這些方法，對比其他物件導向程式語言就是 public 公開成員。

如果資料欄位需要隱藏，或方法只能在類別中呼叫，並不是類別對外的使用介面，我們需要使用 private 私有成員，在 Python 資料欄位和方法名稱只需使用 2 個「_」底線開頭，就表示是私有（Private）資料欄位和方法（Python 程式：ch2-6-2.py），如下所示：

```
def __init__(self, name, grade):
    self.name = name
    self.__grade = grade
```

上述建構子的 __grade 資料欄位是隱藏的資料欄位。我們也可以建立只有在類別中呼叫的私有方法（Private Methods），如下所示：

```
def __getGrade(self):
    return self.__grade
```

上述方法名稱是 __getGrade()，這個方法只能在定義類別的程式碼來呼叫，呼叫時記得一樣需要加上 self，如下所示：

```
print("成績 = " + str(self.__getGrade()))
```

★ 學習評量 ★

1. 請簡單說明 Python 語言？Python 語言有哪幾種版本？
2. 請簡單說明 Python 語言支援的資料型態有哪些？
3. 請說明 Python 語言流程控制支援的條件和迴圈敘述種類？
4. 請舉例說明 Python 語言的函數？
5. 請舉例說明 Python 程式如何匯入模組或套件？在匯入後如何使用？
6. 請問什麼是 Python 語言的容器型態？
7. 請舉例說明 Python 語言的串列、字典、集合和元組型態？
8. 請簡單說明 Python 語言是如何建立類別與物件？

CHAPTER

3

取得網路資料

3-1 認識網路爬蟲

資料科學的第一步是**取得資料**（或稱數據），因為有資料才能進行資料分析，我們可以取得整理好的資料，如果沒有，就需自行使用 HTTP 通訊協定執行網路爬蟲，從網路擷取出所需的資料。

3-1-1 網路爬蟲與 HTTP 通訊協定

「網路爬蟲」（Web Scraping）是一個從 Web 資源擷取所需資料的過程，也就是說，我們是直接從 Web 資源取得所需的資訊，而不是使用網站提供現成的 API 存取介面。

網路爬蟲或稱為網頁資料擷取（Web Data Extraction）是一種資料擷取技術，可以讓我們直接從網站的 HTML 網頁取出所需的資料，其過程包含與 Web 資源進行通訊，剖析文件取出所需資料和整理成資訊，也就是轉換成所需的資料格式，例如：CSV 格式，如下圖所示：

author	href	push_count	title
vm04vm04	/bbs/NBA/M.1517289750.A.EC3.html	37	[花邊] LBJ：舅父們從小就教育我要好…
filmystery	/bbs/NBA/M.1517290055.A.D50.html	60	[討論] 有哪個球員的大約末期還能讓…
ChenWay	/bbs/NBA/M.1517291835.A.D08.html	11	Re: [情報] Blake Griffin被交易到活塞
asdf1256	/bbs/NBA/M.1517292834.A.B76.html	12	[新聞] 左手賣球員右手談續約 快艇玩…
tzeru592	/bbs/NBA/M.1517293010.A.632.html	3	[新聞] 厄文決勝節領軍 布朗致勝三分…
Yui5	/bbs/NBA/M.1517293174.A.CC6.html	1	[新聞] 裁判吹判爭議湖人主帥華…
Ayanami5566	/bbs/NBA/M.1517293371.A.219.html	14	[討論] 騎士有機會趁機換來小AB嗎?

基本上，Web 瀏覽器和 Python 網路爬蟲都是使用「HTTP 通訊協定」（Hypertext Transfer Protocol）送出 HTTP 的 GET 請求，目標是 URL 網址的網站，也就是向 Web 伺服器請求所需的 HTML 網頁資源，如下圖所示：

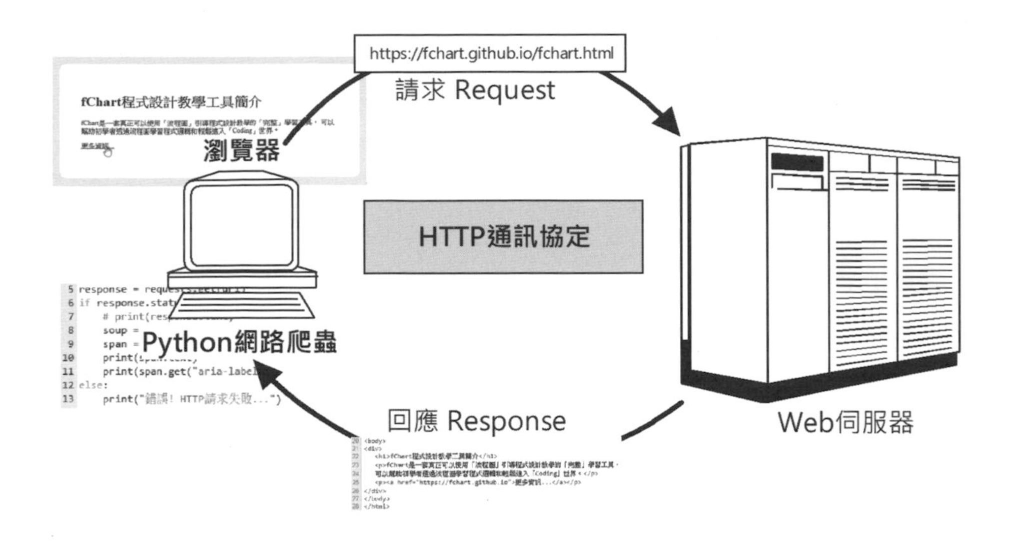

上述過程以瀏覽器來說，如同你（瀏覽器）向父母要零用錢 500 元，使用 HTTP 通訊協定的國語向父母要零用錢，父母是伺服器，也懂 HTTP 通訊協定的國語，所以聽得懂要 500 元，最後 Web 伺服器回傳資源 500 元，也就是父母將 500 元交到你手上。

簡單的說，Python 網路爬蟲就是模擬我們使用 Web 瀏覽器瀏覽網頁的行為，只是改用 Python 程式碼向 Web 網站送出 HTTP 請求，在取得回應的 HTML 網頁後，剖析 HTML 網頁來擷取出所需的資料。

3-1-2 如何建立 Python 網路爬蟲

Python 網路爬蟲是使用 Python 語言建立爬蟲程式，使用 Python 程式模擬瀏覽器來送出 HTTP 請求（第 3-2~3-4 節會有大量演練），其唯一差別在於瀏覽器會完整執行 JavaScript 程式碼；Python 爬蟲程式並不會執行 JavaScript 程式碼。

請注意！網頁內容除了使用附錄 A 的 HTML 標籤產生網頁內容外，JavaScript 程式碼也可以產生 HTML 標籤的網頁內容，當欲爬取的目標資料是 JavaScript 程式碼產生的資料，如果使用第 3-2 節的 requests 送出 HTTP 請求來建立 Python 爬蟲程式，會無法擷取這些 JavaScript 程式碼產生的資料，請改用第 3-5 節的 Selenium 來取得網路資料。

☆使用 Quick JavaScript Switcher 擴充功能

在 Web 瀏覽器可以新增 Quick JavaScript Switcher 擴充功能，讓我們快速切換是否在瀏覽器執行 JavaScript，透過這種方法我們可以檢視 JavaScript 程式是否會影響我們欲爬取的目標資料。

請啟動瀏覽器輸入網址 https://chrome.google.com/webstore/ 進入應用程式商店。在左上方欄位輸入 **JavaScript Switcher** 搜尋商店，可以在右邊看到搜尋結果，請選第 1 個 Quick JavaScript Switcher，再按之後**加到 Chrome** 鈕安裝擴充功能。

在權限說明對話方塊，按**新增擴充功能**鈕安裝 Quick JavaScript Switcher，稍等一下，可以看到已經在工具列新增擴充功能的圖示，如右圖所示：

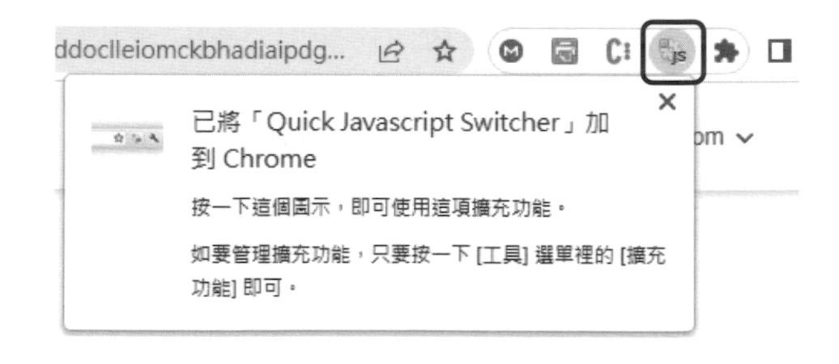

當在瀏覽器成功新增 Quick JavaScript Switcher 擴充功能後，就可以使用 Quick JavaScript Switcher 切換執行 JavaScript，例如：本書測試網址是使用 JavaScript 在客戶端產生 HTML 網頁內容，其 URL 網址如下所示：

◆ https://fchart.github.io/ML/nba_items.html

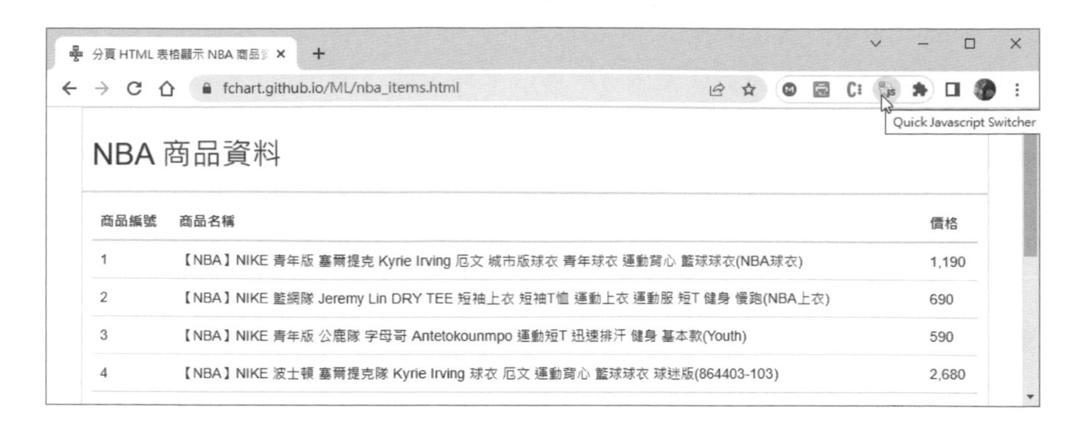

上述網頁內容顯示 NBA 商品清單，在右上方工具列可以看到 Quick JavaScript Switcher 的 JS 圖示（選之後拼圖圖示 ，可在工具列釘住此擴充功能），在圖示左上方有小綠點（表示開啟執行 JavaScript 狀態）。

請點選圖示切換是否執行 JavaScript，可以看到切換成圖示左下方有小紅點的圖示（表示關閉執行 JavaScript 狀態），可以看到商品清單不見了，如下圖所示：

看出來了嗎！如果欲爬取資料是商品清單，因為這些 HTML 標籤是執行 JavaScript 後才產生的內容，如果無法完整執行 JavaScript 程式碼，就無法產生商品清單（也就抓不住資料了）。由於此時的商品清單不存在伺服端回傳的 HTML 原始程式碼（可以執行右鍵「檢視網頁原始碼」命令看到 HTML 標籤），這時就需要用特殊的工具來做網路爬蟲 (見下頁)。

☆ Python 網路爬蟲所需的工具和函式庫

整個 Python 網路爬蟲過程需要使用多種工具和函式庫（對 Python 來說就是模組和套件）來完成整個資料擷取工作，如下所示：

- **網路爬蟲分析工具**：最常使用的是瀏覽器內建的開發人員工具，可以幫助我們在 HTML 網頁定位資料之所在，和找出取出此資料的特徵，例如：標籤名稱和屬性值。

- **HTTP 函式庫**：與 Web 伺服器進行 HTTP 通訊的函式庫，以便取得回應文件的 HTML 網頁內容，在本書是使用 Requests 模組，如果需要完整執行 JavaScript 程式碼，就是使用 Selenium 自動瀏覽器。

- **網路爬蟲函式庫**：在取得回應 HTML 網頁內容後，我們需要使用函式庫來剖析 HTML 網頁，以便取出所需資料，如下所示：
  - **擷取靜態網頁資料**（HTML 標籤的資料）：對於使用 HTML 標籤建立的網頁內容，在本書是使用 BeautifulSoup 和 lxml 模組來擷取網頁內容。
  - **擷取動態網頁的資料**（JavaScript 產生的 HTML 標籤資料）：如果 Web 網站是 JavaScript 產生的動態網頁內容，就需要使用 Selenium 自動瀏覽器來取得動態網頁內容，然後再使用 BeautifulSoup 和 lxml 模組擷取網頁內容。

3-1-3 Python 網路爬蟲的基本步驟

網路爬蟲的整個過程涉及向 Web 網站送出 HTTP 請求，和從取回的 HTML 網頁中定位出所需的資料，在擷取出資料後，我們需要儲存這些資料。網路爬蟲的基本四步驟，如下所示：

☆ 步驟一：找出目標 URL 網址和參數

網路爬蟲的第一步是找出目標資料是位在哪一個 Web 網站，即網域名稱和埠號，預設埠號是 80，然後是目標網頁的檔名和路徑（也稱為路由）和「?」符號後的 URL 參數，如此才能找到目標資料所在的 HTML 網頁，如下圖所示：

定位網站的網域和埠號　　定位網頁的路徑和URL參數

http://www.example.com:80/test/index.php?user=joe

☆ 步驟二：判斷網頁內容是如何產生

當成功找出目標 URL 網址和參數後，接著需要判斷網頁內容是如何產生，請使用前面提到的 Quick JavaScript Switcher 擴充功能切換執行 JavaScript 程式碼，以便判斷網頁內容是否有改變，其說明如下所示：

- **網頁內容完全相同**：不論是否執行 JavaScript，網頁內容都一樣，這是靜態 HTML 網頁，請使用第 3-2 節的 Requests 模組取得網路資料。
- **網頁內容有差異，但目標資料沒有改變**：這表示 JavaScript 只影響非目標資料（例如：產生使用介面或動態效果），因為目標資料仍然存在，一樣是使用第 3-2 節的 Requests 模組取得網路資料。
- **目標資料消失不見**：若執行 JavaScript 會影響到目標資料，表示目標資料是透過 JavaScript 產生，Requests 模組取得的網路資料並不會執行 JavaScript，請改用第 3-5 節的 Selenium 取得網路資料。

☆ 步驟三：擬定擷取資料的網路爬蟲策略

當判斷出網頁內容的產生方式，成功取回網路資料後，接著需要擬定擷取資料的網路爬蟲策略，即如何在 HTML 網頁定位目標資料，其常用技術有三種，如下所示：

◆ **CSS 選擇器**（CSS Selector）：CSS 選擇器是 CSS 層級式樣式表語法規則的一部分（詳見附錄 A-7~A-8 節說明），可以定義哪些 HTML 標籤需要套用 CSS 樣式，我們可以使用 CSS 選擇器來定位網頁資料。

◆ **XPath 表達式**（XPath Expression）：XPath 表達式是一種 XML 技術的查詢語言，可以在 XML 文件找出所需的節點，也適用 HTML 網頁，換句話說，我們可以使用 XPath 表達式瀏覽 HTML 網頁，來找出指定的 HTML 標籤和屬性（第 3-5 節的 Selenium 支援）。

◆ **正規表達式**（Regular Expression）：正規表達式是一種小型範本比對語言，可以使用範本字串進行字串比對，以便從文字內容中找出符合的內容，可以配合 CSS 選擇器搜尋指定的標籤內容，例如：金額、電子郵件地址和電話號碼等。

☆ 步驟四：將取得資料儲存成檔案或存入資料庫

當成功爬取和收集好網路資料後，我們需要整理成結構化資料，和儲存起來，一般來說，我們會儲存成 CSV 檔案、JSON 檔案或存入資料庫，其說明如下所示：

◆ **CSV 檔案**：檔案內容是純文字表示的表格資料，這是文字檔案，其中的每一行是表格的一列，每一個欄位是使用「,」逗號分隔，微軟 Excel 可以開啟 CSV 檔案，Python 內建支援處理 CSV 資料。

◆ **JSON 檔案**：全名 JavaScript Object Notation，這是類似 XML 的資料交換格式，JSON 就是 JavaScript 物件的文字表示法，其內容只有文字（Text Only），Python 內建支援處理 JSON 資料。

◆ **資料庫**：因為關聯式資料庫的資料表就是表格呈現的結構化資料，我們可以將爬取資料整理成結構化資料後，存入資料庫，例如：SQLite、MySQL 或 MongoDB 資料庫。

3-2 使用 Requests 送出 HTTP 請求

本節開始一直到第 3-4 節，主要會演練以 Python 程式模擬瀏覽器來送出 HTTP 請求和取得回應內容，這是 Python 網路爬蟲重要的第一步。

Python 語言內建 urllib2 模組可以送出 HTTP 請求，不過，Requests 套件可以使用更簡單的方式來送出 GET/POST 的 HTTP 請求。在 Python 程式首先需要匯入模組，如下所示：

```
import requests
```

3-2-1 送出 GET 請求

一般來說，瀏覽器在 URL 欄位輸入網址送出的請求都是 GET 請求，這是向 Web 伺服器要求資源的請求，在 Requests 套件是使用 get() 函數來送出 GET 請求。

☆ 送出簡單的 GET 請求：ch3-2-1.py

Python 程式準備送出 Google 網站的 GET 請求，URL 網址：http://www.google.com，如下所示：

```
import requests

r = requests.get("http://www.google.com")
print(r.status _ code)
```

上述程式碼匯入 requests 模組後，呼叫 get() 函數送出 HTTP 請求，參數是 URL 網址字串，變數 r 是回應的 response 物件，我們可以使用 status_code 屬性取得請求的狀態碼，其執行結果如下所示：

```
200
```

上述執行結果顯示 200，表示請求成功，如果值是 400~599，表示有錯誤，例如：404 表示網頁不存在。

在實務上，我們可以使用 if/else 條件檢查狀態碼來判斷 GET 請求是否成功（Python 程式：ch3-2-1a.py），如下所示：

```
if r.status _ code == 200:
    print("請求成功...")
else:
    print("請求失敗...")
```

☆ 送出擁有參數的 GET 請求：ch3-2-1b.py

URL 網址可以傳遞參數字串，參數是位在「?」問號之後，如果參數不只一個，請使用「&」符號分隔，如下所示：

```
http://www.company.com?para1=value1&para2=value2
```

上述 URL 網址傳遞參數 para1 和 para2，其值分別為「=」等號後面的 value1 和 value2。如下的程式準備送出 http://httpbin.org/get（HTTP 請求/回應的測試網站, 見 3-13 頁）的 GET 請求，此請求有加上參數：

```
import requests

url _ params = {'name': '陳會安', 'score': 95}
r = requests.get("http://httpbin.org/get", params=url _ params)
print(r.url)
```

上述程式碼首先建立字典的參數，鍵是參數名稱；值是參數值，在 get() 函數的 params 參數指定 url_params 變數值，r.url 屬性可以取得完整 URL 網址字串，其執行結果如下所示：

```
http://httpbin.org/get?name=%E9%99%B3%E6%9C%83%E5%AE%89&score=95
```

上述執行結果是完整的 URL 網址，name 參數因為有中文字，所以顯示 URL 編碼，請在網路搜尋線上 URL Encode/Decode 網站，例如：https://www.url-encode-decode.com/ 網站，只需複製上面 % 開頭的那串字串，按 **Decode url** 鈕即可解碼成原來的字串，如下圖所示：

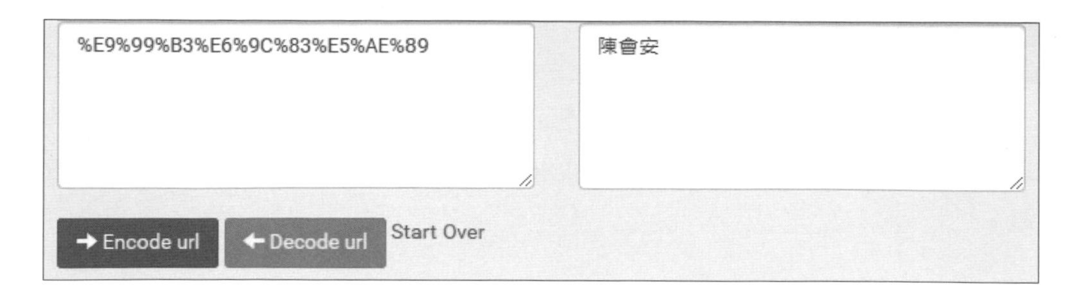

如果 URL 參數值是中文內容，有時我們需要自行執行 URL 編碼處理，在書附 urlencode.py 提供 urlencode() 函數，可以將 Python 字典執行 URL 編碼（Python 程式：ch3-2-1c.py），首先匯入 urlencode() 函數，如下所示：

```
from urlencode import urlencode

url_params = {'name': '陳會安', 'score': 95}
print(urlencode(url_params))
```

上述程式碼呼叫 urlencode() 函數執行字典的 URL 編碼。因為在 http://httpbin.org/ 網站回應的是 JSON 資料（詳見第 3-3-1 節說明），我們可以使用 text 屬性顯示回應字串（Python 程式：ch3-2-1d.py），如下所示：

```
print(r.text)
```

程式的執行結果可以看到傳遞的 name 和 score 參數，如下所示：

```
{
  "args": {
    "name": "\u9673\u6703\u5b89",
    "score": "95"
  },
...
  "origin": "118.168.169.173",
  "url": "http://httpbin.org/get?name=\u9673\u6703\u5b89&score=95"
}
```

3-2-2 送出 POST 請求

Requests 套件是使用 get() 函數送出 GET 請求，若要送出 POST 請求則是使用 post() 函數。POST 請求就是送出 HTML 表單欄位的輸入資料。

☆ 送出簡單的 POST 請求：ch3-2-2.py

以下 Python 程式準備使用 post() 函數送出 http://httpbin.org/post 的 POST 請求，送出的資料和第 3-2-1 節的參數相同，如下所示：

```
import requests

post_data = {'name': '陳會安', 'score': 95}
r = requests.post("http://httpbin.org/post", data=post_data)
print(r.text)
```

上述程式碼首先建立字典的送出資料 post_data，在 post() 函數指定 data 參數是 post_data 變數值，r.text 屬性顯示回應字串，其執行結果可以看到我們送出的 name 和 score 資料，如下所示：

```
{
...省略
  "form": {
    "name": "\u9673\u6703\u5b89",
    "score": "95"
  },
...省略
}
```

3-2-3 使用開發人員工具檢視 HTTP 標頭資訊

在實務上，當 Python 程式使用 Requests 送出 HTTP 請求後，我們並不知道送出的 HTTP 請求到底送出了什麼資料，為了方便測試 HTTP 請求和回應，我們可以使用 httpbin 網路服務來進行 HTTP 請求測試。

不只如此，當使用 Chrome 瀏覽器送出 URL 網址的請求後，我們也可以開啟開發人員工具來檢視 HTTP 標頭資訊。

☆ 使用 httpbin 服務

在 httpbin 網站提供 HTTP 請求/回應的測試服務，類似 Echo 服務，可以將送出的 HTTP 請求以 JSON 格式回應，支援 HTTP 的 GET 和 POST 等方法（Method），其網址：http://httpbin.org，如下圖所示：

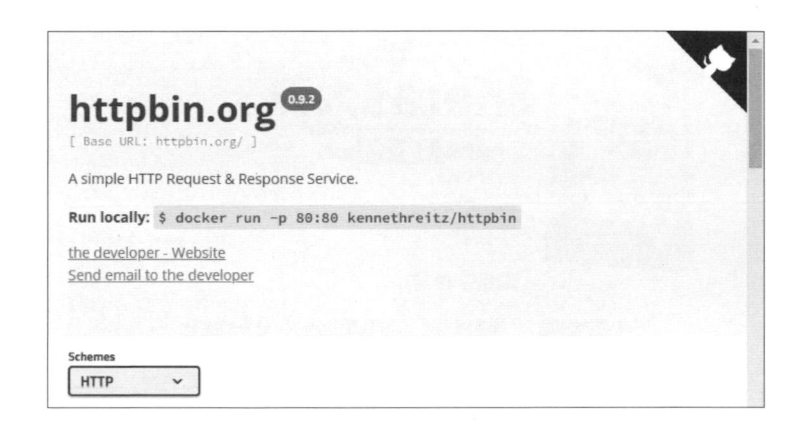

上述網頁顯示支援的服務清單，請捲動網頁後，展開 **HTTP Methods**，可以看到使用範例，例如：http://httpbin.org/get 是 GET 請求，http://httpbin.org/post 是 POST 請求。

在 Chrome 瀏覽器輸入 http://httpbin.org/user-agent 使用者代理，可以取得送出請求的客戶端（您的）資訊，如下圖所示：

上述圖例顯示客戶端電腦執行的作業系統，瀏覽器引擎和瀏覽器名稱等相關資訊。

☆ 檢視 HTTP 標頭資訊

我們除了使用 httpbin 服務，也可以使用 Chrome 瀏覽器的開發人員工具來檢視 HTTP 標頭資訊，其步驟如下所示：

Step 1 請啟動 Chrome 瀏覽器進入 https://www.flag.com.tw 旗標科技網站，如下圖所示：

Step 2 按 F12 鍵開啟開發人員工具，再按 F5 鍵重新載入網頁後，在上方選 **Network** 標籤下的 **All**，可以在下方看到完整 HTTP 請求清單，第 1 個 www.flag.com.tw 是旗標網站，如下圖所示：

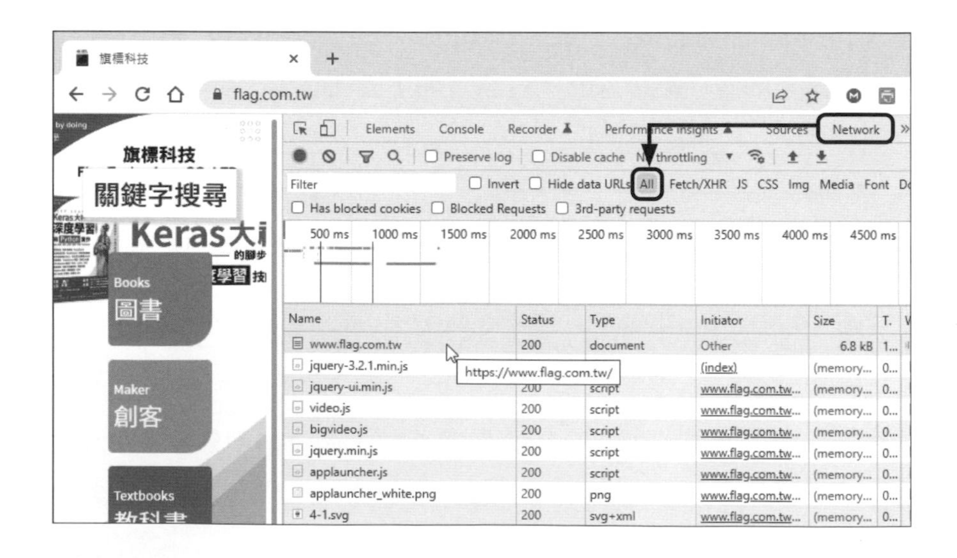

上圖看到一大堆項目是因為在瀏覽器瀏覽網頁並不是送出一個 HTTP 請求，HTML 網頁的每一張圖片、外部 JavaScript 和 CSS 檔案都是獨立的 HTTP 請求。

點選 www.flag.com.tw，可以在右方看到 HTTP 標頭資訊，如下圖所示：

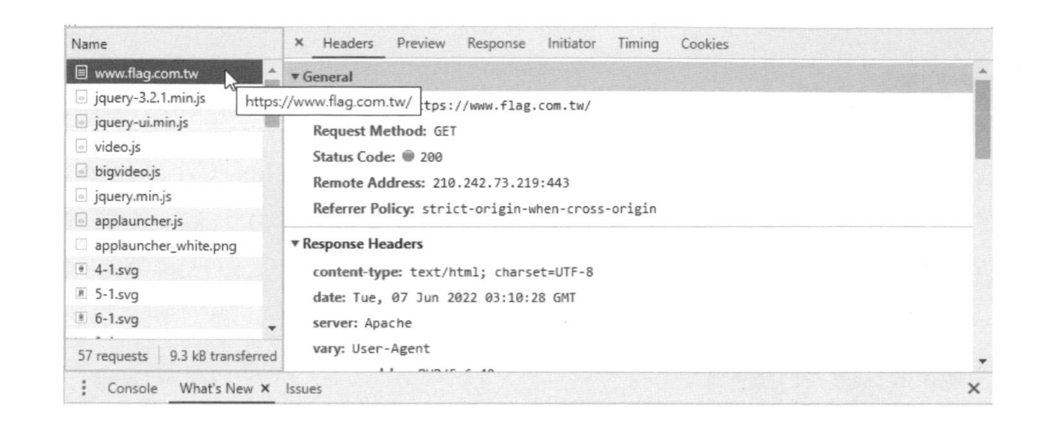

上述 General 區段是請求/回應的一般資訊，如下所示：

```
Request URL: https://www.flag.com.tw/
Request Method: GET
Status Code: 200
Remote Address: 210.242.73.219:443
Referrer Policy: strict-origin-when-cross-origin
...
```

上述資訊顯示 URL 網址、GET 請求方法、狀態碼 Status Code 是 200，表示 HTTP 請求成功，在下方標頭資訊可以看到 Response Headers 回應標頭和 Request Headers 請求標頭的相關資訊，在第 3-3-4 節有進一步的說明。

3-3 取得 HTTP 回應內容

回應內容（Response Content）是送出 HTTP 請求後，Web 伺服器回傳至客戶端的回應資料，其內容可能是 HTML 標籤字串、JSON 或二進位資料，例如：圖片。

3-3-1 認識 JSON 資料

「JSON」（JavaScript Object Notation）是 Douglas Crockford 創造的一種輕量化資料交換格式，比 XML 快速且簡單。JSON 資料結構就是 JavaScript 物件文字表示法，其內容單純是文字內容（Text Only）。不論是 Python、JavaScript 語言或其他程式語言都可以輕易解讀，這是一種與語言無關的資料交換格式。

☆ JSON 語法規則

JSON 語法並沒有任何保留的關鍵字，茲整理其基本語法規則如下：

- 資料是成對的鍵和值（Key-value Pairs），使用「:」符號分隔。
- 資料之間是使用「,」符號分隔。
- 使用大括號定義物件（見下頁）。
- 使用方括號定義物件陣列（見下頁）。

JSON 檔案的副檔名為 .json；MIME 型態為 "application/json"。

☆ JSON 鍵和值

JSON 資料是成對的鍵和值（Key-value Pairs），首先是欄位名稱的鍵，接著「:」符號後是值，如下所示：

```
"author": "陳會安"
```

上述 "author" 是欄位名稱的鍵，"陳會安" 是值，JSON 的值可以是整數、浮點數、字串（使用「"」括起）、布林值（true 或 false）、陣列（使用方括號括起）和物件（使用大括號括起）。

☆ JSON 物件

JSON 物件是使用大括號包圍的多個 JSON 鍵和值，如下所示：

```
{
  "title": "C 語言程式設計",
  "author": "陳會安",
  "id": "P101"
}
```

☆ JSON 物件陣列

JSON 如果是物件陣列，每一個物件是一筆記錄，我們是使用方括號「[ ]」來定義多筆記錄，如同是一個表格資料，如下所示：

```
[ ←— 方括號開頭
    {
    "title": "C 語言程式設計",
    "author": "陳會安",
    "id": "P101"
    },
    {
    "title": "PHP 網頁設計",
    "author": "陳會安",
    "id": "W102"
    },
    …
] ←— 方括號結尾
```

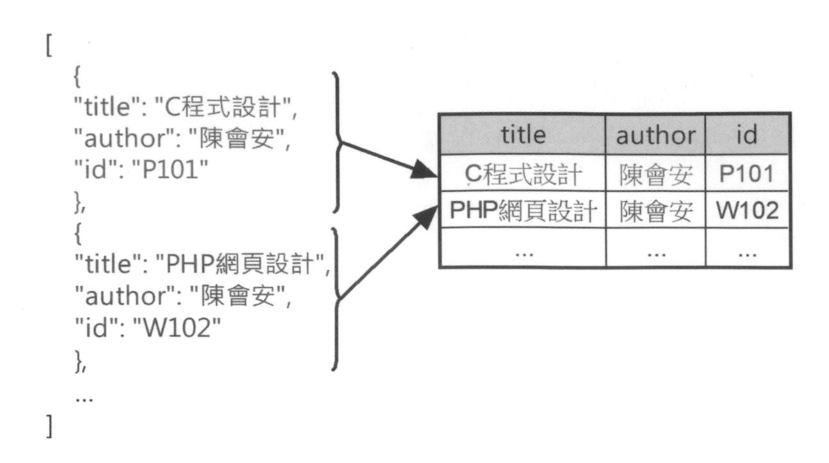

JSON 物件陣列可以擁有多個 JSON 物件，再看個例子："Employees" 欄位的值是一個物件陣列，擁有 3 個 JSON 物件，如下所示：

```
{
  "Boss": "陳會安",
  "Employees": [
    { "name" : "陳允傑", "tel" : "02-22222222" },
    { "name" : "江小魚", "tel" : "02-33333333" },
    { "name" : "陳允東", "tel" : "04-44444444" }
  ]
}
```

3-3-2 取得 HTTP 回應內容

延續 3-2-1 節的說明，當如下的 Python 程式使用 Request 的 get() 和 post() 函數送出 HTTP 請求：

```
r = requests.get("https://fchart.github.io/test.html")
```

上述程式碼的變數 r 是回應內容的 response 物件，這一小節來看還可以使用哪些相關屬性來取得回應資料，3-2-1 節看過 text 屬性，其他還有：

屬性	說明
encoding	編碼的 HTML 標籤字串，可以使用 encoding 屬性取得使用的編碼，例如 uft-8
contents	沒有編碼的位元組資料，適用在非文字的請求
raw	伺服器回應的原始 Socket 回應（Raw Socket Response），這就是 HTTPResponse 物件

☆ 取得 HTML 編碼字串的回應內容：ch3-3-2.py

如下的 Python 程式準備送出 GET 請求來取得編碼字串的回應內容，URL 網址：https://fchart.github.io/test.html，如下所示：

```
r = requests.get("https://fchart.github.io/test.html")
print(r.text)
print(r.encoding)
```

上述程式碼呼叫 get() 函數送出 HTTP 請求後，使用 text 和 encoding 屬性取得回應編碼字串和使用的編碼，其執行結果如下所示：

```
<html>
<head>
<meta charset="utf-8"/>
<title> 測試的 HTML5 網頁</title>
</head>
<body>
```

```
<h3> 從網路取得資料</h3><hr/>
<div><p> 使用 Requests 套件送出 HTTP 請求 </p></div>
</body>
</html>
utf-8 ←— 使用的編碼
```

上述執行結果顯示 HTML 標籤內容，最後顯示是 UTF-8 編碼。

☆ 取得位元組內容和原始 Socket 回應：ch3-3-2a.py

如下的 Python 程式準備送出 3 次 GET 請求來取得 3 種回應內容，URL 網址：https://fchart.github.io/test.html，如下所示：

```
r = requests.get("https://fchart.github.io/test.html")
print(r.text)
print("----------------------")

r = requests.get("https://fchart.github.io/test.html")
print(r.content)
print("----------------------")

r = requests.get("https://fchart.github.io/test.html", stream=True)
print(r.raw)
print(r.raw.read(15))
```

上述程式碼第 1 次是使用 text 屬性，第 2 次是 content 屬性，最後 1 次呼叫 get() 函數時，指定 stream=True 引數，所以呼叫 r.raw.read() 函數讀取前 15 個位元組，其執行結果如下所示：

```
<html>
<head>
<meta charset="utf-8"/>
<title> 測試的 HTML5 網頁 </title>
</head>
<body>
<h3> 從網路取得資料 </h3><hr/>
<div><p> 使用 Requests 套件送出 HTTP 請求 </p></div>
</body>
</html>
----------------------
b'<html>\r\n<head>\r\n<meta charset="utf-8"/>\r\n<title>\xe6\xb8\xac\xe8\
xa9\xa6\xe7\x9a\x84HTML5\xe7\xb6\xb2\xe9\xa0\x81</title>\r\n</head>\r\
n<body>\r\n<h3>\xe5\xbe\x9e\xe7\xb6\xb2\xe8\xb7\xaf\xe5\x8f\x96\xe5\xbe\
```

```
x97\xe8\xb3\x87\xe6\x96\x99</h3><hr/>\r\n<div><p>\xe4\xbd\xbf\xe7\x94\
xa8Requests\xe5\xa5\x97\xe4\xbb\xb6\xe9\x80\x81\xe5\x87\xbaHTTP\xe8\xab\
x8b\xe6\xb1\x82</p></div>\r\n</body>\r\n</html>'
----------------------
<urllib3.response.HTTPResponse object at 0x0000012790166BE0>
b'<html>\r\n<head>\r'
```

上述執行結果第 1 次是 HTML 標籤字串，第 2 次因為沒有編碼，所以顯示內容可以看到換行符號，最後 1 次是回應 HTTPResponse 物件，我們只讀取前 15 個位元組。

☆ 取得 JSON 回應內容：ch3-3-2b.py

如下 Python 程式準備送出 HTTP 請求來取得回應的 JSON 資料，URL 網址：https://fchart.github.io/json/Example.json，如下所示：

```
r = requests.get("https://fchart.github.io/json/Example.json")
print(r.text)
print(type(r.text))
print("----------------------")
print(r.json())
print(type(r.json()))
```

上述程式碼首先取得 text 屬性值，然後呼叫 type() 函數取得回應內容的型態；接著呼叫 json() 函數剖析 JSON 資料，再呼叫一次 type() 函數取得回應內容的型態，執行的比較結果如下所示：

```
{"name": "Joe Chen", "score": 95, "tel": "0933123456"}
<class 'str'>
----------------------
{'name': 'Joe Chen', 'score': 95, 'tel': '0933123456'}
<class 'dict'>
```

上述執行結果首先顯示是 str 字串型態，在呼叫 json() 函數剖析 JSON 資料後，可以看到是 dict 字典型態。

3-3-3 內建的回應狀態碼

在第 3-2-1 節的 Python 程式已經使用 status_code 屬性取得請求的回應狀態碼（Response Status Codes），requests 提供 2 個內建回應狀態碼 requests.codes.ok 和 requests.code.all_good（這兩個回應狀態碼的功能相同），可以幫助我們檢查 HTTP 請求是否成功。

☆ 檢查回應狀態碼：ch3-3-3.py

如下 Python 程式準備送出 Google 網站的 HTTP 請求，分別使用 2 個內建回應狀態碼判斷是否成功，True 是成功；False 是失敗，共送出 3 次請求，如下所示：

```
r = requests.get("http://www.google.com")
print(r.status_code)
print(r.status_code == requests.codes.ok)

r = requests.get("http://www.google.com/404")
print(r.status_code)
print(r.status_code == requests.codes.ok)

r = requests.get("http://www.google.com")
print(r.status_code)
print(r.status_code == requests.codes.all_good)
```

上述程式碼第 1 次比較 r.status_code 屬性和 requests.codes.ok，第 2 次相同，第 3 次是比較 requests.code.all_good，其執行結果如下所示：

```
200
True
404
False
200
True
```

上述執行結果第 1 次是 200 和 True，第 2 次因為網頁不存在，狀態碼是 404，所以是 False，最後 1 次是 200 和 True。

☆ 取得回應狀態碼的進一步資訊：ch3-3-3a.py

當回應狀態碼是 400~599 時，表示 HTTP 請求有錯誤，Python 程式可以使用 raise_for_status() 函數取得請求錯誤的進一步資訊，如下所示：

```
r = requests.get("http://www.google.com/404")
print(r.status_code)
print(r.status_code == requests.codes.ok)

print(r.raise_for_status())
```

上述程式碼因為網頁根本不存在，狀態碼是 404，所以在最後使用 raise_for_status() 函數取得進一步的資訊，其執行結果如下所示：

```
404
False
Traceback (most recent call last):

  File D:\ML\ch03\ch3-3-3a.py:7 in <module>
    print(r.raise_for_status())
  File ~\anaconda3\lib\site-packages\requests\models.py:960 in raise_
for_status
    raise HTTPError(http_error_msg, response=self)

HTTPError: 404 Client Error: Not Found for url: http://www.google.com/404
```

上述執行結果的追蹤訊息最後可以看到 HTTPError: 404 Client Error 錯誤，因為沒有找到此網址的資源。

3-3-4 取得回應的標頭資訊

在第 3-2-3 節我們使用了 Chrome 瀏覽器的開發人員工具來檢視 HTTP 標頭資訊，Response 物件可以使用 **headers** 屬性來取得標頭資訊。

☆ 取得標頭資訊（一）：ch3-3-4.py

以下 Python 程式準備取得 HTTP 標頭資訊的 Content-Type（內容型態）、Content-Length（內容長度）、Date（日期）和 Server（伺服器名稱），請注意！標頭名稱區分英文大小寫，如下所示：

```
r = requests.get("http://www.google.com")

print(r.headers['Content-Type'])
print(r.headers['Content-Length'])
print(r.headers['Date'])
print(r.headers['Server'])
```

上述程式碼使用字典方式取得指定標頭名稱的值，其執行結果如下所示：

```
text/html; charset=ISO-8859-1
6178
Tue, 07 Jun 2022 05:47:56 GMT
gws
```

上述 Content-Type 是 text/html，即 HTML 網頁，長度 6178，然後是日期和伺服器名稱。Content-Type 的值是 MIME 資料類型，常用類型的說明如右表所示：

MIME 資料類型	說明
text/html	HTML 網頁檔案
text/xml	XML 文件的檔案
text/plain	一般文字檔
application/json	JSON 格式的資料
image/jpeg	JPEG 格式的圖片檔
image/gif	GIF 格式的圖片檔
image/png	PNG 格式的圖片檔

☆ 取得標頭資訊（二）：ch3-3-4a.py

標頭資訊的取得還可以使用 **header.get()** 函數，參數是標頭名稱字串，如下所示：

```
r = requests.get("http://www.google.com")

print(r.headers.get('Content-Type'))
print(r.headers.get('Content-Length'))
print(r.headers.get('Date'))
print(r.headers.get('Server'))
```

上述程式碼取得的標頭名稱值和 ch3-3-4.py 完全相同。

3-4 使用 Requests 送出進階 HTTP 請求

現在，我們已經學會如何在 Python 程式使用 Requests 送出 HTTP 請求和取得回應內容，但是，有一些特殊 HTTP 請求，我們需要指定一些額外參數來送出這些進階的 HTTP 請求。

3-4-1 存取 Cookie 的 HTTP 請求

Cookies 可以在瀏覽器保留使用者的瀏覽資訊，因為 Cookies 是儲存在瀏覽器的電腦，並不會浪費 Web 伺服器的資源。

☆ 送出 Cookie 的 HTTP 請求：ch3-4-1.py

以下 Python 程式準備向 http://httpbin.org/cookies 測試網站送出建立 Cookie 的 HTTP 請求，如下所示：

```
url = "http://httpbin.org/cookies"

cookies = dict(name='Joe Chen')
r = requests.get(url, cookies=cookies)
print(r.text)
```

上述程式碼建立字典的 Cookie 資料，然後在 cookies 參數指定送出的 Cookie，其執行結果會回應我們建立的 Cookie 資料，如下所示：

```
{
  "cookies": {
    "name": "Joe Chen"
  }
}
```

☆ 取得回應內容的 Cookies 資料：ch3-4-1a.py

如果需要取得回應內容的 Cookie，Python 程式需要使用 Session 物件來送出 HTTP 請求，例如：Google 網站通常都有 Cookie 資料，如下所示：

```
session = requests.Session()
response = session.get("http://www.google.com")
v = session.cookies.get_dict()
print(v)
```

上述程式碼建立 Session 物件後，呼叫 get() 函數送出 HTTP 請求，即可使用 cookies 屬性呼叫 get_dict() 函數轉換成字典後，取得 Cookie 資料。

3-4-2 建立自訂 HTTP 標頭的 HTTP 請求

Python 程式可以建立自訂 HTTP 標頭的 HTTP 請求，例如：當送出 HTTP 請求，為了避免網站封鎖請求，導致無法做網路爬蟲，我們可以更改 user-agent 標頭資訊，改成 Firefox 瀏覽器的標頭資訊。

☆ 送出自訂標頭的 HTTP 請求：ch3-4-2.py

以下 Python 程式準備向 http://httpbin.org/user-agent 測試網站送出自訂 HTTP 標頭的 HTTP 請求，將 HTTP 請求模擬成 Firefox 瀏覽器送出，共送出 2 次，第 1 次沒有更改，第 2 次更改標頭資訊，如下所示：

```
url = "http://httpbin.org/user-agent"

r = requests.get(url)
print(r.text)
print("----------------------")

url_headers = {'user-agent': 'Mozilla/5.0 (Windows NT 10.0; Win64; x64;
    rv:101.0) Gecko/20100101 Firefox/101.0'}
r = requests.get(url, headers=url_headers)
print(r.text)
```

上述程式碼第 1 次單純只是取得回應資訊，第 2 次建立 url_headers 變數的新標題，然後在 get() 函數指定送出自訂標頭資訊，其執行結果如下所示：

```
{
  "user-agent": "python-requests/2.27.1"
}

----------------------
{
  "user-agent": "Mozilla/5.0 (Windows NT 10.0; Win64; x64; rv:101.0)
Gecko/20100101 Firefox/101.0"
}
```

上述執行結果第 1 次顯示是從 Requests 套件送出，第 2 次是模擬成 Firefox 瀏覽器送出的 HTTP 請求。

3-4-3 送出 RESTful API 的 HTTP 請求

同樣的，Requests 套件的 get() 函數也可以送出 RESTful API 的 HTTP 請求，例如：使用 Google Books APIs 查詢 5 本書名內含 "關鍵字" 三個字的資訊網址如下，其回傳資料是 JSON 資料，如下所示：

```
https://www.googleapis.com/books/v1/volumes?q=<關鍵字
>&maxResults=5&projection=lite
```

上述網址的 q 參數是關鍵字，maxResults 是最大搜尋筆數，5 是最多列 5 筆圖書，最後 1 個參數 project 是取回精簡圖書資料。再看一個例子：查詢 Python 圖書的 API 網址如下：

```
https://www.googleapis.com/books/v1/volumes?q=Python&maxResults=3&projection=lite
```

☆ 送出 RESTful API 的 HTTP 請求：ch3-4-3.py

認識 API 網址的結構後，以下 Python 程式準備送出 RESTful API 的 HTTP 請求，在 Google Books APIs 查詢 Python 圖書資訊，如下所示：

```
url = "https://www.googleapis.com/books/v1/volumes"

url_params = {'q': 'Python',
              'maxResults': 3,
              'projection': 'lite'}
r = requests.get(url, params=url_params)
print(r.json())
```

上述程式碼的 get() 函數是使用 params 參數指定 API 參數，因為回傳值是 JSON 資料，所以呼叫 r.json() 函數剖析 JSON 資料，其執行結果可以看到回傳查詢結果圖書的 JSON 資料，如下所示：

```
{'kind': 'books#volumes', 'totalItems': 431, 'items': [{'kind':
'books#volume', 'id': 'vJK9AwAAQBAJ', 'etag': '70KmnmahnMs', 'selfLink':
'https://www.googleapis.com/books/v1/volumes/vJK9AwAAQBAJ', 'volumeInfo':
{'title': '精通 Python 3 程式設計 第二版 (電子書)',
...省略
```

3-4-4 使用 timeout 參數指定請求時間

為了避免送出 HTTP 請求後，Web 網站的回應時間太久，進而影響 Python 程式的執行，我們可以在 get() 函數指定 timeout 參數的請求期限，指定等待的回應時間不超過 timeout 參數的時間，單位是秒數。

☆ 送出只等待 0.03 秒的 HTTP 請求：ch3-4-4.py

以下 Python 程式準備送出 HTTP 請求至 Google 網站，而且刻意只等待 0.03 秒，請注意！程式只是為了測試 Timeout 例外，如下所示：

```
try:
    r = requests.get("http://www.google.com", timeout=0.03)
    print(r.text)
except requests.exceptions.Timeout as ex:
    print("錯誤: HTTP 請求已經超過時間...\n" + str(ex))
```

上述 try/except 例外處理可以處理 Timeout 例外，在 get() 函數指定 timeout 參數值是 0.03 秒，因為時間設的很短，所以會產生錯誤，其執行結果如下所示：

```
錯誤: HTTP 請求已經超過時間...
HTTPConnectionPool(host='www.google.com', port=80): Read timed out. (read
timeout=0.03)
```

上述執行結果顯示錯誤訊息，下方是進一步 Timeout 例外物件的訊息文字。

3-4-5 Requests 的例外處理

剛才也看到了，Python 程式可以使用 try/exception 例外處理和 Requests 例外物件來進行錯誤處理。Requests 常用例外物件的說明如下：

例外物件	說明
RequestException	HTTP 請求有錯誤時，就會產生此例外物件
HTTPError	當回應不合法 HTTP 回應內容時，就會產生此例外物件
ConnectionError	當網路連線或 DNS 錯誤時，就會產生此例外物件
Timeout	當 HTTP 請求超過指定期限時，就會產生此例外物件
TooManyRedirects	如果重新轉址超過設定的最大值時，就會產生此例外物件

☆ 建立 Requests 的例外處理：ch3-4-5.py

Python 程式準備建立 HTTP 請求的例外處理，可以處理上表的例外物件（Timeout 例外已經在第 3-4-4 節說明過），如下所示：

```
url = 'http://www.google.com/404'

try:
    r = requests.get(url, timeout=3)
    r.raise_for_status()
except requests.exceptions.RequestException as ex1:
    print("Http 請求錯誤: " + str(ex1))
except requests.exceptions.HTTPError as ex2:
    print("Http 回應錯誤: " + str(ex2))
except requests.exceptions.ConnectionError as ex3:
    print("網路連線錯誤: " + str(ex3))
except requests.exceptions.Timeout as ex4:
    print("Timeout 錯誤: " + str(ex4))
```

上述 try/except 例外處理可以處理四種例外，因為此 URL 網址根本不存在，其執行結果可以看到 404 的錯誤訊息，如下所示：

```
Http 請求錯誤: 404 Client Error: Not Found for url:
http://www.google.com/404
```

3-5 使用 Selenium 取得網路資料

假設我們使用 3-4 頁的 Quick JavaScript Switcher 測試發現 JavaScript 會影響欲爬取的目標資料時，為了完整抓到資料，Python 程式不能使用 requests 模組，而需改用 Selenium 自動瀏覽器來取得網路資料。

簡單的說，Selenium 提供驅動程式來控制 Web 瀏覽器的操作，我們可以撰寫 Python 程式透過 Selenium 來控制瀏覽器進行網頁瀏覽，因為 HTTP 請求是從瀏覽器送出，所以能夠完整執行 JavaScript 程式碼。

3-5-1 在 Python 開發環境安裝 Selenium

Selenium 是 Web 應用程式的軟體測試框架，跨平台自動瀏覽器（Automates Browsers），其原來的目的是自動測試 Web 應用程式，不過，因為 Selenium 可以擷取 JavaScript 產生的動態網頁內容，所以一樣可以使用在網路爬蟲，其官方網址是：https://www.seleniumhq.org/。

Selenium 安裝分成兩部分，一是 Python 的 Selenium 客戶端 API，二是瀏覽器的驅動程式，在 Selenium 4 提供 Python 套件來管理瀏覽器的 Webdriver 驅動程式。

☆ 安裝 Python 的 Selenium 客戶端 API

Python 的 Selenium 客戶端 API 稱為 Python Bindings for Selenium，請在 Anaconda Prompt 命令提示字元視窗輸入下列指令安裝 Selenium 客戶端 API，如下所示：

```
pip install selenium Enter
```

在成功安裝 Selenium 套件後，爾後可以用以下 Python 程式匯入 webdriver 模組，如下所示：

```
from selenium import webdriver
```

☆ 安裝 Python 的 Webdriver 驅動程式管理套件

請在 Anaconda Prompt 命令提示字元視窗輸入下列指令安裝 Webdriver 管理套件，如下所示：

```
pip install webdriver-manager
```

在成功安裝 Webdriver 管理套件後，爾後可以用以下 Python 程式匯入 Service 和驅動程式管理模組，如下所示：

```
from selenium.webdriver.chrome.service import Service
from webdriver_manager.chrome import ChromeDriverManager
```

3-5-2 使用 Selenium 取得網路資料

在成功安裝 Selenium 和瀏覽器驅動程式後，就可以撰寫 Python 程式以 Selenium 啟動 Chrome 瀏覽器來控制瀏覽器的網頁瀏覽。

☆ 使用 Selenium 取得 HTML 網頁內容：ch3-5-2.py

在 Python 程式匯入 webdriver 模組後，就可以建立指定瀏覽器物件來取得 URL 網址的資源。我們可以使用 Chrome() 函數啟動 Chrome 瀏覽器；Edge() 函數啟動 Edge 瀏覽器，參數是 ChromeDriverManger 物件來管理 Chrome 驅動程式安裝成服務（若是 Edge 則改用 EdgeDriverManger 物件），如下所示：

```
from selenium import webdriver
from selenium.webdriver.chrome.service import Service
from webdriver_manager.chrome import ChromeDriverManager

driver = webdriver.Chrome(service=Service(ChromeDriverManager().install()))
driver.implicitly_wait(10)
driver.get("https://fchart.github.io/test.html")  ← 到測試網頁抓資料
print("----------------------------")
print(driver.title)
html = driver.page_source
print(html)
driver.quit()
```

上述程式碼呼叫 get() 函數取得 https://fchart.github.io/test.html 網頁，前一行的 implicitly_wait(10) 方法是隱含等待 10 秒鐘，以便等待瀏覽器成功載入 HTML 網頁，參數 10 秒是等待最長時間，當成功載入就馬上結束等待，所以最久等待 10 秒鐘時間，直到成功取得相關屬性值為止。

瀏覽器在成功載入 HTML 網頁後，因為網頁內容已經載入，可以使用 title 屬性取得 <title> 標籤內容，page_source 屬性是 HTML 原始碼，最後呼叫 quit() 函數關閉瀏覽器視窗，其執行結果會啟動 Chrome 瀏覽器來載入和顯示網頁內容，如下圖所示：

然後在 Spyder 看到 Python 程式的抓取結果，結果顯示會先下載 Chrome 瀏覽器的 Webdriver 驅動程式，然後顯示 title 屬性值，即 <title> 標籤的內容，最後顯示 page_source 屬性值的 HTML 標籤，如下所示：

```
[WDM] - ====== WebDriver manager ======
[WDM] - Current google-chrome version is 102.0.5005
[WDM] - Get LATEST chromedriver version for 102.0.5005 google-chrome
[WDM] - Driver [C:\Users\hueya\.wdm\drivers\chromedriver\
win32\102.0.5005.61\chromedriver.exe] found in cache
-----------------------------
測試的 HTML5 網頁
<html><head>
<meta charset="utf-8">
<title> 測試的 HTML5 網頁 </title>
</head>
<body>
<h3> 從網路取得資料 </h3><hr>
<div><p> 使用 Requests 套件送出 HTTP 請求</p></div>

</body></html>
```

☆ 在 Webdriver 加入 Cookie：ch3-5-2a.py

因為很多網站都有內容分級規定，例如：PTT BBS 的 Gossiping 版 https://www.ptt.cc/bbs/Gossiping/index.html 在進入前會詢問是否年滿 18 歲，如下圖所示：

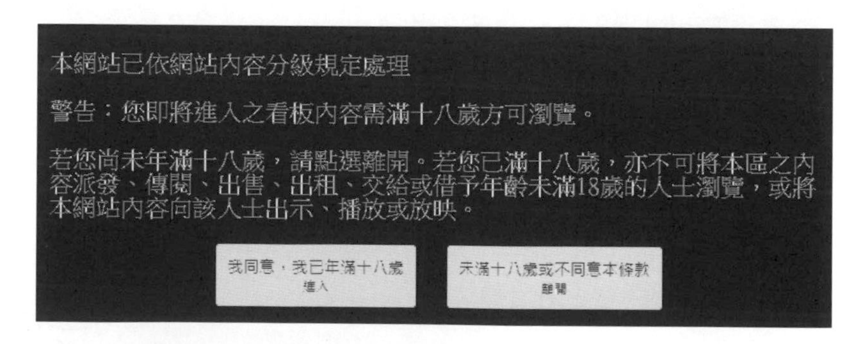

上圖需按**我同意，我已年滿十八歲 進入**鈕才能進入網頁。請開啟 Chrome 的開發人員工具，選 **Application** 標籤，在左邊展開 **Cookie**，

選 **PTT BBS 的 Gossiping 版**的 URL 網址，可以看到新增 over18 的 Cookie，如下圖所示：

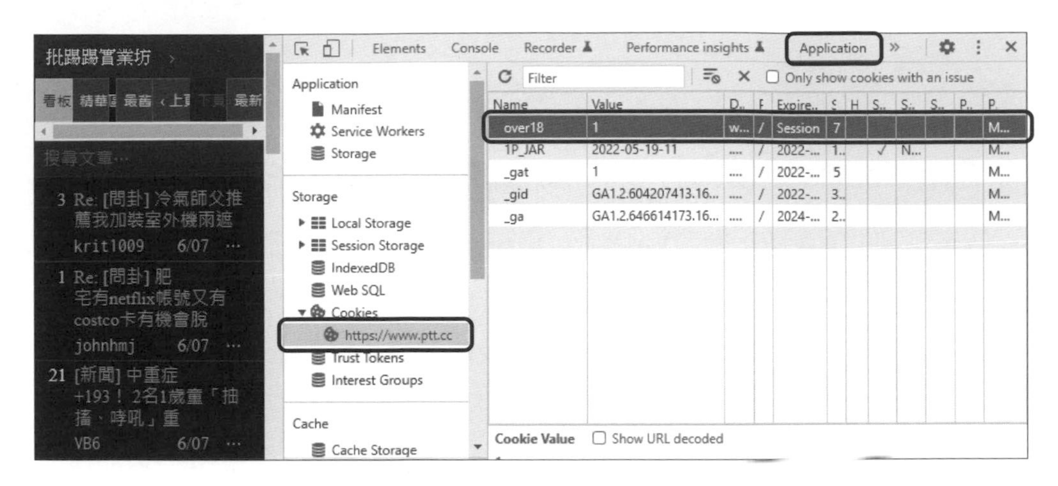

PTT BBS 是使用 Cookie 判斷是否年滿十八歲，Python 程式可以在 webdriver 新增此 Cookie，如下所示：

```
from selenium import webdriver
from selenium.webdriver.chrome.service import Service
from webdriver_manager.chrome import ChromeDriverManager

driver = webdriver.Chrome(service=Service(ChromeDriverManager().install()))
driver.implicitly_wait(10)
cookie = {"name": "over18", "value": "1"}
driver.get("https://www.ptt.cc/bbs/Gossiping/index.html")
driver.add_cookie(cookie)  ← 新增 Cookie
print("------------------------------")
print(driver.title)
driver.quit()
```

上述程式碼在 get() 方法後，呼叫 add_cookie() 方法新增 name 為 over18；value 是 1 的 Cookie，其執行結果可以看到顯示網頁標題文字「批踢踢實業坊」。

```
批踢踢實業坊
```

在 requests 模組也可以加入 Cookie 來進入 PTT BBS 的 Gossiping 版（Python 程式：ch3-5-2b.py），如下所示：

```
cookies = { "over18": "1" }
r = requests.get(url, cookies=cookies)
```

☆ 使用 Headless 模式的 Chrome 瀏覽器：ch3-5-2c.py

Chrome 瀏覽器內建 Headless 模式，可以不顯示 GUI 圖形介面來啟動 Chrome 瀏覽器，而且一樣會完整執行 JavaScript 程式。以下程式是修改自 ch3-5-2.py，首先匯入 Options 模組和建立 Options 物件，如下所示：

```
from selenium import webdriver
from selenium.webdriver.chrome.options import Options  ← 匯入 Options 模組
from selenium.webdriver.chrome.service import Service
from webdriver_manager.chrome import ChromeDriverManager

options = Options()
options.add_argument("--headless")
driver = webdriver.Chrome(service=Service(ChromeDriverManager().install()),
                          options=options)
driver.implicitly_wait(10)
driver.get("https://fchart.github.io/test.html")
print("------------------------------")
print(driver.title)
html = driver.page_source
print(html)
driver.quit()
```

上述程式碼呼叫 add_argument() 方法新增 Headless 模式 "--headless"選項，然後在 Chrome() 方法指定 options 參數是 options 物件後，即可取得 HTML 網頁內容，其執行結果和 ch3-5-2.py 相同，只是不會啟動 Chrome 瀏覽器的圖形介面。

★ 學習評量 ★

1. 請說明什麼是網路爬蟲？什麼是 HTTP 通訊協定？
2. 請舉例說明網路爬蟲過程我們需要使用的工具和函式庫？
3. 請簡單說明網路爬蟲的基本步驟？什麼是 Quick JavaScript Switcher？
4. 請問什麼是 Requests 套件？我們可以使用哪 2 種方法來送出 GET 和 POST 請求？
5. 請問如何使用瀏覽器的開發人員工具來取得 HTTP 標題資訊？什麼是 JSON 格式的資料？
6. 請使用常用的 Web 網站，例如：學校官網，建立 Python 程式送出 GET 請求，可以顯示回應碼是什麼？然後使用 Chrome 開發人員工具檢視 Web 網站的標頭資訊。
7. 請簡單說明 Selenium 是什麼？如何在 Python 開發環境安裝 Selenium 自動瀏覽器？
8. 請建立 Python 程式分別使用 requests 和 Selenium 試著取回下列 URL 網址的 HTML 標籤資料，如下所示：

```
https://fchart.github.io/Example.html
https://fchart.github.io/books.html
https://fchart.github.io/ML/nba_items.html
```

M E M O

CHAPTER

4

資料擷取

- 4-1 如何進行網路爬蟲的資料擷取
- 4-2 BeautifulSoup 剖析和走訪 HTML 網頁
- 4-3 使用 find() 函數搜尋 HTML 網頁
- 4-4 使用 CSS 選擇器選取 HTML 標籤
- 4-5 使用正規表達式比對 HTML 標籤內容
- 4-6 Selenium+BeautifulSoup 擷取網頁資料

4-1 如何進行網路爬蟲的資料擷取

網路爬蟲的主要工作是從 HTML 網頁擷取出所需的資料，在這一章我們準備使用 BeautifulSoup 模組，從 HTML 網頁使用搜尋/走訪方式來定位目標 HTML 標籤，然後使用 Tag 物件取出所需的資料。

4-1-1 HTML 網頁的資料擷取工作

當 Python 程式使用第 3 章的 Requests 或 Selenium 送出 HTTP 請求取得回應的 HTML 網頁內容後，所取得的是半結構化資料的 HTML 標籤， Python 程式在剖析 HTML 網頁後，就可以從 HTML 網頁擷取出所需的資料（若不熟悉 HTML 網頁結構和 CSS 基礎請先參閱附錄 A）。

☆ HTML 網頁資料擷取的第一步工作：定位目標資料在哪裡

從 HTML 網頁擷取資料的工作是搜尋/走訪網頁，也就是定位出資料所在的 HTML 標籤在哪裡，如下所示：

- **搜尋 HTML 網頁來定位資料**：我們需要從 HTML 網頁找出特定 HTML 標籤或標籤集合，可以使用標籤名稱、屬性、CSS 選擇器和正規表達式來定位出特定的 HTML 標籤，當成功定位後，就可以取出此 HTML 標籤內容的資料。
- **走訪 HTML 網頁**：當搜尋出特定 HTML 標籤後，如果特徵不明確，我們可以從 HTML 網頁結構，透過標籤名稱走訪下一層、透過 parent 屬性走訪上一層，或透過兄弟節點方式走訪至資料所在的 HTML 標籤。

☆ HTML 標籤語法：取出你的目標資料

HTML 標籤語法是使用開始和結尾標籤所包圍的文字內容，其語法如下所示：

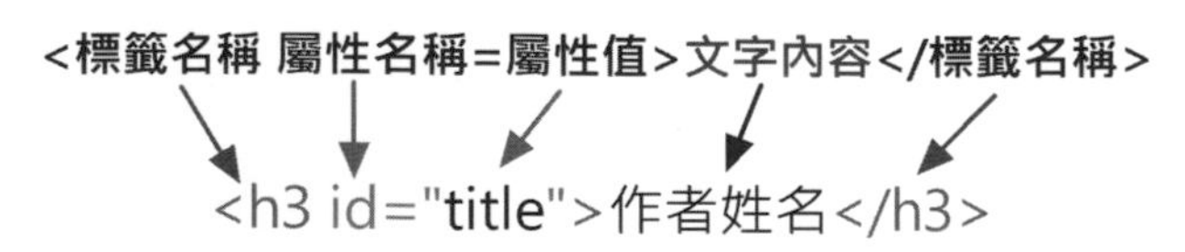

上述 HTML 標籤是使用 <標籤名稱> 和 </標籤名稱> 括起文字內容，在開始的 <標籤名稱> 標籤可以有屬性清單（使用屬性名稱和屬性值組成，如果不只一個，請使用空白分隔），上例使用 <h3> 和 </h3> 括起的文字內容，就是欲擷取的目標資料，這就是資料所在的地方。

問題是同一份 HTML 網頁可能有多個同名 <h3> 標籤，單純使用 h3 並不足以定位目標資料的 <h3> 標籤，我們需要進一步使用標籤屬性來分辨是不同的 <h3> 標籤。常用的屬性有 2 種，其說明如下表所示：

屬性	說明
id	HTML 標籤的身份證字號，其屬性值是整份網頁的唯一值，只需使用 id 屬性就一定可以定位到目標 HTML 標籤
class	HTML 標籤套用的樣式類別，其值是 CSS 選擇器字串

簡單的說，當 HTML 網頁有 2 個 <h3> 標籤時，我們可以使用 h3 再加上 id 屬性值或 class 屬性值來定位目標到底是哪一個 <h3> 標籤。

4-1-2 使用開發人員工具分析 HTML 網頁

在實際進行 HTML 網頁資料擷取前，我們需要先分析 HTML 網頁來找出目標資料的特徵，例如：資料位在哪一個標籤，標籤是否有唯一 id 屬性，有唯一就可以直接搜尋，如果搜尋到目標標籤附近，我們可以再次進行搜尋，換句話說，我們需要分析 HTML 網頁來找出搜尋策略，以便將所需資料擷取出來。

Google Chrome 瀏覽器內建開發人員工具（Developer Tools）可以檢視 HTML 元素與屬性，就是分析 HTML 網頁的好工具。請啟動 Chrome 瀏覽器開啟 https://fchart.github.io/ML/Example.html 後，按 F12 或 Ctrl + Enter + I 鍵，可以切換開啟/關閉開發人員工具。

☆ 使用 Elements 標籤頁檢視 HTML 標籤

在開發人員工具選 **Elements** 標籤頁，可以顯示 HTML 元素的 HTML 標籤，我們可以在此標籤檢視 HTML 元素，例如：選第 2 個 <p> 標籤和移至其上，可以在左邊浮動框顯示標籤名稱和 class 屬性值 **p.line.blue**，這就是選取此元素的 CSS 選擇器字串，如下圖所示：

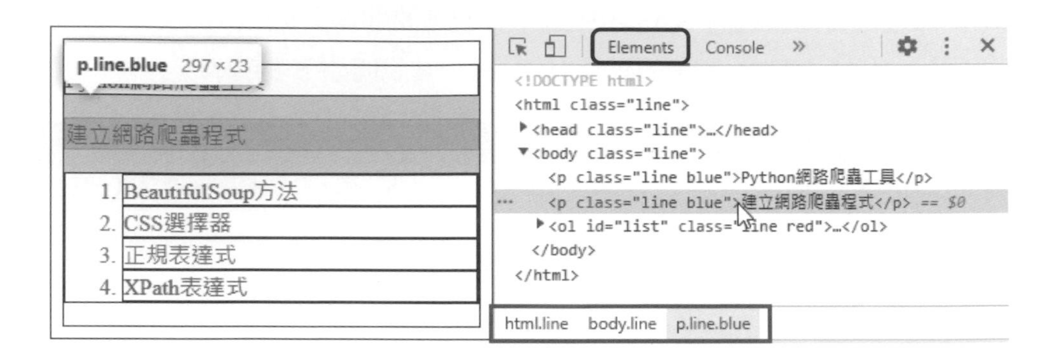

當選取 HTML 標籤，在下方狀態列的 **html.line body.line p.line.blue** 是 HTML 標籤的階層結構，「.」符號後的 line 和 blue 是此標籤的 class 屬性值。

☆ 選取 HTML 元素和搜尋資料

開發者人員工具提供多種方法來選取 HTML 網頁中的元素，如下所示：

- **使用滑鼠游標在網頁內容選取**：請點選 Elements 標籤前的箭頭鈕 ，可以在左方網頁內容選取元素，當滑鼠移至選取元素的範圍時，就會在元素周圍顯示藍底來標示選取元素，在右方對應的 HTML 標籤是淡藍底來標示（第 1 個 <li> 標籤），如下圖所示：

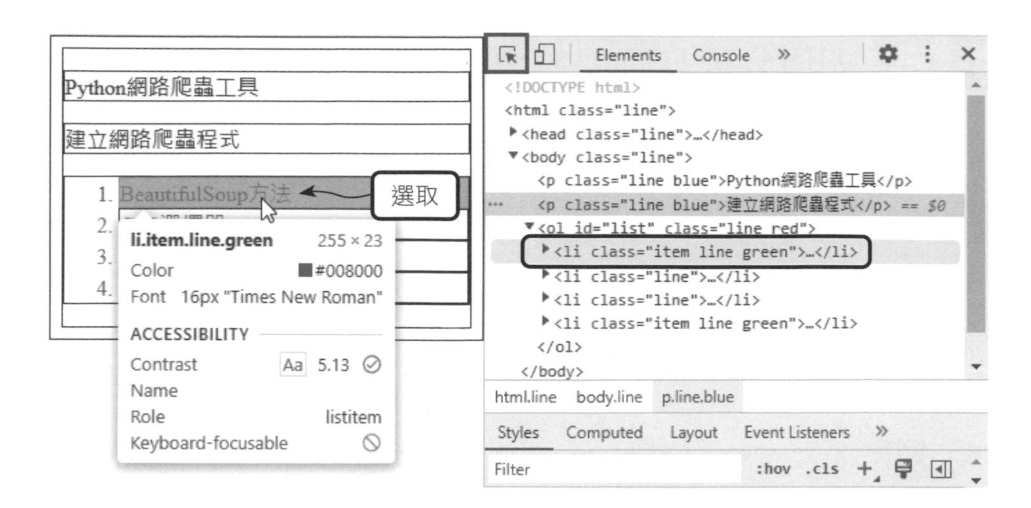

◆ **在 Elements 標籤選取**：請直接展開 HTML 標籤的節點來選取指定 HTML 元素，例如：選第 3 個 <li> 標籤，如下圖所示：

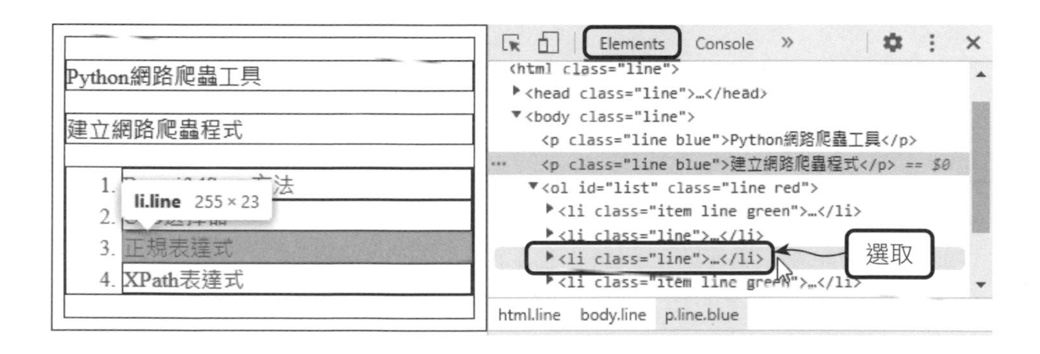

◆ **使用 Ctrl ＋ F 鍵搜尋資料**：選 Elements 標籤按 Ctrl ＋ F 鍵，在下方欄位輸入 XPath 關鍵字來搜尋資料，可以在 HTML 標籤看到使用黃底顯示找到的文字內容，如下圖所示：

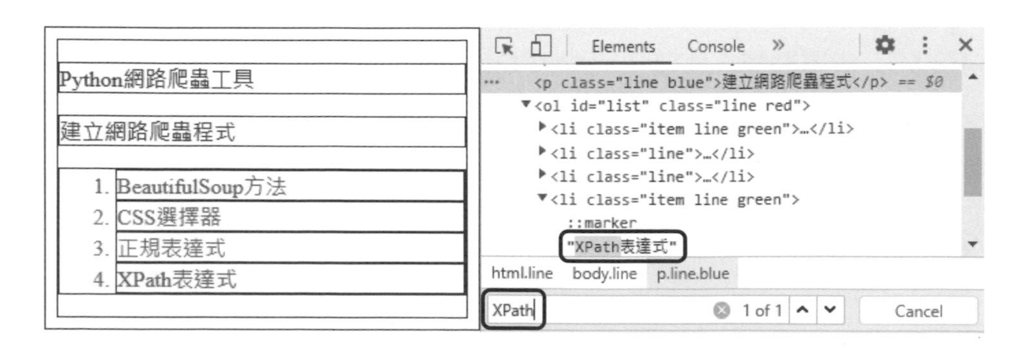

4-1-3 如何分析 HTML 網頁資料

一般來說，在 HTML 網頁找出單一資料，只需使用 4-3 節的 find() 方法和第 4-4 節的 CSS 選擇器字串即可擷取指定 HTML 標籤的資料。不過實務上，網頁擷取的資料大多是多筆的記錄資料，例如以下的 Ashion 範本商務網站（需啟用 JavaScript，Quick JavaScript Switcher 切換成小綠點）：

◆ https://fchart.github.io/Ashion/

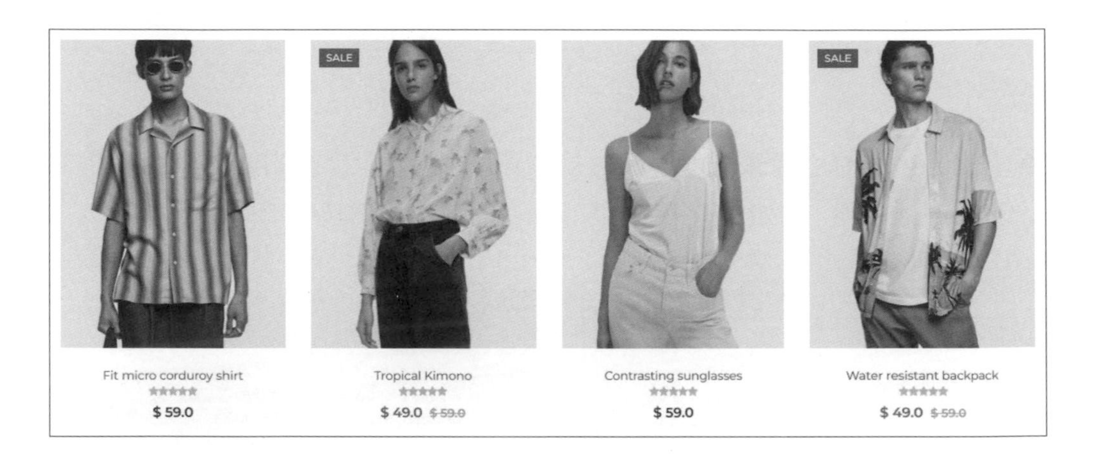

上述圖例是購物網站的商品清單，每一筆商品方框是一筆記錄，各記錄擁有商品描述欄位。在使用 Chrome 開發人員工具檢視 HTML 網頁後，可以發現商品是 <div> 標籤，這是巢狀 <div> 標籤建立的商品方框。

一般來說，多筆記錄的 HTML 標籤是一種巢狀 HTML 標籤，在外層是多筆記錄的父標籤，內層記錄是多筆欄位的父標籤。HTML 巢狀標籤有幾種常見組合，如下所示：

◆ **HTML 清單標籤**：HTML 清單標籤的記錄是外層 <ol> 或 <ul>（所有記錄的父標籤），每一筆記錄是 <li> 標籤，各欄位就是 <li> 的子標籤，如下所示：

```
<ul>
    <li>記錄1</li>
```

```
    <li>記錄2</li>
    …
</ul>
```

◆ **HTML 表格標籤**：HTML 表格標籤 <table> 是記錄的父標籤，多筆 <tr> 子標籤是記錄；欄位是 <td> 子標籤，如下所示：

```
<table>
    <tr>
        <td>欄位1</td>
        <td>欄位2</td>
        …
</tr>
    <tr>
        <td>欄位1</td>
        …
</tr>
    …
</table>
```

◆ **HTML 的 <div> 容器標籤**：HTML 可以使用二層 <div> 容器標籤來建立記錄，在外層 <div> 標籤包圍多筆下一層 <div> 標籤的記錄，各欄位就是第二層 <div> 標籤的子元素，如下所示：

```
<div>
    <div>記錄1</div>
    <div>記錄2</div>
    …
</div>
```

4-1-4 本章使用的範例 HTML 網頁

為了方便學習 BeautifulSoup 相關搜尋函數的使用，在本章是使用 https://fchart.github.io/ML/Surveys.html 或書附「ch04/Surveys.html」問卷網頁檔作為範例，如下所示：

```
<!DOCTYPE html>
<html lang="big5">
 <head>
  <meta charset="utf-8"/>
  <title>測試資料擷取的 HTML 網頁</title>
 </head>
 <body>
  <!-- Surveys -->
  <div class="surveys" id="surveys">
   <div class="survey" id="q1">
    <p class="question">
     <a href="http://example.com/q1">請問你的性別?</a></p>
    <ul class="answer">
     <li class="response">男 -
       <span class="score selected">20</span></li>
     <li class="response">女 -
       <span class="score">10</span></li>
    </ul>
   </div>
   <div class="survey" id="q2">
    <p class="question">
     <a href="http://example.com/q2">請問你是否喜歡偵探小說?</a></p>
    <ul class="answer">
     <li class="response">喜歡 -
       <span class="score">40</span></li>
     <li class="response">普通 -
       <span class="score selected">20</span></li>
     <li class="response">不喜歡 -
       <span class="score">0</span></li>
    </ul>
   </div>
   <div class="survey" id="q3">
    <p class="question">
     <a href="http://example.com/q3">請問你是否會程式設計?</a></p>
    <ul class="answer">
     <li class="response">會 -
       <span class="score selected">34</span></li>
     <li class="response">不會 -
```

待會第一個範例 4-2-2.py 會示範抓出網頁中的 <a> 標籤內容

```
        <span class="score">6</span></li>
      </ul>
     </div>
    </div>
    <div class="emails" id="emails">
      <div class="question">電子郵件清單資訊: </div>
      abc@example.com
      <div class="survey" data-custom="important">def@example.com</div>
      <span class="survey" id="email">ghi@example.com</div>
    </div>
  </body>
</html>
```

上述 HTML 網頁的 <body> 標籤之下分成 2 個 <div> 標籤，轉換成的 HTML 標籤樹，如下圖所示：

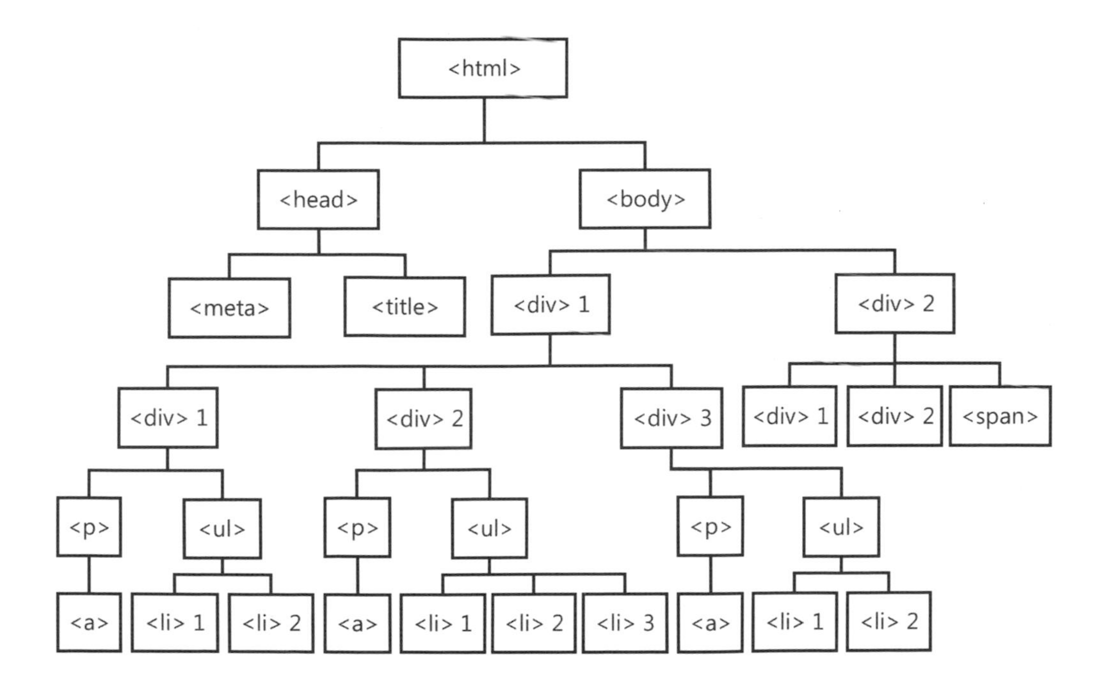

上述圖例是 HTML 網頁各標籤的階層結構，我們需要像這樣先了解 HTML 網頁的結構，才能成功的搜尋和走訪 HTML 網頁。

4-2 BeautifulSoup 剖析和走訪 HTML網頁

BeautifulSoup 是剖析 HTML 網頁著名的 Python 模組，可以將 HTML 網頁標籤轉換成一棵「Python 物件樹」，幫助我們從 HTML 網頁擷取出所需的資料，和走訪 Python 物件樹的 HTML 標籤。

4-2-1 建立 BeautifulSoup 物件剖析 HTML 文件

Python 程式在使用前需要匯入 BeautifulSoup 模組，如下所示：

```
from bs4 import BeautifulSoup
```

上述程式碼匯入 BeautifulSoup 模組後，就可以建立 BeautifulSoup 物件，我們有三種方法建立 BeautifulSoup 物件。

☆ 使用 HTML 字串建立 BeautifulSoup 物件：ch4-2-1.py

Python 程式可以使用 HTML 標籤字串建立 BeautifulSoup 物件，如下所示：

```
from bs4 import BeautifulSoup

html _ str = "<p>Hello World!</p>"
soup = BeautifulSoup(html _ str, "lxml")
print(soup)
```

上述程式碼指定 html_str 變數的 HTML 標籤字串後，BeautifulSoup() 的第 1 個參數是標籤字串，第 2 個參數指定 TreeBuilders，即使用的剖析器，常用的有三種："lxml"、"html5lib" 和內建 "html.parser"，官方文件建議使用 "lxml"。

在剖析 HTML 字串後，呼叫 print() 函數顯示內容，其執行結果如下所示，可以看到自動補齊缺少的 HTML 標籤 <html> 和 <body>：

```
<html><body><p>Hello World!</p></body></html>
```

☆ 使用 HTTP 回應內容建立 BeautifulSoup 物件：ch4-2-1a.py

以下 Python 程式使用 HTTP 回應內容建立 BeautifulSoup 物件，HTTP 請求的網址是 https://fchart.github.io/ML/Surveys.html，如下所示：

```
import requests
from bs4 import BeautifulSoup

r = requests.get("https://fchart.github.io/ML/Surveys.html")
r.encoding = "utf8"
soup = BeautifulSoup(r.text, "lxml")
print(soup)
```

上述程式碼匯入 requests 和 BeautifulSoup 模組後，使用 get() 函數送出 HTTP 請求，和指定 r.encoding 編碼是 utf8，然後使用 r.text 屬性的回應內容建立 BeautifulSoup 物件，最後呼叫 print() 函數顯示內容，其執行結果可以看到 HTML 標籤內容，如下所示：

```
<!DOCTYPE html>
<html lang="big5">
<head>
<meta charset="utf-8"/>
<title>測試資料擷取的 HTML 網頁</title>
</head>
<body>
<!-- Surveys -->
…
```

☆ 開啟檔案建立 BeautifulSoup 物件：ch4-2-1b.py

Python 程式可以直接開啟網頁 (此例為 Surveys.html)，然後使用 BeautifulSoup 剖析 HTML 網頁，如下所示：

```
from bs4 import BeautifulSoup
                          開啟網頁
with open("Surveys.html", "r", encoding="utf8") as fp:
    soup = BeautifulSoup(fp, "lxml")
    print(soup)
```

上述程式碼使用 with/as 程式區塊，呼叫 open() 函數開啟檔案 Surveys.html（此檔案必須和 Python 程式位在同一目錄），然後使用檔案指標 fp 建立 BeautifulSoup 物件，最後呼叫 print() 函數顯示內容，其執行結果可以看到和 ch4-2-1a.py 相同的 HTML 標籤。

4-2-2 取得擷取 HTML 標籤的相關資訊

當成功建立剖析 HTML 網頁的 BeautifulSoup 物件 soup 後，就可以使用參數 "a" 的標籤名稱，取出所有 <a> 標籤 Tag 物件串列，如下所示：

```
tags = soup("a")
tag = tags[1]
```

上述 tags 是 Tag 物件串列，可以使用索引 tags[1] 取出第 2 個 (即索引 1) <a> 標籤物件 tag，然後再使用下表 Tag 物件的屬性或方法來取得 HTML 標籤內容的資料，如下表所示：

屬性或方法	說明
tag.name	取得 HTML 標籤名稱
tag.text	取得所有 HTML 子標籤內容的合併字串，也可使用 get_text() 函數
tag.string	取得 NavigableString 物件的標籤內容
tag.attrs	取得 HTML 標籤所有屬性的字典
tag["target"]	取出 HTML 標籤的 target 屬性值
tag.get("href", None)	取得第 1 個參數 href 屬性值，沒有此屬性，就回傳第 2 個參數 None

請注意！如果在 HTML 標籤內容有子標籤，string 屬性並無法成功取得標籤內容，請改用 text 屬性。

☆ 取出和顯示 <a> 標籤的資料：ch4-2-2.py

在 Python 程式使用 BeautifulSoup 模組剖析 HTML 網頁後，取出和顯示第 2 個 HTML 標籤 <a> 的資料，如下所示：

```
from bs4 import BeautifulSoup

with open("Surveys.html", "r", encoding="utf8") as fp:
    soup = BeautifulSoup(fp, "lxml")

tags = soup("a")
tag = tags[1]  ← 取出索引 1 的 <a> 標籤
print("標籤名稱: ", tag.name)
print("標籤內容: ", tag.text)
print("標籤內容: ", tag.string)
print("標籤內容: ", tag.b.string)
print("URL 網址: ", tag.get("href", None))
print("target 屬性: ", tag["target"])
```

上述程式碼剖析 Surveys.html 成為 soup 物件後，使用參數 "a" 取出所有 <a> 標籤 Tag 物件串列 tags，然後取出第 2 個 <a> 標籤，其內容如下所示：

```
<a href="http://example.com/q2" target="_blank">請問你是否喜歡<b>偵探小說</b>?</a>
```

然後，依序使用 name 屬性取得標籤名稱，text 和 string 屬性取得標籤內容，因為有子標籤，所以 string 屬性值是 None，tag.b.string 是取得 <b> 子標籤的內容，因為並沒有子標籤，所以可以使用 string 屬性取得值，最後分別使用 get() 函數和 tag["target"] 取得 href 和 target 屬性值，其執行結果如下所示：

```
標籤名稱:  a
標籤內容:  請問你是否喜歡偵探小說?
標籤內容:  None
標籤內容:  偵探小說
URL 網址:  http://example.com/q2
target 屬性:  _blank
```

☆ 取出和顯示 <img> 標籤的資料：ch4-2-2a.py

換個例子。在 Python 程式使用 BeautifulSoup 模組剖析 HTML 網頁後，取出和顯示第 0 個 HTML 標籤 <img> 的資料，如下所示：

```
tags = soup("img")
tag = tags[0]
print("圖片網址: ", tag.get("src", None))
print("alt 屬性: ", tag["alt"])
print("屬性: ", tag.attrs)
```

上述程式碼剖析 Surveys.html 成為 soup 物件後，使用參數 "img" 取出所有 <img> 標籤 Tag 物件串列 tags，然後取出第 0 個 <img> 標籤，可以依序使用 get() 函數取得 src 屬性值、tag["alt"] 取得 alt 屬性值，最後的 attrs 屬性可以取得 HTML 標籤所有屬性的字典，其執行結果如下所示：

```
圖片網址:  img/yes.png
alt 屬性:  Yes
屬性:  {'class': ['img-fluid', 'rounded'], 'src': 'img/yes.png', 'alt': 'Yes'}
```

4-2-3 走訪剖析的 HTML 網頁

當 BeautifulSoup 剖析 HTML 網頁成為一棵階層結構的 Python 物件樹後，因為是階層結構，Python 程式可以向上（父）、向下（子）和左右（兄弟）方向來進行走訪，例如：Surveys.html 三個問卷問題的 <div> 標籤，如下圖所示：

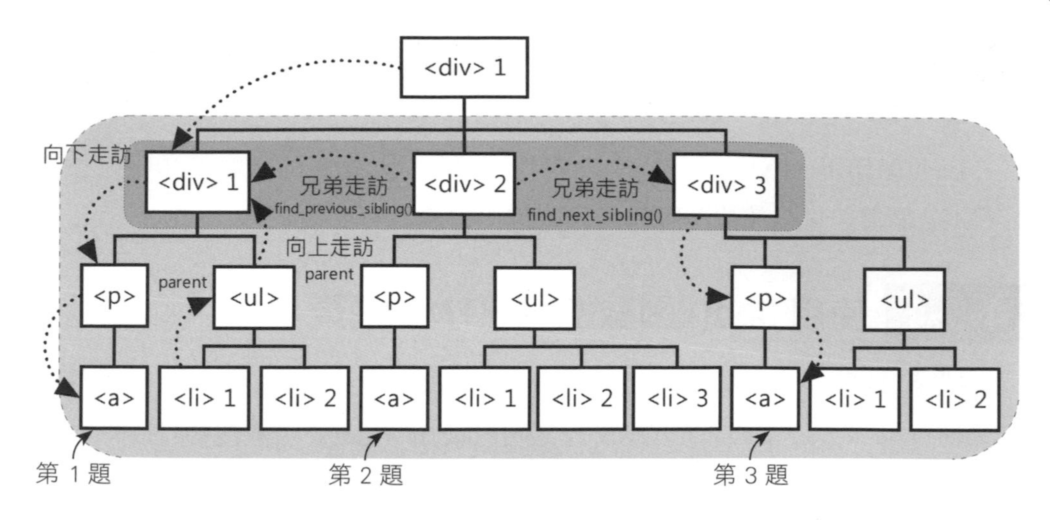

上述圖例的第 2 層 <div> 標籤是第 1 層 <div> 標籤的直接子標籤（Direct Child），整個淺灰色框起的所有標籤是其子孫標籤（Descendants）。

在 Python 物件樹中各 HTML 標籤走訪方式的說明（Python 程式：ch4-2-3.py），如下所示：

◆ **向下走訪**：從 <html>→<body>→<div>→<div>→<p>→<a>，可以顯示問卷第 1 題的題目，如下所示：

```
print(soup.html.body.div.div.p.a.text)
```

◆ **向上走訪**：從 <li>→<ul>→<div>→<p>→<a>，從第 1 題的第 1 個選項的 <li> 標籤使用 2 個 parent 屬性向上走訪 2 層至 <div> 標籤後，再向下走訪至第 1 題問題，如下所示：

```
print(tag_li.parent.parent.p.a.text)
```

◆ **兄弟走訪**：對於第二層的 3 個同一層 <div> 子標籤，我們可以從 <div> 2 → <div> 1 使用 find_previous_sibling() 函數走訪前一個，或 <div> 2 → <div> 3 使用 find_next_sibling() 函數走訪下一個兄弟標籤，這是兄弟走訪，如下所示：

```
print(tag_div.find_previous_sibling().p.a.text)
print(tag_div.find_next_sibling().p.a.text)
```

4-3 使用 find() 函數搜尋 HTML 網頁

BeautifulSoup 本身和 Tag 物件支援多種 find 開頭的函數來搜尋 HTML 網頁，可以使用多種特徵來定位出目標資料的所在。

4-3-1 使用 find() 函數搜尋 HTML 網頁

搜尋 HTML 網頁就是在搜尋 BeautifulSoup 剖析成 Python 物件的標籤樹（第 4-1-4 節），Python 程式可以使用 find() 函數搜尋 HTML 網頁來找出指定 HTML 標籤，其基本語法如下所示：

```
find(name, attribute, recursive, text, **kwargs)
```

上述函數可以搜尋到「第 1 個」符合條件的 Python 標籤物件，即 HTML 標籤物件；沒有找到回傳 None。函數參數的說明，如下所示：

- **name 參數**：指定搜尋的標籤名稱，可以找到第 1 個符合的 HTML 標籤，值可以是字串的標籤名稱、正規表達式、串列或函數。
- **attribute 參數**：搜尋條件的 HTML 標籤屬性。
- **recursive 參數**：布林值預設是 True，搜尋會包含所有子孫標籤；如為 False，搜尋只限下一層的子標籤，不包含再下一層的孫標籤。
- **text 參數**：指定搜尋的標籤字串內容。

在 find() 函數最後的 **kwargs 參數是指函數的參數個數是不定長度（有參數值，才需要指定），其參數格式是一種「鍵=值」參數。

☆ 使用標籤名稱搜尋 HTML 標籤：ch4-3-1.py

以下 Python 程式準備找出 Surveys.html 問卷第 1 題的題目，在開發人員工具可以找出是 <a> 標籤的內容，如下圖所示：

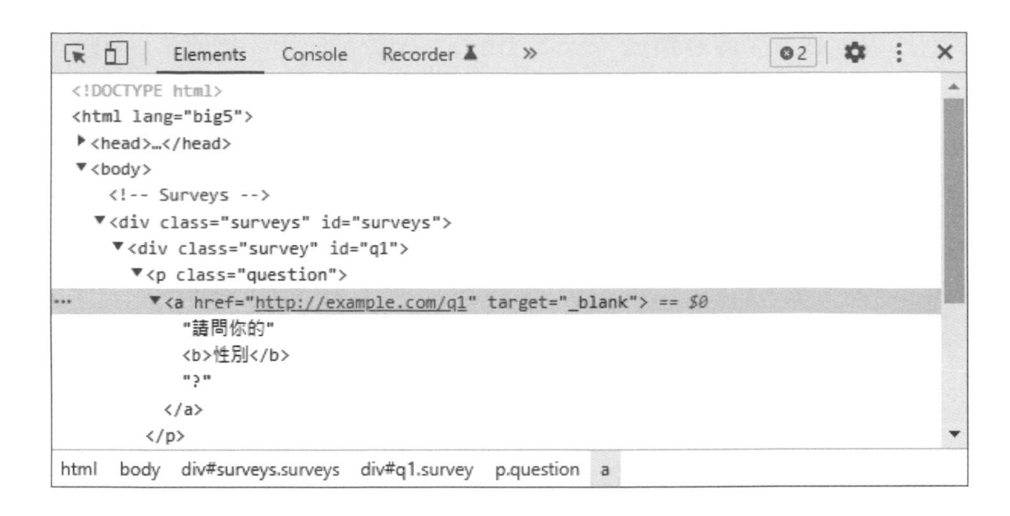

上述標籤 <a> 是第 1 個 <a> 標籤，我們可以使用 find() 函數搜尋此 HTML 標籤，如下所示：

```
tag_a = soup.find("a")
print(tag_a.text)
```

上述程式碼搜尋 <a> 標籤名稱 "a" 的字串，可以找到第 1 個 <a> 標籤的 Tag 物件，然後使用 text 屬性取出內容，其執行結果如下所示：

```
請問你的性別?
```

當再次觀察 HTML 標籤樹，<a> 標籤的上一層是 <p> 標籤，Python 程式可以先呼叫 find() 函數搜尋 <p> 標籤，然後從 <p> 標籤使用屬性走訪至 <a> 標籤，或再次呼叫 find() 函數搜尋下一層 <a> 標籤，如下所示：

```
tag_p = soup.find(name="p")
tag_a = tag_p.find(name="a")    # 搜尋下一層 <a> 標籤
print(tag_p.a.text)             # 走訪至 <a> 標籤
print(tag_a.text)
```

上述程式碼首先搜尋標籤 <p>，find() 函數是使用「鍵=值」參數，然後從 <p> 標籤開始再次呼叫 find() 函數搜查下一層的 <a> 標籤，我們也可以從 tag_p 開始，使用 a 屬性走訪至 <a> 子標籤來取得內容，即 tag_p.a.text，tag_a 因為是 <a> 標籤，可以直接取得內容，其執行結果可以看到 2 列相同的標籤內容，如下所示：

```
請問你的性別?
請問你的性別?
```

☆ 搜尋 HTML 標籤的 id 屬性：ch4-3-1a.py

HTML 標籤的 id 屬性值是唯一值，如果 HTML 標籤擁有 id 屬性，Python 程式可以直接使用 id 屬性來搜尋 HTML 標籤。例如：搜尋找出第 2 題的問卷題目，<div>標籤的 id 屬性值是 q2，如下所示：

```
tag_div = soup.find(id="q2")
tag_a = tag_div.find("a")
print(tag_a.text)
```

上述程式碼使用 id="q2" 搜尋 <div> 標籤，在找到後，再次呼叫 find() 函數搜尋之下的 <a> 標籤，即可取出標籤內容的題目字串，其執行結果如下所示：

```
請問你是否喜歡偵探小說?
```

☆ 搜尋 HTML 標籤的 class 樣式屬性：ch4-3-1b.py

HTML 標籤的 class 屬性值是套用的 CSS 樣式，Python 程式可以使用此屬性值來搜尋 HTML 標籤，不過，因為 class 屬性值並非唯一值，find() 函數找到的是第 1 個，而且因為 class 是 Python 關鍵字，請改用 attrs 屬性來指定屬性值。

例如：使用 class 樣式屬性值 score 搜尋第 1 個 <span> 標籤，如下所示：

```
tag_span = soup.find(attrs={"class": "score"})
print(tag_span.text)
```

上述 find() 函數使用 attrs 屬性指定 class 屬性值是 score，這是字典，可以顯示第 1 個 <span> 標籤的分數，其執行結果如下所示：

```
20
```

因為 HTML 標籤的 class 屬性值是常用的搜尋條件，BeautifulSoup 物件提供特殊常數 class_，在之後是「_」底線來快速指定 class 屬性值的條件，例如：搜尋問卷第 2 題 <div> 標籤下的第 1 個 <span> 標籤，如下所示：

```
tag_div = soup.find(id="q2")
tag_span = tag_div.find(class_="score")
print(tag_span.text)
```

上述程式碼先使用 id 屬性找到第 2 題的 <div> 標籤，然後再次呼叫 find() 函數，此時的 class 屬性值 score 是使用「class_」指定，可以顯示 <span> 標籤的分數，其執行結果如下所示：

```
40
```

☆ 使用 HTML5 自訂屬性搜尋 HTML 標籤：ch4-3-1c.py

HTML5 標籤可以指定 data- 開頭的自訂屬性，因為在自訂屬性有「-」符號，並不能作為參數名稱，Python 程式需要使用 attrs 屬性來指定自訂屬性值。例如：在電子郵件的 <div> 標籤有 data-custom 屬性值 important，如下所示：

```
tag _ div = soup.find(attrs={"data-custom": "important"})
print(tag _ div.text)
```

上述 attrs 屬性指定 data-custom 自訂屬性值的搜尋條件，其執行結果是標籤內容的電子郵件地址字串，如下所示：

```
def@example.com
```

☆ 搜尋 HTML 標籤的文字內容：ch4-3-1d.py

對於 HTML 標籤的文字內容，Python 程式可以使用 text 屬性來指定搜尋條件，如下所示：

```
tag _ str = soup.find(text="請問你的")
print(tag _ str)
tag _ str = soup.find(text="10")
print(tag _ str)
print(type(tag _ str))          # NavigableString 型態
print(tag _ str.parent.name)   # 父標籤名稱
tag _ str = soup.find(text="男 - ")
print(tag _ str)
```

上述程式碼使用 text 參數指定文字內容的搜尋條件，回傳值是找到符合文字內容的 NavigableString 物件，條件只有「請問你的」部分字串，而不是「請問你的性別?」，因為「性別」是 <b> 子標籤，如下所示：

```
請問你的<b>性別</b>?
```

然後使用 tag_str.parent.name 使用 parent 屬性走訪父標籤，可以取得此文字內容的父標籤名稱，其執行結果如下所示：

```
請問你的
10
<class 'bs4.element.NavigableString'>
span
None
```

上述執行結果顯示文字內容後，可以看到型態是 NavigableString 物件，父標籤是 <span>，最後的 None 表示沒有找到字串 "男 - "，可是在 HTML 網頁內容真的有此字串，如下所示：

```
<li class="response">男 -
  <span class="score selected">20</span></li>
```

上述 <li> 標籤的文字內容因為有換行（新行字元），然後才是子標籤 <span>，BeautifulSoup 無法使用 text 搜尋有新行字元的字串，只能是純文字內容，例如：另一個選項內容，如下所示：

```
<li class="response">女 - <span class="score">10</span></li>
```

上述 "女 - " 就可以成功搜尋（Python 程式：ch4-3-1e.py），如下所示：

```
tag_str = soup.find(text="女 - ")
print(tag_str)
tag_li = soup.find(class_="response")
print(tag_li.text)
print(tag_li.string)
print(tag_li.span.string)
```

上述程式碼搜尋前述 <li> 標籤，text 屬性可以取得合併內容，string 屬性無法取得混合標籤的文字內容，但是走訪至 <span> 子標籤，就可以取得文字內容，其執行結果如下所示：

```
女 -
男 -
        20
None
20
```

請注意！對於這種混合內容，或不是在 HTML 標籤中的文字內容，我們還可以使用第 4-5 節的正規表達式來進行搜尋。

☆ 同時使用多個條件來搜尋 HTML 標籤：ch4-3-1f.py

在 Surveys.html 中，class 屬性值 question 分別套用在問卷的問題，和第 2 個電子郵件清單的 <div> 標籤，我們可以使用 2 個條件來分別搜尋這 2 個不同的 HTML 標籤，如下所示：

```
tag_div = soup.find("div", class_="question")
print(tag_div.prettify())
tag_p = soup.find("p", class_="question")
print(tag_p.prettify())
```

上述程式碼的第 1 個 find() 函數搜尋 <div> 標籤且 class 屬性值是 question，第 2 個 find() 函數搜尋 <p> 標籤，prettify() 函數可以美化 HTML 標籤的編排，其執行結果可以看到這 2 個 HTML 標籤，如下所示：

```
<div class="question">
 電子郵件清單資訊:
</div>

<p class="question">
 <a href="http://example.com/q1" target="_blank">
  請問你的
  <b>
   性別
  </b>
  ?
 </a>
</p>
```

☆ 使用 Python 函數定義搜尋條件：ch4-3-1g.py

在 find() 函數的參數可以是函數呼叫，換句話說，我們可以使用函數來定義搜尋條件，例如：建立 is_secondary_question() 函數檢查標籤是否有 href 屬性，而且屬性值是 "http://example.com/q2"，如下所示：

```
def is_secondary_question(tag):
    return tag.has_attr("href") and \
           tag.get("href") == "http://example.com/q2"

tag_a = soup.find(is_secondary_question)
print(tag_a.prettify())
```

上述 find() 函數的參數是 is_secondary_question() 函數，不需加上括號，可以取得第 2 個問題的 <a> 標籤，prettify() 函數可以美化 HTML 標籤的編排，其執行結果如下所示：

```
<a href="http://example.com/q2" target="_blank">
 請問你是否喜歡
 <b>
  偵探小說
 </b>
 ?
</a>
```

4-3-2 使用 find_all() 函數搜尋 HTML 網頁

BeautifulSoup 的 **find_all()** 函數可以搜尋 HTML 網頁，找出「所有」符合條件的 HTML 標籤，其基本語法如下所示：

```
find_all(name, attribute, recursive, text, limit, **kwargs)
```

上述函數的參數和 find() 函數只差 limit 參數，其說明如下所示：

- **limit 參數**：指定搜尋到符合 HTML 標籤的最大值，所以，find() 函數就是 limit 參數值是 1 的 find_all() 函數。

基本上，find_all() 和 find() 函數的使用方式類似，在第 4-3-1 節的參數都可以使用在 find_all() 函數，只是搜尋結果是符合條件的串列，而不是第 1 個符合條件的 Tag 物件。

☆ 找出所有問卷的題目字串：ch4-3-2.py

Python 程式準備使用 find_all() 函數在 Surveys.html 找出所有問卷題目的串列，如下所示：

```
tag_list = soup.find_all("p", class_="question")
print(tag_list[0].prettify())

for question in tag_list:
    print(question.a.text)
```

上述 find_all() 函數的條件是所有 <p> 標籤且 class 屬性值是 "question"，在顯示第 1 個問題後，使用 for/in 迴圈走訪串列一一取出題目字串，因為題目字串位在 <a> 子標籤，所以再使用 question.a.text 走訪顯示題目字串，其執行結果如下所示：

```
<p class="question">
 <a href="http://example.com/q1" target="_blank">
  請問你的
  <b>
   性別
  </b>
  ?
 </a>
</p>

請問你的性別?
請問你是否喜歡偵探小說?
請問你是否會程式設計?
```

上述執行結果首先顯示搜尋結果 <p> 標籤串列的第 1 個 HTML 標籤，然後是 3 個問卷題目字串。

☆ 使用 limit 參數限制搜尋數量：ch4-3-2a.py

Python 程式是修改自 ch4-3-2.py，在 find_all() 函數加上 limit 參數，只搜尋前 2 筆資料，如下所示：

```
tag_list = soup.find_all("p", class_="question", limit=2)
print(len(tag_list))

for question in tag_list:
    print(question.a.text)
```

上述程式碼只差 find_all() 函數最後的 limit 參數，和使用 len() 函數顯示串列長度是 2 個，其執行結果只有前 2 個 <a> 標籤，如下所示：

```
2
請問你的性別?
請問你是否喜歡偵探小說?
```

☆ 搜尋所有標籤：ch4-3-2b.py

在 find_all() 函數的參數值如果是 True，就是搜尋之下所有 HTML 標籤，例如：Python 程式準備搜尋問卷第 2 題的所有 HTML 標籤，如下所示：

```
tag_div = soup.find("div", id="q2")
# 找出所有標籤串列
tag_all = tag_div.find_all(True)
for tag in tag_all:
    print(tag.name)
```

上述程式碼首先使用 find() 函數找到第 2 題的 <div> 標籤，然後再呼叫 find_all() 函數搜尋以下的所有標籤，參數值是 True，其執行結果顯示每一個標籤的名稱，如下所示：

```
p
a
b
ul
li
span
```

```
li
span
li
span
```

☆ 搜尋所有文字內容：ch4-3-2c.py

如果 find_all() 函數參數是 text=True，就是搜尋所有文字內容，Python 程式也可以使用串列來指定只搜尋特定的文字內容，如下所示：

```
tag_div = soup.find("div", id="q2")
# 找出所有文字內容串列
tag_str_list = tag_div.find_all(text=True)
print(tag_str_list)
# 找出指定的文字內容串列
tag_str_list = tag_div.find_all(text=["20", "40"])
print(tag_str_list)
```

上述程式碼找到第 2 個問題的 <div> 標籤後，第 1 個 find_all() 函數是搜尋所有文字內容，第 2 個只搜尋 "20" 和 "40" 兩個文字內容，其執行結果如下所示：

```
['\n', '\n', '請問你是否喜歡', '偵探小說', '?', '\n', '\n', '喜歡 - \n          ',
'40', '\n', '普通 - \n        ', '20', '\n', '不喜歡 - \n        ', '0', '\n', '\n']
['40', '20']
```

上述執行結果有 2 個串列，第 1 個是第 2 題的所有文字內容，第 2 個只有 2 個項目 "40" 和 "20"。請注意！上述 HTML 標籤的文字內容常常有一些特殊符號，在第 5-1 節就會說明如何清理這些多餘的字元。

☆ 使用串列指定搜尋條件：ch4-3-2d.py

在 find_all() 函數可以使用串列指定搜尋條件，此時的每一個項目是「或」條件，可以指定成標籤名或屬性值串列，如下所示：

```
tag_div = soup.find("div", id="q2")
# 找出所有 <p> 和 <span> 標籤
tag_list = tag_div.find_all(["p", "span"])
for tag in tag_list:
    print(tag.name, tag.text.replace("\n", ""))
print("-------------")
# 找出 class 屬性值 question 或 selected 的所有標籤
tag_list = tag_div.find_all(class_=["question", "selected"])
for tag in tag_list:
    print(tag.name, tag.text.replace("\n", ""))
```

上述程式碼的第 1 個 find_all() 函數的參數是標籤名稱串列，第 2 個指定 class 屬性值的串列，text 屬性使用 replace() 函數取代新行字元成為空字元，其執行結果如下所示：

```
p 請問你是否喜歡偵探小說?
span 40
span 20
span 0
-------------
p 請問你是否喜歡偵探小說?
span 20
```

上述執行結果首先是 <p> 和 <span> 標籤的名稱和內容，接著是 class 屬性值是 "question" 或 "selected" 的標籤名稱和內容。

☆ 沒有使用遞迴來執行搜尋：ch4-3-2e.py

在 find() 和 find_all() 函數都支援 recursive 參數（預設值 True），可以指定是否遞迴搜尋子標籤下的所有孫標籤，如下所示：

```
tag_div = soup.find("div", id="q2")
# 找出所有 <li> 子孫標籤
tag_list = tag_div.find_all("li")
for tag in tag_list:
    print(tag.text.replace("\n", ""))
```

```
# 沒有使用遞迴來找出所有 <li> 標籤
tag_list = tag_div.find_all("li", recursive=False)
print(tag_list)
```

上述程式碼的第 1 個 find_all() 函數沒有指定 recursive 參數，預設搜尋所有子孫標籤，第 2 個指定為 False 只搜尋子標籤是否有 <li> 標籤，其執行結果如下所示：

```
喜歡 -          40
普通 -          20
不喜歡 -          0
[]
```

上述執行結果的第 1 個串列是所有 <li> 標籤，第 2 個是空串列，因為 <div> 標籤的子標籤是 <p> 和 <ul>，並沒有 <li> 標籤。

4-4 使用 CSS 選擇器選取 HTML 標籤

CSS 選擇器（Selector）源於 CSS 層級式樣式表，可以從 HTML 網頁選取哪些 HTML 標籤需要套用 CSS 樣式，同理，BeautifulSoup 物件可以使用 CSS 選擇器來選取出目標的 HTML 標籤。

4-4-1 認識基本 CSS 選擇器

最基本的 CSS 選擇器是使用標籤名稱、id 和 class 屬性值來選取 HTML 標籤，完整 CSS 選擇器的說明請參閱附錄 A-8 節。

☆ 型態選擇器

型態選擇器（Type Selectors）是單純選擇 HTML 標籤名稱，可以選擇此標籤名稱的標籤來套用 CSS 樣式，例如：<p> 標籤的新樣式，如下所示：

```
p { font-size: 12pt; color: green }
```

上述 CSS 選擇器字串是 **p**，可以選取 HTML 網頁所有 <p> 標籤來套用之後的樣式。同樣方式，如果 HTML 網頁有 h1、h2、h3、b、small 和 strong 等標籤，都可以使用標籤名稱來定位目標 HTML 標籤。

☆ id 屬性選擇器

HTML 標籤的 id 屬性值是元素的唯一識別名稱，如下所示：

```
<p id="another"> 這是另一個段落的 p 標籤 </p>
```

上述 HTML 標籤的 id 屬性值是 another，CSS 選擇器是使用「#」開頭的 id 屬性值來選擇哪一個 id 屬性值的標籤來套用 CSS 樣式，如下所示：

```
#another { font-size: 14pt }
```

上述 CSS 樣式組可以替 another 標籤套用 font-size 樣式屬性，CSS 選擇器字串是 **#another**，可以選取前述擁有 id="another" 屬性值的 <p> 標籤。

☆ 樣式類別選擇器

HTML 標籤可以使用 class 屬性指定 CSS 樣式的類別名稱，如下所示：

```
<div class="red"> 自訂樣式類別 Class</div>
```

上述 HTML標 籤的 class 屬性值是 red，對應使用「.」開頭的樣式名稱定義的 CSS 樣式組，稱為樣式類別（Class），如下所示：

```
.red { color: red }
```

上述 CSS 樣式類別是「.」句點開頭的名稱，可以對應 HTML 標籤的 class 屬性值 red，CSS 選擇器字串是 **.red**，可以選取前述擁有 class="red" 屬性值的 <div> 標籤。

☆ 群組選擇器

群組選擇器（Grouping Selectors）可以選取多種不同 HTML 標籤，這是使用「,」分隔的標籤名稱字串，例如：CSS 選擇器字串 **div, p** 可以選取所有 <div> 和 <p> 標籤。「,」號不只分隔 HTML 標籤名稱，也可以分隔樣式類別和 id 屬性選擇器，如下表所示：

CSS選擇器字串	說明
.red, span	選取所有 class 屬性值 red 的標籤和 <span> 標籤
.red, .green	選取所有 class 屬性值 red 和 green 的標籤
span, #home, #bodycolor	選取所有 <span> 標籤，和 id 屬性值是 home 和 bodycolor 的標籤

☆ 屬性選擇器

屬性選擇器（Attribute Selector）是依據 HTML 屬性名稱和值來選取擁有此屬性的 HTML 標籤。屬性選擇器是使用「[」和「]」方括號括起屬性名稱，可以選出擁有此屬性的 HTML 標籤。例如：CSS 選擇器字串 **[id]**，可以選取所有擁有 id 屬性的 HTML 標籤。

我們還可以指定屬性值來選取指定屬性名稱和屬性值的 HTML 標籤，例如：CSS 選擇器字串 **[id=my-Address]**，可以選取有 id 屬性且屬性值是 my-Address 的 HTML 標籤。

請注意！HTML 標籤的屬性值可以使用空白字元來分隔成多個值，例如：2 個 <li> 標籤的 class 屬性值，如下所示：

```
<li class="red item">張三豐</li>
<li class="green item">李鴻章</li>
```

上述 class 屬性值有空白字元，在 CSS 選擇器需要使用「"」括起屬性值來建立選擇器字串，例如：**class="red item"**。

☆ 使用開發人員工具取得 CSS 選擇器字串

當在開發人員工具選取指定的 HTML 標籤後，就可以取得選取標籤的 CSS 選擇器字串，例如：選取第 2 個 <p> 標籤，如下圖所示：

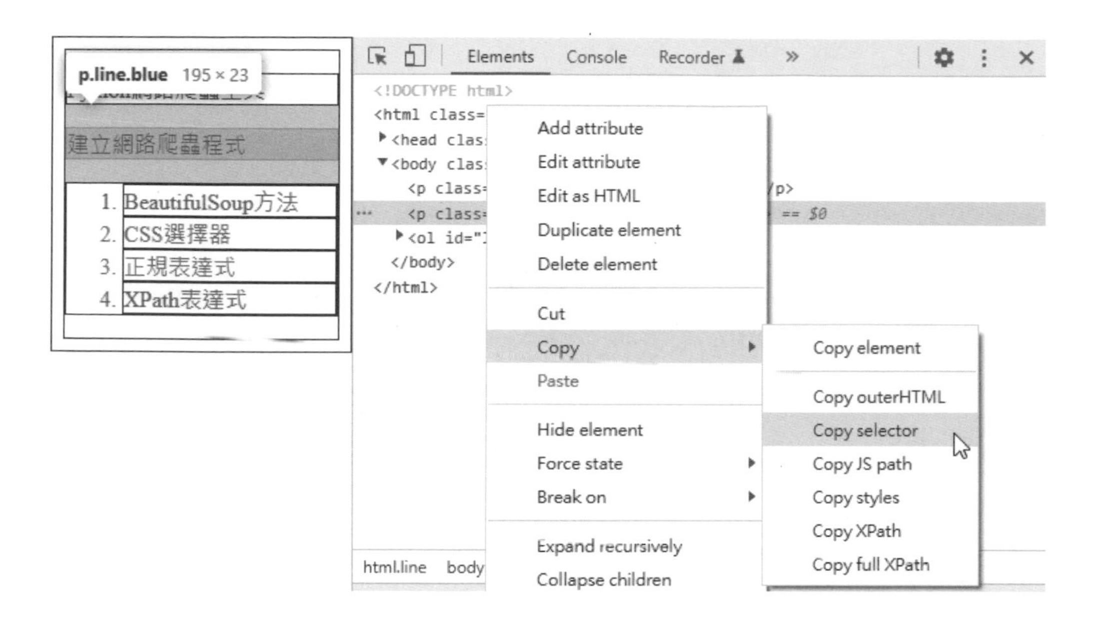

在選取標籤上，執行右鍵快顯功能表的「**Copy/Copy selector**」命令，可以複製 CSS 選擇器字串到剪貼簿，如下所示：

```
body > p:nth-child(2)
```

上述 CSS 選擇器字串的 p:nth-child(2)，在「:」前的 p 是 <p> 標籤，之後是指第 2 個位置，可以選取 <body> 標籤下第 2 個 <p> 子標籤。

4-4-2 使用 select() 函數選取 HTML 標籤

BeautifulSoup 支援使用 CSS 選擇器選取 HTML 標籤，即定位目標資料在哪一個 HTML 標籤。Python 程式可以在 Tag 和 BeautifulSoup 物件呼叫 select() 函數，參數是 CSS 選擇器字串，可以選取 HTML 標籤，回傳符合條件的 Tag 標籤物件串列。

☆ 選取指定標籤名稱：ch4-4-2.py

以下 Python 程式準備選取 <title> 標籤，和第 3 題問題的 <div> 標籤，如下所示：

```
tag_title = soup.select("title")
print(tag_title[0].text)
tag_first_div = soup.find("div")
tag_div = tag_first_div.select("div:nth-of-type(3)")
print(tag_div[0].prettify())
```

上述第 1 次呼叫 select() 函數是選取標籤名稱字串 "title"，因為是回傳串列，所以取出第 1 個 Tag 物件來顯示標籤內容，第 2 次使用 find() 函數找到第 1 個 <div> 標籤後，在此 Tag 物件再呼叫 select() 函數使用 nth-of-type(3) 選取第 3 個子 <div> 標籤，即第 3 題，其執行結果如下所示：

```
測試資料擷取的 HTML 網頁
<div class="survey" id="q3">
 <p class="question">
  <a href="http://example.com/q3" target="_blank">
   請問你是否會
   <b>
    程式設計
   </b>
   ?
  </a>
 </p>
 <ul class="answer">
  <li class="response">
   會 -
   <span class="score selected">
    34
   </span>
   <img alt="Yes" class="img-fluid rounded" src="img/yes.png"/>
  </li>
  <li class="response">
```

```
    不會 -
    <span class="score">
     6
    </span>
    <img alt="No" class="img-fluid rounded" src="img/no.png"/>
   </li>
  </ul>
 </div>
```

☆ 選取 class 和 id 屬性值的標籤：ch4-4-2a.py

在 select() 函數可以選取指定 class 和 id 屬性值的 HTML 標籤，前 2 個 select() 函數是選取 id 屬性值 q1，和 id 屬性值是 email 的 <span> 標籤，如下所示：

```
tag_div = soup.select("#q1")
print(tag_div[0].p.a.text)
tag_span = soup.select("span#email")
print(tag_span[0].text)
tag_div = soup.select("#q1, #q2")  # 多個 id 屬性
for item in tag_div:
    print(item.p.a.text)
print("-----------")
tag_div = soup.find("div")              # 第 1 個 <div> 標籤
tag_p = tag_div.select(".question")
for item in tag_p:
    print(item.a["href"])
tag_span = soup.select("[class~=selected]")
for item in tag_span:
    print(item.text)
```

上述第 3 個 select() 函數使用群組選擇器，同時選取 id 屬性值 q1 和 q2，for/in 迴圈顯示這 2 題的題目，第 4 個 select() 函數在使用 find() 函數找到到第 1 個 <div> 標籤後，選取所有 class 屬性值 question 的 <p> 標籤，for/in 迴圈顯示每一個 <a> 標籤的 href 屬性值。

最後一個 select() 函數是選取 class 屬性包含 selected 屬性值的 HTML 標籤，其執行結果如下所示：

```
請問你的性別?
ghi@example.com
請問你的性別?
請問你是否喜歡偵探小說?
-----------
http://example.com/q1
http://example.com/q2
http://example.com/q3
20
20
34
```

上述執行結果的第 1~2 列是前 2 個 select() 函數，接著 2 個題目字串是第 3 個，3 個 URL 網址是第 4 個，最後是 3 個 <span> 標籤值。

☆ 選取特定屬性值的 HTML 標籤：ch4-4-2b.py

在 select() 函數也可以選取 HTML 標籤是否擁有指定屬性，或進一步指定屬性值來選取 HTML 標籤，在下方的 print_a() 函數可以顯示串列每一個 <a> 標籤的 href 屬性值，如下所示：

```
def print_a(tag_a):
    for tag in tag_a:
        print(tag["href"])
    print("-----------")
tag_a = soup.select("a[href]")
print_a(tag_a)
tag_a = soup.select("a[href='http://example.com/q2']")
print_a(tag_a)
tag_a = soup.select("a[href^='http://example.com']")
print_a(tag_a)
tag_a = soup.select("a[href$='q3']")
print_a(tag_a)
tag_a = soup.select("a[href*='q']")
print_a(tag_a)
```

上述第 1 個 select() 函數選取擁有 href 屬性的 <a> 標籤，第 2 個指定屬性值，最後 3 個條件依序使用此屬性值是開頭、結尾和包含之後的值，其執行結果可以看到第 1 個串列是 3 個；第 2 個是 1 個，第 3 個有 3 個，第 4 個是 1 個、第 5 個有 3 個 <a> 標籤，如下所示：

```
http://example.com/q1
http://example.com/q2
http://example.com/q3
-----------
http://example.com/q2
-----------
http://example.com/q1
http://example.com/q2
http://example.com/q3
-----------
http://example.com/q3
-----------
http://example.com/q1
http://example.com/q2
http://example.com/q3
-----------
```

☆ 選取指定標籤下的特定子孫標籤：ch4-4-2c.py

以下 Python 程式準備使用階層關係的 CSS 選擇器字串，可以選取 <title> 標籤，和 <div> 標籤之下的所有 <a> 子孫標籤，即附錄 A-8 節 CSS Level 1 選擇器，其語法如下所示：

```
element element[element]
```

上述語法是標籤名稱清單，在中間使用空白字元分隔，如下所示：

```
tag_title = soup.select("html head title")
print(tag_title[0].text)
tag_a = soup.select("body div a")
for tag in tag_a:
    print(tag["href"])
```

上述第 1 個 select() 函數的 CSS 選擇器字串 "html head title"，可以依序選取從 <html> 開始的下一層 <head>，然後再下一層的 <title> 標籤。第 2 個依序找到 <body> 標籤下的 <div> 標籤，然後再下一層的 <a> 子孫標籤，可以顯示所有 <a> 標籤的 href 屬性值，其執行結果如下所示：

```
測試資料擷取的 HTML 網頁
http://example.com/q1
http://example.com/q2
http://example.com/q3
```

☆ 選取特定標籤下的「直接」子標籤：ch4-4-2d.py

以下 Python 程式準備選取特定標籤下的直接子標籤，並且同時使用 nth-of-type() 選取第幾個標籤，也可以使用 id 屬性值來選取，如下所示：

```
tag_a = soup.select("p > a")
for tag in tag_a:
    print(tag["href"])
tag_li = soup.select("ul > li:nth-of-type(2)")
for tag in tag_li:
    print(tag.text.replace("\n", ""))
tag_span = soup.select("div > #email")
for tag in tag_span:
    print(tag.prettify())
```

上述第 1 個 select() 函數選取所有 <p> 的子標籤是 <a>，第 2 個是所有 <ul> 的子標籤是 <li>，而且只取出第 2 個，第 3 個是 <div> 標籤子標籤的 id 屬性值是 email，其執行結果如下所示：

```
http://example.com/q1
http://example.com/q2
http://example.com/q3
女 - 10
普通 -          20
不會 -          6
```

```
<span class="survey" id="email">
 ghi@example.com
</span>
```

上述執行結果有 3 個串列，第 1 個串列項目都是 <a> 標籤，第 2 個是所有 <ul> 的第 2 個 <li> 標籤，第 3 個是 <body> 下第 2 個 <div> 標籤的 <span> 子標籤，因為 id 屬性值是 email，所以只有 1 個。

☆ 選取兄弟標籤：ch4-4-2e.py

Python 程式可以使用 CSS 選擇器「~」選取之後的所有兄弟標籤；「+」的話則只選取下一個兄弟標籤。首先使用 find() 函數找到第 1 題 q1 的題目字串，如下所示：

```
tag_div = soup.find(id="q1")
print(tag_div.p.a.text)
print("-----------")
tag_div = soup.select("#q1 ~ .survey")
for item in tag_div:
    print(item.p.a.text)
print("-----------")
tag_div = soup.select("#q1 + .survey")
for item in tag_div:
    print(item.p.a.text)
```

上述第 1 個 select() 函數使用「~」選取 id 屬性值 q1 之後所有 class 屬性值是 survey 的兄弟標籤，第 2 個只有第 1 個兄弟標籤，其執行結果如下所示：

```
請問你的性別?
-----------
請問你是否喜歡偵探小說?
請問你是否會程式設計?
-----------
請問你是否喜歡偵探小說?
```

上述執行結果的第 1 個是第 1 題的題目，第 2 部分是之後的 2 題，第 3 部分只有下一題。

4-4-3 使用 select_one() 函數選取 HTML 標籤

BeautifulSoupt 的 select_one() 函數和 select() 函數的使用方式相同，不過，此函數只會回傳選取到的第 1 筆標籤，而不是串列（ch4-4-3.py），如下所示：

```
tag_a = soup.select_one("a[href]")
print(tag_a.prettify())
```

上述 select_one() 函數只會回傳第 1 個選取到的 <a> 標籤，其執行結果如下所示：

```
<a href="http://example.com/q1" target="_blank">
 請問你的
 <b>
  性別
 </b>
 ?
</a>
```

4-5 使用正規表達式比對 HTML 標籤內容

BeautifulSoup 物件的 find() 和 find_all() 函數可以配合**正規表達式**（Regular Expression）來比對 HTML 標籤內容，特別適合用來搜尋 HTML 網頁中那些沒有位在 HTML 標籤中的文字內容。

4-5-1 認識正規表達式

「正規表達式」（Regular Expression）是一個範本字串，可以用來進行字串比對，正規表達式的直譯器（或稱為引擎）能夠將定義的正規表達式範本字串和目標字串進行比對，引擎傳回布林值，True 表示字串符合範本字串的定義的範本；False 表示不符合。

基本上，正規表達式的範本字串是使用英文字母、數字和一些特殊字元組成，最主要的是字元集和比對符號，如右所示：

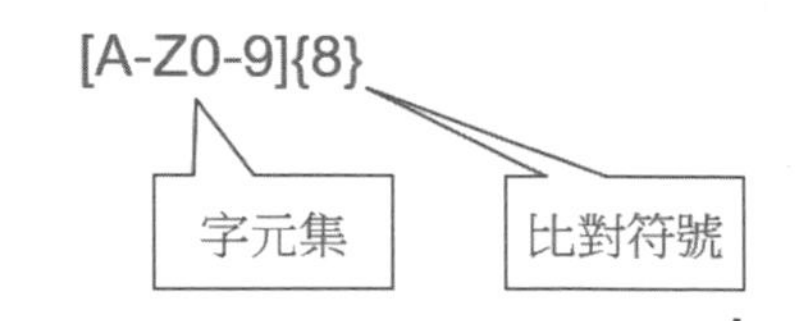

上述範本字串的基本元素說明，如下所示：

- **字元集**：定義字串中出現哪些字元。
- **比對符號**：決定字元集需如何進行比對，通常是指字元集中字元出現的次數（0 次、1 次或多次）和出現的位置（從開頭比對或結尾進行比對）。

☆ 字元集

正規表達式的範本字串是使用英文字母、數字和一些特殊字元所組成，其中最主要的就是字元集。我們可以使用「\」開頭的預設字元集，或是使用 "[" 和 "]" 符號組合成一組字元集的範圍，每一個字元集代表比對字串中的字元需要符合的條件，其說明如下表所示：

字元集	說明
[abc]	包含英文字母 a、b 或 c
[abc{]	包含英文字母 a、b、c 或符號 {
[a-z]	任何英文的小寫字母
[A-Z]	任何英文的大寫字母
[0-9]	數字 0~9
[a-zA-Z]	任何大小寫的英文字母
[^abc]	除了 a、b 和 c 以外的任何字元，[^…] 表示之外
\w	任何字元，包含英文字母、數字和底線，即 [A-Za-z0-9_]

字元集	說明
\W	任何不是 \w 的字元，即 [^A-Za-z0-9_]
\d	任何數字的字元，即 [0-9]
\D	任何不是數字的字元，即 [^0-9]
\s	空白字元，包含不會顯示的逸出字元，例如：\n 和 \t 等，即 [\t\r\n\f]
\S	不是空白字元的字元，即 [^ \t\r\n\f]

在正規表達式的範本字串除了字元集外，還可以包含 Escape 逸出字串代表的特殊字元，如下表所示：

Escape 逸出字串	說明
\n	新行符號
\r	Carriage Return 的 Enter 鍵
\t	Tab 鍵
\.、\?、\/、\\、\[、\]、\{、\}、\(、\)、\+、*、|	在範本字串代表.、?、/、\、[、]、{、}、(、)、+、* 和 | 特殊功能的字元
\xHex	十六進位的 ASCII 碼
\xOct	八進位的 ASCII 碼

在正規表達式的範本字串不只可以擁有字元集和 Escape 逸出字串，還可以是序列字元組成的子範本字串，或是使用「(」「)」括號括起，如下所示：

```
"a(bc)*"
"(b | ef)gh"
"[0-9]+"
```

上述 a、gh、(bc) 括起的是子字串，在之的「*」、「+」和中間的「|」字元是比對符號。

☆比對符號

正規表達式的比對符號定義範本字串比較時的比對方式，可以定義正規表達式範本字串中字元出現的位置和次數。常用比對符號的說明，如下表所示：

比對符號	說明
^	比對字串的開始，即從第 1 個字元開始比對
$	比對字串的結束，即字串最後需符合範本字串
.	代表任何一個字元
|	或，可以是前後 2 個字元的任一個
?	0 或 1 次
*	0 或很多次
+	1 或很多次
{n}	出現 n 次
{n,m}	出現 n 到 m 次
{n,}	至少出現 n 次
[…]	符合方括號中的任一個字元
[^…]	符合不在方括號中的任一個字元

☆ 範本字串的範例

一些正規表達式範本字串的範例，如下表所示：

範本字串	說明
^The	字串需要是 The 字串開頭，例如：These
book$	字串需要是 book 字串結尾，例如：a book
note	字串中擁有 note 子字串
a?bc	擁有 0 或 1 個 a，之後是 bc，例如：abc、bc 字串
a*bc	擁有 0 到多個 a，例如：bc、abc、aabc、aaabc 字串
a(bc)*	在 a 之後有 0 到多個 bc 字串，例如：abc、abcbc、abcbcbc 字串
(a | b)*c	擁有 0 到多個 a 或 b，之後是 c，例如：bc、abc、aabc、aaabc 字串
a+bc	擁有 1 到多個 a，之後是 bc，例如：abc、aabc、aaabc 字串等
ab{3}c	擁有 3 個 b，例如：abbbc 字串，不可以是 abbc 或 abc
ab{2,}c	至少擁有 2 個 b，例如：abbc、abbbc、abbbbc 等字串
ab{1,3}c	擁有 1 到 3 個 b，例如：abc、abbc 和 abbbc 字串
[a-zA-Z]{1,}	至少 1 個英文字元的字串
[0-9]{1,}、[\d]{1,}	至少 1 個數字字元的字串

4-5-2 使用正規表達式比對 HTML 標籤內容

在 Python 程式使用正規表達式需要匯入 re 模組，如下所示：

```
import re
```

接著使用 compile() 函數建立正規表達式物件，如下所示：

```
regexp = re.compile("\w+ -")
```

上述程式碼的參數是範本字串，可以建立 regexp 正規表達式物件，在 find() 和 fine_all() 函數需要使用此物件來指定搜尋條件。

☆ 使用正規表達式比對文字內容：ch4-5-2.py

在 BeautifulSoup 的 find() 函數可以使用正規表達式來比對文字內容，如下所示：

```
tag_str = soup.find(text="男 -")
print(tag_str)
regexp = re.compile("男 -")
tag_str = soup.find(text=regexp)
print(tag_str)
print("---------------------")
regexp = re.compile("\w+ -")
tag_list = soup.find_all(text=regexp)
print(tag_list)
```

上述程式碼的第 1 個 find() 函數直接指定字串的搜尋內容，第 2 個是建立成 regexp 正規表達式物件，最後是比對所有文字內容最後是 "-" 的文字內容，其執行結果如下所示：

```
None
男 -

---------------------
['男 - \n        ', '女 - ', '喜歡 - \n        ', '普通 - \n        ', '不喜歡 - \n        ', '會 - \n        ', '不會 - \n        ']
```

上述執行結果的第 1 個 None 是沒有找到，因為 HTML 標籤內容有換行，第 2 列使用正規表達式，可以看到找到符合的文字內容，最後使用正規表達式找出所有符合的文字內容。

☆ 使用正規表達式比對電子郵件地址：ch4-5-2a.py

Python 程式可以使用電子郵件的正規表達式範本來比對出 HTML 網頁中的所有電子郵件地址，如下所示：

```
email_regexp = re.compile("\w+@\w+\.\w+")
tag_str = soup.find(text=email_regexp)
print(tag_str)
print("---------------------")
tag_list = soup.find_all(text=email_regexp)
print(tag_list)
```

上述程式碼建立正規表達式物件後，比對第 1 個和所有包含電子郵件地址的文字內容，其執行結果如下所示：

```
    abc@example.com


---------------------
['\n    abc@example.com\n    ', 'def@example.com', 'ghi@example.com']
```

☆ 使用正規表達式比對URL網址：ch4-5-2b.py

在 HTML 標籤的屬性值也可以使用正規表達式，幫助我們比對出 href 屬性值是使用「http:」開頭的標籤，如下所示：

```
url_regexp = re.compile("^http:")
tag = soup.find(href=url_regexp)
print(tag["href"], tag.text)
print("---------------------")
tag_list = soup.find_all(href=url_regexp)
for tag in tag_list:
    print(tag["href"], tag.text)
```

上述程式碼建立正規表達式物件後，比對 href 屬性值是使用「http:」開頭，其執行結果如下所示：

```
http://example.com/q1 請問你的性別?
---------------------
http://example.com/q1 請問你的性別?
http://example.com/q2 請問你是否喜歡偵探小說?
http://example.com/q3 請問你是否會程式設計?
```

4-6 Selenium + BeautifulSoup 擷取網頁資料

Python 程式如果是使用 Selenium 取得網路資料，除了 Selenium 提供的內建函數外，我們一樣可以配合 BeautifulSoup 來擷取網頁資料。

4-6-1 Selenium + BeautifulSoup 擷取網頁資料

Selenium 在取得瀏覽器產生的 HTML 標籤後，Python 程式一樣可以使用 BeautifulSoup 剖析 HTML 標籤來擷取資料，在本節是使用 Selenium+BeautifulSoup 爬取測試網頁，這是一頁 HTML 清單資料，如下所示：

◆ https://fchart.github.io/ML/Example.html

Python網路爬蟲工具

建立網路爬蟲程式

1. BeautifulSoup方法
2. CSS選擇器
3. 正規表達式
4. XPath表達式

上述 <ol> 清單（id 屬性值 "list"）的 HTML 標籤，如下所示：

```
<ol id="list">
  <li class='item'>BeautifulSoup 方法</li>
  <li>CSS 選擇器</li>
  <li>正規表達式</li>
  <li class='item'>XPath 表達式</li>
</ol>
```

上述清單項目 <li> 標籤都有 class 屬性值 "line"。

☆ 取出 <li> 標籤的文字內容：ch4-6-1.py

Python 程式在使用 Selenium 取得網路資料後，使用 BeautifulSoup 剖析取出所有 <li> 標籤內容，如下所示：

```
from selenium import webdriver
from selenium.webdriver.chrome.service import Service
from webdriver_manager.chrome import ChromeDriverManager
from bs4 import BeautifulSoup

driver = webdriver.Chrome(service=Service(ChromeDriverManager().install()))
driver.implicitly_wait(10)
driver.get("https://fchart.github.io/ML/Example.html")
print(driver.title)
```

上述程式碼啟動瀏覽器載入 https://fchart.github.io/ML/Example.html 網頁後，取得和顯示 <title> 標籤內容，如下所示：

```
Example.html
```

然後在下方建立 BeautifulSoup 物件，參數 driver.page_source 屬性值就是 Selenium 取得的 HTML 網頁標籤，如下所示：

```
soup = BeautifulSoup(driver.page_source, "lxml")
tag_ol = soup.find("ol", {"id":"list"})
tags_li = tag_ol.find_all("li", class_="line")
for tag in tags_li:
    print(tag.text)
driver.quit()
```

上述程式碼呼叫 find() 函數找到 <ol> 父標籤後，使用 find_all() 函數找出之下所有 <li> 子標籤，其 class 屬性值都有 "line"（請注意！當 class 屬性是使用空白分隔的多值屬性，不需完全相同，只需任何一個值符合即可），for/in 迴圈可以一一取出 <li> 標籤的文字內容，其執行結果如下所示：

```
BeautifulSoup 方法
CSS 選擇器
正規表達式
XPath 表達式
```

4-6-2 在 Selenium 使用 XPath 表達式定位網頁資料

Selenium 內建 find_element() 函數，可以使用 id 屬性、name 屬性、class 屬性、標籤名稱、CSS 選擇器和 XPath 表達式等多種方式來定位網頁資料，其基本語法如下所示：

```
find_element(by, value)
```

上述函數可以搜尋到「第 1 個」符合條件的 Python 物件，即 HTML 標籤物件；沒有找到回傳 None。函數的參數說明，如下所示：

◆ **by 參數**：這是 By 屬性指定使用哪種方式來定位網頁資料。

◆ **value 參數**：定位方式的搜尋條件值。

find_element() 函數各種 By 屬性的使用範例和說明，如下表所示：

網頁資料定位函數	說明
find_element(By.ID, "login")	使用參數 id 屬性值 "login" 定位網頁資料
find_element(By.NAME, "user")	使用 name 屬性值 "user" 定位網頁資料
find_element(By.XPATH, <XPath>)	使用參數 XPath 表達式字串定位網頁資料，詳見本節的 Python 程式範例
find_element(By.LINK_TEXT, '取消')	使用超連結文字內容'取消'定位網頁資料
find_element(By.PARTIAL_LINK_TEXT, '取')	使用部分超連結文字內容'取'定位網頁資料
find_element(By.TAG_NAME, "h3")	使用 HTML 標籤名稱 "h3" 定位網頁資料
find_element(By.CLASS_NAME, "ct")	使用 class 屬性值 "ct" 定位網頁資料
find_element(By.CSS_SELECTOR, <CSS 選擇器>)	使用參數的 CSS 選擇器字串定位網頁資料

上表 find_element() 函數有對應的 find_elements() 函數（elements 有「s」），可以搜尋符合條件的多筆資料。

☆ 使用 XPath 表達式定位網頁資料：ch4-6-2.py

XPath（XML Path Language）是 XML 技術的查詢語言，可以在 HTML 網頁使用類似檔案路徑方式來定位 HTML 標籤與屬性。目前 BeautifulSoup 並不支援 XPath 表達式，在本節 Python 程式範例是說明 Selenium 如何使用 XPath 表達式來定位網頁資料。

請瀏覽 https://fchart.github.io/ML/Example.html 和開啟瀏覽器的開發人員工具，在選取的 <ol> 標籤上，執行右鍵快顯功能表的「**Copy/Copy XPath**」命令，如下圖所示：

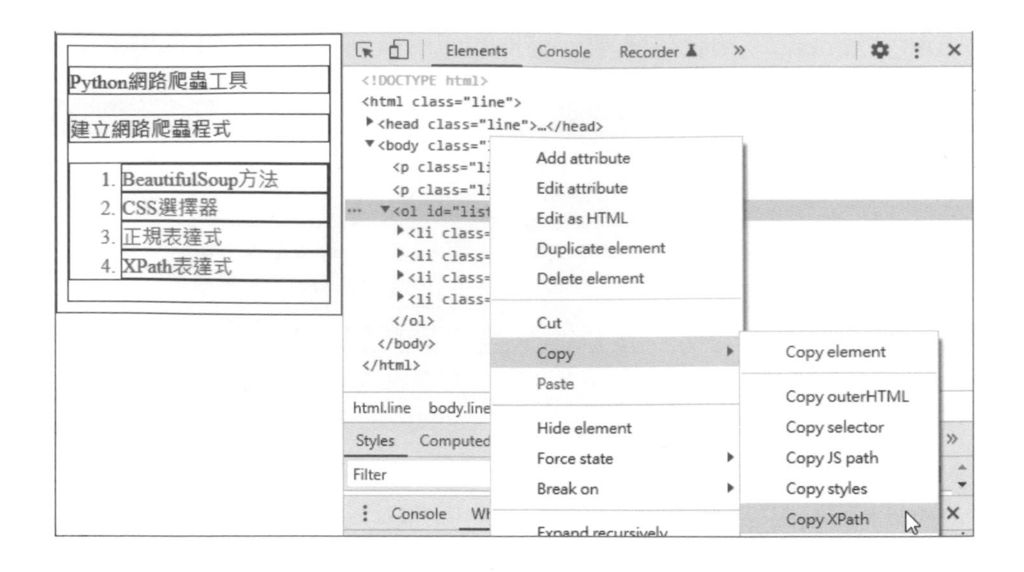

我們可以複製 XPath 表達式字串到剪貼簿，如下所示：

```
//*[@id="list"]
```

上述 XPath 表達式是使用「//」相對路徑，其說明如下所示：

- **相對路徑「//」**：搜尋之下路徑中有 id 屬性值 "list" 的所有 HTML 標籤，「*」是所有標籤；在「[ ]」中的「@」是選擇的屬性值。
- **絕對路徑「/」**：如同檔案路徑，這是從 <html> 標籤開始指明 <ol> 所在階層結構的路徑（Python 程式：ch4-6-2a.py），如下所示：

```
/html/body/ol
```

在 Selenium 一樣是呼叫 find_element() 函數，以參數 By.XPATH 指明是使用 XPath 表達式字串來定位 <ol> 標籤，如下所示：

```
from selenium import webdriver
from selenium.webdriver.common.by import By
from selenium.webdriver.chrome.service import Service
from webdriver_manager.chrome import ChromeDriverManager
```

```
driver = webdriver.Chrome(service=Service(ChromeDriverManager().install()))
driver.implicitly_wait(10)
driver.get("https://fchart.github.io/ML/Example.html")
tag_ol = driver.find_element(By.XPATH, '/html/body/ol')
print(tag_ol.tag_name)
```

上述程式碼找出 <ol> 標籤後，使用 tag_name 屬性取得標籤名稱：「ol」。接著，使用 XPath 表達式找出之下的所有 <li> 項目標籤，如下所示：

```
tags_li = tag_ol.find_elements(By.XPATH, '//li')
for tag in tags_li:
    print(tag.text, tag.get_attribute("class"))
driver.quit()
```

上述程式碼使用 XPath 表達式「//li」，搜尋之下路徑的所有 <li> 標籤，for/in 迴圈可以一一取出 <li> 標籤 text 屬性的文字內容，同時使用 get_attribute() 方法取得參數 class 屬性值，其執行結果如下所示：

```
ol
BeautifulSoup 方法 item line green
CSS 選擇器 line
正規表達式 line
XPath 表達式 item line green
```

☆ 改用 BeautifulSoup 剖析 <li> 標籤：ch4-6-2b.py

Python 程式可以混用 Selenium 和 BeautifulSoup 來定位網頁資料，首先使用 Selenium以XPath 表達式定位 <ol> 標籤後，改用 BeautifulSoup 剖析之下的所有 <li> 標籤，如下所示：

```
from selenium import webdriver
from selenium.webdriver.common.by import By
from selenium.webdriver.chrome.service import Service
from webdriver_manager.chrome import ChromeDriverManager
from bs4 import BeautifulSoup

driver = webdriver.Chrome(service=Service(ChromeDriverManager().install()))
driver.implicitly_wait(10)
driver.get("https://fchart.github.io/ML/Example.html")
tag_ol = driver.find_element(By.XPATH, '//*[@id="list"]')
print(tag_ol.tag_name)
print(tag_ol.get_attribute('innerHTML'))
soup = BeautifulSoup(tag_ol.get_attribute('innerHTML'), "lxml")
tags_li = soup.find_all("li", class_="line")
for tag in tags_li:
    print(tag.text)
driver.quit()
```

上述程式碼使用 get_attribute('innerHTML') 取得 <ol> 之下的所有 HTML 標籤字串後，建立 BeautifulSoup 物件，即可使用 find_all() 函數取出所有 <li> 標籤的內容，其執行結果如下所示：

```
ol


  <li class="item line green">BeautifulSoup 方法</li>
  <li class="line">CSS 選擇器</li>
  <li class="line">正規表達式</li>
  <li class="item line green">XPath 表達式</li>


BeautifulSoup 方法
CSS 選擇器
正規表達式
XPath 表達式
```

★ 學習評量 ★

1. 請說明網路爬蟲的資料擷取工作是什麼？HTML 標籤語法的目標資料是什麼？並且簡單說明開發人員工具如何分析 HTML 網頁？
2. 現在有一個 HTML 標籤字串，請建立 Python 程式剖析此字串來顯示 <div> 標籤的名稱、id 屬性和內容，如下所示：

```
html_str = "<div id='title'>Python Data Science</div>"
```

3. 請舉例說明 BeautifulSoup 物件的 find() 和 find_all() 函數的差異？
4. 如果是使用 CSS 選擇器，BeautifulSoup 物件可以呼叫 ________ 或 ________ 函數來找出目標的 HTML 標籤。
5. 請舉例說明 BeautifulSoup 物件的 find() 函數是如何使用正規表達式？
6. 請簡單說明 BeautifulSoup 物件是如何走訪 HTML 網頁？
7. 請建立 Python 程式開啟書附「ch04/index.html」，找出所有 class 屬性值是"nav-item" 的 HTML 標籤。
8. 請建立 Python 程式開啟書附「ch04/index.html」，找出所有 <a> 標籤的 href 屬性值。
9. 請建立 Python 程式使用 Selenium 開啟 https://fchart.github.io/index.html 網頁，然後使用 BeautifulSoup 找出所有 URL 網址清單是使用 http 開頭。
10. 請建立 Python 程式使用 Selenium 開啟 https://fchart.github.io/index.html 網頁，然後使用 BeautifulSoup 找出 id 屬性值 "navbarResponsive" 的 <div> 標籤，然後顯示 <ul> 子標籤的所有清單項目，即 <li> 標籤的內容。

M E M O

CHAPTER

5

資料清理與資料儲存

5-1 資料清理

在實務上，從網頁取得的資料很多都有多餘字元、不一致格式、不同斷行方式、拼字錯誤等多種問題，在將資料存入檔案或資料庫前，我們需要使用 Python 字串函數和正規表達式來處理這些資料，即執行「資料清理」（Clean the Data）。

資料清理的時機可以在取得資料後馬上進行處理，或在第 13 章探索資料前再進行資料整理，如下所示：

- **在取得資料後進行資料清理**（Clean the Data）：當從網頁取出資料後，就使用 Python 字串函數和正規表達式來進行處理，在本節是此部分的資料清理。
- **在探索資料前進行資料整理**（Data Munging）：當使用第 8 章 Pandas 套件將取得資料載入成列/欄表格資料後，在探索資料前，我們需要再次執行資料整理（包含資料轉換和清理），其說明請參閱第 13-3 節。

5-1-1 使用字串函數處理文字內容

因為從網頁取得的資料都是字串型態的資料，我們可以使用 Python 字串函數（若不太熟悉請見附錄 B-2 節）將取得資料處理成可存入檔案或資料庫的資料，例如：刪除字串中的多餘字元，和不需要的符號字元等。

☆ 切割與合併文字內容：ch5-1-1.py

Python 程式可以呼叫 split() 函數將字串使用分割字元切割成串列，然後呼叫 join() 函數將串列轉換成 CSV 字串，如下所示：

```
str1 = """Python is a programming language that lets you work quickly
and integrate systems more effectively."""

list1 = str1.split()
print(list1)
```

```
str2 = ",".join(list1)
print(str2)
```

上述程式碼建立字串變數 str1 後，呼叫 split() 函數使用空白字元分割成串列，然後使用 "," 作為連接字元，呼叫 join() 函數結合成 CSV 字串，其執行結果如下所示：

```
['Python', 'is', 'a', 'programming', 'language', 'that', 'lets', 'you',
'work', 'quickly', 'and', 'integrate', 'systems', 'more', 'effectively.']
Python,is,a,programming,language,that,lets,you,work,quickly,and,integrate
,systems,more,effectively.
```

☆ 刪除不需要的字元：ch5-1-1a.py

因為從網頁取得的字串資料常常有一些不需要的字元，Python 程式可以使用 replace() 函數刪除這些字元，例如：'\n' 和 "\r"，和呼叫 strip() 函數刪除前後的空白字元，如下所示：

```
str1 = "  Python is a \nprogramming language.\n\r   "

str2 = str1.replace("\n", "").replace("\r", "")
print("'" + str2 + "'")
print("'" + str2.strip() + "'")
```

上述程式碼的 str1 字串前後有空白字元，並內含 '\n' 和 "\r" 字元，首先呼叫 replace() 函數將第 1 個符號字元取代成第 2 個空字串，即刪除這些字元，然後呼叫 strip() 函數刪除前後空白字元，其執行結果如下所示：

```
'  Python is a programming language.   '
'Python is a programming language.'
```

請注意！replace(" ", "") 函數會刪除所有空白字元，如果只是想刪除多餘的空白字元，保留一個，我們需要使用第 5-1-2 節的正規表達式來處理。

☆ 刪除標點符號字元：ch5-1-1b.py

如果想刪除字串中多餘的標點符號字元，Python 程式可以使用 string.punctuation 屬性取得所有標點符號字元，然後呼叫 strip() 函數刪除掉這些標點符號字元，如下所示：

```
import string

str1 = "#$%^Python -is- *a* $%programming _ language.$"

print(string.punctuation)
list1 = str1.split(" ")
for item in list1:
    print(item.strip(string.punctuation))
```

上述程式碼匯入 string 模組，因為字串變數 str1 擁有很多標點符號，首先使用 split() 函數以空白字元分隔字串，然後一一刪除各項目中的標點符號字元，其執行結果如下所示：

```
!"#$%&'()*+,-./:;<=>?@[\]^ _ `{|}~
Python
is
a
programming
language
```

☆ 處理 URL 網址：ch5-1-1c.py

Python 程式從網頁抓取的 URL 網址格式，可能因為相對或絕對路徑，而有不一致格式，此時，可以建立函數來整理 URL 網址成為一致的格式。首先是基底 URL 網址變數和測試的 URL 網址串列，如下所示：

```
baseUrl = "http://example.com"
list1 = ["http://www.example.com/test", "http://example.com/word",
        "media/ex.jpg", "http://www.example.com/index.html"]

```

```
def getUrl(baseUrl, source):
    if source.startswith("http://www."):
        url = "http://" + source[11:]
    elif source.startswith("http://"):
        url = source
    elif source.startswith("www"):
        url = source[4:]
        url = "http://" + source
    else:
        url = baseUrl + "/" + source

    if baseUrl not in url:
        return None
    return url
```

上述 getUrl() 函數使用 if/elif/else 多選一條件敘述判斷 URL 網址的開頭是什麼，即可一一處理成一致格式的 URL 網址。在下方 for/in 迴圈測試格式化串列的 URL 網址，如下所示：

```
for item in list1:
    print(getUrl(baseUrl, item))
```

上述程式碼呼叫 getUrl() 函數，第 1 個參數是基底 URL 網址，第 2 個參數測試各種不一致格式的 URL 網址，其執行結果如下所示：

```
http://example.com/test
http://example.com/word
http://example.com/media/ex.jpg
http://example.com/index.html
```

5-1-2 使用正規表達式處理文字內容

Python 正規表達式 re 模組可以使用 sub() 函數取代符合範本字串的子字串成為其他字串，findall() 函數抽出符合範本的所有子字串，換句話說，Python 程式一樣可以使用正規表達式來處理網頁取得的文字內容。

☆ 刪除不需要的字元：ch5-1-2.py

類似第 5-1-1 節的字串處理，Python 程式可以使用 re 模組呼叫 sub() 函數來刪除不需要的 "\n"，和多餘的空白字元，如下所示：

```
import re

str1 = "  Python, is   a, \nprogramming, \n\nlanguage.\n\r   "

list1 = str1.split(",")
for item in list1:
    item = re.sub(r"\n+", "", item)
    item = re.sub(r" +", " ", item)
    item = item.strip()
    print("'" + item + "'")
```

上述程式碼的 str1 字串是測試字串，當使用 split() 函數分割成串列後，呼叫 2 次 sub() 函數刪除不需要的字元，第 1 次是刪除 1 至多個 "\n" 字元，第 2 次是刪除多餘的空白字元，但會保留 1 個，最後的 strip() 函數刪除前後的空白字元，其執行結果如下所示：

```
'Python'
'is a'
'programming'
'language.'
```

☆ 處理路徑字串：ch5-1-2a.py

Python 程式可以使用 re 模組的 sub() 函數來處理路徑字串，如下所示：

```
import re

list1 = ["", "/", "path/", "/path", "/path/", "//path/", "/path///"]

def getPath(path):
```

```
    if path:
        if path[0] != "/":
            path = "/" + path
        if path[-1] != "/":
            path = path + "/"
        path = re.sub(r"/{2,}", "/", path)
    else:
        path = "/"

    return path

for item in list1:
    item = getPath(item)
    print(item)
```

上述 getPath() 函數使用巢狀 if/else 條件敘述判斷路徑前後的 "/" 字元，以便決定是否需要補上 "/" 字元，呼叫 sub() 函數可以刪除多餘的 "/" 字元，其執行結果如下所示：

```
/
/
/path/
/path/
/path/
/path/
/path/
```

☆ 處理電話號碼的多餘字元：ch5-1-2b.py

因為電話號碼有多餘的符號字元，Python 程式可以使用 re 模組的 sub() 函數刪除多餘字元來取出電話號碼字串，如下所示：

```
import re

phone = "0938-111-4567 # Pyhone Number"

```

```
num = re.sub(r"#.*$", "", phone)
print(num)
num = re.sub(r"\D", "", phone)
print(num)
```

上述電話號碼中有 "-" 字元，之後是類似 Python 的註解文字，第 1 次的 sub() 函數刪除之後的註解文字符號「#」，第 2 次刪除所有非數字的字元，其執行結果如下所示：

```
0938-111-4567
09381114567
```

☆ 取出日期、電子郵件地址和商品金額字串：ch5-1-2c~2e.py

對於固定格式的資料，例如：日期、電子郵件地址和商品金額等，Python 的 re 模組可以使用 findall() 函數，使用範本字串從目標字串中，抽出所有符合範本的子字串，例如：取出字串中的日期子字串（Python 程式：ch5-1-2c.py），如下所示：

```
import re

str1 = "上映日期: 2021-04-21"
match = re.findall(r"[0-9]{4}\-[0-9]{2}\-[0-9]{2}", str1)
if match:
    print(match[0])
else:
    print("沒有找到符合的字串!")
```

上述 findall() 函數的第 1 個參數是 "[0-9]{4}\-[0-9]{2}\-[0-9]{2}" 範本字串，第 2 個參數是目標字串，可以從目標字串抽出所有符合的日期子字串，回傳值是串列，match[0] 是第 1 個，其執行結果如下所示：

```
2021-04-21
```

◆ Python 程式：ch5-1-2d.py 使用 "[\w.-]+@[A-Za-z0-9_.-]+" 範本字串取出電子郵件地址。

◆ Python 程式：ch5-1-2e.py 使用 "[0-9]+\.*[0-9]*" 範本字串取出商品金額。

5-2 將資料存入 CSV 和 JSON 檔案

當成功從網路 HTML 網頁擷取出資料後，在整理好取回資料後，就可以儲存成檔案，常用檔案格式有：CSV 和 JSON 檔案，如果需要取得網路上的圖檔，我們一樣可以從 Web 網站下載這些圖檔。

因為 CSV 和 JSON 檔案都是文字檔案，若不是很熟悉 Python 文字檔案處理的說明，請先參閱附錄 B-1 節。

5-2-1 儲存成 CSV 檔案

CSV（Comma-Separated Valucs）檔案的內容是使用純文字方式表示的表格資料，這是文字檔案，每一列就是表格的一列，每一欄位是使用「,」逗號分隔。例如：我們準備將表格資料轉換成 CSV 資料，如下表所示：

Data1	Data2	Data3
10	33	45
5	25	56

上述表格資料轉換成的 CSV 資料，如下所示：

```
Data1,Data2,Data3
10,33,45
5,25,56
```

上述 CSV 資料的每一列最後有新行字元「\n」換行，每一個欄位使用「,」逗號分隔，Excel 可以直接開啟 CSV 檔案，如果有中文內容，因為編碼問題可能需要使用匯入方式來開啟。

☆ 讀取 CSV 檔案：ch5-2-1.py

Python 程式存取 CSV 檔案是使用 csv 模組，例如：讀取 Example.csv 檔案的內容（即前述表格資料），如下所示：

```
import csv

csvfile = "Example.csv"
with open(csvfile, 'r') as fp:
    reader = csv.reader(fp)
    for row in reader:
        print(','.join(row))
```

上述程式碼匯入 csv 模組後，呼叫 open() 函數開啟檔案，然後使用 csv.reader() 函數讀取檔案內容，for/in 迴圈讀取每一列資料後，呼叫 join() 函數建立「,」逗號分隔字串，其執行結果可以顯示檔案內容，如下所示：

```
Data1,Data2,Data3
10,33,45
5,25,56
```

☆ 寫入資料至 CSV 檔案：ch5-2-1a.py

Python 程式也可以將 CSV 資料的串列寫入 CSV 檔案，例如：將 CSV 串列寫入 Example2.csv 檔案，如下所示：

```
import csv

csvfile = "Example2.csv"
list1 = [[10,33,45], [5, 25, 56]]
with open(csvfile, 'w+', newline='') as fp:
    writer = csv.writer(fp)
    writer.writerow(["Data1","Data2","Data3"])
    for row in list1:
        writer.writerow(row)
```

上述程式碼呼叫 open() 函數開啟檔案，參數 newline='' 是刪除每一列的多餘換行，然後使用 csv.writer() 函數寫入檔案，writerow() 函數是寫入一列 CSV 資料，其參數是串列，for/in 迴圈可以將 list1 串列的每一個元素寫入檔案，其執行結果可以看到 Excel 開啟的檔案內容，如下圖所示：

	A	B	C	D	E
1	Data1	Data2	Data3		
2	10	33	45		
3	5	25	56		
4					

Example2

☆ 從 HTM 網頁取出表格資料寫入 CSV 檔案：ch5-2-1b.py

在了解 CSV 檔案讀寫後，Python 程式可以將 HTML 表格資料存入 CSV 檔案，例如：公司營業額的 HTML 表格，如下所示：

◆ https://fchart.github.io/ML/table.html

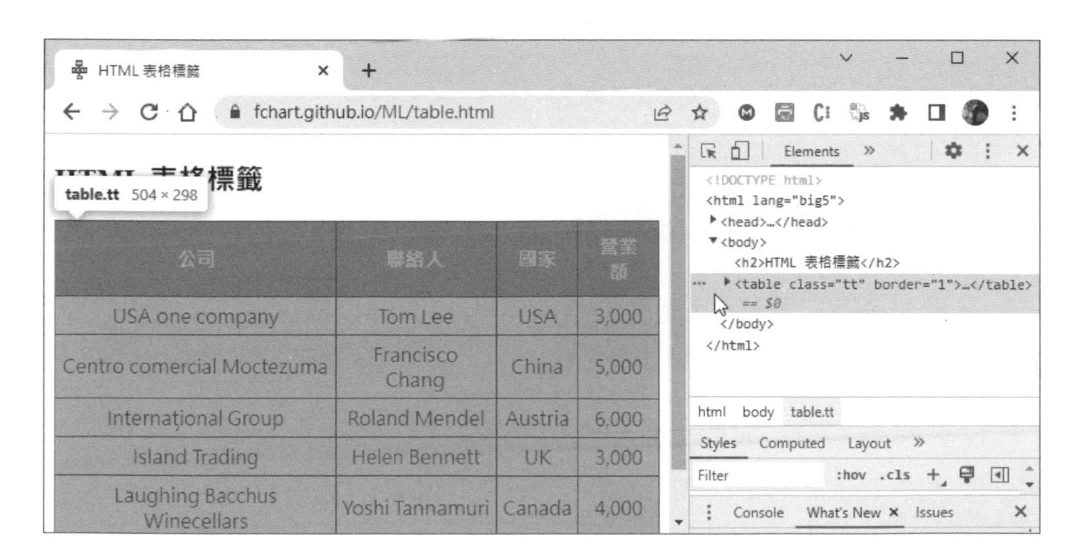

上述圖例使用 Chrome 開發人員工具找出 <table> 表格標籤，可以看到 class 屬性值是 "tt"。Python 程式可以搜尋 HTML 網頁取出表格資料來存入 CSV 檔案，如下所示：

```
import requests
from bs4 import BeautifulSoup
import csv

url = "https://fchart.github.io/ML/table.html"
csvfile = "CompanySales.csv"
r = requests.get(url)
r.encoding = "utf8"
soup = BeautifulSoup(r.text, "lxml")
tag_table = soup.find(class_="tt")  # 找到 <table>
rows = tag_table.findAll("tr"        # 找出所有 <tr>
```

上述程式碼匯入相關模組後，使用 BeautifulSoup 物件的 find() 函數找到第 1 個 <table> 標籤，然後使用 findAll() 函數找出表格的所有 <tr> 標籤。接著開啟 CSV 檔案寫入取出的資料，如下所示：

```
with open(csvfile, 'w+', newline='', encoding="utf-8") as fp:
    writer = csv.writer(fp)
    for row in rows:
        rowList = []
        for cell in row.findAll(["td", "th"]):
            rowList.append(cell.get_text().replace("\n", "").replace("\r", ""))
        writer.writerow(rowList)
```

上述 open() 函數指定編碼是 utf-8，row 串列變數是所有 <tr> 標籤的表格列，第一層 for/in 迴圈取出每一列，第二層 for/in 迴圈取出每一個儲存格。

在內層 for/in 迴圈的 findAll() 函數可以找出此列所有 <td> 和 <th> 標籤，然後使用 append() 函數將 get_text() 函數取得的標籤內容新增至串列（也可使用 text 屬性），replace() 函數可以刪除 "\n" 和 "\r" 字元，最後呼叫 writerow() 函數寫入每一列資料至 CSV 檔案：CompanySales.csv。

Python 程式的執行結果可以建立 CompanySales.csv 檔案，Excel 開啟的內容因為有中文，為了避免顯示亂碼，Excel 是使用匯入文字檔方式來載入 CSV 檔案，如下圖所示：

	A	B	C	D
1	公司	聯絡人	國家	營業額
2	USA one company	Tom Lee	USA	3,000
3	Centro comercial Moctezuma	Francisco Chang	China	5,000
4	International Group	Roland Mendel	Austria	6,000
5	Island Trading	Helen Bennett	UK	3,000
6	Laughing Bacchus Winecellars	Yoshi Tannamuri	Canada	4,000
7	Magazzini Alimentari Riuniti	Giovanni Rovelli	Italy	8,000

工作表1

5-2-2 儲存成 JSON 檔案

JSON 是 JavaScript 物件文字表示法的資料交換格式，Python 語言的 JSON 處理是使用 json 模組，只需配合文字檔案處理，就可以將 JSON 資料寫入檔案，和讀取 JSON 檔案內容。

☆ JSON 和 Python 字典的轉換：ch5-2-2.py

在 Python 的 json 模組，可以使用 dumps() 函數將 JSON 字典轉換成 JSON 字串，loads() 函數是從 JSON 字串轉換成 JSON 字典，如下所示：

```
import json

data = {
   "name": "Joe Chen",
   "score": 95,
   "tel": "0933123456"
}

json_str = json.dumps(data)
print(json_str)
data2 = json.loads(json_str)
print(data2)
```

上述程式碼首先呼叫 dumps() 函數，將字典轉換成 JSON 字串，然後呼叫 loads() 函數，再將字串轉換成字典，其執行結果如下所示：

```
{"name": "Joe Chen", "score": 95, "tel": "0933123456"}
{'name': 'Joe Chen', 'score': 95, 'tel': '0933123456'}
```

☆ 將 JSON 資料寫入檔案：ch5-2-2a.py

Python 程式可以使用 dump() 函數將 Python 字典寫入 JSON 檔案，如下所示：

```
import json

data = {
   "name": "Joe Chen",
   "score": 95,
   "tel": "0933123456"
}

jsonfile = "Example.json"
with open(jsonfile, 'w') as fp:
    json.dump(data, fp)
```

上述程式碼建立 data 字典後，使用 open() 函數開啟寫入檔案，然後呼叫 dump() 函數將第 1 個參數的 data 字典寫入第 2 個參數的檔案，可以在 Python 程式的目錄看到建立的 Example.json 檔案。

☆ 讀取 JSON 檔案：ch5-2-2b.py

Python 程式是呼叫 load() 函數將 JSON 檔案內容讀取成 Python 字典，如下所示：

```
import json

jsonfile = "Example.json"
with open(jsonfile, 'r') as fp:
```

```
    data = json.load(fp)
json_str = json.dumps(data)
print(json_str)
```

上述程式碼開啟 JSON 檔案 Example.json 後，呼叫 load() 函數讀取 JSON 檔案轉換成字典，接著轉換成 JSON 字串後顯示 JSON 內容，其執行結果如下所示：

```
{"name": "Joe Chen", "score": 95, "tel": "0933123456"}
```

☆ 將 Google 圖書查詢的 JSON 資料寫入檔案：ch5-2-2c.py

Google 圖書查詢的 Web 服務可以輸入書名關鍵字來查詢圖書資訊，此服務的網址如下：

- https://www.googleapis.com/books/v1/volumes?maxResults=5&q=Python&projection=lite

上述 URL 參數 q 是關鍵字；maxResults 參數是最多傳回幾筆；projection 參數值 lite 是傳回精簡版的查詢資料。如果上述網頁有問題，為了方便測試下載 JSON 資料，筆者已經將 JSON 資料備份在 fChart 網站，其 URL 網址如下所示：

- https://fchart.github.io/json/GoogleBooks.json

https://fchart.github.io/json/G ×

fchart.github.io/json/GoogleBooks.json

{"kind": "books#volumes", "totalItems": 578, "items": [{"kind": "books#volume", "id": "wqeVv09Y6hIC", "etag": "nF0/Opy7bpQ", "selfLink": "https://www.googleapis.com/books/v1/volumes/wqeVv09Y6hIC", "volumeInfo": {"title": "Python", "subtitle": "A Study of Delphic Myth and Its Origins", "authors": ["Joseph Eddy Fontenrose"], "publisher": "Univ of California Press", "publishedDate": "1959", "readingModes": {"text": false, "image": true}, "maturityRating": "NOT_MATURE", "allowAnonLogging": false, "contentVersion": "0.0.1.0.preview.1", "imageLinks": {"smallThumbnail": "http://books.google.com/books/content?id=wqeVv09Y6hIC&printsec=frontcover&img=1&zoom=5&edge=curl&source=gbs_api", "thumbnail": "http://books.google.com/books/content?id=wqeVv09Y6hIC&printsec=frontcover&img=1&zoom=1&edge=curl&source=gbs_api"}, "previewLink": "http://books.google.com.tw/books?id=wqeVv09Y6hIC&printsec=frontcover&dq=Python&hl=&cd=1&source=gbs_api", "infoLink": "http://books.google.com.tw/books?id=wqeVv09Y6hIC&dq=Python&hl=&source=gbs_api", "canonicalVolumeLink": "https://books.google.com/books/about/Python.html?hl=&id=wqeVv09Y6hIC"}, "saleInfo": {"country": "TW"}, "accessInfo": {"country": "TW", "epub": {"isAvailable": false}, "pdf": {"isAvailable": false}, "accessViewStatus": "SAMPLE"}}, {"kind": "books#volume", "id": "carqdIdfVlYC", "etag": "eBfGp9pVosk", "selfLink": "https://www.googleapis.com/books/v1/volumes/carqdIdfVlYC", "volumeInfo": {"title": "Python", "authors": ["Chris Fehily"], "publisher": "Peachpit Press", "publishedDate": "2002",

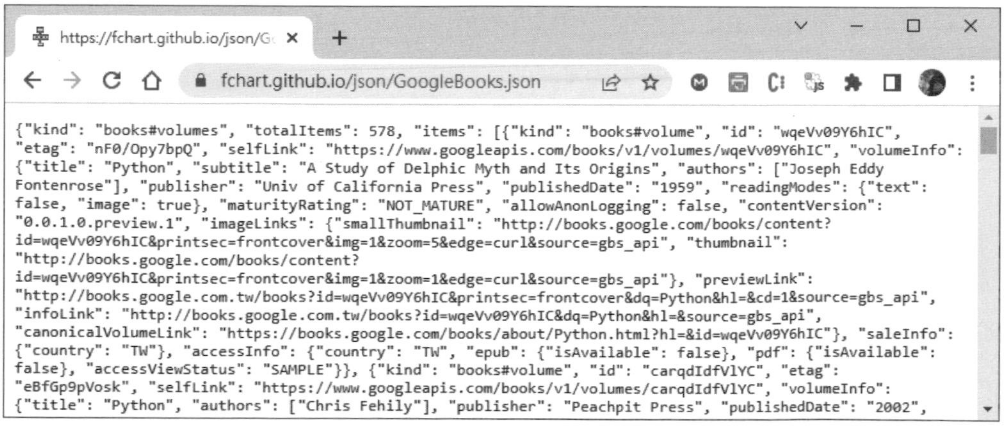

Python 程式如下所示：

```
import json
import requests

url = "https://www.googleapis.com/books/v1/volumes?maxResults=5&q=Python&pr
ojection=lite"
jsonfile = "Books.json"
r = requests.get(url)
r.encoding = "utf8"
json_data = json.loads(r.text)
with open(jsonfile, 'w') as fp:
    json.dump(json_data, fp)
```

上述程式碼使用 requests.get() 函數送出 HTTP 請求後，呼叫 json.loads() 函數將讀取資料轉換成字典，然後開啟寫入檔案，呼叫 josn.dump() 函數寫入 JSON 檔案，可以在 Python 程式的目錄看到建立的 Books.json 檔案。

5-2-3 下載網頁中的圖檔

Python 程式可以使用 requests 模組和內建 urllib 模組開啟串流來下載圖檔，也就是將 Web 網站顯示的圖片下載儲存成本機電腦的圖檔。

☆ 使用 requests 模組下載圖檔：ch5-2-3.py

Python 程式可以從 https://fchart.github.io/img/fchart03.png 網址，下載 PNG 格式的圖檔，如下所示：

```
import requests

url = "https://fchart.github.io/img/fchart03.png"
path = "fchart03.png"
response = requests.get(url, stream=True)
if response.status_code == 200:
    with open(path, 'wb') as fp:
```

```
        for chunk in response:
            fp.write(chunk)
    print("圖檔已經下載")
else:
    print("錯誤! HTTP 請求失敗...")
```

上述程式碼使用 requests 送出 HTTP 請求，第 1 個參數是圖檔的 URL 網址，第 2 個參數 stream=True 表示回應的是串流，if/else 條件判斷請求是否成功，成功就開啟二進位的寫入檔案，檔案處理的 with 程式區塊，如下所示：

```
with open(path, 'wb') as fp:
    for chunk in response:
        fp.write(chunk)
```

上述 for/in 迴圈讀取 response 回應串流，和呼叫 write() 函數寫入檔案，其執行結果可以看到成功下載圖檔的訊息文字，如下所示：

```
圖檔已經下載
```

上述訊息表示成功在 Python 程式所在目錄下載名為 fchart03.png 的圖檔。

☆ 使用 urllib 模組下載圖檔：ch5-2-3a.py

Python 的 urllib 模組也可以送出 HTTP 請求和下載圖檔，為了增加圖檔下載效率，Python 程式是使用緩衝區方式進行圖檔下載，首先匯入 urllib.request 模組後，呼叫 urlopen() 函數送出 HTTP 請求，參數是圖檔的 URL 網址，如下所示：

```
import urllib.request

url = "https://fchart.github.io/img/fchart03.png"
response = urllib.request.urlopen(url)
```

```
fp = open("fchart04.png", "wb")
size = 0
while True:
    info = response.read(10000)
    if len(info) < 1:
        break
    size = size + len(info)
    fp.write(info)
print(size, "個字元下載...")
fp.close()
response.close()
```

上述 while 迴圈每次呼叫回應的 response.read() 函數下載 10000 個字元，和寫入二進位檔案，可以計算出共下載了多少個字元，如果資料長度小於 1，就跳出 while 迴圈結束圖檔下載，其執行結果可以顯示下載多少個字元，如下所示：

```
77839 個字元下載...
```

上述訊息表示成功在 Python 程式所在目錄下載名為 fchart03.png 的圖檔，圖檔尺寸是 77839 個字元。

☆ 下載 Google 網站的 Logo 圖檔：ch5-2-3b.py

Python 程式是整合正規表達式和圖檔下載，可以從網路下載 Google 網站的 Logo 圖檔，其 URL 網址：http://www.google.com.tw。圖檔路徑是使用正規表達式的範本字串，可以將圖檔路徑取出來，如下所示：

```
"(/[^/#?]+)+\.(?:jpg|gif|png)"
```

上述正規表達式的範本字串是從字串中取出圖檔的完整路徑。Python 程式分成兩大部分，首先送出 HTTP 請求，剖析 HTML 網頁來找到 <img> 標籤，如下所示：

```
import re
import requests
from bs4 import BeautifulSoup

url = "http://www.google.com.tw"
path = "logo.png"
r = requests.get(url)
r.encoding = "utf8"
soup = BeautifulSoup(r.text, "lxml")
tag_img = soup.find("img")
```

上述程式碼匯入相關模組後，使用 requests 送出 HTTP 請求，和使用 BeautifulSoup 物件剖析回應文件，即可使用 find() 函數取出 <img> 標籤字串，然後使用正規表達式取出 Logo 圖片的圖檔路徑，如下所示：

```
match = re.search(r"(/[^/#?]+)+\.(?:jpg|gif|png)", str(tag_img))
print(match.group())
url = url + str(match.group())
response = requests.get(url, stream=True)
if response.status_code == 200:
    with open(path, 'wb') as fp:
        for chunk in response:
            fp.write(chunk)
    print("圖檔 logo.png 已經下載")
else:
    print("錯誤! HTTP 請求失敗...")
```

上述程式碼使用 search() 函數比對路徑字串，在加上 Google 網址後，使用源自 ch5-2-3.py 的程式碼來下載圖檔，其執行結果如下所示：

```
/images/branding/googlelogo/1x/googlelogo_white_background_
color_272x92dp.png
圖檔 logo.png 已經下載
```

上述執行結果的第一列是正規表達式取出的圖檔路徑，然後顯示 logo.png 圖檔已經下載，如下圖所示：

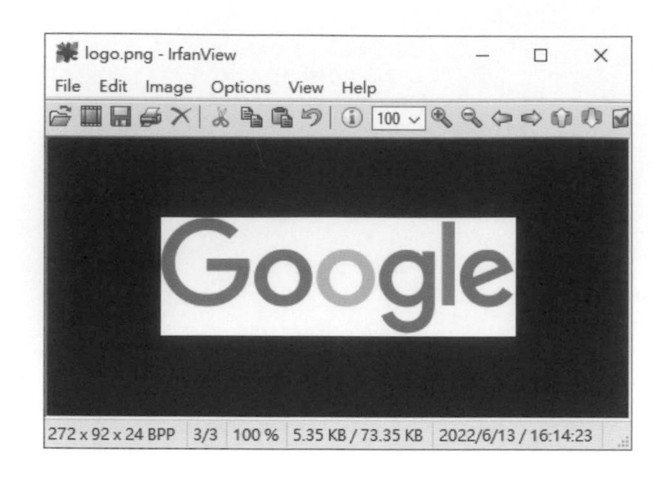

5-3 將資料存入 SQLite 資料庫

「**關聯式資料庫**」(Relational Database)是目前資料庫系統的主流,目前市面上大部分資料庫管理系統都是「關聯式資料庫管理系統」(Relational Database Management System),例如:Access、MySQL、SQL Server、Oracle 和 SQLite 等。

SQLite 是著名單一檔案免費資料庫系統,Python 內建支援 SQLite 資料庫的模組,可以將網頁擷取資料存入 SQLite 資料庫。本節我們會先帶您熟悉 SQLite 的建立資料庫、新增記錄等操作,最後了解如何以 Python 將資料存入 SQLite 資料庫。

5-3-1 認識 SQLite 資料庫

SQLite 是目前世界上最廣泛使用的免費資料庫引擎,是一套實作大部分 SQL 92 標準的函式庫,其資料庫引擎體積輕巧,不需要管理、沒有伺服器、不需安裝、設定和支援交易(Transaction),其官方網址為:http://www.sqlite.org/。

SQLite 資料庫的記錄資料是儲存在單一檔案，直接使用檔案儲存資料庫的資料，其執行效率仍然超過目前一些常用的資料庫系統，其主要特點如下所示：

- SQLite 資料庫只是一個檔案，直接使用檔案權限來管理資料庫，並不用自行處理使用者權限管理，所以沒有 SQL 的 DCL 存取控制。
- 單一檔案的 SQLite 資料庫不需安裝，並不用特別進行資料庫系統的設定與管理，而且不需啟動，更不會浪費記憶體資源。

5-3-2 建立 SQlite 資料庫

DB Browser for SQLite 是一套開放原始碼的 SQLite 管理工具，其官方下載網址：https://sqlitebrowser.org/dl/，在本書是使用 64 位元可攜式版本（no installer），如下圖所示：

Windows

Our latest release (3.12.2) for Windows:

- DB Browser for SQLite - Standard installer for 32-bit Windows
- DB Browser for SQLite - .zip (no installer) for 32-bit Windows
- DB Browser for SQLite - Standard installer for 64-bit Windows
- DB Browser for SQLite - .zip (no installer) for 64-bit Windows

請注意！如果上述網址無法下載 DB Browser for SQLite 工具時，請改用筆者 GitHub 網址來下載同名檔案（點選檔名後，再按 **Download** 鈕下載），如下所示：

https://github.com/fchart/test/tree/master/tools

☆ 新增 SQLite 資料庫和資料表

我們準備建立名為 Books.sqlite（副檔名可自行命名，例如：.sqlite 或 .db）的資料庫，和新增 Books 資料表，其欄位定義如右表所示：

欄位名稱	資料類型	欄位說明
id	TEXT	書號，主鍵
title	TEXT	書名，不可 Null
price	INTEGER	書價

使用 DB Browser for SQLite 新增資料庫和資料表的步驟，如下所示：

Step 1 請切換至解壓縮的「DB Browser for SQLite」目錄，雙擊 **DB Browser for SQLite.exe** 命令啟動 DB Browser for SQLite，然後執行「**Edit / Preferences**」命令，在「Preferences」對話方塊的 **Language** 欄選 **Chinese (Taiwan)**，按 **Save** 鈕儲存設定，再按 **OK** 鈕。

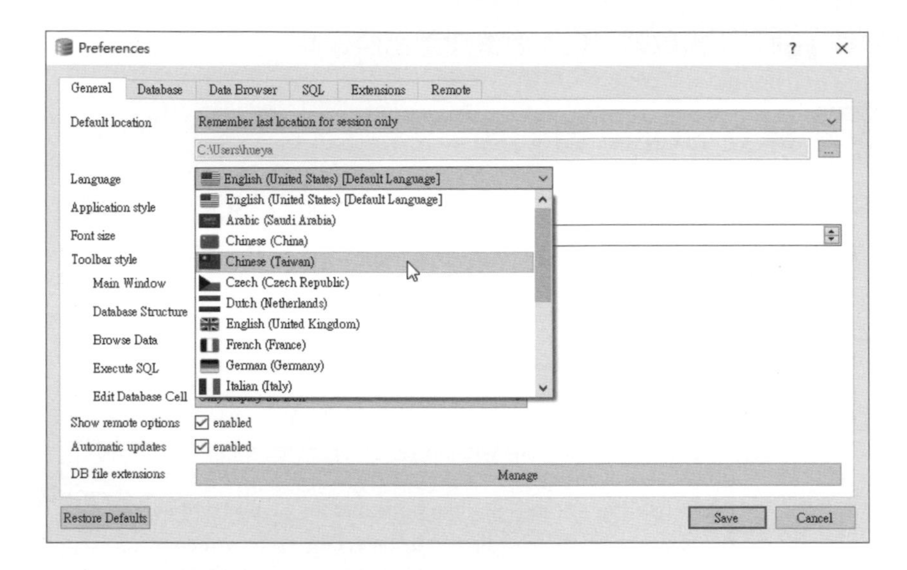

Step 2 請重新啟動 DB Browser for SQLite 即可切換成中文介面，請按上方工具列**新建資料庫**鈕，或執行「**檔案/新增資料庫**」命令新增資料庫。

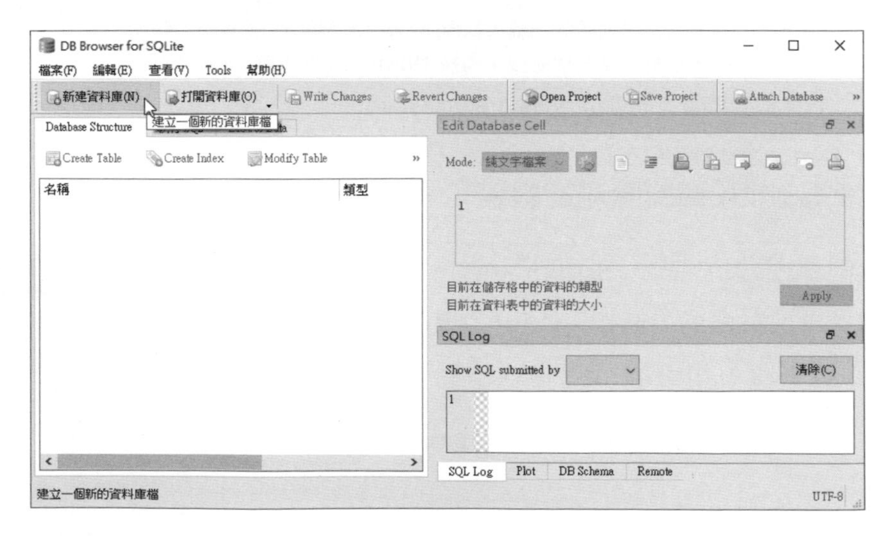

Step 3 在「選擇一個檔案名稱儲存」對話方塊切換至「\ML\ch05」資料夾，輸入檔名 **Books.sqlite**，按**存檔**鈕新增 SQLite 資料庫。（該路徑下已經有一個筆者操作後的檔案，因此您可取不同檔名，或將筆者的操作檔先改名再行操作）

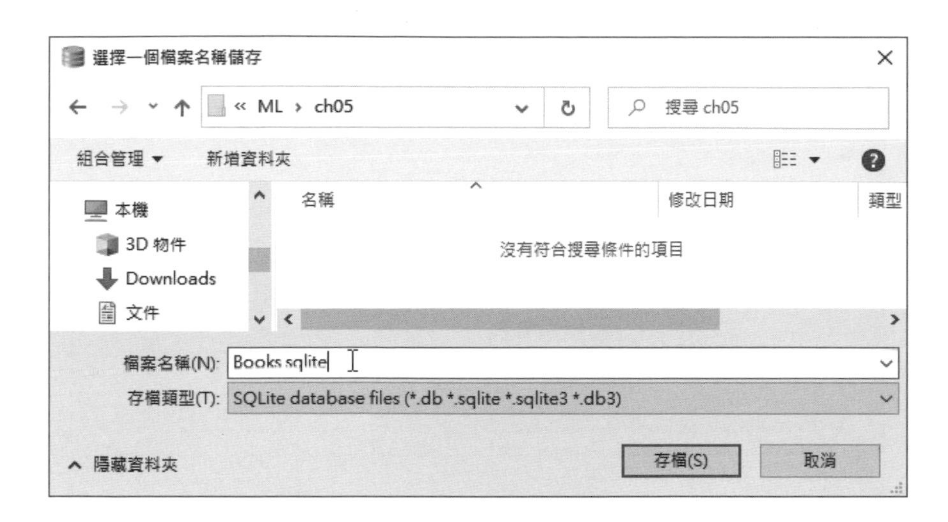

Step 4 在「編輯資料表定義」對話方塊新增資料表，請在**資料表**欄輸入資料表名稱 **Books**，可以在最下方看到對應的 SQL 指令。

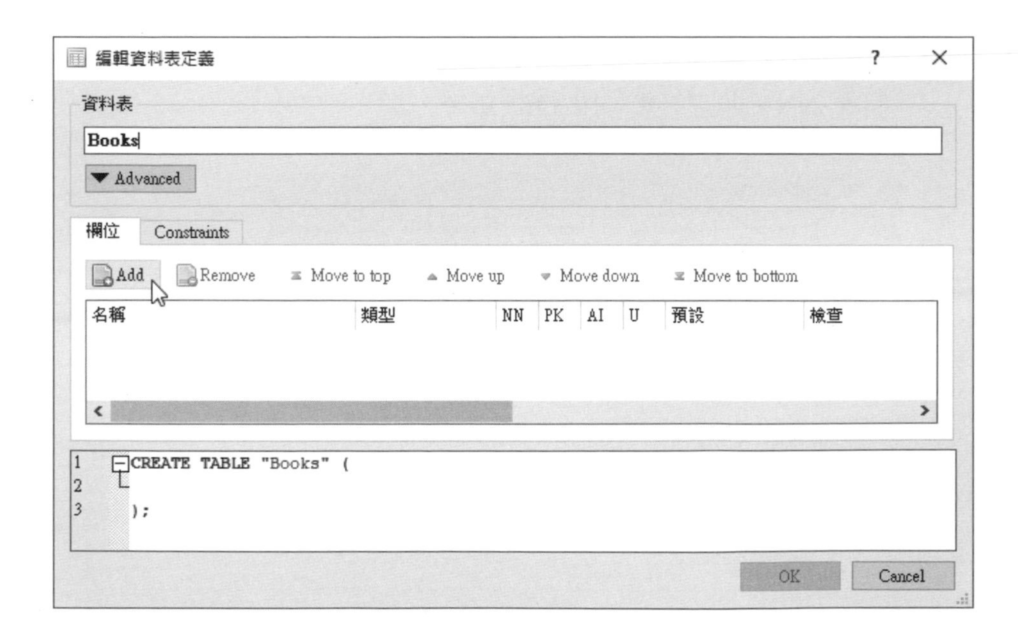

Step 5 在中間「欄位」標籤按 Add 鈕，可以看到新增欄位的編輯列，請參閱本節 5-21 頁的表格依序新增欄位 id（TEXT）、title（TEXT）、price（INTEGER）。

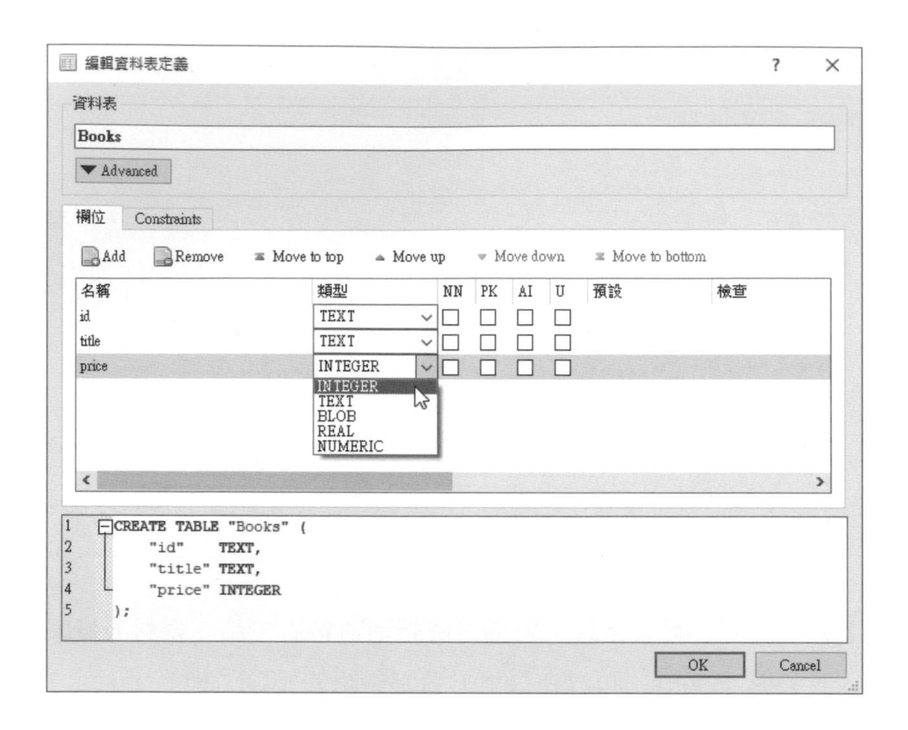

Step 6 請勾選 id 欄位後方 PK（主鍵）和 U（唯一值），接著勾選 title 欄的 NN（非空）後，按 OK 鈕。

```
CREATE TABLE "Books" (
    "id"    TEXT UNIQUE,
    "title" TEXT NOT NULL,
    "price" INTEGER,
    PRIMARY KEY("id")
);
```

Step 7 可以在**資料表**項目下看到新增的 Books 資料表，請執行「**檔案 / Save All**」命令儲存資料庫。

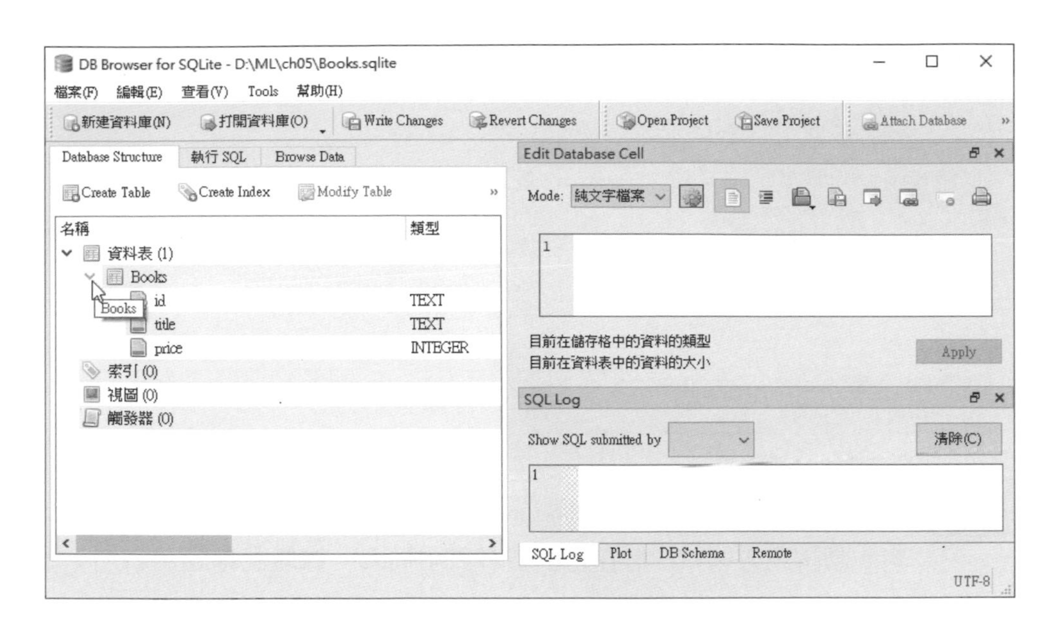

如果規劃的資料庫不只一個資料表，請再按上方工具列的 Create Table 鈕，或「**編輯 / Create Table**」命令來新增其他資料表。

☆ 新增資料表的記錄資料

當成功新增資料表後，就可以馬上新增記錄資料，DB Browser for SQLite 支援 SQL 指令，或使用圖形介面輸入欄位值來新增記錄，其步驟如下所示：

Step 1 請啟動 DB Browser for SQLite 執行「**檔案 / 打開資料庫**」命令開啟 Books.sqlite 資料庫後，在左邊展開**資料庫**項目，選 **Books** 資料表，執行右鍵快顯功能表的 **Browser Table** 命令，或選上方 **Browse Data** 標籤。

Step 2 可以看到表格顯示的 Books 資料表，我們可以在此介面新增記錄資料，請按上方第 6 個**在目前資料表中插入一條新記錄**圖示新增一筆記錄。

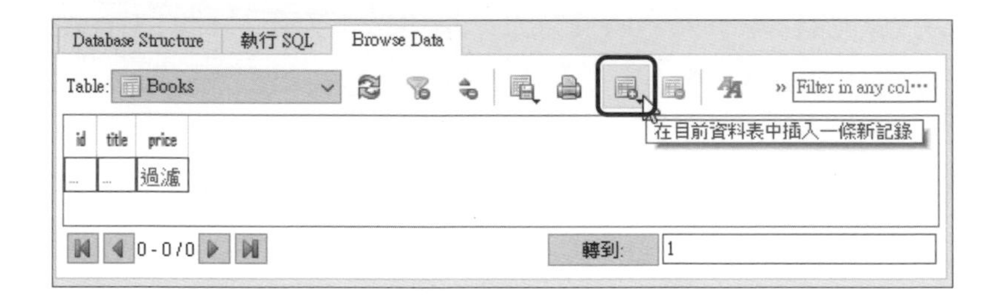

Step 3 然後依序點選欄位來輸入書號、書名和書價欄位值，即可新增記錄。

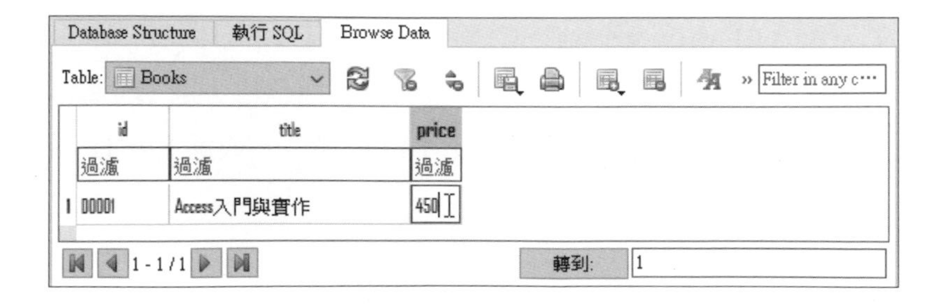

Step 4 請執行「**檔案 / Write Changes**」命令儲存資料庫的變更。

☆ 使用 SQL 指令新增記錄

SQL 的 INSERT 指令可以在資料表新增一筆記錄，其基本語法如下所示：

```
INSERT INTO table (column1,column2,…)
VALUES ('value1', 'value2 ', …)
```

上述指令的 table 是準備插入記錄的資料表名稱，column1~n 為資料表的欄位名稱，value1~n 是對應的欄位值。例如：在 Books 資料表新增一筆圖書記錄，如下所示：

```
INSERT INTO Books (id, title, price)
VALUES ('P0001', 'C 語言程式設計', 510)
```

在 DB Browser for SQLite 執行 SQL 指令新增一筆記錄的步驟，如下所示：

Step 1 請在 DB Browser for SQLite 選**執行 SQL** 標籤，在下方輸入 SQL 指令字串（ch5-3-2.sql），然後按上方工具列的三角箭頭鈕執行 SQL 指令。

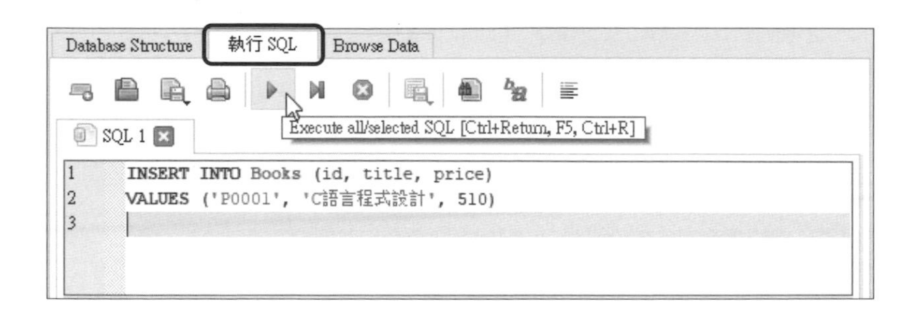

Step 2 可以在下方看到已經成功新增一筆記錄，選 Browse Data，可以檢視新增的記錄資料，如下圖所示：

Database Structure | 執行 SQL | Browse Data

Table: Books

	id	title	price
	過濾	過濾	過濾
1	D0001	Access入門與實作	450
2	P0001	C語言程式設計	510

1 - 2 / 2 轉到: 1

然後，請再新增 2 筆記錄資料，第 1 筆記錄的 SQL 指令（ch5-3-2a.sql）如下所示：

```
INSERT INTO Books (id, title, price)
VALUES ('P0002', 'Python 程式設計', 500)
```

第 2 筆記錄的 SQL 指令（ch5-3-2b.sql）如下所示：

```
INSERT INTO Books (id, title, price)
VALUES ('P0003', 'Node.js 程式設計', 650)
```

請注意！別忘了執行「檔案 / Write Changes」命令儲存資料庫的變更。

☆ 使用 SQL 指令查詢記錄資料

SQL 是使用 SELECT 指令查詢記錄資料，其基本語法如下所示：

```
SELECT column1, column2
FROM table
WHERE conditions
```

上述指令 column1~2 取得記錄欄位，table 為資料表，conditions 是查詢條件，以口語來說是「從資料表 table 取回符合 WHERE 條件所有記錄的欄位 column1 和 column2」。例如：查詢 Books 資料表的所有記錄資料，如下所示：

```
SELECT * FROM Books
```

上述指令沒有指定 WHERE 過濾條件，「*」代表所有欄位，其執行結果可以取回資料表的所有記錄和欄位，如右圖所示：

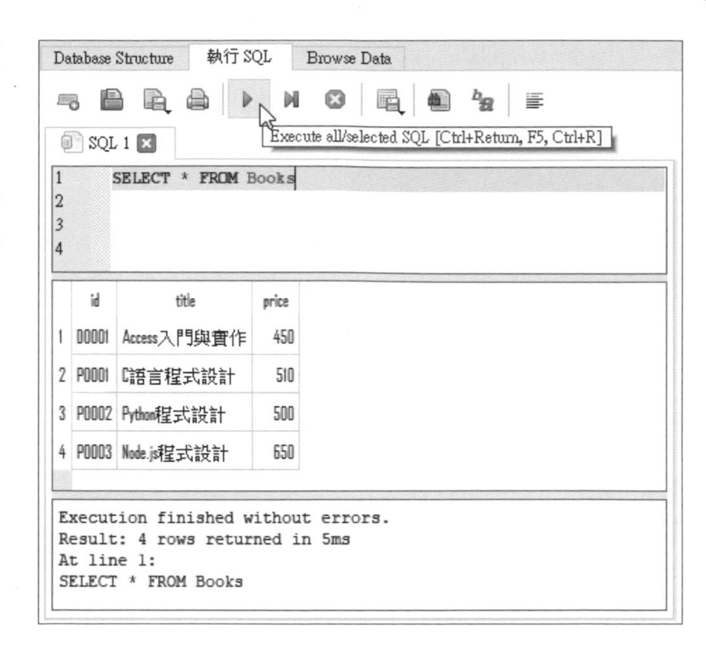

在 SELECT 指令的 WHERE 子句是查詢記錄資料的過濾條件，其基本規則和範例說明，如下所示：

◆ 文字欄位需要使用單引號括起，例如：書號為 P0001，如下所示：

```
SELECT * FROM Books
WHERE id='P0001'
```

◆ 數值欄位不需要單引號括起，例如：書價為 450 元，如下所示：

```
SELECT * FROM Books
WHERE price=450
```

◆ 文字和備註欄位可以使用 LIKE 包含運算子，只需包含此字串即符合條件，配合「%」或「_」萬用字元，可以代表任何字串或單一字元，我們可以建立條件只包含指定子字串就符合條件。例如：書名包含'程式'子字串，如下所示：

```
SELECT * FROM Books
WHERE title LIKE '%程式%'
```

◆ 數值欄位是使用 <>、>、<、>= 和 <= 不等於、大於、小於、大於等於和小於等於等運算子建立查詢條件，例如：書價大於 500 元，如下所示：

```
SELECT * FROM Books
WHERE price > 500
```

☆ 匯出 CSV 檔案

DB Browser for SQLite 可以直接將資料表的記錄資料匯出成 CSV 檔案，其步驟如下所示：

Step 1 請在 DB Browser for SQLite 選 **Database Structure** 標籤，展開資料表 **Books**，執行右鍵快顯功能表的**匯出為 CSV 檔案**命令。

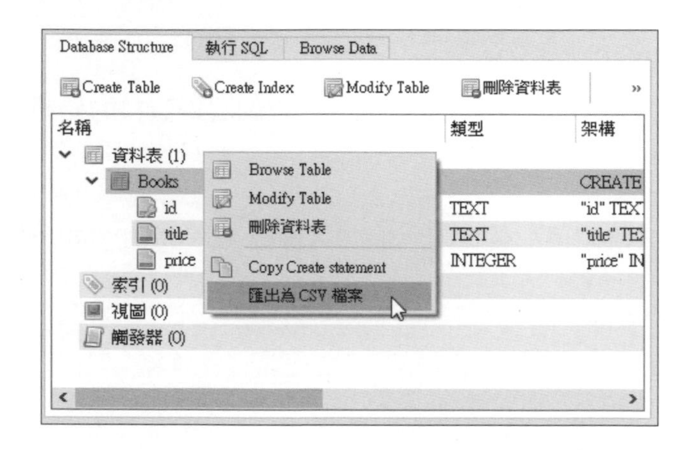

Step 2 在「匯出資料為 CSV」對話方塊勾選 **Column names in first line** 包含欄位名稱列，按 **Save** 鈕。

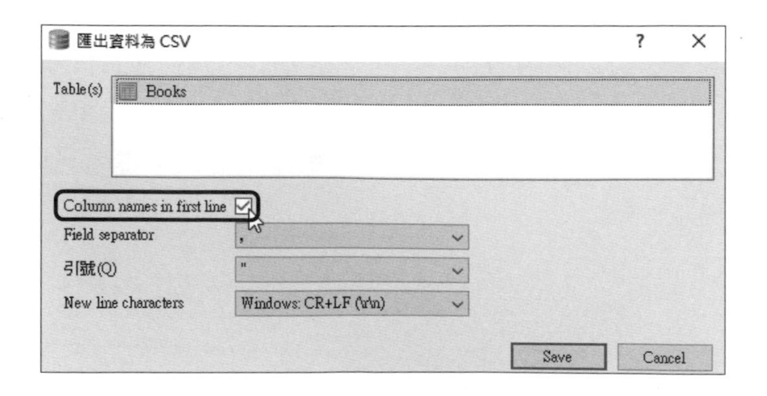

Step 3 在「選擇匯出資料的檔案名稱」對話方塊的預設檔名是資料表名稱 Books.csv，按**存檔**鈕匯出 CSV 資料。

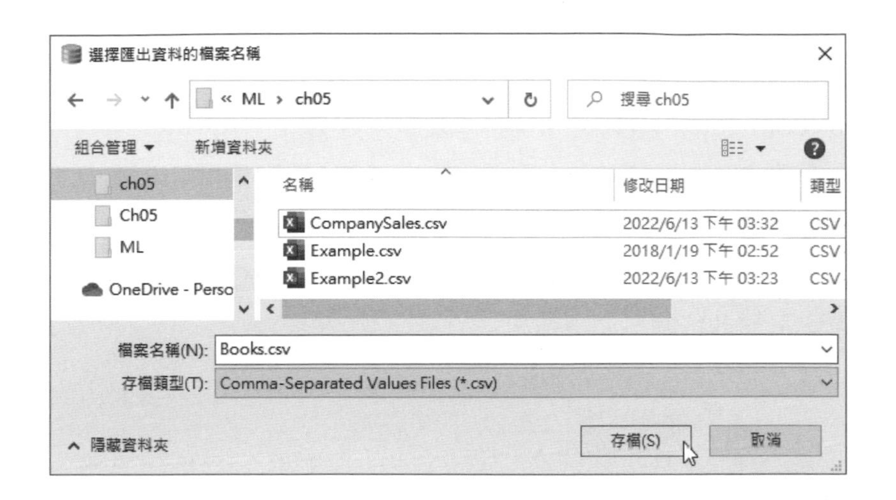

Step 4 可以看到匯出完成的訊息視窗，按 OK 鈕完成 CSV 檔案的匯出。

5-3-3 使用 Python 程式將資料存入 SQLite 資料庫

Python 程式要使用 SQLite 資料庫的第一步是匯入 sqlite3 模組，如下所示：

```
import sqlite3
```

☆ 查詢 SQLite 資料庫：ch5-3-3.py

Python 程式在匯入 sqlite3 模組後，可以建立資料庫連接來執行 SQL 指令，如下所示：

```
# 建立資料庫連接
conn = sqlite3.connect("Books.sqlite")
# 執行 SQL 指令 SELECT
cursor = conn.execute("SELECT * FROM Books")
```

```
# 取出查詢結果的每一筆記錄
for row in cursor:
    print(row[0], row[1])
conn.close()  # 關閉資料庫連接
```

上述 connect() 函數建立資料庫連接，參數是 SQLite 資料庫檔案路徑，在成功建立資料庫連接後，呼叫 execute() 函數執行 SQL 指令來查詢 SQLite 資料庫，for/in 迴圈可以取出查詢結果的每一筆記錄，row[0] 和 row[1] 是前 2 個欄位，即 id 和 title 欄位，最後呼叫 close() 函數關閉資料庫連接，其執行結果如下所示：

```
D0001 Access 入門與實作
P0001 C 語言程式設計
P0002 Python 程式設計
P0003 Node.js 程式設計
```

☆ 將 CSV 資料存入 SQLite 資料庫：ch5-3-3a.py

當取出網頁資料建立成 CSV 字串後，Python 程式可以將 CSV 資料存入 SQLite 資料庫，首先將 CSV 字串轉換成串列 f，如下所示：

```
book = "D0002,MySQL 資料庫系統,600"
f = book.split(",")

# 建立資料庫連接
conn = sqlite3.connect("Books.sqlite")
# 建立 SQL 指令 INSERT 字串
sql = "INSERT INTO Books (id, title, price) VALUES ('{0}','{1}',{2})"
sql = sql.format(f[0], f[1], f[2])
print(sql)
cursor = conn.execute(sql)   # 執行 SQL 指令
print(cursor.rowcount)
conn.commit() # 確認交易
conn.close()  # 關閉資料庫連接
```

上述程式碼建立資料庫連接後，使用 format() 函數建立 SQL 插入記錄的 SQL 指令字串，在字串中的 3 個參數值 '{0}','{1}',{2} 是對應串列的 3 個項目。

在建立 SQL 指令字串後，呼叫 execute() 函數執行新增記錄，rowcount 屬性是影響的記錄數，接著執行 commit() 函數來真正變更資料庫，其執行結果可以新增一筆記錄，如下圖所示：

```
INSERT INTO Books (id, title, price) VALUES ('D0002','MySQL 資料庫系統',600)
1
```

Database Structure | 執行 SQL | Browse Data

Table: Books

	id	title	price
	過濾	過濾	過濾
1	D0001	Access入門與實作	450
2	P0001	C語言程式設計	510
3	P0002	Python程式設計	500
4	P0003	Node.js程式設計	650
5	D0002	MySQL資料庫系統	600

☆ 將 JSON 資料存入 SQLite 資料庫：ch5-3-3b.py

同樣的，Python 程式可以將 JSON 資料存入 SQLite 資料庫，首先 JSON 資料轉換成的 Python 字典 d，如下所示：

```
d = {
    "id": "D0003",
    "title": "MongoDB 資料庫系統",
    "price": 650
}
```

```
# 建立資料庫連接
conn = sqlite3.connect("Books.sqlite")
# 建立 SQL 指令 INSERT 字串
sql = "INSERT INTO Books (id, title, price) VALUES ('{0}','{1}',{2})"
sql = sql.format(d['id'], d['title'], d['price'])
print(sql)
cursor = conn.execute(sql)    # 執行 SQL 指令
print(cursor.rowcount)
conn.commit() # 確認交易
conn.close()  # 關閉資料庫連接
```

上述程式碼建立資料庫連接後，使用 format() 函數建立 SQL 插入記錄的 SQL 指令字串，即可呼叫 execute() 函數新增記錄，rowcount 屬性是影響的記錄數，接著執行 commit() 函數真正變更資料庫，其執行結果可以新增一筆記錄，如下圖所示：

```
INSERT INTO Books (id, title, price) VALUES ('D0003','MongoDB 資料庫系統',650)
1
```

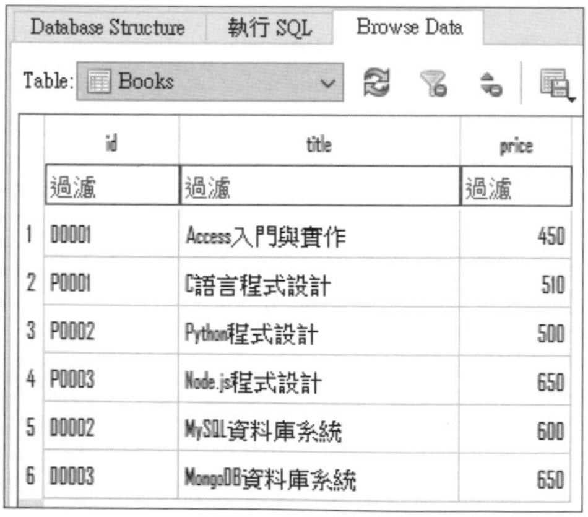

Database Structure | 執行 SQL | Browse Data

Table: Books

	id	title	price
	過濾	過濾	過濾
1	D0001	Access入門與實作	450
2	P0001	C語言程式設計	510
3	P0002	Python程式設計	500
4	P0003	Node.js程式設計	650
5	D0002	MySQL資料庫系統	600
6	D0003	MongoDB資料庫系統	650

Python 程式 ch5-3-3c.py 是更新 D0002 和 D0003 兩筆記錄的書價，ch5-3-3d.py 程式可以刪除這 2 筆記錄。

5-4 將資料存入 MySQL 資料庫

SQLite 是單一檔案的資料庫，在這一節我們準備將資料存入真正的關聯式資料庫管理系統 MySQL。關於安裝與使用 MySQL 資料庫的說明請參閱附錄 C-1。

5-4-1 認識 MySQL/MariaDB 資料庫

MySQL 是開放原始碼的關聯式資料庫管理系統，原來是 MySQL AB 公司開發與提供技術支援（已經被 Oracle 公司併購），這是 David Axmark、Allan Larsson 和 Michael Monty Widenius 在瑞典設立的公司，其官方網址為：http://www.mysql.com。

MySQL 源於 mSQL，使用 C/C++ 語言開發的資料庫，支援 Linux/UNIX 和 Windows 作業系統，MySQL 原開發團隊因懷疑 Oracle 公司對開放原始碼的支持，成立了一間新公司和開發出一套完全相容 MySQL 的 MariaDB 資料庫系統，目前來說，我們所謂的 MySQL 就是指 MySQL 或 MariaDB。

MariaDB 完全相容 MySQL，而且保證永遠開放原始碼，目前已經成為普遍使用的資料庫伺服器之一，Facebook 和 Google 公司都已經改用 MariaDB 取代 MySQL 伺服器，其官方網址是：https://mariadb.org/。

5-4-2 用 PyMySQL 模組存取 MySQL 資料庫

Python 可以使用 PyMySQL 模組存取 MySQL 資料庫，Anaconda 預設並沒有安裝，請執行「**開始/Anaconda3 (64-bits)/Anaconda Prompt**」命令開啟「Anaconda Prompt」對話方塊後，輸入下列指令來安裝 PyMySQL，如下所示：

```
pip install pymysql==1.0.2 Enter
```

當成功安裝 PyMySQL 後，在 Python 程式可以匯入模組，如下所示：

```
import pymysql
```

請注意！執行本節 Python 程式前，請先在 Windows 電腦啟動 MySQL 資料庫和建立相關的資料庫，詳見附錄 C-1 的說明。

☆查詢 MySQL 資料庫取回記錄資料：ch5-4-2.py

Python 程式在匯入 pymysql 模組後，首先需要建立資料庫連接來連接 MySQL 伺服器，才能針對資料庫執行 SQL 指令，如下所示：

```
import pymysql

db = pymysql.connect("localhost","root","","mybook",charset="utf8")
cursor = db.cursor()
```

上述 connect() 函數建立資料庫連接，其參數依序是 MySQL 伺服器名稱、使用者名稱、密碼（沒有密碼就是空字串）和資料庫名稱，最後指定編碼 utf8，在成功建立資料庫連接後，呼叫 db.cursor() 函數建立 Cursor 物件，這是用來儲存資料表記錄的物件。

然後，在下方使用 cursor.execute() 函數執行參數的 SQL 指令字串 "SELECT * FROM book"，可以取回 book 資料表的所有記錄和欄位來填入 Cursor 物件，如下所示：

```
cursor.execute("SELECT * FROM book")
row = cursor.fetchone()
print(row[0], row[1])
print("------------------------")
```

上述程式碼呼叫 Cursor 物件的 fetchone() 函數取回第 1 筆記錄，現在記錄指標移至第 2 筆，然後顯示這筆記錄的前 2 個欄位 row[0] 和 row[1]（即 id 和 title 欄位）。

在下方呼叫 fetchall() 函數取出 Cursor 物件的所有記錄，因為目前的記錄指標是在第 2 筆，所以可以取回第 2 筆後的所有記錄，如下所示：

```
data = cursor.fetchall()
for row in data:
    print(row[0], row[1])
db.close()
```

上述 for/in 迴圈取出每一筆記錄來顯示前 2 個欄位 row[0] 和 row[1]，最後呼叫 close() 函數關閉資料庫連接，其執行結果如下所示：

```
D0001 Access 入門與實作
-------------------------
P0001 資料結構 - 使用 C 語言
P0002 Java 程式設計入門與實作
P0003 Scratch+fChart 程式邏輯訓練
W0001 PHP 與 MySQL 入門與實作
W0002 jQuery Mobile 與 Bootstrap 網頁設計
```

☆將 CSV 資料存入 MySQL 資料庫：ch5-4-2a.py

當取得 CSV 字串的資料後，Python 程式可以將 CSV 資料存入 MySQL 資料庫，首先將 CSV 字串 book 使用 split() 方法，以參數「,」逗號分割成串列 f，如下所示：

```
book = "P0004,Node.js 程式設計,陳會安,550,程式設計,2020-01-01"
f = book.split(",")

db = pymysql.connect("localhost", "root", "", "mybook", charset="utf8")
cursor = db.cursor()
```

上述程式碼建立資料庫連接和取得 Cursor 物件後，使用 format() 函數建立 SQL 插入指令字串，6 個參數值 '{0}','{1}','{2}',{3},'{4}','{5}' 依序對應串列的 6 個項目，如下所示：

```
sql = """INSERT INTO book (id,title,author,price,category,pubdate)
        VALUES ('{0}','{1}','{2}',{3},'{4}','{5}')"""
sql = sql.format(f[0], f[1], f[2], f[3], f[4], f[5])
print(sql)
```

上述程式碼建立 SQL 指令字串後，使用下方 try/except 例外處理來執行 SQL 指令新增一筆記錄，如下所示：

```
try:
    cursor.execute(sql)
    db.commit()
    print("新增一筆記錄...")
except:
    db.rollback()
    print("新增記錄失敗...")
db.close()
```

上述 execute() 函數執行參數的 SQL 指令字串，接著執行 commit() 函數確認交易來變更資料庫內容，如果執行失敗，執行 rollback() 函數回復交易，即回復到沒有執行 SQL 指令前的資料庫內容，其執行結果可以在 book 資料表新增一筆記錄，如下所示：

```
INSERT INTO book (id,title,author,price,category,pubdate)
        VALUES ('P0004','Node.js 程式設計','陳會安',550,'程式設計','2020-01-01')
新增一筆記錄...
```

在附錄 C-1 介紹的 HeidiSQL 管理工具可看到這筆新增的記錄，如下：

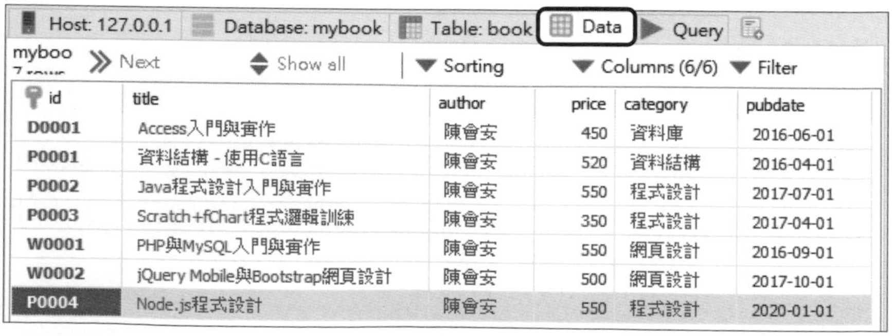

Host: 127.0.0.1 Database: mybook Table: book Data Query

Next Show all Sorting Columns (6/6) Filter

id	title	author	price	category	pubdate
D0001	Access入門與實作	陳會安	450	資料庫	2016-06-01
P0001	資料結構 - 使用C語言	陳會安	520	資料結構	2016-04-01
P0002	Java程式設計入門與實作	陳會安	550	程式設計	2017-07-01
P0003	Scratch+fChart程式邏輯訓練	陳會安	350	程式設計	2017-04-01
W0001	PHP與MySQL入門與實作	陳會安	550	網頁設計	2016-09-01
W0002	jQuery Mobile與Bootstrap網頁設計	陳會安	500	網頁設計	2017-10-01
P0004	Node.js程式設計	陳會安	550	程式設計	2020-01-01

☆ 將 JSON 資料存入 MySQL 資料庫：ch5-4-2b.py

同理，Python 程式可以將取得的 JSON 資料存入 MySQL 資料庫，首先將 JSON 資料轉換成 Python 字典 d，如下所示：

```
d = {
    "id": "P0005",
    "title": "Android 程式設計",
    "author": "陳會安",
    "price": 650,
    "cat": "程式設計",
    "date": "2019-02-01"
}

db = pymysql.connect("localhost", "root", "", "mybook", charset="utf8")
cursor = db.cursor()
```

上述程式碼建立資料庫連接後，使用 format() 函數建立 SQL 插入指令字串，如下所示：

```
sql = """INSERT INTO book (id,title,author,price,category,pubdate)
         VALUES ('{0}','{1}','{2}',{3},'{4}','{5}')"""
sql = sql.format(d['id'],d['title'],d['author'],d['price'],d['cat'],d['date'])
print(sql)
```

上述程式碼建立 SQL 指令字串後，使用下方 try/except 例外處理來執行 SQL 指令新增一筆記錄，如下所示：

```
try:
    cursor.execute(sql)
    db.commit()
    print("新增一筆記錄...")
except:
    db.rollback()
    print("新增記錄失敗...")
db.close()
```

上述 execute() 函數執行參數的 SQL 指令字串，接著執行 commit() 函數確認交易來變更資料庫內容，如果執行失敗，執行 rollback() 函數回復交易，即回復到沒有執行 SQL 指令前的資料庫內容，其執行結果可以在 book 資料表新增一筆記錄，如下所示：

```
INSERT INTO book (id,title,author,price,category,pubdate)
       VALUES ('P0005','Android 程式設計','陳會安',650,'程式設計','2019-02-01')
新增一筆記錄...
```

在 HeidiSQL 管理工具可以看到這筆新增的記錄，如下圖所示：

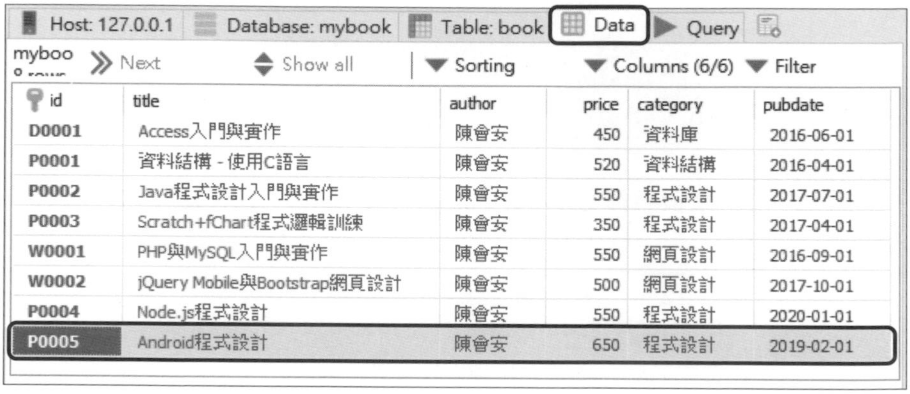

Host: 127.0.0.1　Database: mybook　Table: book　Data　Query

myboo　Next　Show all　Sorting　Columns (6/6)　Filter

id	title	author	price	category	pubdate
D0001	Access入門與實作	陳會安	450	資料庫	2016-06-01
P0001	資料結構 - 使用C語言	陳會安	520	資料結構	2016-04-01
P0002	Java程式設計入門與實作	陳會安	550	程式設計	2017-07-01
P0003	Scratch+fChart程式邏輯訓練	陳會安	350	程式設計	2017-04-01
W0001	PHP與MySQL入門與實作	陳會安	550	網頁設計	2016-09-01
W0002	jQuery Mobile與Bootstrap網頁設計	陳會安	500	網頁設計	2017-10-01
P0004	Node.js程式設計	陳會安	550	程式設計	2020-01-01
P0005	Android程式設計	陳會安	650	程式設計	2019-02-01

Python 程式 ch5-4-2c.py 是更新 P0004 和 P0005 兩筆記錄的書價和出版日期，ch5-4-2d.py 程式可以刪除這 2 筆記錄。

5-5 將資料存入 NoSQL 資料庫

5-5-1 認識 NoSQL 和 MongoDB

NoSQL 是一個名詞，並不是資料庫，從英文字面上解釋有兩種說法：一是 No 和 SQL，很清楚描述是沒有 SQL，也就是說，我們不是使用

SQL 語法來存取資料庫。所以，NoSQL 不是關聯式資料庫模型的資料庫，也沒有使用 SQL 語言。

二是 Not Only SQL，這是最常見的解釋，泛指從 21 世紀初發展的那些沒有遵循關聯式資料庫模型的各種資料庫系統（大多是 Open Source 專案），換句話說，NoSQL 資料庫不是使用表格的欄位和記錄儲存資料，也不是使用 SQL 語言來執行資料操作和查詢。

基本上，上述兩種解釋都是針對目前主流的關聯式資料庫和 SQL 語言所作的對比和反彈。如果單純以技術角度來說：「NoSQL 是一組觀念，專注於提昇效能、可靠性和靈活性，來快速和有效率的處理資料，包含結構化和非結構化資料。」

MongoDB 是支援 Windows、Linux、Mac OS X 和 Solaris 作業系統的跨平台資料庫伺服器，提供高效能、高可用性和高擴充性 Document Stores 資料模型的資料庫，所以歸類在 NoSQL 資料庫，其下載安裝 MongoDB 資料庫伺服器與基本使用，請參閱附錄第 C-2~C-4 節。

MongoDB 是 Document Stores 資料模型的 NoSQL 資料庫，其儲存資料是文件（Document，即記錄），這是一種擴充 JSON 格式的文件，其資料表稱為 Collection 集合。本節我們就來練習這一類型資料庫

5-5-2 建立資料庫與新增記錄

MongoDB 資料庫是使用動態綱要，我們並不需像 MySQL 資料庫需要先定義綱要（即資料表），就可以馬上新增記錄來建立資料庫。這裡我們使用附錄 C-4 的 Robot 3T 工具來執行相關 Shell 指令。

☆ 建立資料庫：ch5-5-2.js

MongoDB 是使用 use 指令建立新資料庫，例如：建立名為 mydb 的資料庫，如下所示：

```
use mydb
```

上述指令建立名為 mydb 的資料庫，輸入完成後，按 **Execute** 鈕執行，如果資料庫已經存在，就是切換至此資料庫成為目前使用的資料庫，如下圖所示：

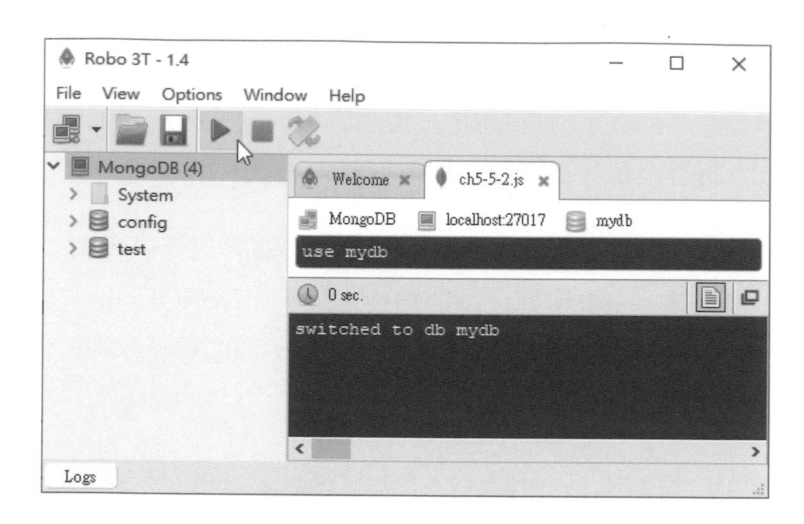

☆ 顯示目前使用的資料庫名稱：ch5-5-2a.js

MongoDB 是使用 db 指令顯示目前使用的資料庫名稱，如下所示：

```
db
```

當執行上述指令，即全域變數 db，可以顯示目前使用的資料庫是 mydb，如右圖所示：

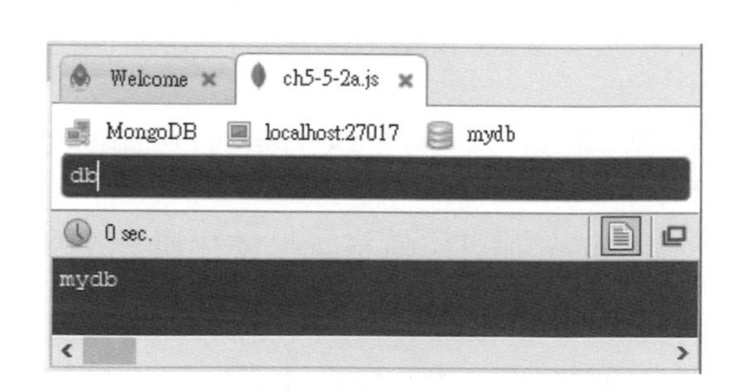

☆ 新增資料表和插入記錄資料：ch5-5-2b.js

當成功新增或切換至 mydb 資料庫後，我們可以使用 insert() 函數插入記錄資料，同時建立資料表，在 MongoDB 的資料庫稱為集合。例如：建立 students 集合和插入 7 筆學生記錄的 JSON 文件，如下所示：

```
db.students.insert({
    name: 'joe chen',
    dob: '21/04/1978',
    gender: 'm',
    favorite _ color: 'yellow',
    nationality: 'taiwan'
});
...
db.students.insert({
    name: 'judi dench',
    dob: '12/09/1984',
    gender: 'f',
    favorite _ color: 'white',
    nationality: 'english'
});
```

上述執行結果呼叫 7 次 insert() 函數（以「;」分號分隔），可以建立 students 集合和 7 筆學生記錄，欄位依序是姓名、生日、性別、喜愛色彩和國籍，如右圖所示：

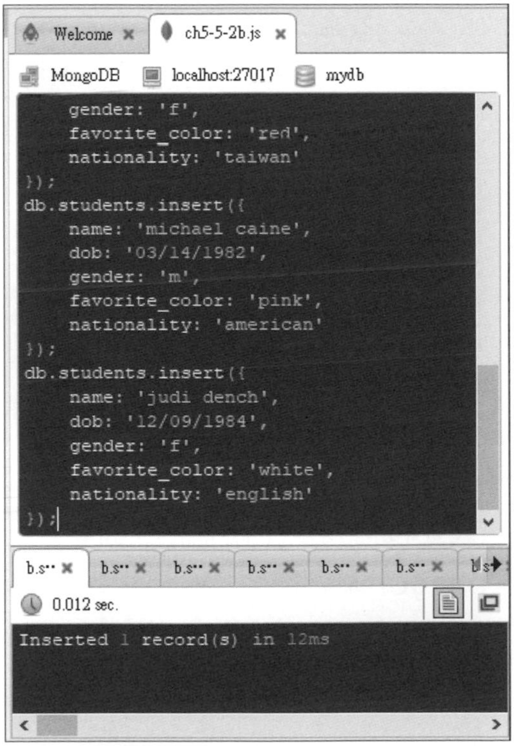

```
Welcome ×   ch5-5-2b.js ×
MongoDB   localhost:27017   mydb
    gender: 'f',
    favorite_color: 'red',
    nationality: 'taiwan'
});
db.students.insert({
    name: 'michael caine',
    dob: '03/14/1982',
    gender: 'm',
    favorite_color: 'pink',
    nationality: 'american'
});
db.students.insert({
    name: 'judi dench',
    dob: '12/09/1984',
    gender: 'f',
    favorite_color: 'white',
    nationality: 'english'
});
0.012 sec.
Inserted 1 record(s) in 12ms
```

☆ 查詢全部的記錄資料：ch5-5-2c.js

當成功插入記錄建立集合後，我們可以呼叫 find() 函數顯示剛剛存入的記錄資料，如下所示：

```
db.students.find()
```

上述 find() 函數沒有參數，執行結果可以取得集合全部的 7 筆記錄（Robo 3T 支援表格模式顯示結果，請按右上方第 2 個按鈕），如下圖所示：

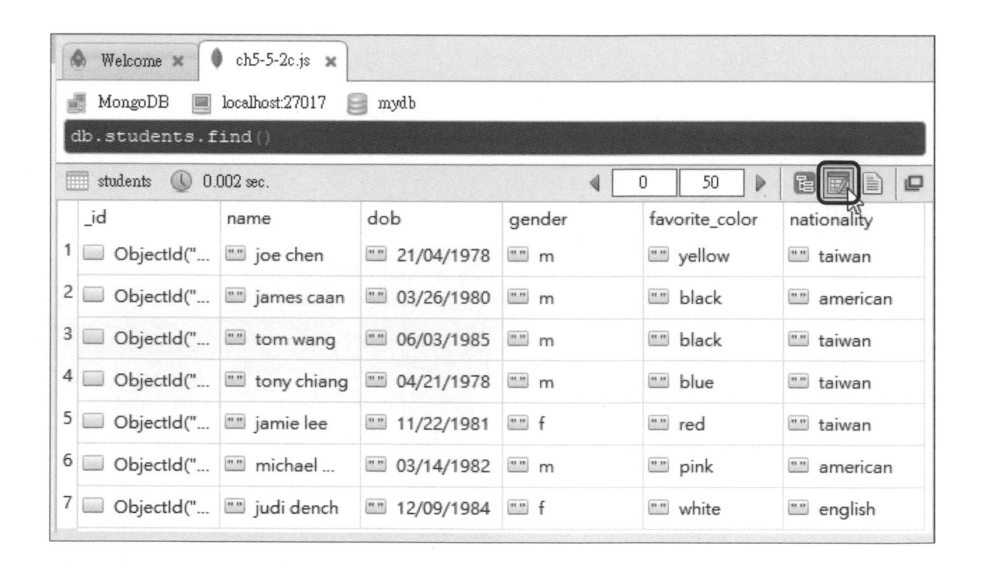

	_id	name	dob	gender	favorite_color	nationality
1	ObjectId("...	joe chen	21/04/1978	m	yellow	taiwan
2	ObjectId("...	james caan	03/26/1980	m	black	american
3	ObjectId("...	tom wang	06/03/1985	m	black	taiwan
4	ObjectId("...	tony chiang	04/21/1978	m	blue	taiwan
5	ObjectId("...	jamie lee	11/22/1981	f	red	taiwan
6	ObjectId("...	michael ...	03/14/1982	m	pink	american
7	ObjectId("...	judi dench	12/09/1984	f	white	english

5-5-3 將 JSON 資料存入 MongoDB 資料庫

Python 存取 MongoDB 資料庫需要使用 Pymongo 套件，Anaconda 預設並沒有安裝，請執行「**開始/Anaconda3 (64-bits)/Anaconda Prompt**」命令開啟「Anaconda Prompt」對話方塊後，輸入下列指令來安裝 Pymongo，如下所示：

```
pip install Pymongo==4.1.1 Enter
```

當成功安裝 Pymongo 後，在 Python 程式可以匯入模組，如下所示：

```
import pymongo
```

☆ 查詢 MongoDB 資料庫：ch5-5-3.py

Python 程式準備使用第 5-5-2 節建立的資料庫為例來查詢 MongoDB 資料庫，find_one() 函數可以找第 1 筆；find() 函數是搜尋多筆，如下所示：

```
import pymongo

client = pymongo.MongoClient("localhost", 27017)
db = client.mydb             # 選擇 mydb 資料庫
collection = db.students  # 選擇 students
std = collection.find_one({"name": 'joe chen'})
print(std)
print("------------")
for item in collection.find({"gender":"f"}):
    print(item)
```

上述程式碼匯入 pymongo 套件後，建立 MongoClient 物件的資料庫連接，參數是主機位址和埠號，在成功建立連接後，選擇 mydb 資料庫和 students 集合（即資料表），接著分別呼叫 find_one() 和 find() 函數查詢 MongoDB 資料庫，參數是 Python 字典的條件，其執行結果如下所示：

```
{'_id': ObjectId('62a835a3859bf3ed02acb347'), 'name': 'joe chen', 'dob':
'21/04/1978', 'gender': 'm', 'favorite_color': 'yellow', 'nationality': 'taiwan'}
------------
{'_id': ObjectId('62a835a3859bf3ed02acb34b'), 'name': 'jamie lee', 'dob':
'11/22/1981', 'gender': 'f', 'favorite_color': 'red', 'nationality': 'taiwan'}
{'_id': ObjectId('62a835a3859bf3ed02acb34d'), 'name': 'judi dench', 'dob':
'12/09/1984', 'gender': 'f', 'favorite_color': 'white', 'nationality': 'english'}
```

上述第 1 筆是條件 name 是 joe chen，之後是 gender 是 f。

☆ 將 JSON 資料存入 MongoDB 資料庫：ch5-5-3a.py

Python 程式可以將 JSON 資料存入 MongoDB 資料庫，JSON 資料已經轉換成 Python 字典 std，如下所示：

```
import pymongo

client = pymongo.MongoClient("localhost", 27017)
db = client.mydb              # 選擇 mydb 資料庫
collection = db.students   # 選擇 students

std = {
    'name': 'mary wang',
    'dob': '11/05/1978',
    'gender': 'f',
    'favorite_color': 'red',
    'nationality': 'taiwan'
}

result = collection.insert_one(std)
print("新增 1 筆: {0}".format(result.inserted_id))
```

上述程式碼呼叫 insert_one() 函數，將 Python 字典（即文件）存入 MongoDB 資料庫，result.inserted_id 屬性取得插入的 _id 欄位值，其執行結果如下所示：

```
新增 1 筆: 62a83897909d424aefaa4adc
```

Python 程式 ch5-5-3b.py 改用 insert_many() 函數，可以將參數 Python 字典串列 [std1, std2] 同時存入多筆記錄至 MongoDB 資料庫，如下所示：

```
result = collection.insert_many([std1, std2])
print("新增 2 筆: {0}".format(result.inserted_ids))
```

★ 學習評量 ★

1. 當我們從網路取得資料後，執行資料清理的目的為何？
2. 請問 Python 語言可以使用哪些方法來清理網路取得的資料？
3. 請簡單說明什麼是 CSV 檔案？Python 程式如何處理 CSV 和 JSON 檔案？如何從網路下載圖檔？
4. 請問什麼是 SQLite 資料庫？Python 程式如何存取 SQLite 資料庫？
5. 請問什麼是 MySQL 資料庫？Python 程式如何存取 MySQL 資料庫？
6. 請問 NoSQL 和 MongoDB 資料庫是什麼？在本書是使用 ________ 模組存取 MongoDB 資料庫。
7. 請使用第 5-3 節的 DB Browser for SQLite 建立名為 contacts.sqlite 聯絡人的 SQLite 資料庫，在 contact 資料表擁有編號 id、姓名 name 和電話 tel 欄位，然後輸入一些測試記錄。
8. 請建立 Python 程式連接學習評量 ❼ 建立的 contacts.sqlite 資料庫，可以顯示所有聯絡人的記錄資料。
9. 請建立 Python 程式將「ch05/VideoFormat.csv」檔案存入 SQLite 資料庫（首先需要建立 VideoFormat.sqlite 資料庫）。
10. 請建立 Python 程式將第 5-2-2 節的 Books.json 檔案存入 MongoDB 資料庫。

M E M O

電子書

CHAPTER

6

網路爬蟲實作案例

M E M O

CHAPTER

7

向量與矩陣運算 - NumPy 套件

7-1 Python 資料科學套件

Python 資料科學的相關套件有很多，在本書第 7~10 章準備詳細說明資料科學一些必學的 Python 套件。

7-1-1 認識 Python 資料科學套件

Python 資料科學套件是用來處理、分析和視覺化我們取得的資料，一般來說，主要是指 NumPy、Pandas 和 Matplotlib 三大套件，Seaborn 則是進階版 Matplotlib 套件，可以更容易配合第 11~12 章來繪製各種視覺化的統計圖表，其簡單說明如下所示：

- **NumPy 套件**：一套強調高效率陣列處理的 Python 套件，可以幫助我們進行向量和矩陣運算。
- **Pandas 套件**：Python 程式碼版的 Excel 試算表工具，可以幫助我們進行資料處理和分析。
- **Matplotlib 套件**：2D 繪圖函式庫的資料視覺化工具，支援各種統計圖表的繪製，可以幫助我們視覺化探索資料和顯示資料分析結果。
- **Seaborn 套件**：建立在 Matplotlib 函式庫的統計資料視覺化函式庫，提供預設參數值的佈景（Themes），和緊密整合 Pandas 資料結構，可以更容易繪製各種漂亮的統計圖表。

此外，在本書第 11~12 章會使用 Scipy 套件的統計模組來學習基礎統計知識，Scipy 是 Python 數學、科學和工程運算的基礎函式庫。

☆ NumPy 套件

本章我們來介紹 NumPy 套件，NumPy 全名是 Numeric Python 或 Numerical Python，NumPy 套件提供一維、二維和多維陣列物件，與相關延伸物件，並且支援高效率陣列的數學、邏輯、維度操作、排序、選取元素，和基本線性代數與統計等。

NumPy 套件的核心是 ndarray 物件，這是相同資料型態元素組成的陣列，NumPy 陣列和 Python 串列的差異，如下所示：

- NumPy 陣列是固定尺寸，更改 ndarray 物件尺寸就是建立全新陣列；Python 串列是容器，並不用指定尺寸。
- NumPy 陣列元素是相同資料型態（Python 串列的項目可以是不同資料型態），每一個元素佔用相同記憶體空間，唯一例外是物件陣列，因為元素是 Python 或 NumPy 物件，所以元素尺寸可以不同。
- NumPy 陣列支援高效率和大量資料的數學運算，可以使用比 Python 串列更少的程式碼，進行高效率的向量和矩陣運算。

7-1-2 向量與矩陣

在說明 NumPy 陣列前，我們需要先了解數學的向量（Vector）與矩陣（Matrix），其說明如下所示：

- **向量**（Vector）：向量是方向和大小值，常常用來表示速度、加速度和動力等，向量是一序列數值，有多種表示方法，在 NumPy 是使用一維陣列來表示，如下圖所示：

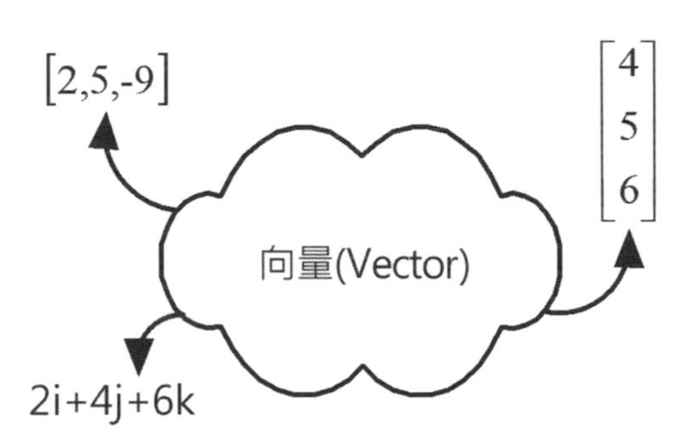

- **矩陣**（Matrix）：矩陣類似向量，只是形狀是二維表格的列（Rows）和欄（Columns），我們需要使用列和欄來取得指定元素值，在 NumPy 是使用二維陣列方式來表示，如下圖所示：

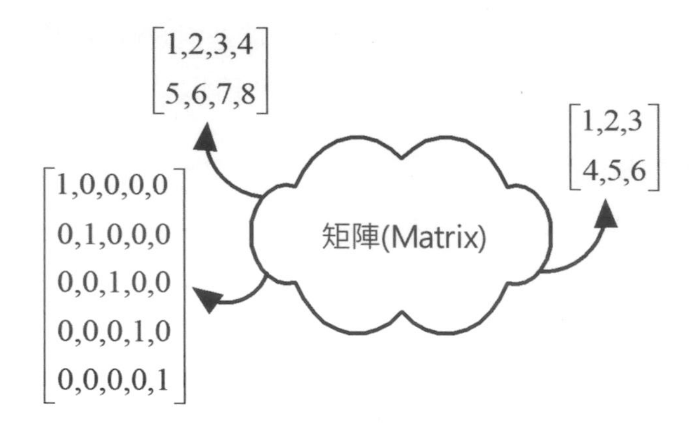

數學的向量、矩陣和第 7-2 節程式語言的陣列都是使用索引系統（Index System）來存取指定元素。請注意！對於數學來說，存取第 1 個元素的索引值是從「1」開始，但在寫程式時大都是從「0」開始。

7-2 陣列的基本使用

陣列（Arrays）類似 Python 串列（Lists），不過陣列元素的資料型態必須是相同的，不同於串列可以是不同資料型態。

7-2-1 認識陣列

陣列是程式語言的一種基本資料結構，屬於循序性的資料結構。日常生活中最常見的範例是一排信箱，如右圖所示：

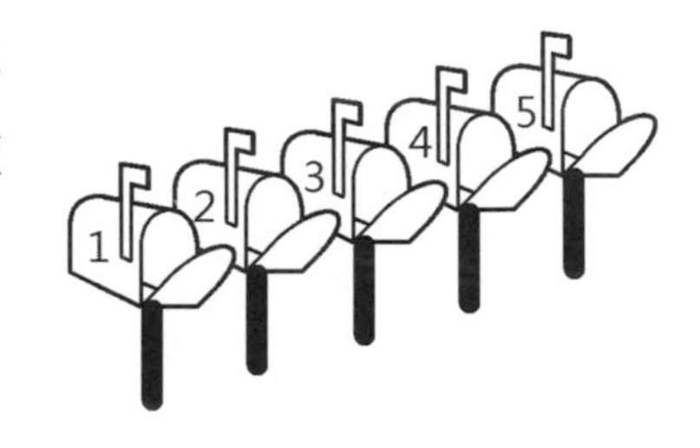

上述圖例是社區住家的一排信箱，郵差依信箱號碼投遞郵件，住戶依信箱號碼取出郵件，信箱號碼是存取資料的索引，因為只有 1 個索引，稱為「一維陣列」（One-dimensional Arrays），或 1D 陣列。

多維 (多 D) 陣列是指「二維 (2D) 陣列」（Two-dimensional Arrays）以上維度的陣列（含二維），屬於一維陣列的擴充，如果將一維陣列想像成是一度空間的線；二維 (2D) 陣列是二度空間的平面，需要使用 2 個索引才能定位二維陣列的指定元素。

在日常生活中，二維（2D）陣列的應用非常廣泛，只要是平面的各式表格，都可以轉換成二維陣列，例如下圖的月曆、功課表等。如果繼續擴充二維（2D）陣列，還可以建立三維（3D）、四維（4D）等更多維的陣列。

功課表

	一	二	三	四	五
1		2		2	
2	1	4	1	4	1
3	5		5		5
4					
5	3		3		3
6					

課程名稱	課程代碼
計算機概論	1
離散數學	2
資料結構	3
資料庫理論	4
上機實習	5

編註：針對 NumPy 的陣列，有兩個一定要熟悉的概念，分別是 axis (軸) 以及 dimension (維度)。

axis (軸) 這個字直覺上會聯想到數學的座標軸空間，這麼想沒錯，我們可以把軸理解為對陣列空間的分割，例如 [[0 1 2], [3 4 5]] 這樣上面稱我們稱之為二維的陣列，其實嚴謹來說，應該是稱為二軸陣列才對。

從其第 0 軸 (axis=0) 來看，這是一個 2 個元素構成的陣列，這 2 個元素分別是 [0, 1, 2] 及 [3, 4, 5]。而第 1 軸繼續往內層結構看：這 2 個子陣列都是 3 個元素。

那 dimention (維度) 呢？其實上面這一段已經提到了：陣列每一軸 (axis) 所含的元素個數，稱為該軸的維度。同樣來看 [[0, 1, 2], [3, 4, 5]] 這個二軸陣列，它的第 0 軸是 2 維 (因為有 2 個子陣列)、第 1 軸則為 3 維 (因為這 2 個子陣列都有 3 個元素)，因此，我們可以這樣說，它是個「2×3 維的二軸陣列」。

只不過，您在很多相關書籍、網路文章會發現軸、維這兩個名稱已經嚴重混用，本書作者採用的是比較多文章會稱的一維陣列、二維陣列...這樣的稱呼，但請心裡有個底，本書所指的一維陣列其實是一軸陣列 (或 1D 陣列)、二維陣列則為二軸陣列 (或 2D 陣列)...依此類推喔！

7-2-2 建立陣列

NumPy 陣列是一序列的整數 int 或浮點數 float 值，每一個值的陣列元素都是相同資料型態，Python 程式可以使用串列或元組來建立一維、二維或更多維的陣列。在 Python 程式首先需要匯入 NumPy 套件，如下所示：

```
import numpy as np
```

☆ 使用串列與元組建立一維陣列：ch7-2-2.py

在匯入 NumPy 套件的別名 np 後，就可以使用 array() 函數建立 NumPy 陣列，如下所示：

```
import numpy as np

a = np.array([1, 2, 3, 4, 5]) ←— 用串列建立
b = np.array((1, 2, 3, 4, 5)) ←— 用元組 (typle) 建立
```

上述程式碼使用 np.array() 函數建立陣列，第 1 個 array() 函數的參數是 Python 串列；第 2 個是元組，陣列元素的個數就是串列和元組的長度，即 numpy.ndarray 物件，axis 軸是方向，一維陣列的 axis 值 0 是橫向，如下圖所示：

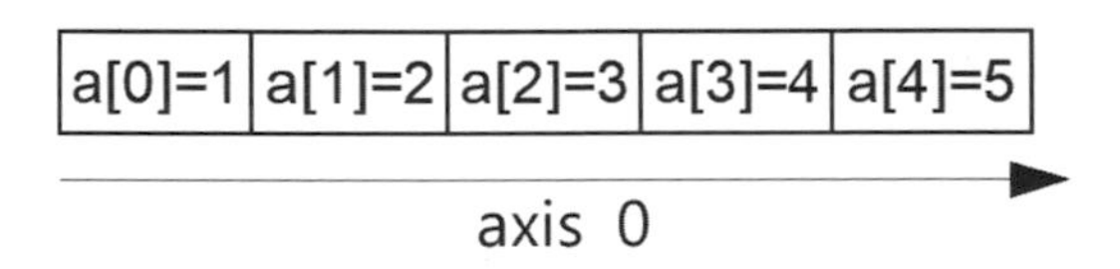

然後在下方使用 type(a) 和 type(b) 函數顯示陣列型態，如下所示：

```
print(type(a), type(b))
print("---------------------------")
print(a[0], a[1], a[2], a[3], a[4])
print("---------------------------")
```

上述 print() 函數顯示陣列的 5 個元素，索引值是從 0 開始，0~4 來取出陣列的每一個元素值。在下方更改第 1 個（索引值 0）和第 5 個（索引值 4）元素的值，如下所示：

```
b[0] = 5
print(b)
print("--------------------------")
b[4] = 0
print(b)
```

上述 Python 程式的執行結果，如下所示：

```
<class 'numpy.ndarray'> <class 'numpy.ndarray'>
--------------------------
1 2 3 4 5
--------------------------
[5 2 3 4 5]
--------------------------
[5 2 3 4 0]
```

上述執行結果顯示陣列 a 和 b 的型態，接著是陣列 a 的元素值，最後更改 2 次陣列 b 的元素後，顯示陣列的所有元素。

☆ 使用串列建立二維陣列：ch7-2-2a.py

同樣方式，Python 程式可以使用巢狀串列建立 NumPy 二維陣列，如下所示：

```
a = np.array([[1,2,3],[4,5,6]])
```

上述 array() 函數的參數是 Python 巢狀串列，可以建立 2×3 的二維陣列，2×3 稱為形狀（Shape），二維陣列的 axis 軸 0 是直向；軸 1 是橫向，如下圖所示：

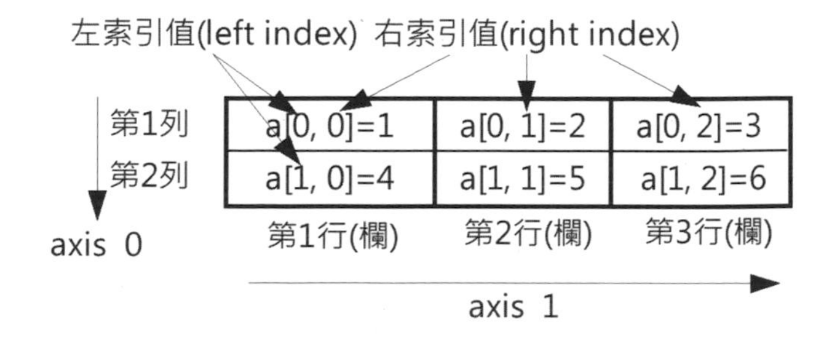

因為是二維陣列，陣列索引值有 2 個：[左索引值, 右索引值]，我們需要使用 2 個索引值來存取二維陣列的元素值。在下方使用 print() 函數顯示二維陣列的元素值，如下所示：

```
print(a[0, 0], a[0, 1], a[0, 2])
print(a[1, 0], a[1, 1], a[1, 2])
print("---------------------------")
a[0, 0] = 6
a[1, 2] = 1
print(a)
```

上述程式碼使用指定敘述更改左上角 a[0, 0] 和右下角 a[1, 2] 共 2 個元素的值，其執行結果如下所示：

```
1 2 3
4 5 6
---------------------------
[[6 2 3]
 [4 5 1]]
```

☆ 建立指定元素型態的陣列：ch7-2-2b.py

在建立陣列時，Python 程式可以指定陣列元素是哪一種資料型態的陣列，如下所示：

```
a = np.array([1, 2, 3, 4, 5], int)
b = np.array((1, 2, 3, 4, 5), dtype=float)
print(a)
print("---------------------------")
print(b)
```

上述 array() 函數的第 2 個參數是元素的型態，第 1 個是整數 int；第 2 個是明確指定 dtype 參數值是 float 浮點數元素，其執行結果如下所示：

```
[1 2 3 4 5]
---------------------------
[1. 2. 3. 4. 5.]
```

☆ NumPy 的陣列建立函數（一）：ch7-2-2c.py

NumPy 提供多種函數來建立預設內容的陣列。NumPy 的 arange() 函數類似 Python 的 range() 函數，可以產生一序列數字的陣列，如下所示：

```
a = np.arange(5)
print(a)
print("---------------------------")
b = np.arange(1, 6, 2)
print(b)
```

上述第 1 個 arange() 函數產生元素值 0~4 的一維陣列，第 2 個是 1~5 的奇數，最後的 2 是增量值，其執行結果如下所示：

```
[0 1 2 3 4]
---------------------------
[1 3 5]
```

NumPy 的 zeros() 函數可以產生指定個數元素值都是 0 的一維和二維陣列，如下所示：

```
c = np.zeros(2)
print(c)
print("---------------------------")
d = np.zeros((2,2))
print(d)
```

上述第 1 個 zeros() 函數產生 2 個元素值 0 的一維陣列，第 2 個是 2×2 的二維陣列（使用元組指定形狀），元素值都是 0，其執行結果如下所示：

```
[0. 0.]
--------------------------
[[0. 0.]
 [0. 0.]]
```

NumPy 的 ones() 函數可以產生指定個數元素值都是 1 的一維和二維陣列，如下所示：

```
e = np.ones(2)
print(e)
print("--------------------------")
f = np.ones((2,2))
print(f)
```

上述第 1 個 ones() 函數產生 2 個元素值是 1 的一維陣列，第 2 個是 2×2 的二維陣列，元素值都是 1，其執行結果如下所示：

```
[1. 1.]
--------------------------
[[1. 1.]
 [1. 1.]]
```

NumPy 的 full() 函數可以建立填入指定元素值的一維和二維陣列，如下所示：

```
g = np.full(2, 7)
print(g)
print("--------------------------")
h = np.full((2,2), 7)
print(h)
```

上述第 1 個 full() 函數的第 1 個參數值 2，可以產生 2 個元素，其值是第 2 個參數值 7，這是一維陣列，第 2 個函數的第 1 個參數是元組，即建立 2×2 的二維陣列，元素值也都是第 2 個參數值 7，其執行結果如下所示：

```
[7 7]
----------------------------
[[7 7]
 [7 7]]
```

☆ NumPy 的陣列建立函數（二）：ch7-2-2d.py

NumPy 的 zeros_like() 和 ones_like() 函數可以依據參數所設定的陣列範本形狀，產生相同尺寸元素值都是 0 或 1 的陣列，如下所示：

```
a = np.array([[1,2,3],[4,5,6]])
b = np.zeros_like(a)
print(b)
print("============================")
c = np.ones_like(a)
print(c)
```

上述程式碼建立 2×3 陣列 a 後，呼叫 zeros_like() 函數產生與參數陣列 a 相同形狀的二維陣列，只是元素值都是 0，ones_like() 函數的元素值都是 1（empty_like() 函數是建立相同形狀的空陣列），其執行結果如下所示：

```
[[0 0 0]
 [0 0 0]]
==============================
[[1 1 1]
 [1 1 1]]
```

NumPy 的 eye() 函數可以產生對角線都是 1 個二維陣列，如下所示：

```
d = np.eye(3)
print(d)
print("----------------------------")
e = np.eye(3, k=1)
print(e)
```

上述第 1 個 eye() 函數產生對角線是 1 個二維陣列，第 2 個 eye() 函數指定 k 參數的開始索引 1，所以從第 2 個元素開始的斜角元素都是 1，其執行結果如下所示：

```
[[1. 0. 0.]
 [0. 1. 0.]
 [0. 0. 1.]]
---------------------------
[[0. 1. 0.]
 [0. 0. 1.]
 [0. 0. 0.]]
```

如果想產生亂數值元素的陣列，可以使用 NumPy 的 random.rand() 函數，如下所示：

```
f = np.random.rand(3)
print(f)
print("---------------------------")
g = np.random.rand(3,3)
print(g)
```

上述程式碼可以產生一維和二維陣列，元素值是由亂數產生（關於 NumPy 亂數的進一步說明，請參閱第 7-6-2 節），其執行結果如下所示：

```
[0.63780558 0.9616806  0.89492125]
---------------------------
[[0.41558465 0.05634006 0.5509597 ]
 [0.10882552 0.23696871 0.26408096]
 [0.25000088 0.05519591 0.02702993]]
```

☆ 陣列維度的轉換：ch7-2-2e.py

NumPy 可以使用 reshape() 函數，將一維陣列轉換成二維陣列，如下所示：

```
a = np.arange(16)
print(a)
print("---------------------------")
b = a.reshape((4, 4))
print(b)
print("===========================")
c = np.array(range(10), float)
print(c)
print("---------------------------")
d = c.reshape((5, 2))
print(d)
```

上述程式碼首先建立 0~15 元素值的一維陣列後，呼叫 reshape() 函數轉換成 4×4，第 2 個轉換範例是從 0~9 的一維陣列轉換成 5×2，其執行結果如下所示：

```
[ 0  1  2  3  4  5  6  7  8  9 10 11 12 13 14 15]
---------------------------
[[ 0  1  2  3]
 [ 4  5  6  7]
 [ 8  9 10 11]
 [12 13 14 15]]
===========================
[0. 1. 2. 3. 4. 5. 6. 7. 8. 9.]
---------------------------
[[0. 1.]
 [2. 3.]
 [4. 5.]
 [6. 7.]
 [8. 9.]]
```

7-2-3 陣列屬性

NumPy 陣列是一個物件，提供相關屬性來顯示陣列資訊。相關屬性的說明如下表所示：

屬性	說明
dtype	陣列元素的資料型態，整數 int32/64 或浮點數 float32/64 等
size	陣列的元素總數
shape	N X M 陣列的形狀（Shape）
itemsize	陣列元素佔用的位元組數
ndim	幾維陣列，一維是 1；二維是 2
nbytes	整個陣列佔用的位元組數

☆ 顯示 NumPy 陣列的屬性：ch7-2-3.py

Python 程式可以使用上表屬性來顯示 NumPy 陣列的相關屬性值，如下所示：

```
a = np.array([[11, 12, 13, 14, 15],
              [16, 17, 18, 19, 20],
              [21, 22, 23, 24, 25],
              [26, 27, 28 ,29, 30],
              [31, 32, 33, 34, 35]])

print(type(a))
print(a.dtype)
print(a.size)
print(a.shape)
print(a.itemsize)
print(a.ndim)
print(a.nbytes)
```

上述程式碼顯示陣列的型態後，一一顯示陣列的各種屬性值，其執行結果如下所示：

```
<class 'numpy.ndarray'>
int32
25
(5, 5)
4
2
100
```

7-2-4 走訪陣列的元素

NumPy 陣列的元素走訪如同走訪 Python 串列的項目，一樣是使用 for/in 迴圈來走訪 NumPy 陣列的每一個元素。

☆ 走訪一維陣列的元素：ch7-2-4.py

在 Python 程式使用 for/in 迴圈走訪一維陣列的每一個元素，如下所示：

```
a = np.array([1, 2, 3, 4, 5])
for ele in a:
    print(ele)
```

上述程式碼建立一維陣列後，走訪顯示陣列的每一個元素，其執行結果如下所示：

```
1
2
3
4
5
```

☆ 走訪二維陣列的元素：ch7-2-4a.py

在 Python 程式使用 for/in 巢狀迴圈走訪二維陣列的每一個元素，如下所示：

```
a = np.array([[1, 2], [3, 4], [5, 6]])
for ele in a:
    print(ele)
print("----------------------------")
for ele in a:
    for item in ele:
        print(str(item) + " ", end="")
```

上述程式碼建立二維陣列後，第 1 個 for/in 外層迴圈顯示每一列的一維陣列，第 2 個內層 for/in 迴圈則可以顯示二維陣列的每一個元素，其執行結果如下所示：

```
[1 2]
[3 4]
[5 6]
--------------------------
1 2 3 4 5 6
```

7-2-5 載入與儲存檔案的陣列

NumPy 可以使用 save() 和 load() 函數將 NumPy 陣列儲存成檔案，或從檔案載入 NumPy 陣列。

☆ 將 NumPy 陣列存入檔案：ch7-2-5~5a.py

以下 Python 程式可以將 NumPy 陣列儲存至 Example.npy 檔，如下所示：

```
a = np.arange(10)
outputfile = "Example.npy"
with open(outputfile, 'wb') as fp:
    np.save(fp, a)
```

上述程式碼建立陣列後，使用 open() 函數開啟二進位的寫入檔案，然後呼叫 save() 函數將陣列內容存入檔案。Python 程式：ch7-2-5a.py 是使用 savetxt() 函數儲存成 CSV 格式的檔案，如下所示：

```
a = np.array([[1,2,3],[4,5,6]])
outputfile = "Example.out"
np.savetxt(outputfile, a, delimiter=',')
```

上述 savetxt() 函數的第 1 個參數是檔名，第 2 個是存入的 NumPy 陣列，第 3 個 delimiter 參數是使用的分隔符號。

☆ 從檔案載入 NumPy 陣列：ch7-2-5b~5c.py

Python 程式可以從 Example.npy 檔載入 NumPy 陣列，如下所示：

```
outputfile = "Example.npy"
with open(outputfile, 'rb') as fp:
    a = np.load(fp)
print(a)
```

上述程式碼建立陣列後，呼叫 open() 函數開啟二進位的讀取檔案，然後使用 load() 函數載入儲存在檔案的陣列，其執行結果可以看到陣列內容，如下所示：

```
[0 1 2 3 4 5 6 7 8 9]
```

Python 程式：ch7-2-5c.py 使用 loadtxt() 函數載入 CSV 格式的 NumPy 陣列，如下所示：

```
outputfile = "Example.out"
a = np.loadtxt(outputfile, delimiter=',')
print(a)
```

上述 loadtxt() 函數的第 1 個參數是檔名，delimiter 參數是分隔符號，可以回傳載入的陣列，其執行結果可以看到陣列的內容，如下所示：

```
[[ 1.  2.  3.]
 [ 4.  5.  6.]]
```

7-3 一維陣列 - 向量的運算

NumPy 一維 (1D) 陣列就是向量，Python 程式可以使用切割運算子和索引來取出元素，或進行向量運算。

7-3-1 向量運算

向量與純量和向量與向量可以執行加、減、乘和除的四則運算，2 個向量還可以執行點積運算。

☆ 向量與純量的四則運算：ch7-3-1~1a.py

向量與純量（Scalar）可以進行加、減、乘和除的四則運算，純量是一個數值。以加法為例，例如：向量 a 有 a1, a2, a3 個元素，純量是 s，如下圖所示：

$$a=[a1,a2,a3] \qquad a=[1,2,3]$$
$$s=5 \qquad s=5$$
$$c=a+s=[a1+s,a2+s,a3+s] \qquad c=a+s=[1+5,2+5,3+5]$$

上述加法運算過程產生向量 c，其元素是向量 a 的元素加上純量 s。Python 程式如下所示：

```
a = np.array([1, 2, 3])
print("v=" + str(a))
s = 5
print("s=" + str(s))
b = a + s
print("a+s=" + str(b))
b = a - s
print("a-s=" + str(b))
b = a * s
print("a*s=" + str(b))
b = a / s
print("a/s=" + str(b))
```

上述變數 a 是 NumPy 一維陣列的向量；變數 s 是純量值 5，向量與純量也適用運算子 +、-、* 和 / 的四則運算，其執行結果如下所示：

```
a=[1 2 3]
s=5
a+s=[6 7 8]
a-s=[-4 -3 -2]
a*s=[ 5 10 15]
a/s=[ 0.2  0.4  0.6]
```

NumPy 陣列也可以使用 add()、subtract()、multiply() 和 divide() 函數的加、減、乘、除來執行四則運算，完整 Python 程式：ch7-3-1a.py。

☆ 向量與向量的四則運算：ch7-3-1b~1c.py

對於長度相同的 2 個向量，對應的向量元素也可以執行加、減、乘、除的四則運算來產生相同長度的向量。以加法為例，例如：向量 a 有 a1, a2, a3 個元素，s 有 s1, s2, s3，如下圖所示：

$$a = [a1, a2, a3]$$
$$s = [s1, s2, s3]$$
$$c = a + s = [a1 + s1, a2 + s2, a3 + s3]$$

$$a = [1,2,3]$$
$$s = [4,5,6]$$
$$c = a + s = [1+4, 2+5, 3+6]$$

上述加法運算過程產生向量 c，其元素是向量 a 的元素加上向量 s 的元素。Python 程式如下所示：

```
a = np.array([1, 2, 3])
print("a=" + str(a))
s = np.array([4, 5, 6])
print("s=" + str(s))
b = a + s
print("a+s=" + str(b))
b = a - s
print("a-s=" + str(b))
b = a * s
print("a*s=" + str(b))
b = a / s
print("a/s=" + str(b))
```

上述變數 a 和 s 是 NumPy 一維陣列的向量，一樣可以使用運算子 +、-、* 和 / 進行向量與向量的四則運算，其執行結果如下所示：

```
a=[1 2 3]
s=[4 5 6]
a+s=[5 7 9]
a-s=[-3 -3 -3]
a*s=[ 4 10 18]
a/s=[ 0.25  0.4   0.5 ]
```

Python程式：ch7-3-1c.py 改用 add()、subtract()、multiply() 和 divide() 函數進行兩個向量加、減、乘、除的四則運算。

☆ 向量的點積運算：ch7-3-1d.py

點積運算（Dot Product）是兩個向量對應元素的乘積和，例如：使用之前相同的 2 個向量，如下圖所示：

$$a = [a1, a2, a3]$$
$$s = [s1, s2, s3]$$
$$c = a \bullet s = a1 \times s1 + a2 \times s2 + a3 \times s3$$

上述向量 a 和 s 的點積運算結果是一個純量。Python 程式如下所示：

```
a = np.array([1, 2, 3])
print("a=" + str(a))
s = np.array([4, 5, 6])
print("s=" + str(s))
b = a.dot(s)
print("a.dot(s)=" + str(b))
```

上述變數 a 和 s 是 NumPy 一維陣列的向量，a・s 點積運算是 a.dot(s) 函數，其執行的運算式如下所示：

```
1*4 + 2*5 + 3*6 = 32
```

上述運算結果值 32 是點積運算的結果，其執行結果如下所示：

```
a=[1 2 3]
s=[4 5 6]
a.dot(s)=32
```

7-3-2 切割一維陣列的元素

NumPy 陣列如同 Python 串列，一樣可以使用「切割運算子」(Slicing Operator)，從原始陣列切割出子陣列，其語法如下所示：

```
array[start:end:step]
```

上述「:」冒號分隔的值是範圍和增量，可以取回從索引位置 start 開始到 end-1 之間（不包含 end 本身）的元素，如果沒有 start，是從 0 開始；沒有 end 是到最後 1 個元素，step 是增量，沒有的話是指 1。例如：NumPy 一維陣列 a，如下所示：

```
a = np.array([1, 2, 3, 4, 5, 6, 7, 8, 9])
print("a=" + str(a))
```

上述陣列的索引位置值可以是正，也可以是負值，如下圖所示：

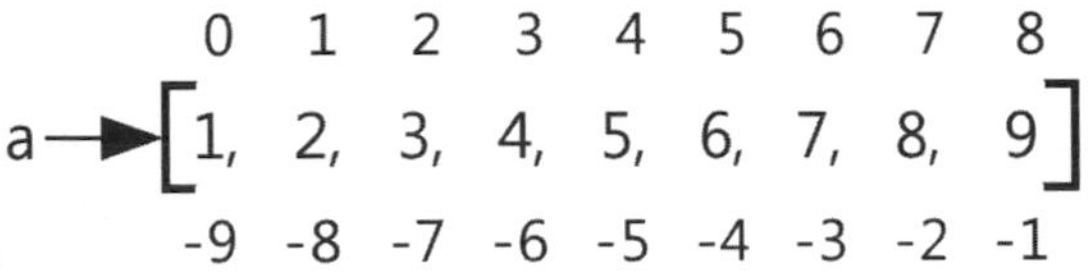

```
      0  1  2  3  4  5  6  7  8
a → [1, 2, 3, 4, 5, 6, 7, 8, 9]
     -9 -8 -7 -6 -5 -4 -3 -2 -1
```

Python 程式：ch7-3-2.py 測試各種切割運算子，如下表所示：

Python程式碼	切割的索引值範圍	執行結果
b = a[1:3]	1,2	[2 3]
b = a[:4]	0,1,2,3	[1 2 3 4]
b = a[3:]	3,4,5,6,7,8	[4 5 6 7 8 9]
b = a[2:9:3]	2,5,8	[3 6 9]
b = a[::2]	0,2,4,6,8	[1 3 5 7 9]
b = a[::-1]	8,7,6,5,4,3,2,1,0	[9 8 7 6 5 4 3 2 1]
b = a[2:-2]	2,3,4,5,6	[3 4 5 6 7]

7-3-3 使用複雜索引取出元素

複雜索引（Fancy Indexing）可以使用整數值索引串列，或布林值遮罩索引來取出陣列元素。

☆ 使用整數值索引和索引串列取出元素：ch7-3-3.py

NumPy 一維陣列不只可以使用整數值的索引來取出指定值，還可以給一個索引串列，取出選擇元素來建立成新陣列，例如：NumPy 一維陣列 a，如下所示：

```
a = np.array([1, 2, 3, 4, 5, 6, 7, 8, 9])
print("a=" + str(a))
```

Python 程式：ch7-3-3.py 測試整數值索引和索引串列來取出元素，如下表所示：

Python 程式碼	選擇的索引值	執行結果
a[0]	0	1
a[2]	2	3
a[-1]	最後 1 個索引 8	9
b = a[[1, 3, 5, 7]]	1,3,5,7	[2 4 6 8]
b = a[range(6)]	0,1,2,3,4,5	[1 2 3 4 5 6]
a[[2, 6]] = 10	2,6	[1 2 10 4 5 6 10 8 9]

上表最後 1 列是使用索引值串列來同時選擇多個元素，以此例是 2 個，可以將這些選擇元素值都指定成新值 10，所以索引 2 和 6 的值改成 10。

☆ 使用布林值遮罩索引：ch7-3-3a.py

NumPy 陣列還可以使用布林陣列索引，這是相同大小的布林值陣列，如果元素值是 True，表示選擇對應的元素；反之 False，就不選擇。首先建立測試的 NumPy一維陣列 a，如下所示：

```
a = np.array([14,8,10,11,6,3,18,13,12,9])
print("a=" + str(a))
mask = (a % 3 == 0)          # 建立布林值陣列
print("mask=" + str(mask))
```

上述程式碼的 mask 變數是布林值陣列，條件 a % 3 == 0 建立元素值整除 3 時為 True；否則為 False。然後在下方使用布林值陣列選出所需的元素，如下所示：

```
b = a[mask]                  # 使用布林值陣列取出值
print("a[mask]=" + str(b))
a[a % 3 == 0] = -1           # 同時更改多個 True 索引
print("a[a%3==0]=-1->" + str(a))
```

上述程式碼使用布林值來更改多個元素，其執行結果如下所示：

```
a=[14  8 10 11  6  3 18 13 12  9]
mask=[False False False False  True  True  True False  True  True]
a[mask]=[ 6  3 18 12  9]
a[a%3==0]=-1->[14  8 10 11 -1 -1 -1 13 -1 -1]
```

上述 a 陣列元素 6,3,18,12,9 可以整除 3，所以 mask 陣列的對應元素是 True；反之是 False，a[mask] 取出值為 True 的元素，並且更改這些元素值成為 -1。

7-4 二維陣列 - 矩陣的運算

NumPy 二維陣列就是矩陣，Python 程式一樣可以使用切割運算子和索引來取出元素，和進行矩陣運算。

7-4-1 矩陣運算

如同向量運算，矩陣與純量和矩陣與矩陣也可以執行加、減、乘和除四則運算，和 2 個矩陣的點積運算。

☆ 矩陣與純量的四則運算：ch7-4-1~1a.py

矩陣與純量（Scalar）可以進行加、減、乘、除的四則運算，純量是一個數值。以加法為例，例如：矩陣 a 有 a1~a6 個元素，純量是 s，如下圖所示：

$$a=\begin{bmatrix} a1, a2, a3 \\ a4, a5, a6 \end{bmatrix}$$
$$s=5$$
$$c=a+s=\begin{bmatrix} a1+s, a2+s, a3+s \\ a4+s, a5+s, a6+s \end{bmatrix}$$

$$a=\begin{bmatrix} 1,2,3 \\ 4,5,6 \end{bmatrix}$$
$$s=5$$
$$c=a+s=\begin{bmatrix} 1+5,2+5,3+5 \\ 4+5,5+5,6+5 \end{bmatrix}$$

上述加法運算過程產生矩陣 c，其元素是矩陣 a 的元素加上純量 s。Python 程式如下所示：

```
a = np.array([[1,2,3],[4,5,6]])
print("a=")
print(a)
s = 5
print("s=" + str(s))
b = a + s
print("a+s=")
```

```
print(b)
b = a - s
print("a-s=")
print(b)
b = a * s
print("a*s=")
print(b)
b = a / s
print("a/s=")
print(b)
```

上述變數 a 是 NumPy 二維陣列的矩陣；變數 s 是純量值 5，矩陣與純量也適用運算子 +、-、* 和 / 的四則運算，其執行結果如下所示：

```
a=
[[1 2 3]
 [4 5 6]]
s=5
a+s=
[[ 6  7  8]
 [ 9 10 11]]
a-s=
[[-4 -3 -2]
 [-1  0  1]]
a*s=
[[ 5 10 15]
 [20 25 30]]
a/s=
[[ 0.2  0.4  0.6]
 [ 0.8  1.   1.2]]
```

NumPy 陣列也可以使用 add()、subtract()、multiply() 和 divide() 函數來執行加、減、乘、除的四則運算，完整 Python 程式：ch7-4-1a.py。

☆ 矩陣與矩陣的四則運算：ch7-4-1b~1c.py

如果有相同形狀的 2 個矩陣，對應的矩陣元素也可以執行加、減、乘和除的四則運算來產生相同形狀的矩陣。以加法為例，例如：矩陣 a 有 a1~a4 個元素，s 有 s1~s4，如下圖所示：

$$a=\begin{bmatrix} a1, a2 \\ \mathrm{a}3, a4 \end{bmatrix} \qquad a=\begin{bmatrix} 1,2 \\ 3,4 \end{bmatrix}$$

$$s=\begin{bmatrix} \mathrm{s}1,\mathrm{s}2 \\ \mathrm{s}3,\mathrm{s}4 \end{bmatrix} \qquad s=\begin{bmatrix} 5,6 \\ 7,8 \end{bmatrix}$$

$$c=a+s=\begin{bmatrix} a1+s1, a2+s2 \\ a3+s3, a4+s4 \end{bmatrix} \qquad c=a+s=\begin{bmatrix} 1+5,2+6 \\ 3+7,4+8 \end{bmatrix}$$

上述加法運算過程產生矩陣 c，其元素是矩陣 a 的元素加上矩陣 s 的對應元素。Python 程式如下所示：

```
a = np.array([[1,2],[3,4]])
print("a=")
print(a)
s = np.array([[5,6],[7,8]])
print("s=")
print(s)
b = a + s
print("a+s=")
print(b)
b = a - s
print("a-s=")
print(b)
b = a * s
print("a*s=")
print(b)
b = a / s
print("a/s=")
print(b)
```

上述變數 a 和 s 是 NumPy 二維陣列的矩陣，我們一樣可以使用運算子 +、-、* 和 / 進行矩陣與矩陣的四則運算，其執行結果如下所示：

```
a=
[[1 2]
 [3 4]]
s=
[[5 6]
 [7 8]]
a+s=
[[ 6  8]
 [10 12]]
a-s=
[[-4 -4]
 [-4 -4]]
a*s=
[[ 5 12]
 [21 32]]
a/s=
[[ 0.2         0.33333333]
 [ 0.42857143  0.5       ]]
```

Python 程式：ch7-4-1c.py 改用 add()、subtract()、multiply() 和 divide() 函數進行兩個矩陣加、減、乘和除的四則運算。

☆ 矩陣的點積運算：ch7-4-1d.py

點積運算（Dot Product）是兩個矩陣對應元素的列和行的乘積和，例如：使用之前相同的 2 個矩陣，如右圖所示：

$$a=\begin{bmatrix} a1, a2 \\ a3, a4 \end{bmatrix}$$

$$s=\begin{bmatrix} s1, s2 \\ s3, s4 \end{bmatrix}$$

$$c=a \bullet s=\begin{bmatrix} a1*s1+a2*s3, a1*s2+a2*s4 \\ a3*s1+a4*s3, a3*s2+a4*s4 \end{bmatrix}$$

上述矩陣 a 和 s 點積運算的結果是另一個矩陣。Python 程式如下所示：

```
a = np.array([[1,2],[3,4]])
print("a=")
print(a)
s = np.array([[5,6],[7,8]])
print("s=")
print(s)
b = a.dot(s)
print("a.dot(s)=")
print(b)
```

上述變數 a 和 s 是 NumPy 二維陣列的矩陣，點積運算是 a.dot(s) 函數，其執行的運算式如下圖所示：

$$\begin{bmatrix} 1\times 5+2\times 7, 1\times 6+2\times 8 \\ 3\times 5+4\times 7, 3\times 6+4\times 8 \end{bmatrix}$$

上述運算結果的矩陣是點積運算結果，其執行結果如下所示：

```
a=
[[1 2]
 [3 4]]
s=
[[5 6]
 [7 8]]
a.dot(s)=
[[19 22]
 [43 50]]
```

7-4-2 切割二維陣列的元素

NumPy 二維陣列一樣可以使用切割運算子，從原始陣列切割出所需的子陣列，其語法如下所示：

```
array[start:end:step, start1:end1:step1 ]
```

上述語法因為有 2 個索引，分別都可以指定開始、結束（不包含結束本身）和增量。例如：NumPy二維陣列 a，如下所示：

```
a = np.arange(11,36)
a = a.reshape(5,5)
print("a=")
print(a)
```

上述程式碼首先建立一維陣列 11~35，然後轉換成二維陣列 5×5，如右圖所示：

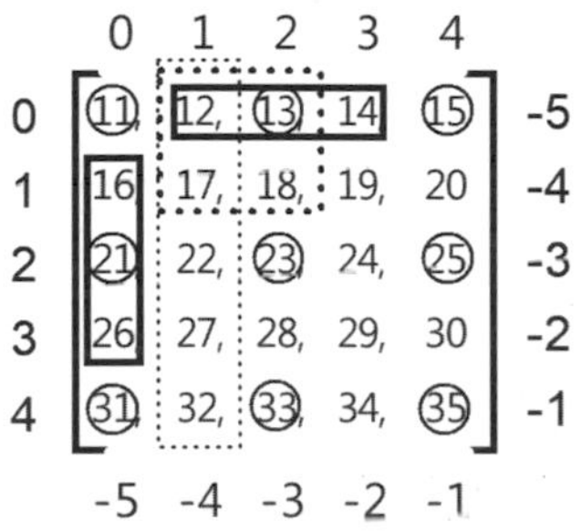

	0	1	2	3	4	
0	11,	12,	13,	14	15	-5
1	16	17,	18,	19,	20	-4
2	21	22,	23,	24,	25	-3
3	26	27,	28,	29,	30	-2
4	31	32,	33,	34,	35	-1
	-5	-4	-3	-2	-1	

上述圖例是二維陣列，在 [,] 切割語法的「,」符號前是切割列的一維陣列（直的索引）；之後是欄的一維陣列（橫的索引）。Python 程式：ch7-4-2.py 測試各種切割運算子，如下表所示：

Python 程式碼	列索引	欄索引	執行結果
b = a[0, 1:4]	0,0,0	1,2,3	[12 13 14]
b = a[1:4, 0]	1,2,3	0,0,0	[16 21 26]
b = a[:2, 1:3]	0,1	1,2	[[12 13] [17 18]]
b = a[:,1]	0,1,2,3,4	1,1,1,1	[12 17 22 27 32]
b = a[::2, ::2]	0,2,4	0,2,4	[[11 13 15] [21 23 25] [31 33 35]]

7-4-3 使用複雜索引取出元素

複雜索引（Fancy Indexing）可以使用整數值索引串列，或布林值遮罩索引來取出陣列元素。

☆ 使用整數值索引串列：ch7-4-3.py

NumPy 二維陣列不只可以使用整數值的索引來取出指定值，還可以給一個索引串列，取出選擇元素來建立成新陣列，例如：NumPy 二維陣列 a，如下所示：

```
a = np.array([[1,2,3],[4,5,6],[7,8,9],[10,11,12]])
print("a=")
print(a)
```

上述程式碼建立二維陣列 a，其內容如下所示：

```
a=
[[ 1  2  3]
 [ 4  5  6]
 [ 7  8  9]
 [10 11 12]]
```

然後，針對陣列 a 選取指定元素，首先使用串列指定索引值，如下所示：

```
b = a[[0,1,2],[0,1,0]]    # 索引 [0,0][1,1][2,0]
print("a[[0,1,2],[0,1,0]]=")
print(b)
```

上述程式碼使用串列指定二維陣列的 2 個索引值，可以取得索引 [0,0][1,1][2,0]，執行結果是：[1 5 7]。另一種方式是直接選擇元素來建立新陣列，如下所示：

```
b = np.array([a[0,0],a[1,1],a[2,0]])  # 索引 [0,0][1,1][2,0]
print("np.array([a[0,0],a[1,1],a[2,0]])")
print(b)
```

上述程式碼的 array() 函數參數是 3 個選擇元素的串列，可以建立一個新的一維陣列，執行結果也是：[1 5 7]。接著，使用一個一維陣列作為索引串列，如下所示：

```
idx = np.array([0, 2, 0, 1])
print("idx=" + str(idx))
b = a[np.arange(4), idx]      # 索引 [0,0][1,2][2,0][3,1]
print("a[np.arange(4),idx]=")
print(b)
```

上述程式碼首先建立一維陣列 idx，元素是索引值，然後使用 2 個一維陣列來指定索引值，第 1 個是 np.arange(4)，即 0~3，第 2 個是 idx 陣列，二維陣列索引是：[0,0][1,2][2,0][3,1]，其執行結果為：[1 6 7 11]。

最後使用整數值索引選取元素來更改元素內容，如下所示：

```
a[np.arange(4), idx] += 10
print("a[np.arange(4), idx] += 10->")
print(a)
```

上述程式碼將選取元素索引：[0,0][1,2][2,0][3,1] 都加 10，其執行結果如下所示：

```
a[np.arange(4), idx] += 10->
[[11  2  3]
 [ 4  5 16]
 [17  8  9]
 [10 21 12]]
```

☆ 使用布林值遮罩索引：ch7-4-3a.py

NumPy 二維陣列也可以使用布林陣列的索引，這是相同形狀的布林值陣列，如果元素值為 True，即表示選擇對應元素；反之 False，就不選擇。例如：測試的 NumPy 二維陣列 a，如下所示：

```
a = np.array([[1,2],[3,4],[5,6]])
print("a=")
print(a)
```

上述程式碼建立二維陣列 a，其執行結果如下所示：

```
a=
[[1 2]
 [3 4]
 [5 6]]
```

然後針對上述二維陣列建立對應 mask 變數的布林值陣列，如下所示：

```
mask = (a > 2)
print("mask=")
print(mask)
```

上述條件是 a > 2，可以建立元素值大於 2 為 True；否則為 False 的二維陣列，如下所示：

```
mask=
[[False False]
 [ True  True]
 [ True  True]]
```

然後使用布林值陣列 mask 選出所需的元素，如下所示：

```
b = a[mask]                # 使用布林值陣列取出值
print("a[mask]=" + str(b))
```

上述程式碼 a 陣列的索引值是 mask 陣列，其執行結果是一維陣列，如下所示：

```
a[mask]=[3 4 5 6]
```

最後使用布林值來同時更改多個元素值成為 -1，如下所示：

```
a[a > 2] = -1          # 同時更改多個 True 索引
print("a[a>2]=-1->")
print(a)
```

上述 a 陣列元素 3,4,5,6 的值大於 2，值 True，可以更改這些元素成為 -1 值，其執行結果如下所示：

```
a[a>2]=-1->
[[ 1  2]
 [-1 -1]
 [-1 -1]]
```

7-5 陣列廣播

「**廣播**」(Broadcasting) 是 NumPy 機制，可以讓不同形狀的陣列執行數學運算，因為數學運算大都需要使用 2 個陣列對應的元素，所以，NumPy 會自動擴充 2 個陣列成為相同形狀，以便進行對應元素的數學運算。

例如：當一個小陣列和一個大陣列進行運算時，如果沒有廣播機制，Python 程式需要自行先複製小陣列元素，將它擴充成與大陣列相同的形狀後，才能執行 2 個陣列的數學運算，NumPy 廣播機制會自動擴充小陣列來執行運算，而不用撰寫 Python 程式碼來擴充陣列，如下圖所示：

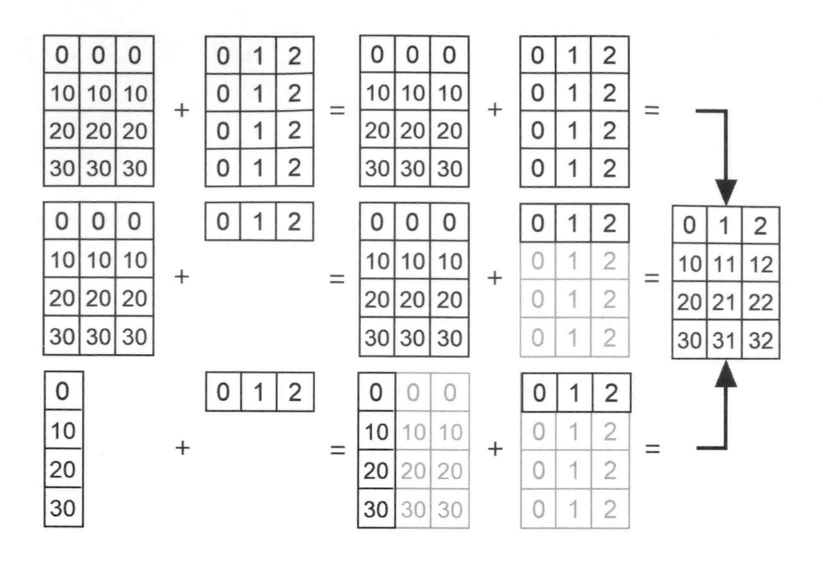

上述圖例的灰色部分就是 NumPy 廣播機制自動產生的陣列元素。

☆ 使用廣播執行陣列相加運算：ch7-5.py

Python 程式使用 NumPy 廣播機制計算二維陣列，和一維陣列的加法運算，如下所示：

```
a = np.array([[1,2,3],[4,5,6],[7,8,9],[10,11,12]])
print("a=")
print(a)
print("a 形狀: " + str(a.shape))
b = np.array([1,0,1])
print("b=" + str(b))
print("b 形狀: " + str(b.shape))

c = a + b
print(c)
```

上述程式碼建立二維陣列 a（型狀 4×3）和一維陣列 b（尺寸 3 個元素），然後進行 a + b 的加法運算，因為一維陣列 b 的形狀不同，NumPy 廣播會擴充一維陣列 b 成為 4×3 形狀的二維陣列後，再來與陣列 a 進行加法運算，如下圖所示：

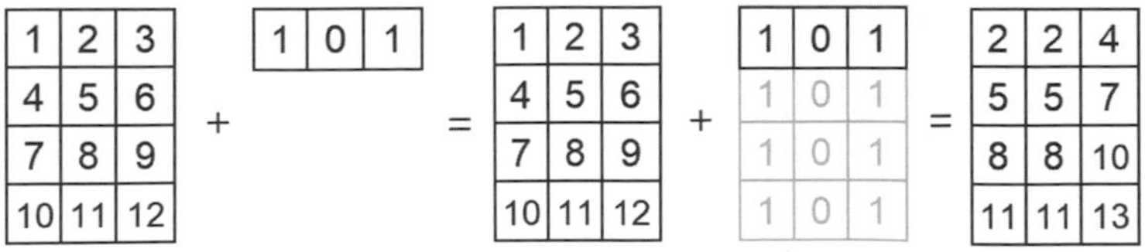

1	2	3
4	5	6
7	8	9
10	11	12

\+

1	0	1

=

1	2	3
4	5	6
7	8	9
10	11	12

\+

1	0	1
1	0	1
1	0	1
1	0	1

=

2	2	4
5	5	7
8	8	10
11	11	13

上述陣列 a 的形狀（Shape）是 (4, 3)，陣列 b 是 (3,)，因為廣播機制，陣列 b 先增加維度成為（1, 3）後，再自動複製每一列成為形狀 (4, 3)，即可執行 2 個二維陣列的加法運算，其執行結果如下所示：

```
a=
[[ 1  2  3]
 [ 4  5  6]
 [ 7  8  9]
 [10 11 12]]
a 形狀: (4, 3)
b=[1 0 1]
b 形狀: (3,)
[[ 2  2  4]
 [ 5  5  7]
 [ 8  8 10]
 [11 11 13]]
```

☆ NumPy 陣列廣播的使用規則

當 2 個 NumPy 陣列的形狀不同時，元素對元素的運算是無法執行，NumPy 廣播可以讓較小陣列擴充成大型陣列的相同形狀，來進行元素對元素的運算。廣播二個陣列的規則說明，如下所示：

◆ 如果兩個陣列是不同等級的陣列（ndim 屬性值不同），就追加較低等級陣列的形狀（Shape）為「1」，例如：a 是 (4, 3)，b 是 (3,)，第 1 步是將一維陣列 b 增加成 (1, 3) 的二維陣列。

◆ 陣列形狀在每一個維度（Dimension）的尺寸是 2 個輸入陣列在該維度的最大值，所以，在廣播後，2 個陣列的形狀是 2 個輸入陣列的最大形狀。例如：a 是 (4, 3)，b 是 (1, 3)，最大值是 (4, 3)，所以最後陣列 b 會廣播成 (4, 3)。

◆ 當陣列有任何一個維度的尺寸是「1」，其他陣列的尺寸大於「1」，則尺寸「1」的陣列會延著此維度複製擴充陣列尺寸，例如：b 陣列形狀是 (1, 3)，第 1 維是「1」，所以延著第 1 維從 1 擴充成 4，即 (4, 3)。

請注意！兩個陣列需要是「相容的」(Compatible)，NumPy 才會自動使用廣播進行數學運算。陣列符合相容可廣播的條件，如下所示：

◆ 兩個陣列擁有相同形狀（Shape）。

◆ 兩個陣列擁有相同維度，而且每一個維度的尺寸是相同的，或此維度的尺寸是「1」。

◆ 如果兩個陣列的維度不同，較少維度的陣列就會改變形狀，追加維度尺寸為「1」，以便兩個陣列可以擁有相同的維度。

7-6 陣列的相關函數

NumPy 陣列提供多種函數進行相關的陣列運算，Python 程式可以使用亂數來建立陣列，也可以更改陣列形狀和進行維度等操作。

7-6-1 陣列形狀與內容操作

陣列形狀操作是將二維改成一維；一維變成二維，或交換陣列的維度，當然，也可以複製、連接和填滿陣列內容。

☆ 陣列平坦化：ch7-6-1.py

陣列平坦化是使用 ravel() 函數（或 flatten() 函數），可以將二維陣列平坦化成一維陣列，如下所示：

```
a = np.array([[1,2,3],[4,5,6]])
print("a=")
print(a)

b = a.ravel()
print("a.ravel()=" + str(b))
c = a.flatten()
print("a.flatten()=" + str(c))
d = np.ravel(a)
print("np.ravel(a)=" + str(d))
```

上述程式碼建立二維陣列 a 後，呼叫陣列 a 的 ravel() 函數，或使用 NumPy 的 np.ravel(a) 函數（Python 函數有 2 種寫法，請注意！flatten() 函數不支援 np.flatten(a)）來轉換成一維陣列，其執行結果如下所示：

```
a=
[[1 2 3]
 [4 5 6]]
a.ravel()=[1 2 3 4 5 6]
a.flatten()=[1 2 3 4 5 6]
np.ravel(a)=[1 2 3 4 5 6]
```

☆ 更改陣列的形狀：ch7-6-1a.py

在第 7-2-2 節說明過 reshape() 函數來轉換維度，除此之外，Python 程式也可以使用 .T 或 transpose() 函數來交換陣列的維度，如下所示：

```
a = np.array([1,2,3,4,5,6])
print("a=" + str(a))

b = np.reshape(a,(3,2))
print("b=np.reshape(a,(3,2))->")
print(b)
c = b.T
```

```
print("c=b.T->")
print(c)
c = b.transpose()
print("c=b.transpose()->")
print(c)
c = np.transpose(b)
print("c=np.transpose(b)->")
print(c)
```

上述程式碼建立一維陣列 a 後，呼叫 np.reshape() 函數轉換成 3×2 的二維陣列（呼叫方式和第 7-2-2 節不同），然後分別使用 .T 和 transpose() 函數交換 2 個維度成為 2×3，其執行結果如下所示：

```
a=[1 2 3 4 5 6]
b=np.reshape(a,(3,2))->
[[1 2]
 [3 4]
 [5 6]]
c=b.T->
[[1 3 5]
 [2 4 6]]
c=b.transpose()->
[[1 3 5]
 [2 4 6]]
c=np.transpose(b)->
[[1 3 5]
 [2 4 6]]
```

☆ 新增陣列的維度：ch7-6-1b.py

NumPy 陣列的索引可以使用 np.newaxis 物件來新增陣列的維度，如下所示：

```
a = np.array([1,2,3])
print("a=" + str(a))

b = a[:, np.newaxis]
print("b=a[:,np.newaxis]->")
print(b)
print(b.shape)
b = a[np.newaxis, :]
print("b=a[np.newaxis,:]->")
print(b)
print(b.shape)
```

上述程式碼建立一維陣列 a 後，使用 np.newaxis 物件新增維度，第 1 次改成形狀 (3, 1)；即 3×1，第 2 次改成 (1, 3)；即 1×3，其執行結果如下所示：

```
a=[1 2 3]
b=a[:,np.newaxis]->
[[1]
 [2]
 [3]]
(3, 1)
b=a[np.newaxis,:]->
[[1 2 3]]
(1, 3)
```

☆ 陣列複製、填滿值和連接陣列：ch7-6-1c.py

NumPy 陣列可以使用 copy() 函數複製出 1 個內容完全相同的全新陣列，fill() 函數指定陣列元素為單一值，或使用 np.concatenate() 函數來連接多個陣列，如下所示：

```
a = np.array([1,2,3])
print("a=" + str(a))

```

```
b = a.copy()
print("b=a.copy()->" + str(b))
b.fill(4)
print("b.fill(0)=" + str(b))
c = np.concatenate((a,b))
print("c=np.concatenate((a,b))->" + str(c))
```

上述程式碼建立一維陣列 a 後，依序呼叫 copy() 函數複製成陣列 b，然後呼叫 fill() 函數填成元素值都是 4，最後連接陣列 a 和 b，參數的元組是欲連接的陣列 a 和 b，其執行結果如下所示：

```
a=[1 2 3]
b=a.copy()->[1 2 3]
b.fill(0)=[4 4 4]
c=np.concatenate((a,b))->[1 2 3 4 4 4]
```

☆ 連接多個二維陣列：ch7-6-1d.py

當使用 np.concatenate() 函數連接多個二維陣列時，可以指定參數 axis 軸的連接方向，參數值 0 是直向，連接在二維陣列的下方；值 1 是橫向，每一個陣列是連接在陣列的右方，如下所示：

```
a = np.array([[1,2],[3,4]])
b = np.array([[5,6],[7,8]])

c = np.concatenate((a,b))
print("c=np.concatenate((a,b))->")
print(c)
c = np.concatenate((a,b), axis=0)
print("c=np.concatenate((a,b), axis=0)->")
print(c)
c = np.concatenate((a,b), axis=1)
print("c=np.concatenate((a,b), axis=1)->")
print(c)
```

上述程式碼建立 2 個二維陣列 a 或 b 後，依序呼叫 3 次 np.concatenate() 函數連接 2 個二維陣列，第 1 個沒有指明，第 2 個新增第 2 個參數 axis=0（直向連接，預設值），第 3 個參數是 axis=1（橫向連接），其執行結果如下所示：

```
c=np.concatenate((a,b))->
[[1 2]
 [3 4]
 [5 6]
 [7 8]]
c=np.concatenate((a,b), axis=0)->
[[1 2]
 [3 4]
 [5 6]
 [7 8]]
c=np.concatenate((a,b), axis=1)->
[[1 2 5 6]
 [3 4 7 8]]
```

☆ 擴充與刪除陣列的維度：ch7-6-1e.py

除了使用 np.newaxis 物件來新增陣列的維度外，NumPy 還可以使用 np.expand_dims() 函數來擴充維度（軸數），如下所示：

```
a = np.array([[1,2,3,4,5,6,7,8]])
b = a.reshape(2, 4)
print(b.shape)
print("--------------------------")
c = np.expand_dims(b, axis=0)
d = np.expand_dims(b, axis=1)
print(c.shape, d.shape)
```

上述程式碼使用 reshape() 函數建立二維陣列 (2, 4) 後，呼叫 2 次 np.expand_dims() 函數擴充維度，axis 參數指定擴充哪一維（從 0 開始），其執行結果可以看到增加的維度 1 是在第 1 個（axis=0）和第 2 個（axis=1），如下所示：

```
(2, 4)
---------------------------
(1, 2, 4) (2, 1, 4)
```

刪除陣列維度（軸數）是使用 np.squeeze() 函數，可以刪除陣列 shape 屬性值是 1 的維度，如下所示：

```
e = np.squeeze(c)
f = np.squeeze(d)
print(e.shape, f.shape)
```

上述程式碼刪除陣列 c 和 d 中 shape 屬性值是 1 的維度，其執行結果的 shape 屬性值都成為 (2, 4)。

☆ 取得陣列最大/最小值和索引：ch7-6-1f.py

NumPy 陣列可以使用 np.max() 函數取得陣列最大元素值；np.min() 函數取得最小值，如果欲取得陣列哪一個索引值是最大值或最小值，請使用 np.argmax() 和 np.argmin() 函數，如下所示：

```
a = np.array([[11,22,13,74,35,6,27,18]])

min_value = np.min(a)
max_value = np.max(a)
print("最小值: " + str(min_value))
print("最大值: " + str(max_value))

min_idx = np.argmin(a)
max_idx = np.argmax(a)
print("最小值索引: " + str(min_idx))
print("最大值索引: " + str(max_idx))
```

上述程式碼的執行結果可以顯示陣列的最小值和最大值，然後是最小值和最大值的索引值，如下所示：

```
最小值: 6
最大值: 74
最小值索引: 5
最大值索引: 3
```

7-6-2 亂數函數

NumPy 的 random 子模組提供多種函數來產生亂數，可以產生一整個陣列元素值的亂數值。相關函數的說明如下表所示：

函數	說明
seed(int)	指定亂數函數的種子數，這是整數值，同一個種子數會產生相同的亂數序列
random()	產生 0.0~1.0 之間的亂數
randint(min,max,size)	產生 min~max 之間的整數亂數，不含 max，如果有第 3 個參數可以產生整數亂數值的陣列
rand(row,col)	產生亂數值的陣列，第1個參數是一維陣列的尺寸，第 2 個參數是二維陣列的列與欄
randn(row,col)	類似 rand()，可以產生標準常態分配的樣本資料，詳見第 12 章的説明

☆ 使用亂數函數產生亂數值：ch7-6-2.py

在 Python 程式使用上表 random 模組的函數來產生整數和浮點數的亂數值，如下所示：

```
np.random.seed(293423)

v1 = np.random.random()
v2 = np.random.random()
print(v1, v2)
v3 = np.random.randint(5, 10)
v4 = np.random.randint(1, 101)
print(v3, v4)
```

上述程式碼使用 seed() 函數指定亂數的種子數後，呼叫 2 次 random() 函數產生 2 個 0~1 之間的浮點數，然後是 5~9 和 1~100 之間的整數值，其執行結果如下所示：

```
0.3367724725390667 0.5269343749958971
6 46
```

☆ 使用亂數函數產生陣列元素值：ch7-6-2a.py

Python 程式可以使用 random 模組的 rand() 函數來產生浮點數陣列值，randint() 函數產生整數值的陣列，如下所示：

```
a = np.random.rand(5)
print("np.random.rand(5)=")
print(a)
b = np.random.rand(3, 2)
print("np.random.rand(3,2)=")
print(b)
c = np.random.randint(5, 10, size=5)
print("np.random.randint(5,10,size=5)")
print(c)
d = np.random.randint(5, 10, size=(2,3))
print("np.random.randint(5,10,size=(2,3))")
print(d)
```

上述程式碼呼叫 2 次 rand() 函數，第 1 次是 5 個元素的一維陣列，第 2 次是 3×2 的二維陣列，元素值是 0~1 之間的浮點數，然後呼叫 2 次 randint() 函數，使用 size 屬性指定產生 5 個元素的一維陣列和 2×3 的二維陣列（size 屬性值是元組），元素值是 5~9 之間的整數，其執行結果如下所示：

```
np.random.rand(5)=
[0.29598747 0.04775288 0.34531651 0.19642855 0.94698485]
np.random.rand(3,2)=
[[0.2204921  0.64166013]
 [0.9981224  0.00787351]
 [0.33770679 0.24685539]]
np.random.randint(5,10,size=5)
[6 6 8 6 7]
```

```
np.random.randint(5,10,size=(2,3))
[[5 5 8]
 [7 8 6]]
```

7-6-3 數學函數

NumPy 套件也支援常用的數學常數 np.pi 和 np.e、數學函數和四捨五入等相關函數。

☆ 三角函數：ch7-6-3.py

Python 程式可以使用 NumPy 三角函數執行整個陣列元素的三角函數運算，如下所示：

```
a = np.array([30,45,60])

print(np.sin(a*np.pi/180))
print(np.cos(a*np.pi/180))
print(np.tan(a*np.pi/180))
```

上述程式碼建立一維陣列 a 後，依序呼叫 sin()、cos() 和 tan() 三角函數，參數值是徑度，所以使用 a*np.pi/180，其執行結果可以看到整個陣列元素都會執行三角函數的運算，如下所示：

```
[ 0.5         0.70710678  0.8660254 ]
[ 0.8660254   0.70710678  0.5       ]
[ 0.57735027  1.          1.73205081]
```

☆ 四捨五入函數：ch7-6-3a.py

NumPy 的 around() 函數是四捨五入函數，第 2 個參數指定四捨五入是哪一個十進位值的位數，預設值是 0（沒有小數），1 是小數點下一位；-1 是 10 進位，如下所示：

```
a = np.array([1.0,5.55, 123, 0.567, 25.532])
print("a=" + str(a))

print(np.around(a))
print(np.around(a, decimals = 1))
print(np.around(a, decimals = -1))
```

上述程式碼建立一維陣列 a 後，呼叫 3 次 around() 函數，分別是將小數點四捨五入成整數，小數點下一位和 10 進位，其執行結果如下所示：

```
a=[   1.        5.55    123.        0.567    25.532]
[   1.     6.   123.     1.    26.]
[   1.      5.6   123.      0.6    25.5]
[   0.    10.   120.     0.    30.]
```

NumPy 的 floor() 函數是最小整數（刪除小數）；ceil() 函數是最大整數（有小數直接進位），如下所示：

```
a = np.array([-1.7, 1.5, -0.2, 0.6, 10])
print("a=" + str(a))

b = np.floor(a)
print("floor()=" + str(b))
b = np.ceil(a)
print("ceil()=" + str(b))
```

上述程式碼建立一維陣列 a 後，分別呼叫 floor() 函數顯示最小整數；ceil() 函數是最大整數，其執行結果如下所示：

```
a=[ -1.7    1.5   -0.2    0.6   10. ]
floor()=[ -2.    1.   -1.    0.   10.]
ceil()=[ -1.    2.   -0.    1.   10.]
```

★ 學習評量 ★

1. 請說明什麼是 Python 資料科學套件？必學的資料科學套件有哪些？
2. 請問 NumPy 陣列和 Python 串列的差異為何？
3. 請使用圖例說明什麼是向量？什麼是矩陣？
4. 請舉例說明向量和矩陣運算有哪些？
5. 請舉例說明 NumPy 的廣播（Broadcasting）機制？
6. 請寫出 Python 程式使用串列建立 NumPy 陣列，其輸出結果如下所示：

```
串列: [12.23, 13.32, 100, 36.32]
一維陣列:  [ 12.23  13.32 100.    36.32]
```

7. 請寫出 Python 程式建立 3×3 矩陣，其值是從 2~10，其輸出結果如下所示：

```
[[ 2  3  4]
 [ 5  6  7]
 [ 8  9 10]]
```

8. 現在有一個二維 NumPy 陣列，請寫出 Python 程式依序取出陣列的每一列，如下所示：

```
[[0 1]
 [2 3]
 [4 5]]
```

❾ 請寫出 Python 程式建立 (3, 4) 形狀的陣列，然後將每一個元素乘以 3 後，顯示新陣列的內容。

❿ 請建立 Python 程式將學習評量第 7 題的 NumPy 陣列輸出成 test.npy 檔案後，讀取檔案來建立另一個 NumPy 陣列。

CHAPTER

8

資料處理與分析 - Pandas 套件

8-1 Pandas 套件的基礎

Pandas 是著名的 Python 套件，這是一套能高效進行資料分析的工具，也是資料科學和機器學習領域必學的 Python 套件。

8-1-1 認識 Pandas 套件

Pandas 套件是功能強大的資料處理和分析工具，我們可以將 Pandas 套件視為是一套 Python 程式版的 Excel 試算表工具，透過 Python 程式碼，就可以針對表格資料執行 Excel 試算表的功能。

☆ Pandas 套件簡介

Pandas 套件和貓熊（Panda Bears）並沒有任何關係，這個名稱源於 "Python and data analysis" and "panel data"，Pandas 是一套使用 Python 語言開發的 Python 套件，完整包含 NumPy、Scipy 和 Matplotlab 套件的功能，其主要目的是幫助開發者進行資料處理和分析，而資料科學有 80% 的工作都是在進行資料處理。

基本上，Pandas 套件是架構在 NumPy 套件之上，提供特殊的資料結構和操作來處理數值的表格資料，其特點如下所示：

- ◆ 提供一組擁有索引的陣列結構，稱為 Series 和 DataFrame 物件。
- ◆ 索引物件支援單軸索引和多層次的階層索引。
- ◆ 整合群組功能來聚合（Aggregating）和轉換（Transforming）資料集（Data Set）。
- ◆ 日期範圍產生函數和自訂日期的位移，能夠實作客製化的日期序列。
- ◆ 提供強大的資料載入和輸出功能，可以直接載入或輸出表格資料的 CSV 格式、JSON 和 HTML 表格等資料。

☆ Pandas 套件的資料結構

Pandas 套件的資料結構對比 Excel 工作表，如下圖所示：

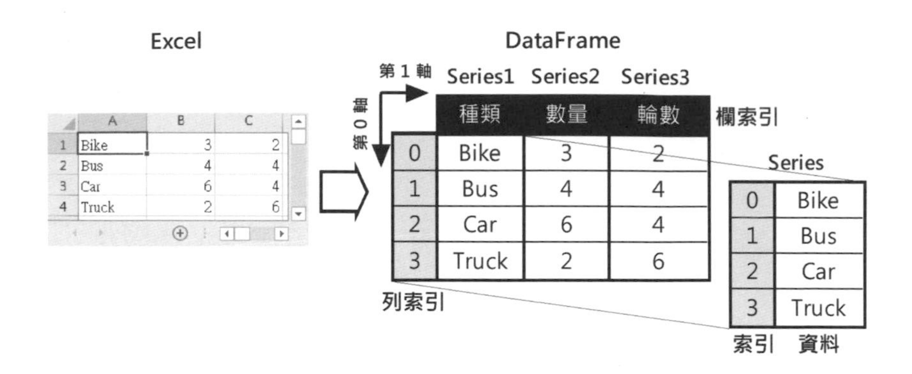

上述兩種資料結構的說明，如下所示：

- **Series 物件**：類似一維（1D）陣列的物件，這是一個擁有索引的一維陣列，更正確的說，Series 物件可以視為 2 個陣列的組合，一個是索引；一個是實際的資料。
- **DataFrame 物件**：類似 Excel 工作表的表格資料，這是擁有列索引和欄索引的二維（2D）陣列，我們可以任易更改表格結構，而且在每一欄儲存不同資料型態的資料。

如果讀者學過關聯式資料庫，DataFrame 物件如同是資料庫的一個資料表，每一列就是一筆記錄，每一個欄位對應記錄的欄位。

8-1-2 Series 物件

Pandas 套件關於資料處理和分析的重點是 DataFrame 物件，所以本章只準備簡單說明 Series 物件的使用。在 Python 程式首先需要匯入 Pandas 套件慣用的別名 pd，如下所示：

```
import pandas as pd
```

☆ 建立 Series 物件：ch8-1-2.py

Python 程式可以使用串列來建立 Series 物件，如下所示：

```
import pandas as pd

s = pd.Series([12, 29, 72, 4, 8, 10])
print(s)
```

上述程式碼匯入 Pandas 套件 pd 後，呼叫 Series() 函數建立 Series 物件，然後顯示 Series 物件，其執行結果如下所示：

```
0    12
1    29
2    72
3     4
4     8
5    10
dtype: int64
```

上述執行結果的第 1 欄是預設新增的索引（從 0 開始），如果在建立時沒有指定索引，Pandas 會自行建立，最後是元素的資料型態。

☆ 建立自訂索引的 Series 物件：ch8-1-2a.py

在第 8-1-1 節說明過 Series 物件如同 2 個陣列，一個是索引；一個是資料，Python 程式可以使用 2 個串列來建立 Series 物件，如下所示：

```
fruits = ["蘋果", "橘子", "梨子", "櫻桃"]
quantities = [15, 33, 45, 55]
s = pd.Series(quantities, index=fruits)
print(s)
print("---------------------------")
print(s.index)
print("---------------------------")
print(s.values)
```

上述程式碼建立 2 個串列後，使用這 2 個串列來建立 Series 物件，第 1 個參數是資料串列，第 2 個是使用 index 參數指定的索引串列，然後顯示 Series 物件，index 屬性是索引；values 屬性是資料，其執行結果如下所示：

```
蘋果    15
橘子    33
梨子    45
櫻桃    55
dtype: int64
---------------------------
Index(['蘋果', '橘子', '梨子', '櫻桃'], dtype='object')
---------------------------
[15 33 45 55]
```

上述執行結果的索引是自訂串列，最後依序是 Series 物件索引和資料。

☆ Series 物件加法的聯集運算：ch8-1-2b.py

當 Series 物件擁有相同的索引，如果將 2 個 Series 物件相加，就是 2 個 Series 物件的聯集運算，如下所示：

```
fruits = ["蘋果", "橘子", "梨子", "櫻桃"]
quantities = [15, 33, 45, 55]
s = pd.Series(quantities, index=fruits)
p = pd.Series([11, 16, 21, 32], index=fruits)
print(s + p)
print("---------------------------")
print("總計=", sum(s + p))
```

上述程式碼的 Series 物件 s 和 p 使用相同的索引串列 fruits，在執行 s+p 加法運算後，呼叫 sum() 函數可以計算聯集資料的總和，其執行結果如下所示：

```
蘋果    26
橘子    49
梨子    66
櫻桃    87
dtype: int64
---------------------------
總計= 228
```

上述執行結果顯示 2 個 Series 物件 s 和 p 對應資料的相加結果，最後是全部資料的總和。

☆ 使用索引取出資料和執行 NumPy 函數：ch8-1-2c.py

在建立 Series 物件後，Python 程式可以使用索引值來取出資料，首先建立 Series 物件，如下所示：

```
fruits = ["蘋果", "橘子", "梨子", "櫻桃"]
s = pd.Series([15, 33, 45, 55], index=fruits)
```

上述程式碼建立自訂索引 fruits 的 Series 物件後，使用索引值來取出資料，如下所示：

```
print("橘子=", s["橘子"])
```

上述程式碼取出索引值**橘子**的資料，其執行結果如下所示：

```
橘子= 33
```

如同 NumPy 陣列，一樣可以使用索引值串列來一次取出多筆資料，如下所示：

```
print(s[["橘子","梨子","櫻桃"]])
```

上述程式碼取出索引值**橘子**、**梨子**和**櫻桃**的 3 個資料，其執行結果如下所示：

```
橘子     33
梨子     45
櫻桃     55
dtype: int64
```

Series 物件也可以作為運算元來執行四則運算，如下所示：

```
print((s+2)*3)
```

上述程式碼是執行 Series 物件的四則運算，其執行結果可以看到值是加 2 後，再乘以 3，如下所示：

```
蘋果      51
橘子     105
梨子     141
櫻桃     171
dtype: int64
```

如果需要，Series 物件還可以使用 apply() 函數來執行 NumPy 數學函數，例如：sin() 三角函數，如下所示：

```
import numpy as np

print(s.apply(np.sin))
```

上述程式碼因為使用 NumPy 數學函數，所以匯入 NumPy 套件 np 後，使用 apply() 函數來執行 sin() 函數，其執行結果如下所示：

```
蘋果     0.650288
橘子     0.999912
梨子     0.850904
櫻桃    -0.999755
dtype: float64
```

8-2 DataFrame 的基本使用

DataFrame 物件是 Pandas 套件最重要的資料結構，在資料科學的資料處理和分析都是圍繞在 DataFrame 物件。

8-2-1 建立 DataFrame 物件

DataFrame 物件的結構類似表格或 Excel 工作表，包含排序的欄位集合，每一個欄位是固定資料型態，不同欄位可以是不同的資料型態。

☆ 使用 Python 字典建立 DataFrame 物件：ch8-2-1.py

DataFrame 物件是表格所以有 2 個索引：列索引和欄索引，而 DataFrame 就是擁有索引的 Series 物件所組成的 Python 字典，如下所示：

```
import pandas as pd

dists = {"name": ["中正區", "板橋區", "桃園區", "北屯區",
                  "安南區", "三民區", "大安區", "永和區",
                  "八德區", "前鎮區", "鳳山區",
                  "信義區", "新店區"],
         "population": [159598, 551452, 441287, 275207,
                        192327, 343203, 309835, 222531,
                        198473, 189623, 359125,
                        225561, 302070],
         "city": ["台北市", "新北市", "桃園市", "台中市",
                 "台南市", "高雄市", "台北市", "新北市",
                 "桃園市", "高雄市", "高雄市",
                 "台北市", "新北市"]}
df = pd.DataFrame(dists)
print(df)
```

上述程式碼建立 dists 字典擁有 3 個元素，每一個鍵是字串；值是串列（可以建立成 Series 物件），在呼叫 pd.DataFrame() 函數後，就可以建立 DataFrame 物件，其執行結果如下圖所示：

```
   city name  population
0   台北市  中正區      159598
1   新北市  板橋區      551452
2   桃園市  桃園區      441287
3   台中市  北屯區      275207
4   台南市  安南區      192327
5   高雄市  三民區      343203
6   台北市  大安區      309835
7   新北市  永和區      222531
8   桃園市  八德區      198473
9   高雄市  前鎮區      189623
10  高雄市  鳳山區      359125
11  台北市  信義區      225561
12  新北市  新店區      302070
```

上述執行結果的第一列是欄位名稱（自動排序欄名）的欄索引，在每一列的第 1 個欄位是自動產生的列索引（從 0 開始），這是 DataFrame 物件預設的列索引。Python 程式可以使用 **to_html()** 函數將 DataFrame 物件轉換成 HTML 表格，如下所示：

```
df.to _ html("ch8-2-1.html")
```

上述程式碼的執行結果轉換 DataFrame 物件成為 HTML 表格標籤 <table>，並且匯出成 ch8-2-1.html（在第 8-2-2 節有進一步說明），我們可以在瀏覽器看到顯示的 HTML 表格資料，如右圖所示：

	name	population	city
0	中正區	159598	台北市
1	板橋區	551452	新北市
2	桃園區	441287	桃園市
3	北屯區	275207	台中市
4	安南區	192327	台南市
5	三民區	343203	高雄市
6	大安區	309835	台北市
7	永和區	222531	新北市
8	八德區	198473	桃園市
9	前鎮區	189623	高雄市
10	鳳山區	359125	高雄市
11	信義區	225561	台北市
12	新店區	302070	新北市

☆ 建立自訂列索引的 DataFrame 物件：ch8-2-1a.py

Pandas 預設替 DataFrame 物件產生數值的列索引（從 0 開始），如果需要，Python 程式可以使用串列來建立自訂列索引，如下所示：

```
dists = {"name": ["中正區", "板橋區", "桃園區", "北屯區",
                  "安南區", "三民區", "大安區", "永和區",
                  "八德區", "前鎮區", "鳳山區",
                  "信義區", "新店區"],
         "population": [159598, 551452, 441287, 275207,
                        192327, 343203, 309835, 222531,
                        198473, 189623, 359125,
                        225561, 302070],
         "city": ["台北市", "新北市", "桃園市", "台中市",
                  "台南市", "高雄市", "台北市", "新北市",
                  "桃園市", "高雄市", "高雄市",
                  "台北市", "新北市"]}

ordinals =["first", "second", "third", "fourth", "fifth",
           "sixth", "seventh", "eigth", "ninth", "tenth",
           "eleventh", "twelvth", "thirteenth"]
df = pd.DataFrame(dists, index=ordinals)
print(df)
```

自訂列索引

上述 ordinals 串列是自訂列索引，共有 13 個元素，對應 13 筆資料，在 DataFrame() 函數使用 index 參數指定使用的自訂列索引，其執行結果可以看到第 1 欄的標籤是自訂列索引，如右圖所示：

	name	population	city
first	中正區	159598	台北市
second	板橋區	551452	新北市
third	桃園區	441287	桃園市
fourth	北屯區	275207	台中市
fifth	安南區	192327	台南市
sixth	三民區	343203	高雄市
seventh	大安區	309835	台北市
eigth	永和區	222531	新北市
ninth	八德區	198473	桃園市
tenth	前鎮區	189623	高雄市
eleventh	鳳山區	359125	高雄市
twelvth	信義區	225561	台北市
thirteenth	新店區	302070	新北市

Python 程式也可以在建立 DataFrame 物件後，使用 df.index 屬性來更改使用的列索引，如下所示：

```
df2 = pd.DataFrame(dists)
df2.index = ordinals
print(df2)
```

☆ 重新指定 DataFrame 物件的欄位順序：ch8-2-1b.py

當建立 DataFrame 物件後，Python 程式可以使用 columns 參數來重新指定欄位順序的欄索引（即欄位名稱串列），如下所示：

```
...
df = pd.DataFrame(dists,
                  columns = ["name", "city", "population"],
                  index=ordinals)
print(df)
```

上述 DataFrame() 函數的 columns 參數指定欄索引串列，可以將原來city、name、population 順序改為 name、city、population，其執行結果如右圖所示：

	name	city	population
first	中正區	台北市	159598
second	板橋區	新北市	551452
third	桃園區	桃園市	441287
fourth	北屯區	台中市	275207
fifth	安南區	台南市	192327
sixth	三民區	高雄市	343203
seventh	大安區	台北市	309835
eigth	永和區	新北市	222531
ninth	八德區	桃園市	198473
tenth	前鎮區	高雄市	189623
eleventh	鳳山區	高雄市	359125
twelvth	信義區	台北市	225561
thirteenth	新店區	新北市	302070

Python 程式也可以在建立 DataFrame 物件後，使用 df.columns 屬性來指定全新的欄索引串列，如下所示：

```
df2 = pd.DataFrame(dists, index=ordinals)
df2.columns = ["name", "city", "population"]
print(df2)
```

☆ 使用存在欄位作為列索引：ch8-2-1c.py

Python 程式可以直接使用 DataFrame 物件存在欄位，來指定成為列索引，例如：city 欄位，如下所示：

```
...
df = pd.DataFrame(dists,
                  columns = ["name", "population"],
                  index = dists["city"])
print(df)
```

上述程式碼的 columns 屬性只有 name 和 population，index 屬性指定使用 city 欄位作為列索引，其執行結果可以看到列索引是 city 欄位的城市，如右圖所示：

	name	population
台北市	中正區	159598
新北市	板橋區	551452
桃園市	桃園區	441287
台中市	北屯區	275207
台南市	安南區	192327
高雄市	三民區	343203
台北市	大安區	309835
新北市	永和區	222531
桃園市	八德區	198473
高雄市	前鎮區	189623
高雄市	鳳山區	359125
台北市	信義區	225561
新北市	新店區	302070

☆ 轉置 DataFrame 物件：ch8-2-1d.py

如果需要，Python 程式可以使用 .T 屬性來轉置 DataFrame 物件，即欄變列；列成欄，如下所示：

```
...
print(df.T)
```

上述程式碼轉置 DataFrame 物件 df，其執行結果可以看到 2 個軸已經交換，如下圖所示：

	台北市	新北市	桃園市	台中市	台南市	高雄市	台北市	新北市	桃園市	高雄市	高雄市	台北市	新北市
name	中正區	板橋區	桃園區	北屯區	安南區	三民區	大安區	永和區	八德區	前鎮區	鳳山區	信義區	新店區
population	159598	551452	441287	275207	192327	343203	309835	222531	198473	189623	359125	225561	302070

8-2-2 匯入與匯出 DataFrame 物件

Pandas 套件可以匯入多種格式檔案至 DataFrame 物件，和匯出 DataFrame 物件成為多種檔案格式。DataFrame 物件 df 匯出至檔案和資料庫的相關函數說明，如下表所示：

函數	說明
df.to_csv(filename)	匯出成 CSV 格式的檔案
df.to_json(filename)	匯出成 JSON 格式的檔案
df.to_html(filename)	匯出成 HTML 表格標籤的檔案
df.to_excel(filename)	匯出成 Excel 檔案
df.to_sql(table, con=engine)	匯出成 SQL 資料庫的 table 參數的資料表，con 參數是資料庫連接

Pandas 匯入檔案或資料庫成為 DataFrame 物件的相關函數說明，如下表所示：

函數	說明
pd.read_csv(filename)	匯入 CSV 格式的檔案
pd.read_json(filename)	匯入 JSON 格式的檔案
pd.read_html(filename)	匯入 HTML 檔案，Pandas 自動抽出 <table> 表格標籤的資料，如同爬取 HTML 表格
pd.read_excel(filename)	匯入 Excel 檔案
pd.read_sql(query, engine)	匯入 SQL 資料庫，使用第 2 個 engine 參數的資料庫連接執行 query 參數的 SQL 指令

☆ 匯出 DataFrame 物件至檔案：ch8-2-2.py

Python 程式可以分別使用 df.to_csv() 函數和 df.to_json() 函數將 DataFrame 物件匯出成 CSV 和 JSON 格式的檔案，如下所示：

```
import pandas as pd

dists = {"name": ["中正區", "板橋區", "桃園區", "北屯區",
                  "安南區", "三民區", "大安區", "永和區",
                  "八德區", "前鎮區", "鳳山區",
                  "信義區", "新店區"],
         "population": [159598, 551452, 441287, 275207,
                        192327, 343203, 309835, 222531,
                        198473, 189623, 359125,
                        225561, 302070],
         "city": ["台北市", "新北市", "桃園市", "台中市",
                  "台南市", "高雄市", "台北市", "新北市",
                  "桃園市", "高雄市", "高雄市",
                  "台北市", "新北市"]}
df = pd.DataFrame(dists)

df.to_csv("dists2.csv", index=False, encoding="utf8")
df.to_json("dists.json")
```

上述程式碼使用字典建立 DataFrame 物件後，呼叫 to_csv() 函數匯出 CSV 檔案，函數的第 1 個參數字串是檔名，index 參數值決定是否寫入索引，預設值 True 是寫入；False 是不寫入，encoding 是編碼，然後呼叫 to_json() 函數匯出 JSON 格式檔案，其參數字串就是檔名。

Python 程式的執行結果可以在 Python 程式的相同目錄看到2個檔案：dists2.csv 和 dists.json。

☆ 匯入檔案資料至 DataFrame 物件：ch8-2-2a.py

當成功匯出 dists2.csv 和 dists.json 檔案後，Python 程式可以分別呼叫 pd.read_csv() 函數和 pd.read_json() 函數來匯入檔案資料，如下所示：

```
# 匯入 CSV 格式的檔案
df = pd.read_csv("dists2.csv", encoding="utf8")
print(df)
# 匯入JSON格式的檔案
```

```
df2 = pd.read_json("dists.json")
print(df2)
```

上述程式碼匯入 dists2.csv 和 dists.json 檔案成為 DataFrame 物件，其物件內容和 ch8-2-1.py 程式相同，筆者就不重複列出。

8-2-3 顯示基本資訊

當建立或匯入檔案成為 DataFrame 物件後，就可以馬上使用相關函數和屬性來顯示 DataFrame 物件的基本資訊。在本節的 Python 範例程式都是匯入 dists.csv 檔案來建立 DataFrame 物件 df，如下所示：

```
df = pd.read_csv("dists.csv", encoding="utf8")
```

☆ 顯示前幾筆記錄：ch8-2-3.py

為了方便說明，本章採用 SQL 資料庫的術語，DataFrame 物件的每一列是一筆記錄，每一欄是記錄的欄位，Python 程式可以使用 head() 函數顯示前幾筆記錄，預設是 5 筆，如下所示：

```
print(df.head())
print("---------------------------")
print(df.head(3))
```

上述程式碼的第 1 個 head() 函數沒有參數，預設是 5 筆（下圖左），第 2 個指定參數值 3，顯示前 3 筆記錄（下圖右），其執行結果如下圖所示：

	name	population	city
0	中正區	159598	台北市
1	板橋區	551452	新北市
2	桃園區	441287	桃園市
3	北屯區	275207	台中市
4	安南區	192327	台南市

	name	population	city
0	中正區	159598	台北市
1	板橋區	551452	新北市
2	桃園區	441287	桃園市

☆ 顯示最後幾筆記錄：ch8-2-3a.py

DataFrame 可以使用 tail() 函數顯示最後幾筆記錄，預設也是 5 筆，如下所示：

```
print(df.tail())
print("--------------------------")
print(df.tail(3))
```

上述程式碼的第 1 個 tail() 函數沒有參數，預設是 5 筆（下圖左），第 2 個指定參數 3，顯示最後 3 筆記錄（下圖右），其執行結果如下圖所示：

	name	population	city
8	八德區	198473	桃園市
9	前鎮區	189623	高雄市
10	鳳山區	359125	高雄市
11	信義區	225561	台北市
12	新店區	302070	新北市

	name	population	city
10	鳳山區	359125	高雄市
11	信義區	225561	台北市
12	新店區	302070	新北市

☆ 顯示自訂的欄位索引：ch8-2-3b.py

Python 程式可以使用 columns 屬性指定 DataFrame 物件的欄索引串列，如下所示：

```
df.columns = ["區", "人口", "直轄市"]
print(df.head(4))
```

上述程式碼指定 columns 屬性的欄索引串列後，呼叫 head() 函數顯示前 4 筆，其執行結果如右圖所示：

	區	人口	直轄市
0	中正區	159598	台北市
1	板橋區	551452	新北市
2	桃園區	441287	桃園市
3	北屯區	275207	台中市

☆ 取得 DataFrame 物件的索引、欄位和資料：ch8-2-3c.py

Python 程式可以使用 index、columns 和 values 屬性分別取得 DataFrame 物件的列索引、欄索引和資料，如下所示：

```
df.columns = ["區", "人口", "直轄市"]
print(df.index)
print("---------------------------")
print(df.columns)
print("---------------------------")
print(df.values)
```

上述程式碼顯示 index、columns 和 values 屬性值，其執行結果如下所示：

```
RangeIndex(start=0, stop=13, step=1)
---------------------------
Index(['區', '人口', '直轄市'], dtype='object')
---------------------------
[['中正區' 159598 '台北市']
 ['板橋區' 551452 '新北市']
 ['桃園區' 441287 '桃園市']
 ['北屯區' 275207 '台中市']
 ['安南區' 192327 '台南市']
 ['三民區' 343203 '高雄市']
 ['大安區' 309835 '台北市']
 ['永和區' 222531 '新北市']
 ['八德區' 198473 '桃園市']
 ['前鎮區' 189623 '高雄市']
 ['鳳山區' 359125 '高雄市']
 ['信義區' 225561 '台北市']
 ['新店區' 302070 '新北市']]
```

上述第一列索引的預設範圍是從 0~13，第二列的欄索引是自訂索引串列，最後是資料的 Python 巢狀串列。

☆ 顯示 DataFrame 物件的摘要資訊：ch8-2-3d.py

Python 程式可以使用len() 函數取得 DataFrame 物件的記錄數，shape 屬性取得形狀，info() 函數取得摘要資訊，如下所示：

```
print("資料數= ", len(df))
print("--------------------------")
print("形狀= ", df.shape)
print("--------------------------")
df.info()
```

上述程式碼依序呼叫 len() 函數、shape 屬性和 info() 函數來顯示 DataFrame 物件的摘要資訊，執行結果如下所示：

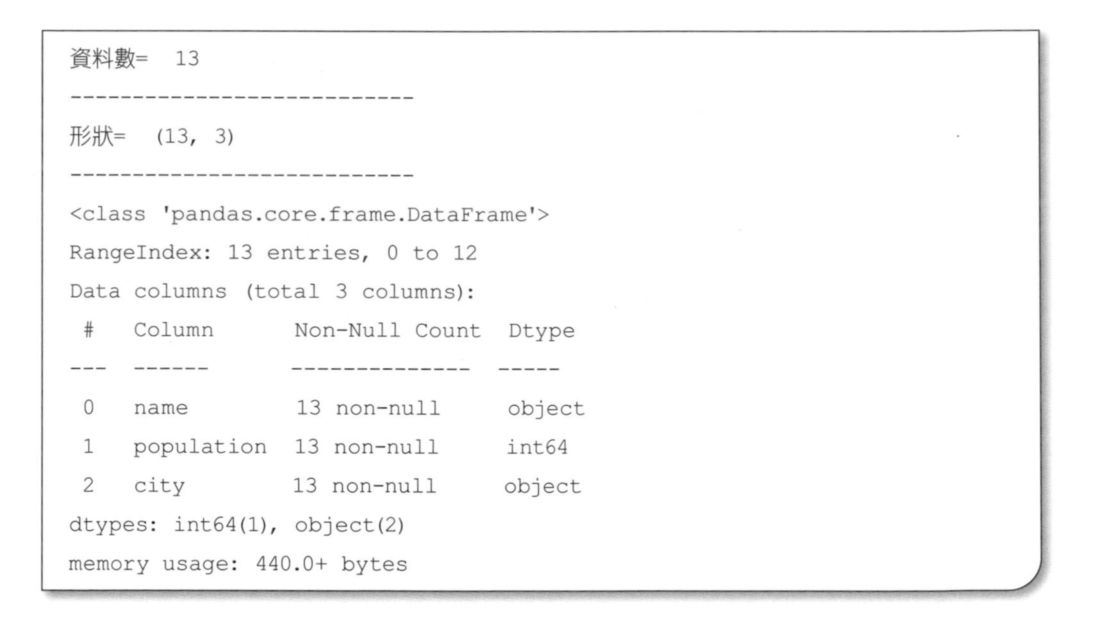

```
資料數=  13
--------------------------
形狀=  (13, 3)
--------------------------
<class 'pandas.core.frame.DataFrame'>
RangeIndex: 13 entries, 0 to 12
Data columns (total 3 columns):
 #   Column      Non-Null Count  Dtype
---  ------      --------------  -----
 0   name        13 non-null     object
 1   population  13 non-null     int64
 2   city        13 non-null     object
dtypes: int64(1), object(2)
memory usage: 440.0+ bytes
```

上述執行結果依序顯示共有 13 筆、形狀是 (13, 3)，DataFrame 物件的索引、欄位數和各欄位的非 NULL 值，資料型態和使用的記憶體量。

8-2-4 走訪 DataFrame 物件

DataFrame 物件是一個類似表格資料的 Excel 工作表物件，如同關聯式資料庫的資料表，每一列相當於是一筆記錄，Python 程式可以使用 for/in 迴圈走訪 DataFrame 物件的每一筆記錄。

☆ 使用 iterrows() 函數走訪 DataFrame 物件：ch8-2-4.py

在 DataFrame 物件可以使用 iterrows() 函數走訪每一筆記錄，如下所示：

```
for index, row in df.iterrows() :
    print(index, row["city"], row["name"], row["population"])
```

上述 for/in 迴圈是呼叫 iterrows() 函數取出記錄，變數 index 是列索引，row 是每一列的記錄，其執行結果顯示列索引和每一筆記錄，如下所示：

```
0 台北市 中正區 159598
1 新北市 板橋區 551452
2 桃園市 桃園區 441287
3 台中市 北屯區 275207
4 台南市 安南區 192327
5 高雄市 三民區 343203
6 台北市 大安區 309835
7 新北市 永和區 222531
8 桃園市 八德區 198473
9 高雄市 前鎮區 189623
10 高雄市 鳳山區 359125
11 台北市 信義區 225561
12 新北市 新店區 302070
```

8-2-5 指定 DataFrame 物件的列索引

DataFrame 物件可以使用 set_index() 函數指定單一欄位，或多個欄位的複合列索引，reset_index() 函數重設成原始預設的整數列索引。

☆ 指定 DataFrame 物件的單一欄位列索引：ch8-2-5.py

DataFrame 物件可以呼叫函數來指定和重設列索引，如下所示：

```
df2 = df.set_index("city")
print(df2.head())
print("---------------------------")
df3 = df2.reset_index()
print(df3.head())
```

上述程式碼首先呼叫 set_index() 函數指定參數的列索引是欄位 **city**，可以看到列索引成為 city（下圖左），然後呼叫 reset_index() 函數重設成原始預設的整數列索引（下圖右），其執行結果顯示前 5 筆，如下圖所示：

	name	population
city		
台北市	中正區	159598
新北市	板橋區	551452
桃園市	桃園區	441287
台中市	北屯區	275207
台南市	安南區	192327

	city	name	population
0	台北市	中正區	159598
1	新北市	板橋區	551452
2	桃園市	桃園區	441287
3	台中市	北屯區	275207
4	台南市	安南區	192327

☆ 指定 DataFrame 物件的多欄位複合列索引：ch8-2-5a.py

DataFrame 物件呼叫 set_index() 函數的參數如果是欄位串列，就是指定多欄位的複合列索引，如下所示：

```
df2 = df.set_index(["city", "name"])
df2.sort_index(ascending=False, inplace=True)
print(df2)
```

上述程式碼指定 **city** 和 **name** 共 2 個列索引的欄位，然後呼叫 sort_index() 函數指定列索引的排序方式是從大至小（詳細說明請參閱第 8-3-3 節），其執行結果如右圖所示：

		population
city	name	
高雄市	鳳山區	359125
	前鎮區	189623
	三民區	343203
桃園市	桃園區	441287
	八德區	198473
新北市	永和區	222531
	板橋區	551452
	新店區	302070
台南市	安南區	192327
台北市	大安區	309835
	信義區	225561
	中正區	159598
台中市	北屯區	275207

8-3 選擇、過濾與排序資料

Python 程式可以從 DataFrame 物件選擇所需資料、過濾出所需資料和排序資料，換句話說，這就是最基本的資料處理。在本節的 Python 範例程式都是匯入 dists.csv 檔案來建立 DataFrame 物件 df，並且指定自訂列索引 oridnals 串列，如下所示：

```
df = pd.read_csv("dists.csv", encoding="utf8")
ordinals =["first", "second", "third", "fourth", "fifth",
           "sixth", "seventh", "eigth", "ninth", "tenth",
           "eleventh", "twelvth", "thirteenth"]
df.index = ordinals
```

8-3-1 選擇資料

Python 程式可以使用索引或屬性方式來選擇 DataFrame 物件的指定欄位或記錄，也可以使用索引或位置值的 loc 和 iloc 索引器（Indexer）來選擇所需的資料。

☆ 選擇單一欄位或多個欄位：ch8-3-1.py

Python 程式可以直接使用欄索引，或欄索引串列來選擇單一欄位的 Series 物件或多欄位的 DataFrame 物件，如下所示：

```
print(df["population"].head(3))
```

上述程式碼取得 **population** 單一欄位，單一欄位就是 Series 物件，也可以使用物件屬性方式來選擇相同欄位，如下所示：

```
print(df.population.head(3))
```

上述程式碼改用 df.population 選擇此欄位，然後呼叫 head(3) 函數顯示前3筆，其執行結果如下所示：

```
first      159598
second     551452
third      441287
Name: population, dtype: int64
```

上述執行結果最後是欄位名稱和資料型態。Python 程式也可以使用欄索引串列（即欄位名稱串列）來同時選擇多個欄位，如下所示：

```
print(df[["city","name"]].head(3))
```

上述程式碼選擇 **city** 和 **name** 兩個欄位的前3筆，如右圖所示：

	city	**name**
first	台北市	中正區
second	新北市	板橋區
third	桃園市	桃園區

☆ 選擇特定範圍的多筆記錄：ch8-3-1a.py

對於 DataFrame 物件每一列的記錄來說，Python 程式可以使用從 0 開始的列索引，或自訂列索引的名稱來選擇特定範圍的記錄。首先是數值列索引範圍，如下所示：

```
print(df[0:3])
```

上述列索引範圍如同串列和 NumPy 分割運算子，可以選擇第 1~3 筆記錄，但不含列索引 3 的第 4 筆，其執行結果如右圖所示：

	name	population	city
first	中正區	159598	台北市
second	板橋區	551452	新北市
third	桃園區	441287	桃園市

如果是使用自訂列索引的串列，此時選取的範圍就會包含最後一筆，如下所示：

```
print(df["sixth":"eleventh"])
```

上述程式碼選擇列索引名稱 **sixth** 到 **eleventh**，並且包含 **eleventh**，其執行結果如右圖所示：

	name	population	city
sixth	三民區	343203	高雄市
seventh	大安區	309835	台北市
eigth	永和區	222531	新北市
ninth	八德區	198473	桃園市
tenth	前鎮區	189623	高雄市
eleventh	鳳山區	359125	高雄市

☆ 使用列/欄索引選擇資料：ch8-3-1b.py

Python 程式可以使用 loc 索引器，以列索引來選擇指定記錄，如下所示：

```
print(df.loc[ordinals[1]])
print(type(df.loc[ordinals[1]]))難
```

上述程式碼使用列索引 ordinals[1]，即選擇 **second** 的第 2 筆記錄，其執行結果可以看到單筆記錄的 Series 物件，如下所示：

```
name                  板橋區
population       551452
city                  新北市
Name: second, dtype: object
<class 'pandas.core.series.Series'>
```

除了使用列索引來選擇記錄外，我們還可以配合欄索引串列來選擇部分欄位，也就是篩選出特定記錄和欄位，如下所示：

```
print(df.loc[:,["name","population"]].head(3))
```

上述程式碼在「,」符號前是「:」，因為沒有前後的列索引，表示是所有記錄，在「,」符號後是欄索引串列，接著呼叫 head(3) 函數只顯示前 3 筆，其執行結果可以看到只有 2 個欄位，如右圖所示：

	name	population
first	中正區	159598
second	板橋區	551452
third	桃園區	441287

DataFrame 物件的 loc 索引器可以結合列索引和欄索引串列來選擇單筆或指定範圍的記錄，如下所示：

```
print(df.loc["third":"fifth", ["name","population"]])
print(df.loc["third", ["name","population"]])
```

上述第 1 列程式碼在「,」前列索引選擇第 3~5 筆記錄，之後欄索引選 **name** 和 **population** 欄位（下圖左），第 2 列只選第 3 筆記錄，所以是 Series 物件（下圖右），如下圖所示：

	name	population
third	桃園區	441287
fourth	北屯區	275207
fifth	安南區	192327

```
name                桃園區
population     441287
Name: third, dtype: object
```

更進一步，Python 程式還可以使用 loc 索引器選擇純量值（Scalar Value），對比表格，就是選擇指定儲存格的內容，如下所示：

```
print(df.loc[ordinals[0], "name"])
print(type(df.loc[ordinals[0],"name"]))
print("---------------------------")
print(df.loc["first", "population"])
print(type(df.loc["first", "population"]))
```

上述第 1 列程式碼的列索引 ordinals[0]，即 **first** 第 1 筆記錄，在「,」符號後是欄索引 **name** 欄位，可以選擇第 1 筆記錄的 name 欄位值，第 2 列是選擇第 1 筆記錄的 population 欄位值，其執行結果如下所示：

```
中正區
<class 'str'>
---------------------------
159598
<class 'numpy.int64'>
```

上述執行結果可以看到第 1 個值是字串的區名，第 2 個是整數的人口數。

☆ 使用位置索引值來選擇資料：ch8-3-1c.py

DataFrame 物件的 loc 索引器是使用列/欄索引來選擇資料（可以是數值或名稱），iloc 索引器是使列/欄位置索引值，如同二維陣列從 0 開始的索引值，可以使用 Python 切割運算子來選擇資料，如下所示：

```
print(df.iloc[3])          # 第 4 筆
print("---------------------------")
print(df.iloc[3:5, 1:3])  # 切割
```

上述第 1 列程式碼是位置索引 3 的第 4 筆記錄（下圖左），第 2 列程式碼是第 4~5 筆記錄（位置索引 3 和 4）的 population 和 city 欄位（下圖右），其執行結果如下圖所示：

```
name              北屯區
population       275207
city              台中市
Name: fourth, dtype: object
```

	population	city
fourth	275207	台中市
fifth	192327	台南市

Python 程式也可以切割 DataFrame 物件的列或欄，即選擇指定範圍的列和欄位置索引值，如下所示：

```
print(df.iloc[1:3, :])        # 切割列
print(df.iloc[:, 1:3])        # 切割欄
```

上述第 1 列程式碼是位置索引 1~2 即第2 和第 3 筆記錄，在「,」後的「:」前後沒有位置索引，這是全部欄位（下圖左），第 2 列程式碼在「,」前的「:」前後沒有位置索引，這是全部記錄，之後是 population 和 city 兩個欄位，所以可以取得這 2 個欄位的所有記錄（下圖右），其執行結果如下圖所示：

	name	population	city
second	板橋區	551452	新北市
third	桃園區	441287	桃園市

	population	city
first	159598	台北市
second	551452	新北市
third	441287	桃園市
fourth	275207	台中市
fifth	192327	台南市
sixth	343203	高雄市
seventh	309835	台北市
eigth	222531	新北市
ninth	198473	桃園市
tenth	189623	高雄市
eleventh	359125	高雄市
twelvth	225561	台北市
thirteenth	302070	新北市

Python 程式一樣可以分別使用列和欄的位置索引值串列，從 DataFrame 物件選取所需的資料，如下所示：

```
print(df.iloc[[1,2,4], [0,2]])    # 索引串列
```

上述程式碼是第 2、3、5 筆記錄的 name 和 city 欄位，其執行結果如右圖所示：

	name	city
second	板橋區	新北市
third	桃園區	桃園市
fifth	安南區	台南市

同樣方式，Python 程式可以使用 iloc 或 iat 索引器選擇純量值（Scalar Value），如下所示：

```
print(df.iloc[1,1])
print(df.iat[1,1])
```

上述程式碼分別使用 iloc 和 iat 選擇第 2 筆記錄的第 2 個 population 欄位人口數，其執行結果都是**板橋區**的人口數，如下所示：

```
551452
551452
```

8-3-2 過濾資料

DataFrame 物件可以使用布林索引的條件、isin() 函數或 Python 字串函數來過濾資料，也就是使用條件在 DataFrame 物件過濾資料。

☆ 使用布林索引和 isin() 函數過濾資料：ch8-3-2.py

DataFrame 物件的欄索引可以使用 NumPy 布林索引，只選擇條件成立的記錄資料，如下所示：

```
print(df[df.population > 350000])
```

上述程式碼過濾 population 欄位值大於 350000 的記錄資料，其執行結果如右圖所示：

	name	population	city
second	板橋區	551452	新北市
third	桃園區	441287	桃園市
eleventh	鳳山區	359125	高雄市

DataFrame 物件的 isin() 函數檢查欄索引的欄位值是否是串列的成員，可以過濾出欄位值只有這些串列成員的記錄資料，如下所示：

```
print(df[df["city"].isin(["台北市","高雄市"])])
```

上述程式碼過濾 city 欄位的值是在 isin() 函數的參數串列中，其執行結果只有 "台北市" 和 "高雄市" 兩個直轄市，如右圖所示：

	name	population	city
first	中正區	159598	台北市
sixth	三民區	343203	高雄市
seventh	大安區	309835	台北市
tenth	前鎮區	189623	高雄市
eleventh	鳳山區	359125	高雄市
twelvth	信義區	225561	台北市

☆ 使用多個條件和字串函數過濾資料：ch8-3-2a.py

布林索引值可以使用多個條件的組合，例如：人口大於 350000，且小於 500000，如下所示：

```
print(df[(df.population > 350000) & (df.population < 500000)])
print("---------------------------")
print(df[df["city"].str.startswith("台")])
```

上述第 1 列程式碼的索引條件是使用「&」的 And「且」（下圖左），第 2 列是呼叫 str.starswith() 字串函數找出字首是 "台" 的直轄市（下圖右），其執行結果如下圖所示：

	name	population	city
third	桃園區	441287	桃園市
eleventh	鳳山區	359125	高雄市

	name	population	city
first	中正區	159598	台北市
fourth	北屯區	275207	台中市
fifth	安南區	192327	台南市
seventh	大安區	309835	台北市
twelvth	信義區	225561	台北市

8-3-3 排序資料

當 DataFrame 物件使用 set_index() 函數指定列索引欄位後，可以呼叫 sort_index() 函數指定列索引欄位的排序方式，或呼叫 sort_values() 函數指定使用特定欄位值來進行排序。

☆ 指定索引欄位排序：ch8-3-3.py

Python 程式準備指定 DataFrame 物件使用 **population** 欄位作為列索引，然後指定從大到小排序此欄位，如下所示：

```
df2 = df.set_index("population")
print(df2.head())
print("---------------------------")
df2.sort_index(ascending=False, inplace=True)
print(df2.head())
```

上述程式碼呼叫 set_index() 函數指定列索引是 **population** 欄位，來建立全新的 DataFrame物件 df2，可以看到 DataFrame 物件改用 **population** 欄位作為索引（下圖左），然後呼叫 sort_index() 函數指定 ascending 參數值 False 是列索引從大到小排序，inplace 參 True 直接取代原來 DataFrame 物件 df2（下圖右），其執行結果如下圖所示：

	name	city
population		
159598	中正區	台北市
551452	板橋區	新北市
441287	桃園區	桃園市
275207	北屯區	台中市
192327	安南區	台南市

	name	city
population		
551452	板橋區	新北市
441287	桃園區	桃園市
359125	鳳山區	高雄市
343203	三民區	高雄市
309835	大安區	台北市

上述圖左只有指定列索引的欄位，並沒有排序，圖右指定從大到小排序 **population** 欄位。

☆ 指定欄位值進行排序：ch8-3-3a.py

在原始 DataFrame 物件 df 的前 5 筆記錄，如右圖所示：

	name	population	city
first	中正區	159598	台北市
second	板橋區	551452	新北市
third	桃園區	441287	桃園市
fourth	北屯區	275207	台中市
fifth	安南區	192327	台南市

我們準備呼叫 sort_values() 函數，指定使用特定欄位值來進行排序，如下所示：

```
df2 = df.sort _ values("population", ascending=False)
print(df2.head())
df.sort _ values(["city","population"], inplace=True)
print(df.head())
```

上述程式碼第 1 次呼叫 sort_values() 函數建立新的 DataFrame 物件，並且指定排序欄位是第 1 個參數 "population"，排序方式是從大到小（下圖左），第 2 次呼叫指定的排序欄位有 2 個，inplace 參數 True 取代目前的 DataFrame 物件（下圖右），其執行結果如下圖所示：

	name	population	city
second	板橋區	551452	新北市
third	桃園區	441287	桃園市
eleventh	鳳山區	359125	高雄市
sixth	三民區	343203	高雄市
seventh	大安區	309835	台北市

	name	population	city
fourth	北屯區	275207	台中市
first	中正區	159598	台北市
twelvth	信義區	225561	台北市
seventh	大安區	309835	台北市
fifth	安南區	192327	台南市

上述左圖是從大到小排序 population 欄位，右圖是群組排序，首先排序 "city" 欄位，依序是台中市、台北市和台南市，然後是 "population" 欄位，可以看到預設從小到大排序（請看台北市的 3 筆）。

8-4 合併與更新 DataFrame 物件

當有多個 DataFrame 物件時，Python 程式可以連接或合併 DataFrame 物件，並且針對單一 DataFrame 物件來新增、更新和刪除記錄或欄位。

8-4-1 更新資料

DataFrame 物件可以更新特定位置的純量值、單筆記錄、整個欄位，也可以更新整個 DataFrame 物件的資料。

☆ 更新純量值：ch8-4-1.py

Python 程式只需使用第 8-3-1 節的列/欄索引和索引位置來選擇資料，就可以更新選擇的資料，DataFrame 物件 df 和第 8-3 節相同，如下所示：

```
df.loc[ordinals[0], "population"] = 160000
df.iloc[1,1] = 560000
print(df.head(2))
```

上述第 1 列程式碼使用列索引選擇第 1 筆記錄的 **population** 欄位，然後將值改成 160000，第 2 列是改第 2 筆，其執行結果可以看到 2 區的人口數都已經更改，如右圖所示：

	name	population	city
first	中正區	160000	台北市
second	板橋區	560000	新北市

☆ 更新單筆記錄：ch8-4-1a.py

當使用 Python 串列建立新記錄後，就可以選擇欲取代的記錄來進行取代，如下所示：

```
s = ["新莊區", 416640, "新北市"]
df.loc[ordinals[1]] = s
print(df.head(3))
```

上述程式碼建立 Python 串列 s 後，使用列索引選擇第 2 筆記錄，然後直接以指定敘述來更改這筆記錄，其執行結果可以看到第 2 筆記錄的板橋已經改成新莊，如右圖所示：

	name	population	city
first	中正區	159598	台北市
second	新莊區	416640	新北市
third	桃園區	441287	桃園市

☆ 更新整個欄位值：ch8-4-1b.py

同樣的，Python 程式可以選擇欲取代的欄位來整個取代成其他 NumPy 陣列，如下所示：

```
import numpy as np
…
df.loc[:, "population"] = np.random.randint(34000, 700000, size=len(df))
print(df.head())
```

上述程式碼匯入 NumPy 套件後，使用欄索引選擇 **population** 欄位，然後使用指定敘述指定成同尺寸（size 屬性）的 NumPy 陣列，元素值是使用亂數產生，即更改整個 **population** 欄位值，其執行結果可以看到亂數產生的人口數，只顯示前 5 筆，如下圖所示：

	name	population	city
first	中正區	610093	台北市
second	板橋區	244386	新北市
third	桃園區	202631	桃園市
fourth	北屯區	140087	台中市
fifth	安南區	162320	台南市

☆ 更新整個 DataFrame 物件：ch8-4-1c.py

Python 程式也可以使用布林索引找出欲更新的資料，然後一次就更新整個 DataFrame 物件。首先建立 DataFrame 物件df，如下所示：

```
df = pd.DataFrame(np.random.randint(5, 1500, size=(2,3)))
print(df)
```

上述程式碼使用 NumPy 二維陣列 2×3 建立 DataFrame 物件，陣列元素是使用亂數產生的整數值，如右圖所示：

	0	1	2
0	381	1230	709
1	805	436	1305

上述 DataFrame 物件因為沒有指定列索引和欄索引，顯示的是預設數值列索引。然後，使用布林索引的條件來過濾 DataFrame 物件，並且更新這些符合條件的記錄資料，即都減 100，如下所示：

```
print(df[df > 800])
print("--------------------------")
df[df > 800] = df - 100
print(df)
```

上述程式碼首先顯示 df[df > 800]（下圖左），然後更新這些符合條件的記錄資料（下圖右），其執行結果如下圖所示：

	0	1	2
0	NaN	1230.0	NaN
1	805.0	NaN	1305.0

	0	1	2
0	381	1130	709
1	705	436	1205

上述左圖的 NaN 是不符合條件的資料（即 NULL），在更新後，可以看到非 NaN 的 (0, 1)、(1, 0) 和 (1, 2) 的值都減 100。

8-4-2 刪除資料

在 DataFrame 物件刪除純量值就是刪除指定記錄的欄位值，將它改為 None，刪除記錄和欄位都是使用 drop() 函數。

☆ 刪除純量值：ch8-4-2.py

如同更新純量值，Python 程式刪除純量值就是指定成 None（或 NumPy 套件的 np.nan），如下所示：

```
df.loc[ordinals[0], "population"] = None
df.iloc[1,1] = None
print(df.head(3))
```

上述第 1 列程式碼使用列索引選擇第 1 筆記錄的 **population** 欄位，然後將值改成 None，第 2 列是第 2 筆，其執行結果可以看到 2 區的人口值改成 NaN，這種資料值稱為遺漏值（Missing Data），如下圖所示：

	name	population	city
first	中正區	NaN	台北市
second	板橋區	NaN	新北市
third	桃園區	441287.0	桃園市

☆ 刪除記錄：ch8-4-2a.py

Python 程式可以使用 DataFrame 物件的 drop() 函數來刪除記錄，參數可以是列索引或位置索引，如下所示：

```
df2 = df.drop(["second", "fourth"])     # 2,4 筆
print(df2.head())
print("---------------------------")
df.drop(df.index[[2,3]], inplace=True) # 3,4 筆
print(df.head())
```

上述程式碼首先使用列索引串列，刪除第 2 筆和第 4 筆（下圖左），然後使用 index[[2,3]] 位置索引串列刪除第 3 筆和第 4 筆，inplace 參數值 True 是取代目前的 DataFrame 物件（下圖右），其執行結果如下圖所示：

	name	population	city
first	中正區	159598	台北市
third	桃園區	441287	桃園市
fifth	安南區	192327	台南市
sixth	三民區	343203	高雄市
seventh	大安區	309835	台北市

	name	city
first	中正區	台北市
second	板橋區	新北市
third	桃園區	桃園市

☆ 刪除欄位：ch8-4-2b.py

刪除欄位也是使用 drop() 函數，只是需要指定 axis 參數值是 1，如下所示：

```
df2 = df.drop(["population"], axis=1)
print(df2.head(3))
```

上述程式碼刪除 population 欄位，其執行結果如右圖所示：

	name	city
first	中正區	台北市
second	板橋區	新北市
third	桃園區	桃園市

8-4-3 新增資料

DataFrame 物件如同是資料庫的資料表，可以在 DataFrame 物件新增記錄，或修改結構來新增欄位。

☆ 新增記錄：ch8-4-3.py

在 DataFrame 物件新增記錄（列）只需指定一個不存在的列索引，就可以新增記錄，我們也可以建立 Series 物件，然後使用 append() 函數來新增記錄。DataFrame 物件 df 和第 8-3 節相同，如下所示：

```
df.loc["third-1"] = ["士林區", 288340, "台北市"]
print(df.tail(3))
print("--------------------------")
s = pd.Series({"city":"新北市","name":"中和區","population":413291})
df2 = df.append(s, ignore _ index=True)
print(df2.tail(3))
```

上述第 1 列程式碼使用 loc 定位 "third-1" 列索引，因為此列索引不存在，就是新增一筆 Python 串列的記錄（下圖左），然後建立 Series 物件，使用 append() 函數來新增記錄，ignore_index 參數值 True 表示忽略列索引（下圖右），其執行結果可以看到新增的記錄，如下圖所示：

	name	population	city
twelvth	信義區	225561	台北市
thirteenth	新店區	302070	新北市
third-1	士林區	288340	台北市

	name	population	city
12	新店區	302070	新北市
13	士林區	288340	台北市
14	中和區	413291	新北市

☆ 新增記錄來建立 DataFrame 物件：ch8-4-3a.py

Python 程式只需活用新增記錄，即可配合 for/in 迴圈來建立 DataFrame 物件，首先是使用 loc 索引器，如下所示：

```
import pandas as pd
from numpy.random import randint

df = pd.DataFrame(columns=("qty1", "qty2", "qty3"))
for i in range(5):
    df.loc[i] = [randint(-1,1) for n in range(3)]
print(df)
```

上述程式碼匯入 NumPy 整數亂數函數後，建立只有欄索引的空 DataFrame 物件，接著使用 for/in 迴圈新增 5 筆記錄，欄位值是 1、0 或 -1 的亂數值，其執行結果如右圖所示：

	qty1	qty2	qty3
0	-1	-1	-1
1	0	-1	-1
2	0	-1	-1
3	0	-1	0
4	-1	0	-1

當然，Python 程式也可以使用 append() 函數新增 Series 物件來建立 DataFrame 物件，如下所示：

```
df2 = pd.DataFrame(columns=("qty1", "qty2", "qty3"))
for i in range(5):
    s = pd.Series({"qty1":randint(-1,1),
                   "qty2":randint(-1,1),
                   "qty3":randint(-1,1)})
    df2 = df2.append(s, ignore_index=True)
print(df2)
```

上述 for/in 迴圈共執行 5 次，在使用亂數值建立 Series 物件後，新增至 DataFrame 物件 df2，其執行結果如右圖所示：

	qty1	qty2	qty3
0	-1	-1	-1
1	0	-1	-1
2	0	-1	-1
3	0	-1	0
4	-1	0	-1

☆ 新增欄位：ch8-4-3b.py

在 DataFrame 物件只需指定一個不存在的欄索引，就可以新增欄位，Python 程式可以使用串列、Series 物件或 NumPy 陣列來指定欄位值，如下所示：

```
df["area"] = pd.Series([randint(6000,9000) for n in range(len(df))]).values
print(df.head())
print("--------------------------")
df.loc[:,"zip"] = randint(100, 120, size=len(df))
print(df.head())
```

上述程式碼首先新增 **area** 欄位的欄索引，欄位值是 Series 物件的 values 屬性值（下圖左），然後使用 loc 索引器，在「,」符號後是新增欄位 **zip**，欄位值是 NumPy 陣列（下圖右），其執行結果可以看到新增的欄位 area 和 zip，如下圖所示：

	name	population	city	area
first	中正區	159598	台北市	8336
second	板橋區	551452	新北市	6762
third	桃園區	441287	桃園市	6937
fourth	北屯區	275207	台中市	6447
fifth	安南區	192327	台南市	8437

	name	population	city	area	zip
first	中正區	159598	台北市	8336	104
second	板橋區	551452	新北市	6762	118
third	桃園區	441287	桃園市	6937	114
fourth	北屯區	275207	台中市	6447	102
fifth	安南區	192327	台南市	8437	109

8-4-4 連接與合併 DataFrame 物件

DataFrame 物件可以使用 concat() 函數連接多個 DataFrame 物件，merge() 函數合併 DataFrame 物件，在說明連接與合併 DataFrame 物件前，我們先來看一看如何建立空的和複製 DataFrame 物件。

☆ 建立空的和複製 DataFrame 物件：ch8-4-4.py

對於現存 DataFrame 物件，在 Python 程式可以建立一個形狀相同，但沒有資料的空 DataFrame 物件，也可以使用 copy() 函數在處理前備份 DataFrame 物件，如下所示：

```
columns =["city","name", "population"]
df _ empty = pd.DataFrame(np.nan, index=ordinals, columns=columns)
print(df _ empty)
```

上述程式碼建立欄索引串列後，建立一個欄位值都是 np.nan 的 DataFrame 物件，其形狀和第 8-3 節的 DataFrame 物件 df 相同。copy() 函數可以複製 DataFrame 物件，如下所示：

```
df _ copy = df.copy()
print(df _ copy)
```

上述程式碼建立和 DataFrame 物件 df 完全相同的複本 df_copy。

☆ 連接多個 DataFrame 物件：ch8-4-4a.py

DataFrame 物件可以使用 concat() 函數連接多個 DataFrame 物件，在 Python 程式首先使用亂數建立測試的 2 個 DataFrame 物件 df1 和 df2，如下所示：

```
import pandas as pd
from numpy.random import randint

df1 = pd.DataFrame(randint(5,10,size=(3,4)),columns=["a","b","c","d"])
df2 = pd.DataFrame(randint(5,10,size=(2,3)),columns=["b","d","a"])
```

上述程式碼建立整數亂數值的 2 個 DataFrame 物件，如下圖所示：

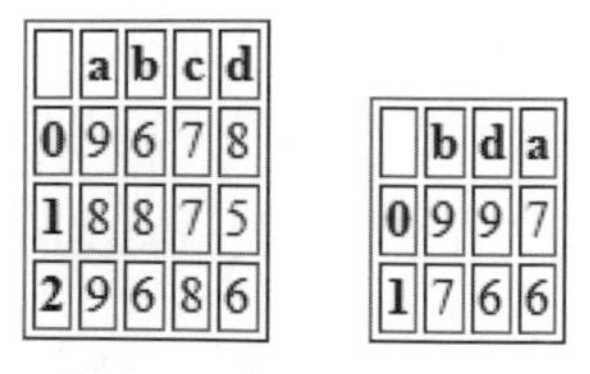

	a	b	c	d
0	9	6	7	8
1	8	8	7	5
2	9	6	8	6

	b	d	a
0	9	9	7
1	7	6	6

上述圖例的 DataFrame 物件分別是 3×4 和 2×3，接著，呼叫 concat() 函數連接 2 個 DataFrame 物件 df1 和 df2，如下所示：

```
df3 = pd.concat([df1,df2])
print(df3)
print("--------------------------")
df4 = pd.concat([df1,df2], ignore_index=True)
print(df4)
```

上述第 1 次呼叫 cancat() 函數的參數是 DataFrame 物件串列，以此例有 2 個，也可以更多個，預設連接每一個 DataFrame 物件的列索引（下圖左），第 2 次呼叫加上參數 ignore_index=True 忽略列索引，所以列索引重新從 0 到 4（下圖右），其執行結果如下圖所示：

	a	b	c	d
0	9	6	7.0	8
1	8	8	7.0	5
2	9	6	8.0	6
0	7	9	NaN	9
1	6	7	NaN	6

	a	b	c	d
0	9	6	7.0	8
1	8	8	7.0	5
2	9	6	8.0	6
3	7	9	NaN	9
4	6	7	NaN	6

上述圖例因為 df2 沒有欄位 "c"，所以連接後 2 筆記錄的此欄位都是 NaN。

☆ 合併 2 個 DataFrame 物件：ch8-4-4b.py

DataFrame 物件的 merge() 函數可以左右合併 2 個 DataFrame 物件（類似 SQL 語言的合併查詢）。Python 程式首先建立測試的 2 個 DataFrame 物件 df1 和 df2，如下所示：

```
df1 = pd.DataFrame({"key":["a","b","b"],"data1":range(3)})
df2 = pd.DataFrame({"key":["a","b","c"],"data2":range(3)})
```

上述程式碼建立 2 個 DataFrame 物件，如下圖所示：

	key	data1
0	a	0
1	b	1
2	b	2

	key	data2
0	a	0
1	b	1
2	c	2

上述圖例的 DataFrame 物件都是 3×2，然後呼叫 merge() 函數連接 2 個 DataFrame 物件 df1 和 df2，如下所示：

```
df3 = pd.merge(df1, df2)
print(df3)
df4 = pd.merge(df2, df1)
print(df4)
```

上述程式碼第 1 次呼叫 merge() 函數的第 1 個參數是上述 df1，第 2 個是 df2，使用同名 **key** 合併欄位進行合併，預設是內部合併 inner（下圖左），第 2 次的參數相反是 df2 和 df1（下圖右），其執行結果如下圖所示：

	key	data1	data2
0	a	0	0
1	b	1	1
2	b	2	1

	key	data2	data1
0	a	0	0
1	b	1	1
2	b	1	2

上述圖例是內部合併，這是 2 個合併欄位 **key** 值都存在的記錄資料，例如：df1 的 key 欄位值是 "a"，合併 df2 同 key 欄位值 "a"，所以 data2 是 0；"b" 是 1，因為 df1 的 key 欄位沒有欄位值 "c"，所以合併後沒有此欄位值。

基本上，合併 DataFrame 物件有多種方式，在 merge() 函數可以加上 how 參數來指定是使用內部合併 inner、左外部合併 left、右外部合併 right 和全外部合併 outer，如下所示：

```
df5 = pd.merge(df2, df1, how='left')
print(df5)
```

上述 merge() 函數的 how 參數值是 left 左外部合併，可以取回左邊 DataFrame 物件 df2 的所有記錄，所以會顯示欄位值 "c"，其執行結果如下圖所示：

	key	data2	data1
0	a	0	0.0
1	b	1	1.0
2	b	1	2.0
3	c	2	NaN

8-5 群組、樞紐分析與套用函數

DataFrame 物件可以使用群組方式進行資料統計、建立樞紐分析表和套用函數。

8-5-1 群組

「群組」(Grouping) 是將資料依條件分類成群組後，再套用相關函數在各群組來計算出一些統計資料。Python 程式：ch8-5-1.py 是使用群組方式來計算總和，首先使用字典建立測試的 DataFrame 物件，如下所示：

```
df = pd.DataFrame({"名稱" : ["客戶A", "客戶B", "客戶A", "客戶B",
                            "客戶A", "客戶B", "客戶A", "客戶A"],
                   "編號" : ["訂單1", "訂單1", "訂單2", "訂單3",
                            "訂單2", "訂單2", "訂單1", "訂單3"],
                   "數量" : np.random.randint(1,5,size=8),
                   "售價" : np.random.randint(150,500,size=8)})
print(df)
```

上述程式碼建立 DataFrame 物件 df，如右圖所示：

	名稱	編號	數量	售價
0	客戶A	訂單1	3	329
1	客戶B	訂單1	4	173
2	客戶A	訂單2	4	267
3	客戶B	訂單3	3	289
4	客戶A	訂單2	3	210
5	客戶B	訂單2	4	266
6	客戶A	訂單1	3	454
7	客戶A	訂單3	2	319

上述名稱和編號欄位都有重複資料，Python 程式可以分別使用這些欄位來群組記錄後，呼叫 sum() 函數計算欄位值的總和，如下所示：

```
print(df.groupby("名稱").sum())

print(df.groupby(["名稱","編號"]).sum())
```

上述第 1 列程式碼呼叫 groupby() 函數使用參數**名稱**欄位來群組資料，然後呼叫 sum() 函數計算總計（下圖左），第 2 列是使用串列的**名稱**和**編號**欄位來群組資料（下圖右），其執行結果如下圖所示：

	數量	售價
名稱		
客戶A	15	1579
客戶B	11	728

		數量	售價
名稱	編號		
客戶A	訂單1	6	783
	訂單2	7	477
	訂單3	2	319
客戶B	訂單1	4	173
	訂單2	4	266
	訂單3	3	289

上述圖例的左邊是使用**名稱**欄位來群組記錄資料，可以計算**數量**和**售價**兩個整數欄位的總和，右邊是使用**名稱**和**編號**欄位群組資料，可以看到總和是各客戶同編號的欄位總和。

8-5-2 樞紐分析表

DataFrame 物件可以呼叫 pivot_table() 函數來產生樞紐分析表。Python 程式：ch8-5-2.py 首先建立測試資料，如下所示：

```
products = pd.DataFrame({
        "分類": ["居家", "居家", "娛樂", "娛樂", "科技", "科技"],
        "商店": ["家樂福", "頂好", "家樂福", "全聯", "頂好","家樂福"],
        "價格":[11.42, 23.50, 19.99, 15.95, 55.75, 111.55],
        "測試分數": [4, 3, 5, 7, 5, 8]})
print(products)
```

上述程式碼使用字典建立 DataFrame 物件，如右圖所示：

	分類	商店	價格	測試分數
0	居家	家樂福	11.42	4
1	居家	頂好	23.50	3
2	娛樂	家樂福	19.99	5
3	娛樂	全聯	15.95	7
4	科技	頂好	55.75	5
5	科技	家樂福	111.55	8

然後使用 pivot_table() 函數以欄位值為標籤來重塑 DataFrame 物件的形狀，也就是建立樞紐分析表，如下所示：

```
pivot _ products = products.pivot _ table(index='分類',
                                          columns='商店',
                                          values='價格')
print(pivot _ products)
```

上述 pivot_table() 函數的 index 參數指定列索引是**分類**欄位值，columns 參數的欄索引是**商店**欄位值，values 參數是轉換成樞紐分析表顯示的欄位值，其執行結果如右圖所示：

商店	全聯	家樂福	頂好
分類			
娛樂	15.95	19.99	NaN
居家	NaN	11.42	23.50
科技	NaN	111.55	55.75

8-5-3 套用函數

DataFrame 物件可以使用 apply() 函數在資料套用 NumPy 函數或 Lambda 運算式。Python 程式：ch8-5-3.py 首先使用亂數產生測試資料的 DataFrame 物件，如下所示：

```
import pandas as pd
import numpy as np

df = pd.DataFrame(np.random.rand(6,4), columns=list("ABCD"))
print(df)
```

上述程式碼使用 6×4 的 NumPy 陣列來建立 DataFrame 物件，如下圖所示：

	A	B	C	D
0	0.163793	0.102718	0.368265	0.402180
1	0.119674	0.905282	0.743934	0.566147
2	0.465298	0.223328	0.107336	0.504946
3	0.317709	0.206233	0.673776	0.964022
4	0.538938	0.627639	0.535220	0.138904
5	0.647772	0.663844	0.249565	0.207487

☆ 套用 NumPy 函數

Python 程式可以使用 DataFrame 物件的 apply() 函數套用 NumPy 函數，例如：cumsum() 函數的累加計算，如下所示：

```
df2 = df.apply(np.cumsum)
print(df2)
```

上述程式碼是在 DataFrame 物件的所有資料都套用執行 cumsum() 函數，其參數只有函數名稱，沒有括號，其執行結果如下圖所示：

	A	B	C	D
0	0.163793	0.102718	0.368265	0.402180
1	0.283467	1.008001	1.112199	0.968327
2	0.748765	1.231328	1.219535	1.473273
3	1.066473	1.437561	1.893311	2.437295
4	1.605411	2.065200	2.428531	2.576199
5	2.253183	2.729044	2.678096	2.783686

上述每一筆記錄都是前幾筆記錄相同欄位值的累加總和，例如：第 2 筆是第 1 筆加第 2 筆，第 3 筆是第 1 筆加第 2 筆加第 3 筆，以此類推。

☆ 套用 Lambda 運算式

DataFrame 物件的 apply() 函數也可以套用 Lambda 運算式，如下所示：

```
df3 = df.apply(lambda x: x.max() - x.min())
print(df3)
```

上述 Lambda 運算式可以計算最大和最小值的差，其執行結果如下所示：

```
A      0.560499
B      0.776888
C      0.727961
D      0.505208
dtype: float64
```

★ 學習評量 ★

1. 請說明什麼是 Pandas 套件？
2. 請簡單說明 Pandas 套件的 Series 物件和 DataFrame 物件？
3. 請問 DataFrame 物件可以匯入和匯出成哪幾種格式的檔案？
4. 請舉例說明 DataFrame 物件是如何走訪每一筆記錄？
5. 請問如何從 DataFrame 物件選出所需的欄或列？
   DataFrame 物件如何過濾和排序資料？
6. 請建立 Python 程式建立一個 Series 物件，其內容是 1~10 之間的偶數。
7. 請建立 Python 程式以下列串列建立 2 個 Series 物件，然後計算 2 個 Series 物件的加、減、乘和除的結果，如下所示：

```
[2, 4, 6, 8, 10]
[1, 3, 5, 7, 9]
```

8. 請使用學習評量第 7 題的 2 個串列建立 Python 程式，首先分別加上 even 偶數和 odd 奇數的鍵來建立成 Python 字典後，使用字母 a~e 串列的列索引來建立 DataFrame 物件，和顯示前 3 筆資料。
9. 請建立 Python 程式顯示學習評量第 8 題 DataFrame 物件的摘要資訊。
10. 請建立 Python 程式匯入 dists.csv 檔案建立 DataFrame 物件 df 後，依序完成下列工作，如下所示：
    - 顯示 city 和 name 兩個欄位。
    - 過濾 population 欄位值大於 300000 的記錄資料。
    - 選出第 4~5 筆記錄的 name 和 population 欄位。

CHAPTER

9

大數據分析 (一)：Matplotlib 和 Pandas 資料視覺化

9-1 Matplotlib 套件的基本使用

Matplotlib 套件是繪製圖表的著名 Python 套件，可以幫助我們視覺化 Pandas 處理後的資料，簡單的說，就是使用各種圖表來探索資料和呈現資料的分析結果，這就是資料視覺化。關於大數據分析和資料視覺化的進一步說明，請參閱第 10-1 節。

9-1-1 繪製基本圖表

Matplotlib 是一套類似 GNUplot 圖表函式庫，這是開放原始碼、跨平台和支援多種常用圖表，可以輕鬆產生高品質多種不同格式的輸出圖檔。Python 程式需要匯入 Matplotlib 套件的 pyplot 模組，別名 plt，如下所示：

```
import matplotlib.pyplot as plt
```

如果 Matplotlib 圖表需要顯示中文字，Python 程式在匯入 pyplot 模組後，需要新增下列程式碼，如下所示：

```
plt.rcParams['font.sans-serif'] = ['Microsoft JhengHei']
plt.rcParams['axes.unicode _ minus'] = False
…
```

上述程式碼取代預設字型成中文字型後，即可在圖表顯示中文字。

☆ 繪製簡單的折線圖：ch9-1-1.py

Python 程式可以使用串列資料來繪出第 1 個折線圖（Line Plots），如下所示：

```
import matplotlib.pyplot as plt

data = [-1, -4.3, 15, 21, 31]
plt.plot(data)  # x 軸是 0,1,2,3,4
plt.show()
```

上述程式碼匯入套件後，建立 data 串列的資料，共有 5 個項目，這是 y 軸，然後呼叫 plt.plot() 函數繪出圖表，參數只有 1 個 data，即 y 軸，x 軸預設就是索引值 0.0~4.0（即資料個數），最後呼叫 show() 函數顯示圖表，其執行結果如下圖所示：

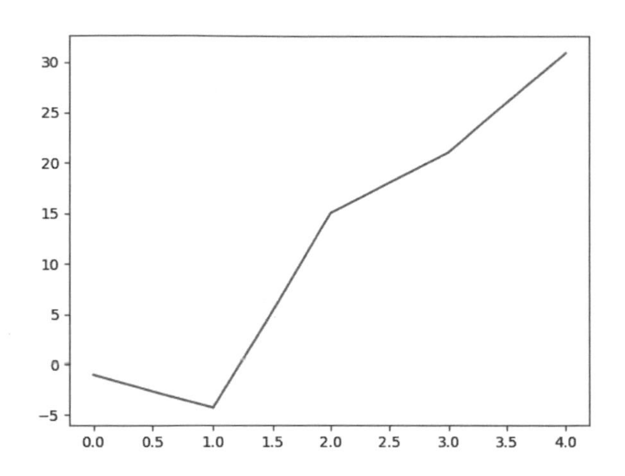

☆ 繪製不同線條樣式和色彩的折線圖：ch9-1-1a.py

Python 程式是修改 ch9-1-1.py 折線圖的線條外觀，改為藍色虛線，和加上圓形標記，如下所示：

```
data = [-1, -4.3, 15, 21, 31]
plt.plot(data, "o--b")   # x 軸是 0,1,2,3,4
plt.show()
```

上述 plot() 函數的第 2 個參數字串 "o--b" 指定線條外觀，在第 9-1-2 節有進一步符號字元的說明，其執行結果如右圖所示：

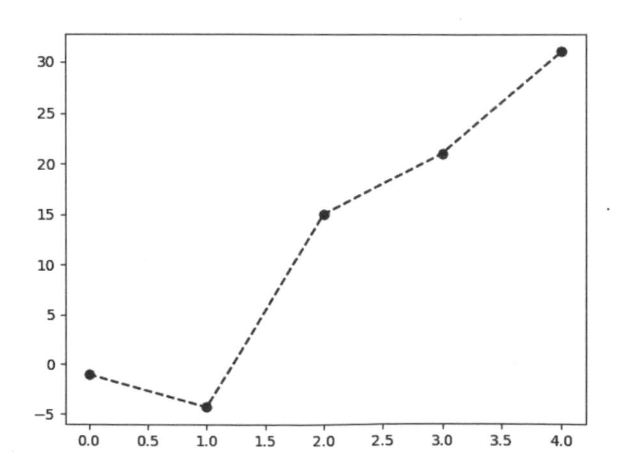

☆ 繪製每日攝氏溫度的折線圖：ch9-1-1b.py

在本節前的圖表只有提供 y 軸資料，Python 程式準備提供完整 x 和 y 軸資料來繪製每日攝氏溫度的折線圖，如下所示：

```
days = range(0, 22, 3)
celsius = [25.6, 23.2, 18.5, 28.3, 26.5, 30.5, 32.6, 33.1]
plt.plot(days, celsius)
plt.show()
```

上述程式碼建立 days（日）和 celsius（攝氏溫度）串列，days 是 x 軸；celsius 是 y 軸，plot() 函數的 2 個參數依序是 x 軸和 y 軸，其執行結果如右圖所示：

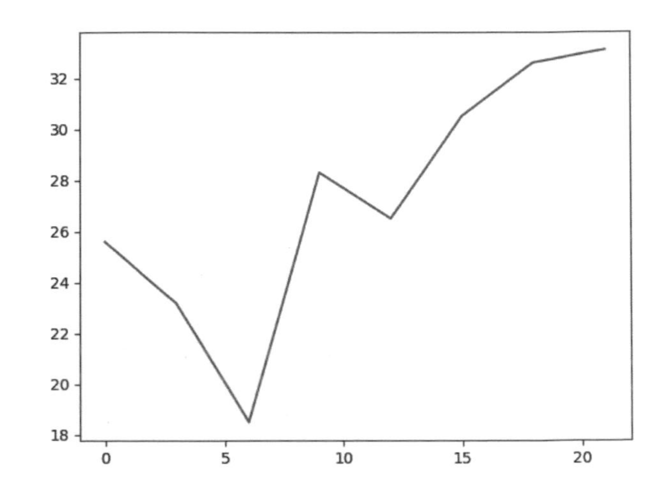

☆ 使用 2 個資料集繪製 2 條折線：ch9-1-1c.py

以下 Python 程式使用第 7 章的 NumPy 陣列作為資料來源，配合 sin() 和 cos() 函數建立 2 個資料集（Datasets），可以在同一張圖表繪出 2 條折線，如下所示：

```
import matplotlib.pyplot as plt
import numpy as np

x = np.linspace(0, 10, 50)
sinus = np.sin(x)
cosinus = np.cos(x)
plt.plot(x, sinus, x, cosinus)
plt.show()
```

上述程式碼匯入 Matplotlib 和 NumPy 套件後，呼叫 np.linspace() 函數產生一序列線性平均分佈的資料，其語法如下：

```
numpy.linspace(start, stop, num=50)
```

上述函數可以從參數 start 到 stop 的範圍之間平均產生 num 個樣本資料，預設是 50 個，以此例是從值 0 至 10 平均產生 50 個資料，這是 x 軸，y 軸是 sin() 和 cos() 函數值的 2 個資料集，可以繪出 2 條線。

在 plot() 函數的參數共有 2 組，依序是第 1 條線的 x 軸和 y 軸，和第 2 條線 x 軸和 y 軸，其執行結果如右圖所示：

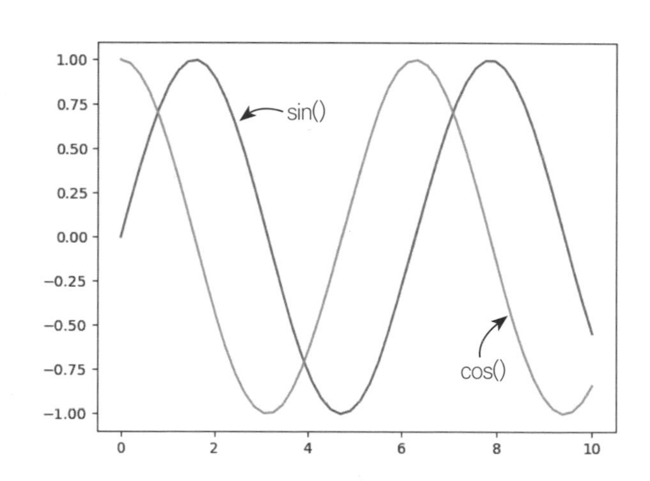

9-1-2 更改線條的外觀

在 plot() 函數提供參數來更改線條外觀，可以使用不同字元來代表不同色彩、線型和標記符號。常用色彩字元的說明，如下表所示：

色彩字元	說明
"b"	藍色（Blue）
"g"	綠色（Green）
"r"	紅色（Red）
"c"	青色（Cyan）
"m"	洋紅色（Magenta）
"y"	黃色（Yellow）
"k"	黑色（Black）
"w"	白色（White）

常用線型字元的說明，如下表所示：

線型字元	說明
"-"	實線（Solid Line）
"--"	短劃虛線（Dashed Line）
"."	點虛線（Dotted Line）
"-:"	短劃點虛線（Dash-dotted Line）

常用標記符號字元的說明，如下表所示：

標記符號字元	說明
"."	點（Point）
","	像素（Pixel）
"o"	圓形（Circle）
"s"	方形（Square）
"^"	三角形（Triangle）

☆ 更改線條的外觀：ch9-1-2.py

Python 程式是修改 ch9-1-1c.py 的圖表，分別替 2 條線指定不同的色彩、線型和標記符號，如下所示：

```
x = np.linspace(0, 10, 50)
sinus = np.sin(x)
cosinus = np.cos(x)
plt.plot(x, sinus, "r-o",
         x, cosinus, "g--")
plt.show()
```

上述 plot() 函數的參數共有 6 個，分為兩組的 2 條線，第 3 和第 6 個是樣式字串，可以顯示不同外觀的線條，第 1 個字串是紅色實線加圓形標記符號，第 2 個是綠色虛線，沒有標記符號，其執行結果如下圖所示：

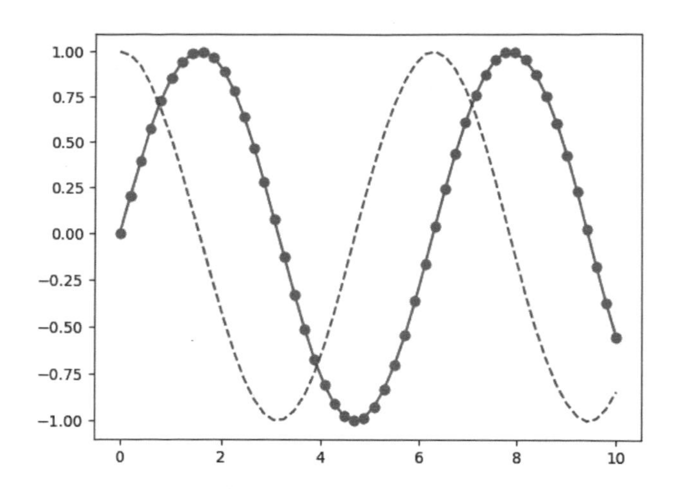

☆ 顯示圖表的格線：ch9-1-2a.py

Python 程式可以使用 grid() 函數顯示圖表的格線，如下所示：

```
x = np.linspace(0, 10, 50)
sinus = np.sin(x)
cosinus = np.cos(x)
plt.plot(x, sinus, "r-o",
         x, cosinus, "g--")
plt.grid(True)
plt.show()
```

上述程式碼呼叫 grid() 函數顯示圖表的水平和垂直格線（參數值 True），其執行結果如右圖所示：

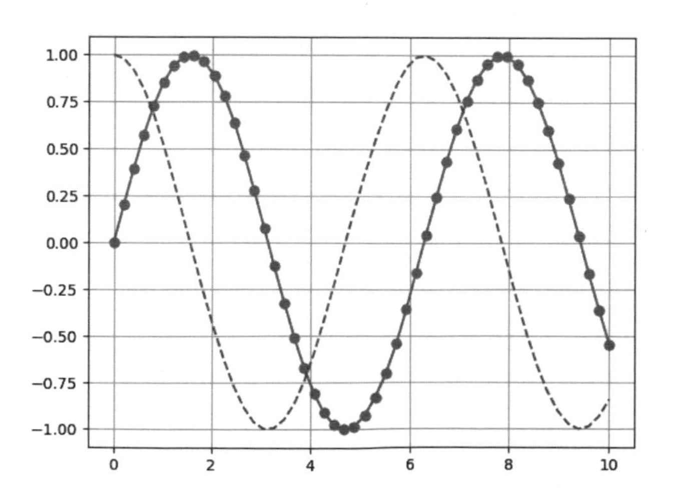

9-1-3 顯示標題和軸標籤

基本上，圖表有 x 和 y 軸，我們可以在 x 和 y 軸分別加上標籤說明文字，也可以替整張圖表加上標題文字。

☆ 顯示 x 和 y 軸的說明標籤：ch9-1-3.py

在 x 和 y 軸可以分別使用 xlabel() 和 ylabel() 函數來指定標籤說明文字，如下所示：

```
import matplotlib.pyplot as plt
plt.rcParams['font.sans-serif'] = ['Microsoft JhengHei']
plt.rcParams['axes.unicode_minus'] = False

days = range(0, 22, 3)
celsius = [25.6, 23.2, 18.5, 28.3, 26.5, 30.5, 32.6, 33.1]
plt.plot(days, celsius)
plt.xlabel("日")          } 指定標籤
plt.ylabel("攝氏溫度")    }
plt.show()
```

上述程式碼指定 x 軸的標籤 "日"，和 y 軸的標籤 "攝氏溫度"，因為有中文內容，所以在之前新增 2 列程式碼，其執行結果如下圖所示：

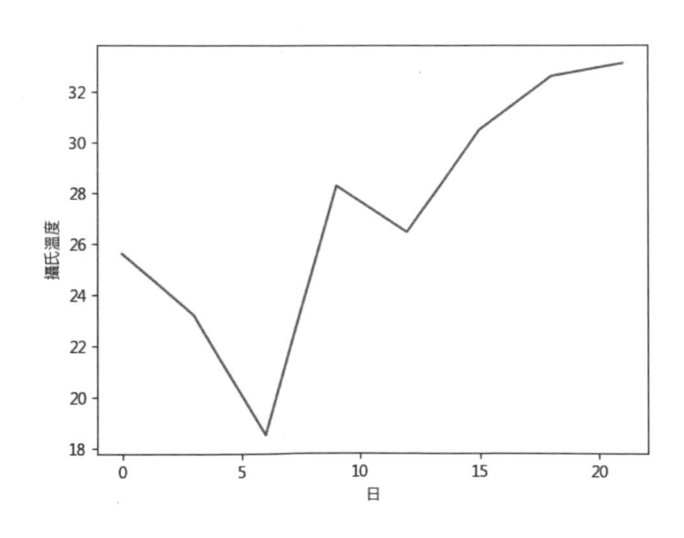

☆ 顯示圖表的標題文字：ch9-1-3a.py

Python 程式是使用 title() 函數指定圖表的標題文字，如下所示：

```
x = np.linspace(0, 10, 50)
sinus = np.sin(x)
cosinus = np.cos(x)
plt.plot(x, sinus, "r-o",
         x, cosinus, "g--")
plt.xlabel("徑度")
plt.ylabel("振幅")
plt.title("Sin 和 Cos 三角函數的波型")
plt.show()
```

上述程式碼指定圖表的標題文字 "Sin 和 Cos 三角函數的波型"，其執行結果如下圖所示：

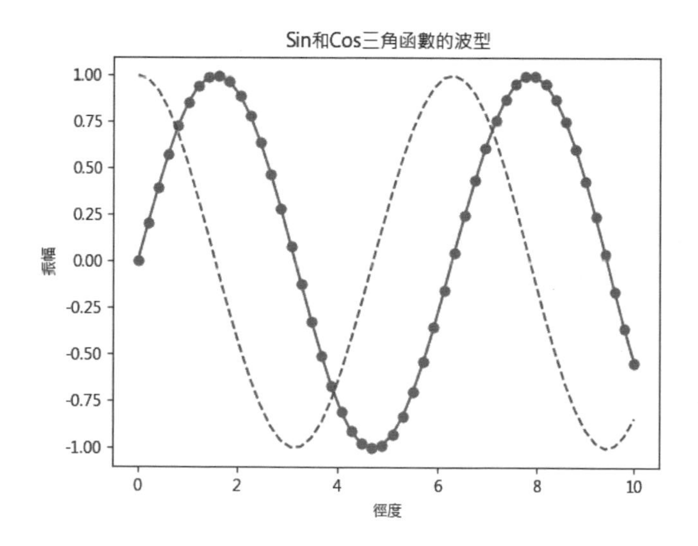

9-1-4 顯示圖例

如果在同一張圖表有多個資料集和繪出多條線時，我們需要顯示圖例（Legend）來標示每一條線是屬於哪一個資料集。

☆ 顯示圖表的圖例：ch9-1-4.py

Python 程式可以在圖表顯示圖例，標示 2 條線分別是 sin(x) 和 cos(x) 函數，如下所示：

```
x = np.linspace(0, 10, 50)
sinus = np.sin(x)
cosinus = np.cos(x)
plt.plot(x, sinus, "r-o", label="sin(x)")
plt.plot(x, cosinus, "g--", label="cos(x)")
plt.legend()
plt.xlabel("徑度")
plt.ylabel("振幅")
plt.title("Sin 和 Cos 三角函數的波型")
plt.show()
```

上述程式碼建立 2 個資料集的圖表，並且改用 2 個 plot() 函數來分別繪出 2 條線（因為參數很多，建議每一條線使用 1 個 plot() 函數來繪製），然後在 plot() 函數使用 label 參數指定每一條線的標籤說明。

然後呼叫 legend() 函數顯示圖例，可以顯示標籤說明和線條外觀和色彩的圖例，其執行結果如下圖所示：

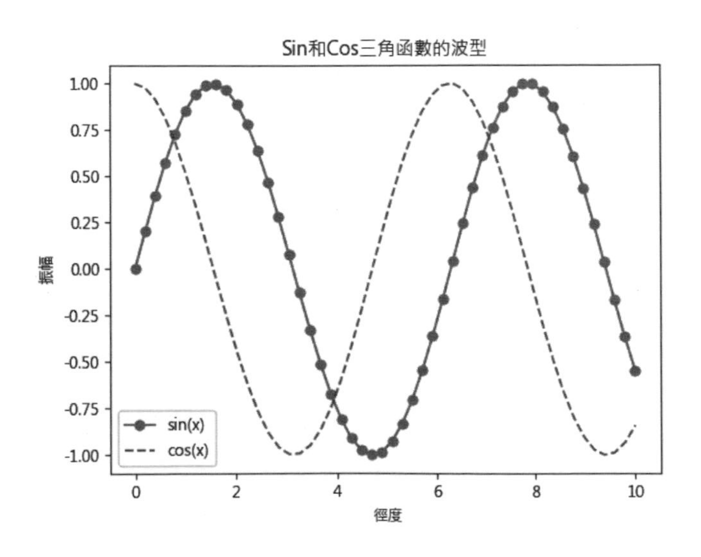

☆ 圖表圖例的顯示位置：ch9-1-4a~4d.py

圖表在使用 legend() 函數顯示圖例時，可以指定 loc 參數的顯示位置，如下所示：

```
plt.legend(loc=1)
```

上述程式碼指定 loc 參數值 1 的位置值，參數值也可以使用位置字串 "upper right"（右上角），如下所示：

```
plt.legend(loc="upper right")
```

關於 loc 參數值的位置字串和整數值，其說明如右表所示：

字串值	整數值	說明
'best'	0	最佳位置
'upper right'	1	右上角
'upper left'	2	左上角
'lower left'	3	左下角
'lower right'	4	右下角
'right'	5	右邊
'center left'	6	左邊中間
'center right'	7	右邊中間
'lower center'	8	下方中間
'upper center'	9	上方中間
'center'	10	中間

9-1-5 指定軸的範圍

Matplotlib 套件預設使用資料自動判斷 x 和 y 軸的範圍，以便顯示 x 和 y 軸尺規的刻度，如果需要，也可以自行指定 x 和 y 軸的範圍。

☆ 顯示軸的範圍：ch9-1-5.py

Python 程式可以使用 axis() 函數顯示 Matplotlib 自動計算出的軸範圍，如下所示：

```
days = range(0, 22, 3)
celsius = [25.6, 23.2, 18.5, 28.3, 26.5, 30.5, 32.6, 33.1]
plt.plot(days, celsius)
plt.title("軸範圍: " + str(plt.axis()))
plt.show()
```

上述程式碼是在圖表的標題文字顯示軸範圍，其執行結果如下圖所示：

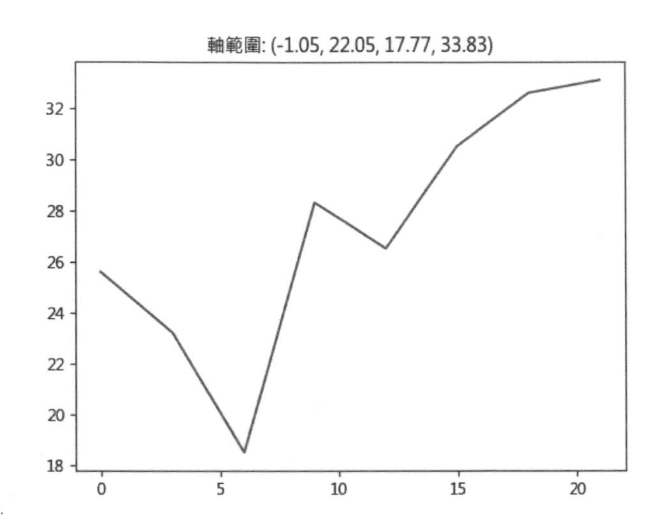

上述圖表的標題文字是軸範圍，依序是 x 軸最小值、x 軸最大值、y 軸最小值和 y 軸最大值。

☆ 指定軸的自訂範圍：ch9-1-5a.py

如果覺得自動計算的軸範圍不符合預期，Python 程式可以使用 axis() 函數自行指定 x 和 y 軸的範圍，如下所示：

```
days = range(0, 22, 3)
celsius = [25.6, 23.2, 18.5, 28.3, 26.5, 30.5, 32.6, 33.1]
plt.plot(days, celsius)
xmin, xmax, ymin, ymax = -5, 25, 15, 35
plt.axis([xmin, xmax, ymin, ymax]) ← 自訂範圍
plt.show()
```

上述 axis() 函數的參數是範圍串列，依序是 x 軸的最小值、x 軸的最大值、y 軸的最小值和 y 軸的最大值，其執行結果如下圖所示：

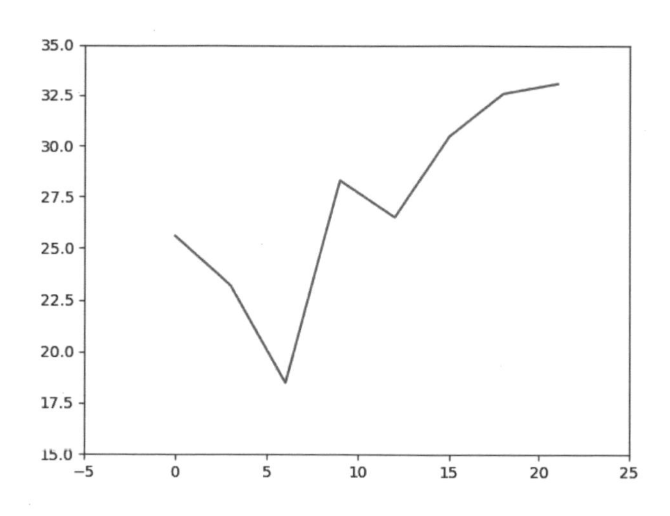

☆ 指定多個資料集的軸範圍：ch9-1-5b.py

如果是多個資料集的圖表，Python 程式一樣可以自行指定所需的軸範圍，如下所示：

```
days = range(1, 9)
celsius_min = [25.6, 23.2, 18.5, 28.3, 26.5, 30.5, 32.6, 33.1]
celsius_max = [27.6, 26.1, 22.5, 30.4, 29.5, 31.5, 35.1, 39.4]
plt.plot(days, celsius_min, "r-o",
         days, celsius_max, "g--o")
plt.xlabel("日")
plt.ylabel("攝氏溫度")
plt.axis([0, 10, 15, 40])
plt.show()
```

上述程式碼使用 axis() 函數指定自訂的 x 和 y 軸範圍，其執行結果如下圖所示：

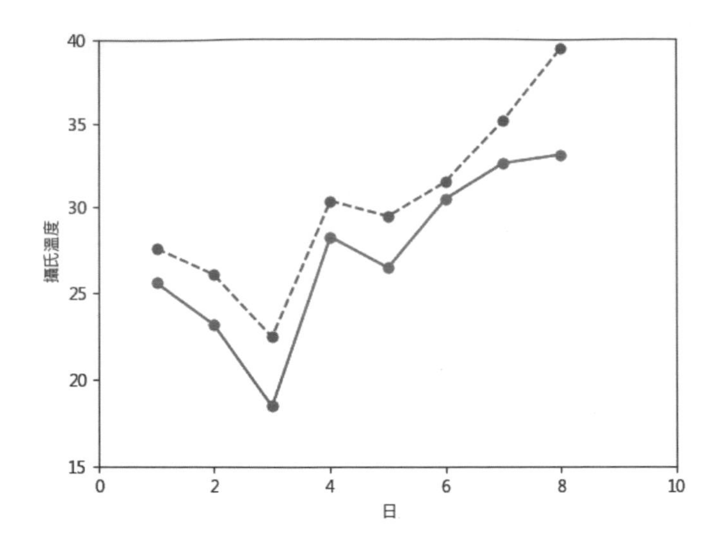

9-1-6 儲存圖表

Matplotlib 套件繪製的圖表可以使用 savefig() 函數儲存成多種格式的圖檔，常用圖檔格式有 .png 和 .svg 等，也可以儲存成 PDF 檔。

☆ 儲存圖表：ch9-1-6、ch9-1-6a~6b.py

Python 程式可以使用 savefig() 函數指定參數檔案名稱，即可以副檔名來儲存成不同格式的圖檔，如下所示：

```
days = range(1, 9)
celsius_min = [25.6, 23.2, 18.5, 28.3, 26.5, 30.5, 32.6, 33.1]
celsius_max = [27.6, 26.1, 22.5, 30.4, 29.5, 31.5, 35.1, 39.4]
plt.plot(days, celsius_min, "r-o",
         days, celsius_max, "g--o")
plt.xlabel("日")
plt.ylabel("攝氏溫度")
plt.axis([0, 10, 15, 40])
plt.savefig("Celsius.png")
plt.show()
```

上述 savefig() 函數參數是 "Celsius.png"，副檔名是 .png 圖檔，我們也可以在函數指定 filename 和 format 參數，如下所示：

```
plt.savefig(filename="Celsius.png", format="png")
```

上述 filename 參數是檔名；format 參數是檔案格式。Python 程式：ch9-1-6a.py 是儲存成 SVG 檔案，如下所示：

```
plt.savefig("Celsius.svg")
```

Python 程式：ch9-1-6b.py 是儲存成 PDF 檔案，如下所示：

```
plt.savefig("Celsius.pdf")
```

上述執行結果可以在 Python 程式同一目錄新增 3 個檔案：Celsius.png、Celsius.svg 和 Celsius.pdf，以 PDF 為例可以使用 PDF 工具來開啟，如下圖所示：

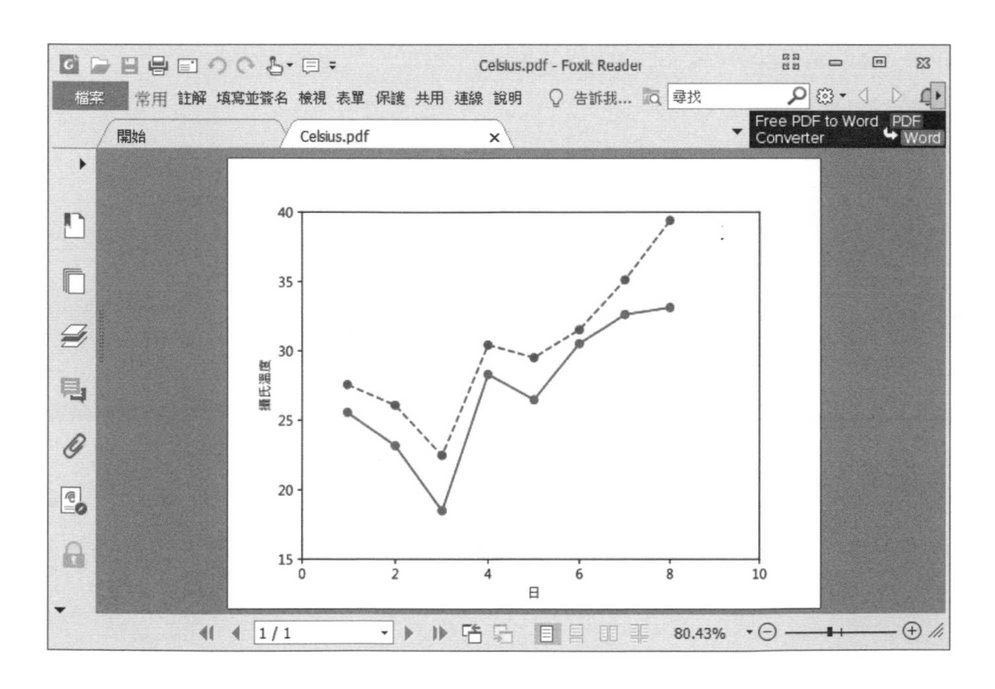

9-2 使用 Matplotlib 套件繪製各種圖表

Matplotlib 套件支援繪製多種類型的圖表，在第 9-1 節是折線圖（Line Plots，或稱線圖），我們還可以繪製散佈圖（Scatter Plots）、長條圖（Bar Plots）、直方圖（Histograms）和派圖（Pie Plots）等。

9-2-1 散佈圖

「**散佈圖**」（Scatter Plots）是使用垂直的 y 軸和水平的 x 軸來繪出資料點，可以顯示一個變數受另一個變數的影響程度，在第 13-1-1 節有進一步的說明。

☆ 繪製 Sin() 函數的散佈圖：ch9-2-1.py

散佈圖基本上就是點的集合，在各點之間並沒有連接成線，例如：將 y=sin(x) 建立成散佈圖，如下所示：

```
x = np.linspace(0, 2*np.pi, 50)
y = np.sin(x)
plt.scatter(x, y)
plt.show()
```

上述程式碼呼叫 scatter() 函數繪製散佈圖，參數是各點 x 和 y 座標的 NumPy 陣列，其執行結果如右圖所示：

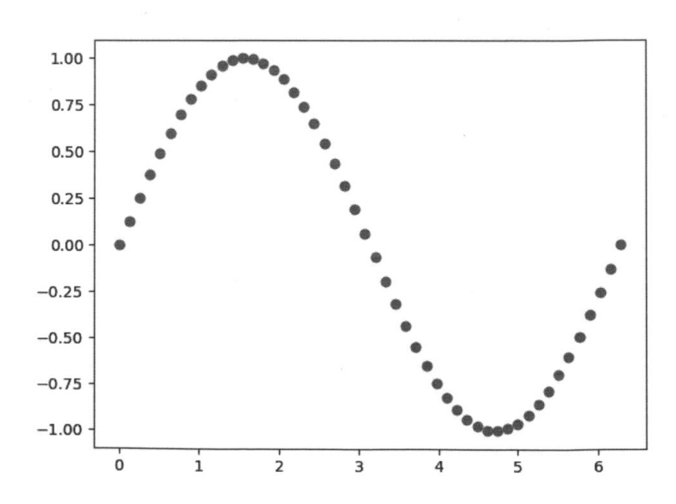

☆ 繪製色彩地圖散佈圖：ch9-2-1a.py

Python 程式可以使用亂數產生 (x,y) 座標、尺寸和色彩來繪製色彩地圖散佈圖（Color Map Scatter Plot），同時顯示圖表色彩列，如下所示：

```
x = np.random.rand(1000)
y = np.random.rand(1000)
size = np.random.rand(1000) * 50
color = np.random.rand(1000)
plt.scatter(x, y, size, color)
plt.colorbar()
plt.show()
```

上述程式碼依序使用亂數產生 x 和 y 座標陣列、尺寸、色彩後，呼叫 scatter() 函數繪出散佈圖，函數第 3 個參數是點尺寸的陣列，第 4 個是色彩陣列，colorbar() 函數可以顯示右邊的色彩列，其執行結果如下圖所示：

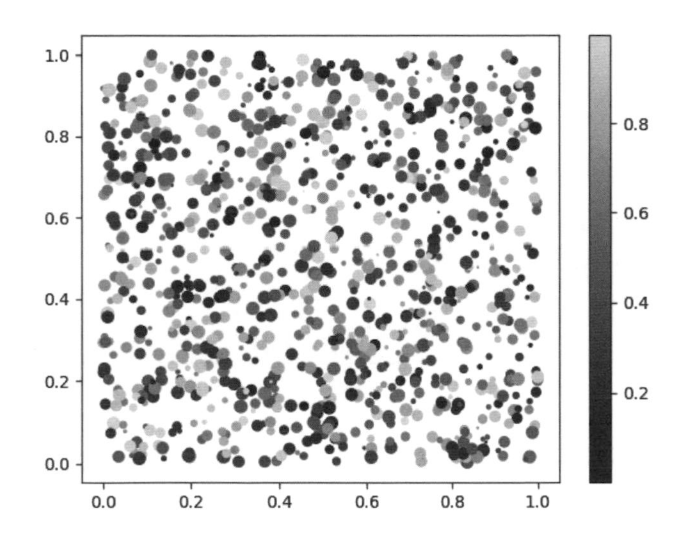

9-2-2 長條圖

「**長條圖**」（Bar Plots）是使用長條型色彩區塊的高和長度來顯示分類資料，可以顯示水平或垂直方向的長條圖。

☆ 繪製程式語言使用率的長條圖：ch9-2-2.py

Python 程式準備使用 TIOBE 2018 年 2 月常用程式語言的使用率來繪製長條圖，首先建立 3 個串列和陣列，如下所示：

```
labels = ["Python", "C++", "Java", "JS", "C", "C#"]
index = np.arange(len(labels))
ratings = [5.168, 5.726, 14.988, 3.165, 11.857, 4.453]
```

上述 labels 串列是 x 軸顯示的語言標籤，index 陣列與 label 串列長度相同，這是 x 軸標籤的索引，ratings 串列是對應各種語言的使用率。在下方呼叫 bar() 函數繪製長條圖，第 1 個參數是 x 軸的索引，第 2 個是 y 軸的資料，如下所示：

```
plt.bar(index, ratings)
plt.xticks(index, labels)
plt.ylabel("使用率")
plt.title("程式語言的使用率")
plt.show()
```

上述程式碼呼叫 xticks() 函數顯示 x 軸的尺規，其第 1 個參數的索引，對應第 2 個 labels 串列的標籤，然後是 y 軸標籤和標題文字，其執行結果預設是垂直顯示，如下圖所示：

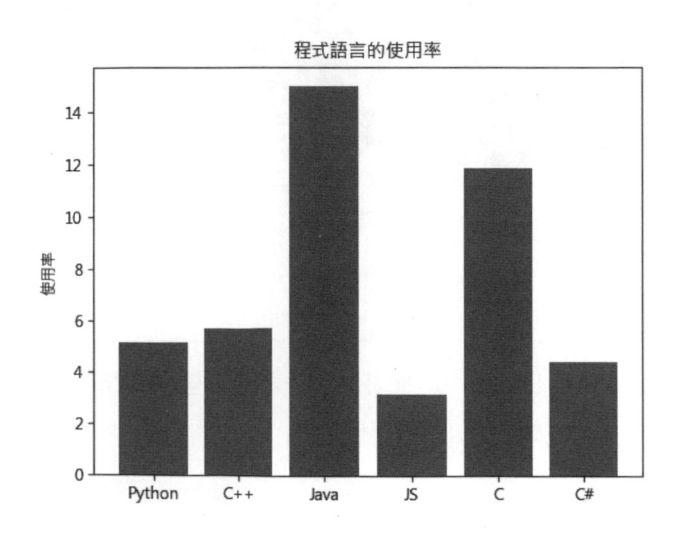

☆ 繪製程式語言使用率的水平長條圖：ch9-2-2a.py

Python 程式只需改用 barh() 函數，就可以繪製成水平長條圖，如下所示：

```
...
plt.barh(index, ratings)
plt.yticks(index, labels)
plt.ylabel("使用率")
plt.title("程式語言的使用率")
plt.show()
```

上述 barh() 函數參數和 bar() 函數相同，因為 x 和 y 軸交換，所以是呼叫 yticks() 函數指定 y 軸的語言標籤，xlabel() 函數顯示 x 軸的標籤文字，其執行結果如下圖所示：

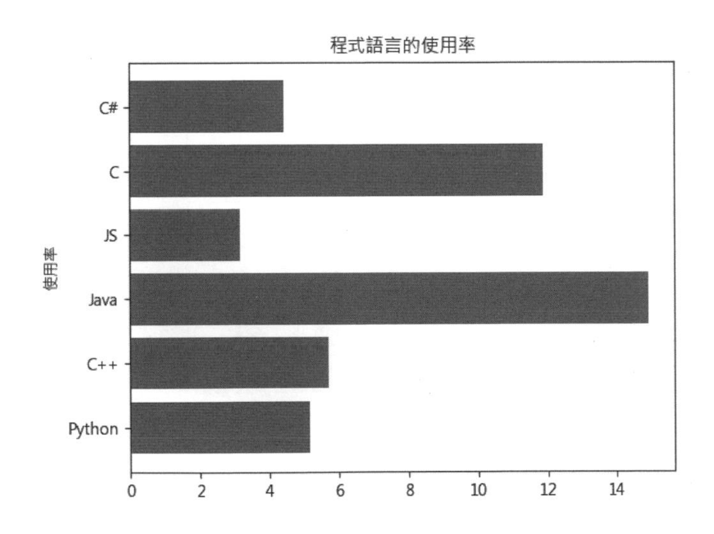

☆ 繪製 2 個資料集的長條圖：ch9-2-2b.py

Python 程式可以在長條圖同時顯示常用程式語言的使用率和增減率，如下所示：

```
labels = ["Python", "C++", "Java", "JS", "C", "C#"]
index = np.arange(len(labels)*2)
ratings = [5.168, 5.726, 14.988, 3.165, 11.857, 4.453]
change = [1.12, 0.3, -1.69, 0.29, 3.41, -0.45]
```

上述程式碼新增 change 串列的增減率，正值是增加；負值是減少，因為同時顯示 2 個資料集，index 陣列的長度是 2 倍。

在下方呼叫 2 次 bar() 函數，第 1 次是繪在偶數索引 index[0::2]；第 2 次是繪在奇數索引 index[1::2]，因為顯示圖例，所以新增 label 參數，color 屬性值是色彩，如下所示：

```
plt.bar(index[0::2], ratings, label="使用率")
plt.bar(index[1::2], change, label="增減值", color="r")
plt.legend()
plt.xticks(index[0::2], labels)
plt.ylabel("使用率")
plt.title("程式語言的使用率")
plt.show()
```

上述程式碼呼叫 legend() 函數顯示圖例，xticks() 函數的標籤是顯示在偶數索引，其執行結果如右圖所示：

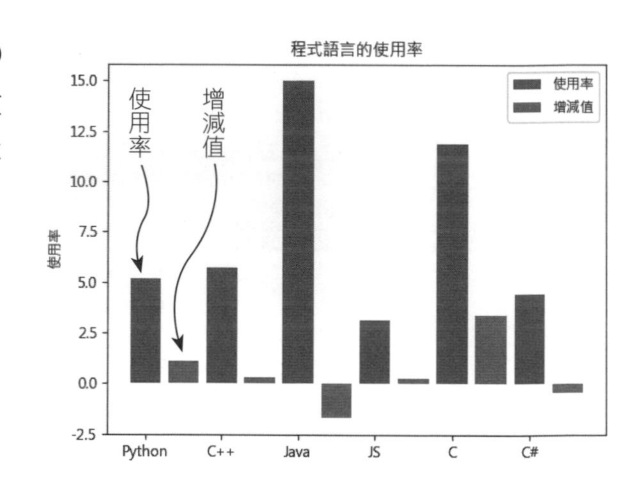

9-2-3 直方圖

直方圖（Histograms）也是用來顯示數值資料的分佈，屬於一種次數分配表，可以使用長方形面積來顯示變數出現的頻率，寬度是分割區間。在實務上，可以使用直方圖來評估連續變數的機率分配，詳見第 11 章的說明。

☆ 顯示直方圖的區間和出現次數：ch9-2-3.py

Python 程式是使用整數串列（共 21 個元素）來顯示直方圖的區間，和出現次數（即每一個區間的次數分配表），如下所示：

```
x = [21,42,23,4,5,26,77,88,9,10,31,32,33,34,35,36,37,18,49,50,100]
num_bins = 5
n, bins, patches = plt.hist(x, num_bins)
plt.title(str(n) + "\n" + str(bins))
plt.show()
```

上述程式碼呼叫 hist() 函數繪製直方圖，其第 1 個參數是資料串列或 NumPy 陣列，第 2 個參數是分割成幾個區間，以此例是 5 個，函數回傳的 n 是各區間的出現次數，bins 是分割 5 個區間的值，其執行結果如下圖所示：

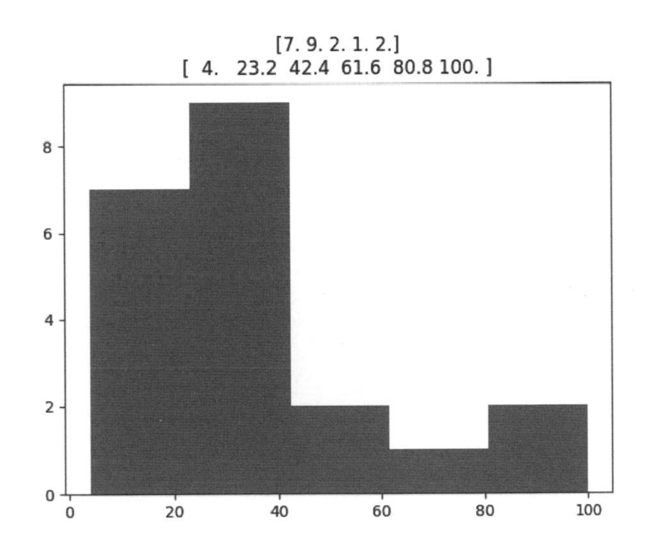

上述圖表上方標題文字顯示 2 個串列，第 1 個串列是 5 個區間的資料出現次數，第 2 個是從資料值 4~100 平均分割成 5 個區間的範圍值，第 1 個是 4~23.2 出現 7 次；第 2 個是 23.2~42.4 出現 9 次；第 3 個是 42.4~61.6 出現 2 次；第 4 個是 61.6~80.0 出現 1 次；最後是 80.8~100 出現 2 次。

☆ 顯示常態分佈的直方圖：ch9-2-3a.py

Python 程式可以使用 NumPy 亂數函數 randn() 產生標準常態分佈的樣本資料（共 1000 個），來顯示常態分佈（Normal Distribution）的直方圖，關於常態分佈的說明，詳見第 11-6-6 節，如下所示：

```
x = np.random.randn(1000)
num_bins = 50
plt.hist(x, num_bins)
plt.show()
```

上述程式碼呼叫 random.randn() 函數產生1000 個樣本資料，hist() 函數的第 1 個參數是 NumPy 陣列，第 2 個參數分割成 50 個區間，其執行結果如下圖所示：

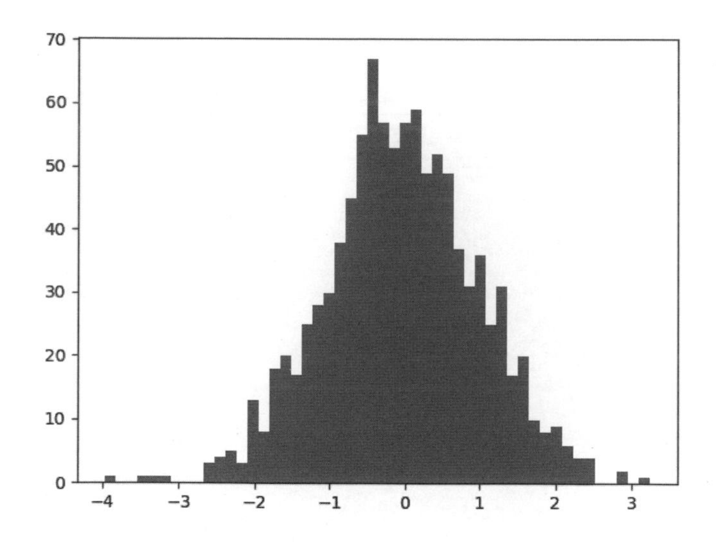

9-2-4 派圖

派圖（Pie Plots）也稱為**圓餅圖**（Circle Plots），這是使用完整圓形來表示統計資料的圖表，如同在切圓形蛋糕，以不同切片大小來標示資料的比例。

☆ 常用程式語言使用率的派圖：ch9-2-4.py

Python 程式可以將第 9-2-2 節常用程式語言的使用率改繪製成派圖，如下所示：

```
labels = ["Python", "C++", "Java", "JS", "C", "C#"]
ratings = [5, 6, 15, 3, 12, 4]

plt.pie(ratings, labels=labels)
plt.title("程式語言的使用率")
plt.axis("equal")
plt.show()
```

上述程式碼建立標籤和使用率串列後，呼叫 pie() 函數繪製派圖，第 1 個參數是使用率（需是整數），labels 參數指定標籤文字，axis() 函數參數值 "equal" 是正圓，其執行結果如右圖所示：

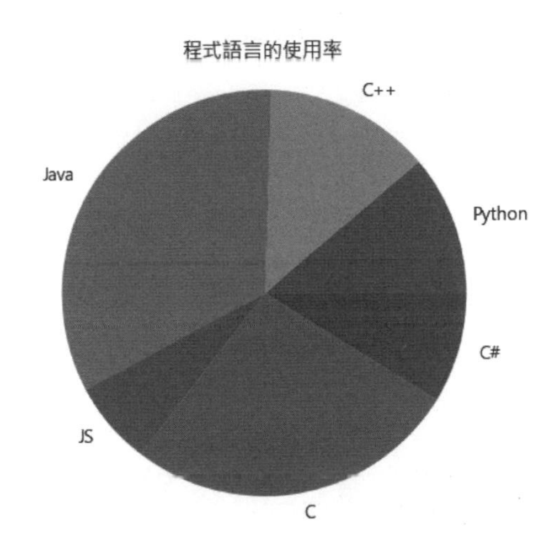

☆ 使用突增值標示派圖的切片：ch9-2-4a.py

在派圖可以使用突增值的元組或串列，來標示切片是否需要突出來強調顯示，如下所示：

```
labels = ["Python", "C++", "Java", "JS", "C", "C#"]
ratings = [5, 6, 15, 3, 12, 4]
explode = (0, 0, 0, 0.2, 0, 0.2)

plt.pie(ratings,
        labels=labels,
        explode=explode)
```

```
plt.title("程式語言的使用率")
plt.axis("equal")
plt.show()
```

上述 explode 元組值是對應每一切片的突增值，在 pie() 函數是使用 explode 參數來指定突增值，其執行結果如右圖所示：

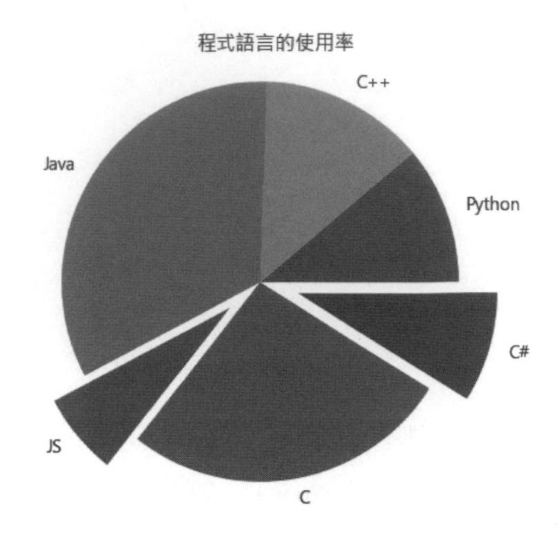

☆ 在派圖顯示切片色彩的圖例：ch9-2-4b.py

同樣的，在派圖也可以顯示切片色彩的圖例，如下所示：

```
labels = ["Python", "C++", "Java", "JS", "C", "C#"]
ratings = [5, 6, 15, 3, 12, 4]
explode = (0, 0, 0, 0.2, 0, 0.2)

patches, texts = plt.pie(ratings,
                         labels=labels,
                         explode=explode)
plt.legend(patches, labels, loc="best")
plt.title("程式語言的使用率")
plt.axis("equal")
plt.show()
```

上述 pie() 函數取得回傳值的 patches 色塊物件，texts 是各標籤文字的座標和字串，然後使用 legend() 函數顯示圖例，第 1 個參數是 patches 色塊物件，第 2 個參數是標籤文字，loc 參數值 "best" 是最佳顯示位置，其執行結果可以看到右上角的圖例，如下圖所示：

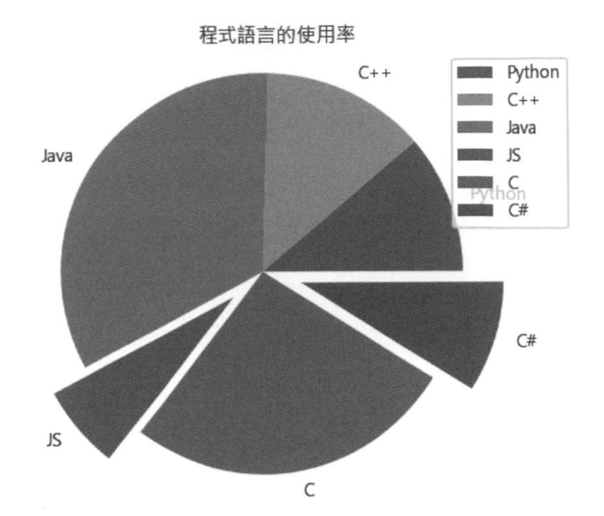

9-3 Matplotlib 套件的進階使用

在說明 Matplotlib 套件的基本繪圖和各種圖表的繪製後，這一節我們準備介紹 Matplotlib 套件的進階使用。

9-3-1 子圖表

子圖表（Subplots）是在同一張圖表上顯示多張圖，Matplotlib 套件是使用表格來分割繪圖區域，可以指定圖表是繪在哪一個表格的儲存格，subplot() 函數的語法，如下所示：

```
plt.subplot(num_rows, num_cols, plot_num)
```

上述函數的前 2 個參數是分割繪圖區域成為幾列（Rows）和幾欄（Columns）的表格，最後 1 個參數是顯示第幾張圖表，其值是從 1 至最大儲存格數的 num_rows*num_cols，繪製方向是先水平再垂直。

☆ 繪製 2 張垂直排列的子圖表：ch9-3-1.py

垂直排列 2 張圖表需要建立 2×1 表格，即 2 列和 1 欄，第 1 列的編號是 1，依序的第 2 列是 2，Python 程式是使用 subplot() 函數在指定儲存格繪製子圖表，如下所示：

```
x = np.linspace(0, 10, 50)
sinus = np.sin(x)
cosinus = np.cos(x)
plt.subplot(2, 1, 1)
plt.plot(x, sinus, "r-o")
plt.subplot(2, 1, 2)
plt.plot(x, cosinus, "g--")
plt.show()
```

上述程式碼本來在同一圖表繪製 2 個資料集，現在，改為呼叫 2 次 subplot() 函數，第 1 次的參數是 2, 1, 1，即繪在 2×1 表格（前 2 個參數）的第 1 列（第 3 個參數），第 2 次的參數是 2, 1, 2，即 2×1 表格的第 2 列，其執行結果如下圖所示：

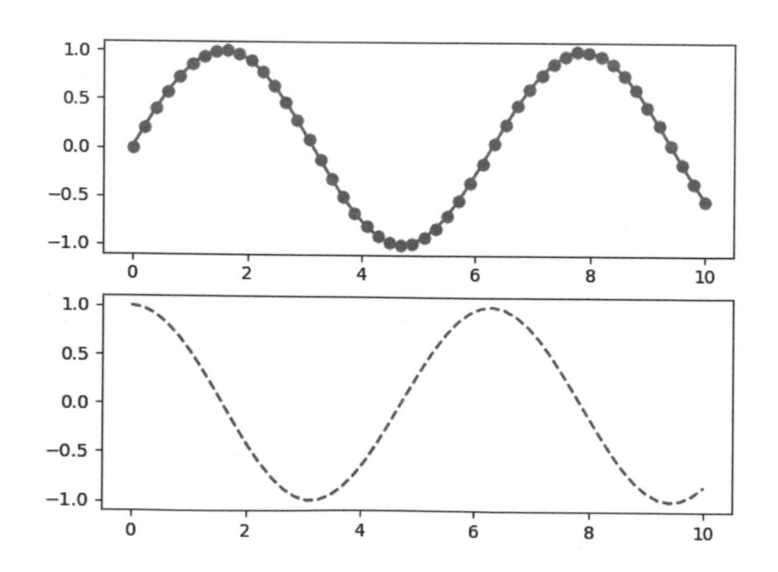

請注意！如果 subplot() 函數的 3 個參數值都小於 10，可以使用 1 個整數值的參數代替 3 個整數值的參數值，原來的第 1 個參數值是百進位值；第 2 個參數值是十進位值；最後是個位值，以本節範例來說，參數 2,1,1 和 2,1,2 分別是 211 和 212，如下所示：

```
plt.subplot(211)
...
plt.subplot(212)
```

☆ 繪製 2 張水平排列的子圖表：ch9-3-1a.py

水平排列 2 張圖表需要建立 1×2 表格，即 1 列和 2 欄，第 1 欄編號是 1，依序的第 2 欄是 2，Python 程式是使用 subplot() 函數在指定儲存格繪製子圖表，如下所示：

```
x = np.linspace(0, 10, 50)
sinus = np.sin(x)
cosinus = np.cos(x)
plt.subplot(1, 2, 1)
plt.plot(x, sinus, "r-o")
plt.subplot(1, 2, 2)
plt.plot(x, cosinus, "g--")
plt.show()
```

上述程式碼呼叫 2 次 subplot() 函數，第 1 次呼叫的參數是 1, 2, 1，即繪在 1×2 表格的第 1 欄，第 2 次的參數是 1, 2, 2，即 1×2 表格的第 2 欄，其執行結果如右圖所示：

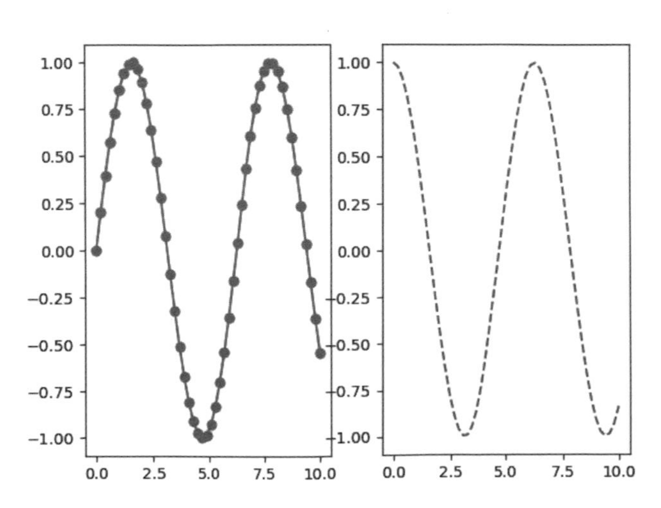

☆ 繪製 6 張表格排列的子圖表：ch9-3-1b.py

Python 程式準備在同一張圖繪製 6 張三角函數 sin()、cos()、tan()、sinh()、cosh() 和 tanh() 的圖表，可以顯示出繪製順序是先水平，然後才是垂直，如下所示：

```
x = np.linspace(0, 10, 50)
plt.subplot(231)
plt.plot(x, np.sin(x))
plt.subplot(232)
plt.plot(x, np.cos(x))
plt.subplot(233)
plt.plot(x, np.tan(x))
plt.subplot(234)
plt.plot(x, np.sinh(x))
plt.subplot(235)
plt.plot(x, np.cosh(x))
plt.subplot(236)
plt.plot(x, np.tanh(x))
plt.show()
```

上述程式碼呼叫 6 次 subplot() 函數繪出 6 張圖表，第 1 張是 2, 3, 1，即繪在 2×3 表格的第 1 欄，第 2 張的參數是 2, 3, 2，即 2×3 表格的第 2 欄，第 3 張是第 3 欄，然後是第 2 列的第 1~3 欄，其執行結果如下圖所示：

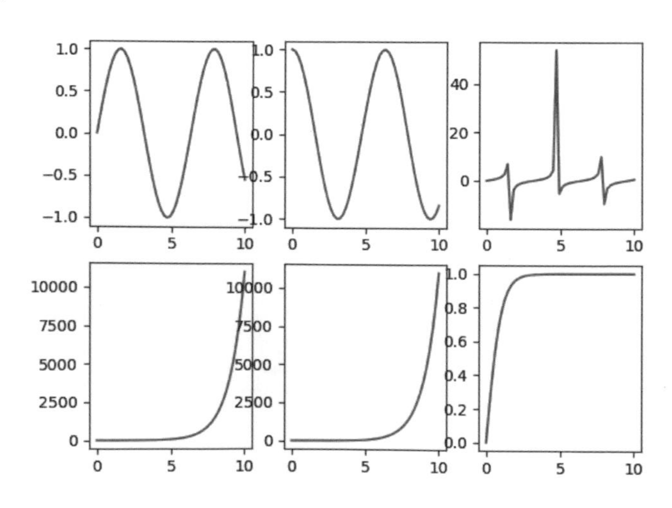

9-3-2 共用 x 軸的多軸圖表

Matplotlib 可以在是在同一張圖表繪出 2 個資料集，即 2 條折線（Python 程式：ch9-1-5b.py），這 2 個資料集是共用 x 和 y 軸，如果 y 軸的 2 個資料集的值範圍差很多時，可以建立多軸圖表來共用 x 軸，y 軸依資料集可以顯示不同範圍的刻度。

☆ 繪製多軸圖表共用 x 軸的 2 個資料集：ch9-3-2.py

因為三角函數 sin() 和 sinh() 的值範圍差很大，為了同時繪出這 2 個三角函數，Python 程式可以建立多軸圖表來共用 x 軸，如下所示：

```
x = np.linspace(0, 10, 50)
sinus = np.sin(x)
sinhs = np.sinh(x)
fig, ax = plt.subplots()
ax.plot(x, sinus, "r-o")
ax2 = ax.twinx()
ax2.plot(x, sinhs, "g--")
plt.show()
```

上述程式碼在第 1 次呼叫 subplots() 函數時取得回傳值，我們需要使用 ax 建立複製的 x 軸，即呼叫 ax.twinx() 函數建立第 2 軸 ax2，換句話說，我們是在 ax 軸繪製 sin() 函數；ax2 軸繪製 sinh() 函數，其執行結果可以看到左右分別有 2 個 y 軸的不同刻度範圍，如下圖所示：

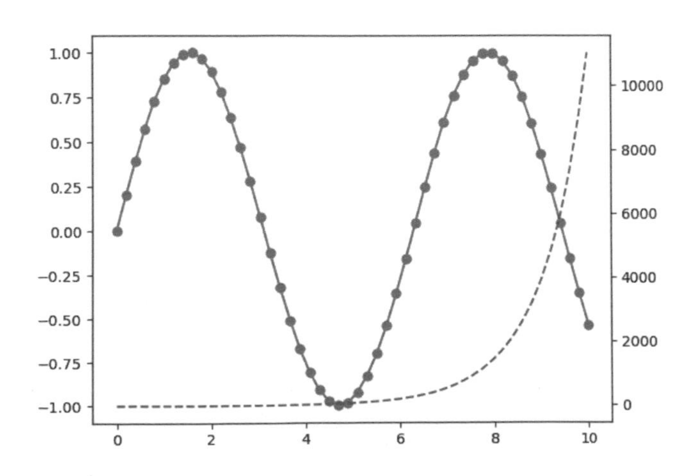

☆ 顯示共用 x 軸多軸圖表的標籤文字：ch9-3-2a.py

因為多軸圖表有 2 個 y 軸；共用 1 個 x 軸，不同於 9-1-3 節，Python 程式需要使用 set_xlabel() 和 set_ylabel() 函數來顯示軸的標籤文字，如下所示：

```
x = np.linspace(0, 10, 50)
sinus = np.sin(x)
sinhs = np.sinh(x)
fig, ax = plt.subplots()
ax.plot(x, sinus, "r-o")
ax.set_xlabel("x", color="green")
ax.set_ylabel("Sin(x)", color="red")
ax2 = ax.twinx()
ax2.plot(x, sinhs, "g--")
ax2.set_ylabel("Sinh(x)", color="blue")
plt.show()
```

上述程式碼的 ax 軸分別呼叫 set_xlabel() 和 set_ylabel() 函數顯示 x 和 y 軸的標籤文字，因為共用 x 軸，所以 ax2 只需呼叫 set_ylabel() 函數顯示 y 軸的標籤文字，color 參數是文字色彩，其執行結果如下圖所示：

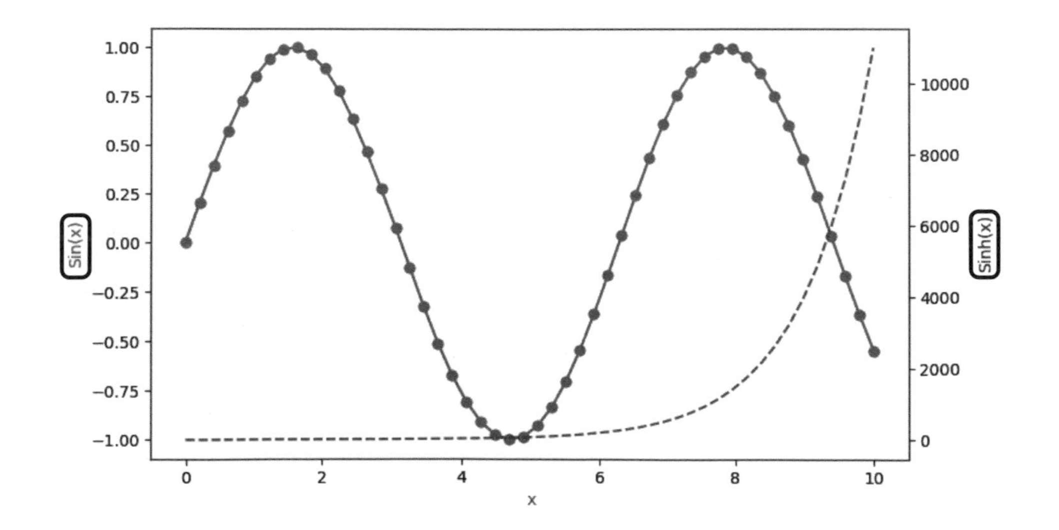

☆ 顯示共用 x 軸多軸圖表的圖例：ch9-3-2b.py

Python 程式一樣可以在共用 x 軸的多軸圖表顯示圖例，因為共有 2 個軸，所以需要分別自行顯示圖例，如下所示：

```
x = np.linspace(0, 10, 50)
sinus = np.sin(x)
sinhs = np.sinh(x)
fig, ax = plt.subplots()
ax.plot(x, sinus, "r-o", label="Sin(x)")
ax.set_xlabel("x", color="green")
ax.set_ylabel("Sin(x)", color="red")
ax.legend(loc="best")
ax2 = ax.twinx()
ax2.plot(x, sinhs, "g--", label="Sinh(x)")
ax2.set_ylabel("Cos(x)", color="blue")
ax2.legend(loc="best")
plt.show()
```

上述程式碼分別呼叫 ax.legend() 和 ax2.legend() 函數顯示 2 條線的圖例，因為呼叫 2 次，所以是分開顯示的 2 個圖例，其執行結果如下圖所示：

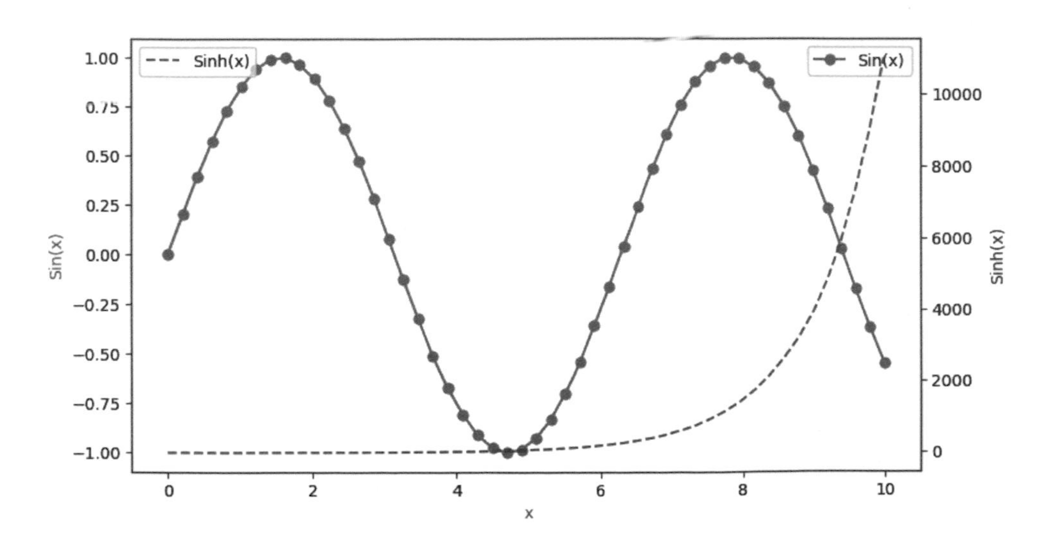

☆ 在共用 x 軸多軸圖表顯示單一圖例：ch9-3-2c.py

Python 程式是修改自 ch9-3-2b.py，將 2 個圖例的 2 條線顯示在同一個圖例，如下所示：

```
x = np.linspace(0, 10, 50)
sinus = np.sin(x)
sinhs = np.sinh(x)
fig, ax = plt.subplots()
lns1 = ax.plot(x, sinus, "r-o", label="Sin(x)")
ax.set_xlabel("x", color="green")
ax.set_ylabel("Sin(x)", color="red")
ax2 = ax.twinx()
lns2 = ax2.plot(x, sinhs, "g--", label="Sinh(x)")
ax2.set_ylabel("Sinh(x)", color="blue")
# 自行建立圖例來顯示所有標籤
lns = lns1 + lns2
labs = [l.get_label() for l in lns]
ax.legend(lns, labs, loc="best")
plt.show()
```

上述程式碼在呼叫 ax.plot() 和 ax2.plot() 函數時分別回傳 lns1 和 lns2 線型，然後自行組合圖例建立 lns 線型；labs 是各線的標籤，這是使用 get_label() 函數取出 2 條線的標籤文字，最後呼叫 ax.legend() 函數，第 1 個參數是線型、第 2 個是標籤，其執行結果如下圖所示：

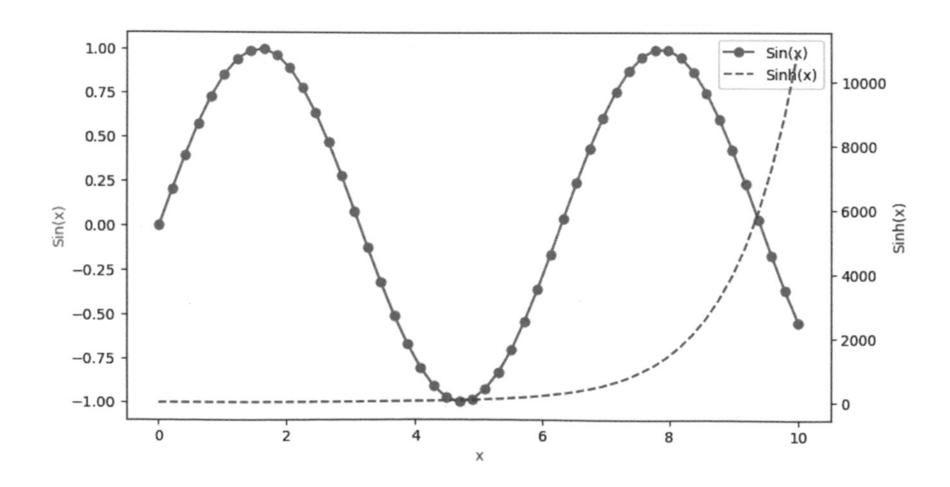

9-3-3 更改圖表的外觀

除了更改圖表的線型，Python 程式一樣可以在共用 x 軸的多軸圖表顯示標題文字，和更改 2 個 y 軸標籤顯示的字型、尺寸和色彩等樣式，或更改 y 軸顯示的刻度。

☆ 更改圖表的外觀：ch9-3-3.py

Python 程式可以使用 set_title() 函數和相關 set_???() 函數來顯示與更改 ch9-3-2a.py 圖表的標題文字，y 軸的標籤樣式，如下所示：

```
...
# 指定圖表標題文字
ax.set_title("Sin and Sinh Waves", fontsize="large")
# 更改刻度的外觀
for tick in ax.xaxis.get_ticklabels():
    tick.set_fontsize("large")
    tick.set_fontname("Times New Roman")
    tick.set_color("blue")
    tick.set_weight("bold")
plt.show()
```

上述程式碼呼叫 set_title() 函數顯示標題文字，fontsize 是字型尺寸，for/in 迴圈取出各軸的標籤文字，然後更改字型、尺寸、色彩和樣式，其執行結果如下圖所示：

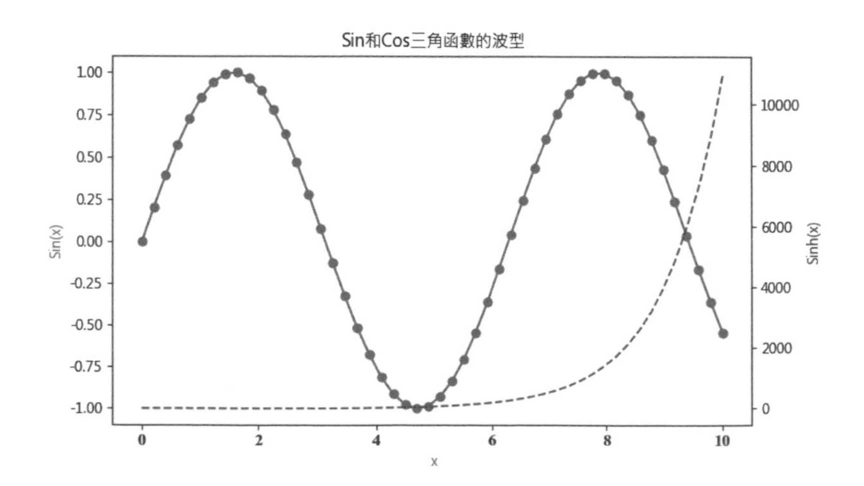

☆ 顯示圖表的刻度：ch9-3-3a.py

Python 程式可以呼叫 x 軸的 xticks() 函數和 y 軸的 yticks() 函數來回傳刻度和標籤文字串列，如下所示：

```
days = range(0, 22, 3)
celsius = [25.6, 23.2, 18.5, 28.3, 26.5, 30.5, 32.6, 33.1]
plt.plot(days, celsius)
plt.xlabel("日")
plt.ylabel("攝氏溫度")
locs1, labels = plt.xticks()
locs2, labels = plt.yticks()
plt.title(str(locs1) + "\n" + str(locs2))
plt.show()
```

上述 xticks() 和 yticks() 函數可以回傳 locs1～2 刻度和 labels 標籤串列（這是 xticklabel 物件），執行結果可以在標題文字顯示刻度串列，如右圖所示：

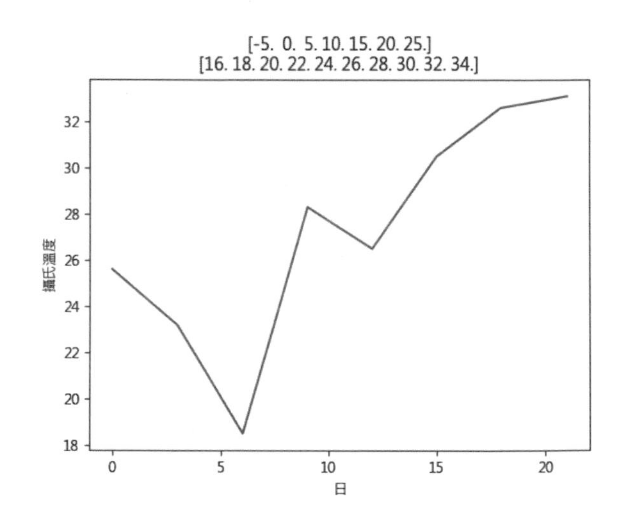

☆ 顯示自訂刻度（一）：ch9-3-3b.py

在成功顯示圖表的刻度串列後，如果不滿意刻度的範圍，Python 程式可以使用相同函數來指定自訂刻度，第1個範例是 2 個資料集的折線圖，如下所示：

```
days = range(0, 22, 3)
celsius = [25.6, 23.2, 18.5, 28.3, 26.5, 30.5, 32.6, 33.1]
plt.plot(days, celsius)
```

```
plt.xlabel("日")
plt.ylabel("攝氏溫度")
plt.xticks(range(0, 25, 2))
plt.yticks(range(15, 35, 3))
plt.show()
```

上述程式碼的 xticks() 和 yticks() 函數指定參數的新刻度範圍，其執行結果如右圖所示：

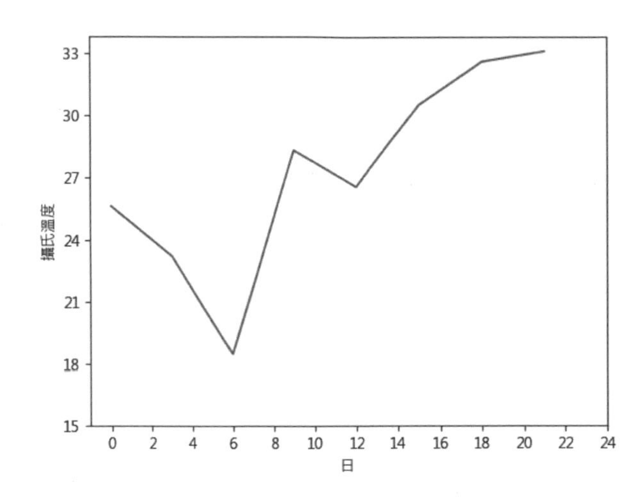

☆ 顯示自訂的刻度（二）：ch9-3-3c.py

第 2 個範例是共用 x 軸的多軸圖表，Python 程式一樣可以指定自訂刻度，使用的是 set_xticks() 和 set_yticks() 函數，如下所示：

```
x = np.linspace(0, 10, 50)
sinus = np.sin(x)
sinhs = np.sinh(x)
fig, ax = plt.subplots()
ax.plot(x, sinus, "r-o")
ax.set _ xlabel("x", color="green")
ax.set _ ylabel("Sin(x)", color="red")
ax2 = ax.twinx()
ax2.plot(x, sinhs, "g--")
ax2.set _ ylabel("Sinh(x)", color="blue")
plt.xticks(range(0, 11))
ax.set _ yticks(np.linspace(-1, 1, 10))
ax2.set _ yticks(np.linspace(0, 12000, 10))
plt.show()
```

上述程式碼只有更改 2 個 y 軸的自訂刻度，所以呼叫 2 次 set_yticks() 函數，參數值是新刻度，其執行結果如下圖所示：

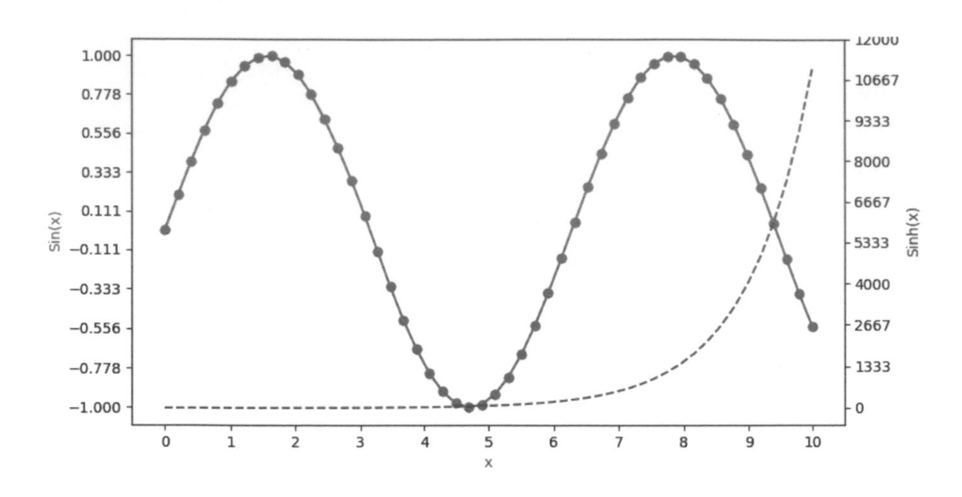

9-4 Pandas 套件的資料視覺化

除了使用 Matplotlib 套件繪製各種圖表外，第 8 章的 Pandas 套件本身也支援函數來繪製圖表，可以輕鬆建立視覺化圖表。

9-4-1 Series 物件的資料視覺化

Pandas 套件的 Series 和 DataFrame 物件都支援 plot() 函數來繪製圖表，在這一節先說明 Series 物件；下一節是 DataFrame 物件。

☆ 使用 Series 物件繪製折線圖：ch9-4-1.py

Python 程式只需使用數值串列建立 Series 物件後，就可以馬上使用 plot() 函數繪製折線圖，plt.show() 函數顯示圖表，如下所示：

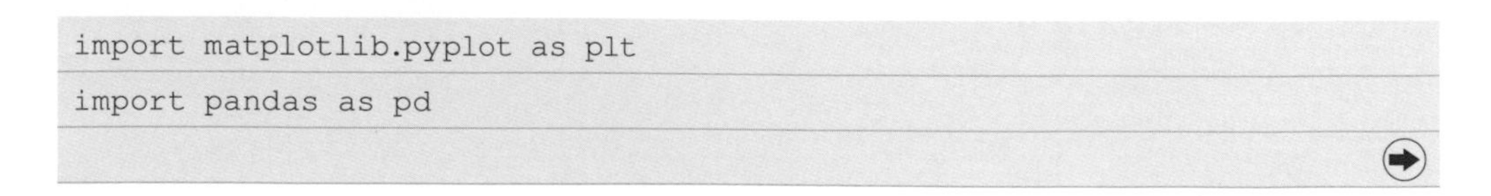

```
import matplotlib.pyplot as plt
import pandas as pd
```

```
data = [100, 110, 150, 170, 190, 200, 220]
s = pd.Series(data)
s.plot()
plt.show()
```

上述 plot() 函數使用 Series 物件變數 s 的資料來繪製折線圖，其執行結果如右圖所示：

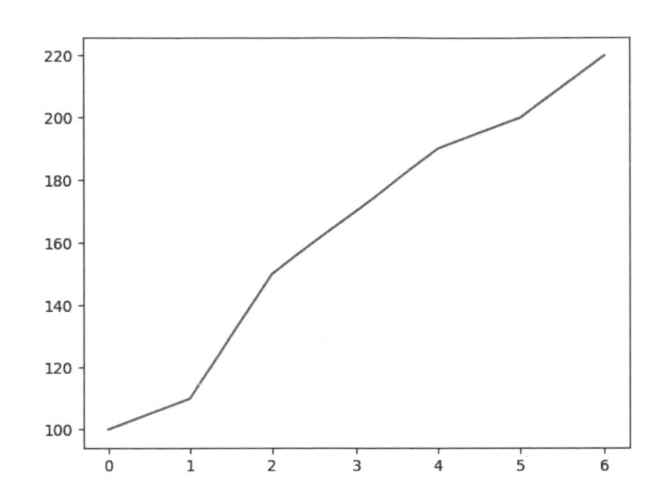

上述圖例的 x 軸是資料數的索引值，y 軸是 Series 物件的資料。

☆ 使用 Series 物件自訂列索引繪製折線圖：ch9-4-1a.py

在建立 Series 物件時如果有指定自訂列索引，當使用 plot() 函數繪製圖表時，x 軸就是自訂列索引，如下所示：

```
data = [100, 110, 150, 170, 190, 200, 220]
weekday = ["Sun", "Mon", "Tue", "Wed", "Thu", "Fri", "Sat"]
s = pd.Series(data, index=weekday)
s.plot()
plt.show()
```

上述 data 是銷售量，weekday 是星期，在建立 Series 物件時，使用 index 屬性指定列索引是 weekday 後，plot() 函數繪製的折線圖就會改用星期索引，其執行結果如下圖所示：

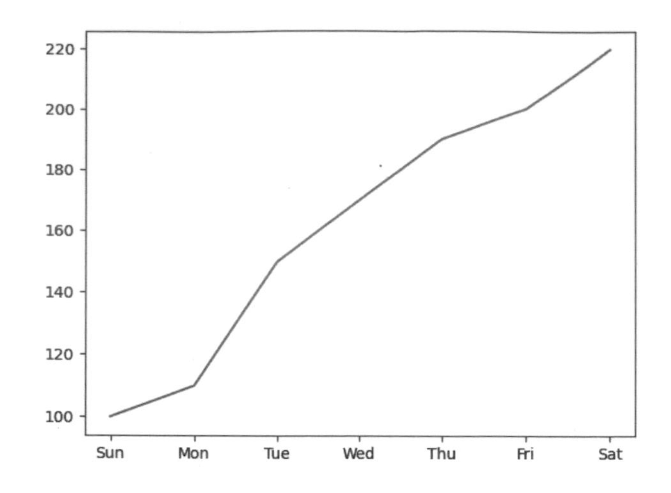

9-4-2 DataFrame 物件的資料視覺化

Pandas 套件的 DataFrame 物件也支援 plot() 函數的繪製圖表功能。

☆ 使用 DataFrame 物件繪製折線圖：ch9-4-2.py

Python 程式只需使用字典建立 DataFrame 物件後，就可以馬上使用 plot() 函數繪製折線圖，如下所示：

```
dists = {"name": ["Zhongzheng", "Banqiao", "Taoyuan", "Beitun",
                  "Annan", "Sanmin", "Daan", "Yonghe",
                  "Bade", "Cianjhen", "Fengshan",
                  "Xinyi", "Xindian"],
         "population": [159598, 551452, 441287, 275207,
                        192327, 343203, 309835, 222531,
                        198473, 189623, 359125,
                        225561, 302070]}
df = pd.DataFrame(dists)
print(df)
df.plot()
```

上述程式碼建立各區人口數的 DataFrame 物件，這是英文區名，其執行結果可以看到 DataFrame 物件的資料和折線圖，如下圖所示：

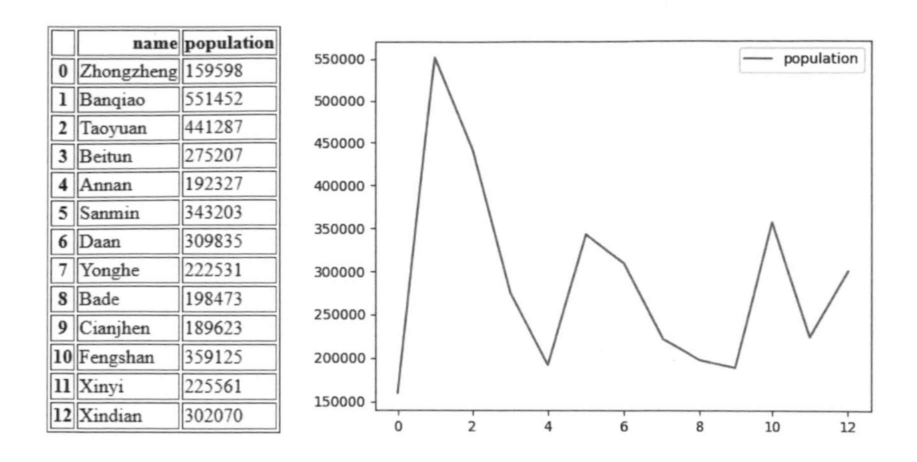

	name	population
0	Zhongzheng	159598
1	Banqiao	551452
2	Taoyuan	441287
3	Beitun	275207
4	Annan	192327
5	Sanmin	343203
6	Daan	309835
7	Yonghe	222531
8	Bade	198473
9	Cianjhen	189623
10	Fengshan	359125
11	Xinyi	225561
12	Xindian	302070

Python 程式也可以自訂欄索引和列索引來建立不同的折線圖，如下所示：

```
df2 = pd.DataFrame(dists,
                   columns=["population"],
                   index=dists["name"])
print(df2)
df2.plot()
plt.show()
```

上述 DataFrame 物件的欄索引是 **population** 欄位，列索引是 **name** 欄位，其執行結果如下圖所示：

	population
Zhongzheng	159598
Banqiao	551452
Taoyuan	441287
Beitun	275207
Annan	192327
Sanmin	343203
Daan	309835
Yonghe	222531
Bade	198473
Cianjhen	189623
Fengshan	359125
Xinyi	225561
Xindian	302070

☆ 顯示完整 x 軸標籤的折線圖：ch9-4-2a.py

在 ch9-4-2.py 的第 2 個折線圖，顯示的標籤只有幾個，因為空間不夠，沒有辦法顯示全部標籤，Python 程式可以旋轉標籤來顯示完整 x 軸標籤的折線圖，如下所示：

```
...
df = pd.DataFrame(dists,
                  columns=["population"],
                  index=dists["name"])
print(df)
df.plot(xticks=range(len(df.index)),
        use _ index=True)

df.plot(xticks=range(len(df.index)),
        use _ index=True,
        rot=90)
```

上述 plot() 函數指定 xticks 屬性的 x 軸尺規是索引數的 0~11，use_index 屬性指定使用列索引，因為名稱太長，所以都疊在一起（下圖左），在第 2 個 plot() 函數新增 rot 參數（即 rotation 屬性）值 90，可以轉 90 度來顯示（下圖右），其執行結果如下圖所示：

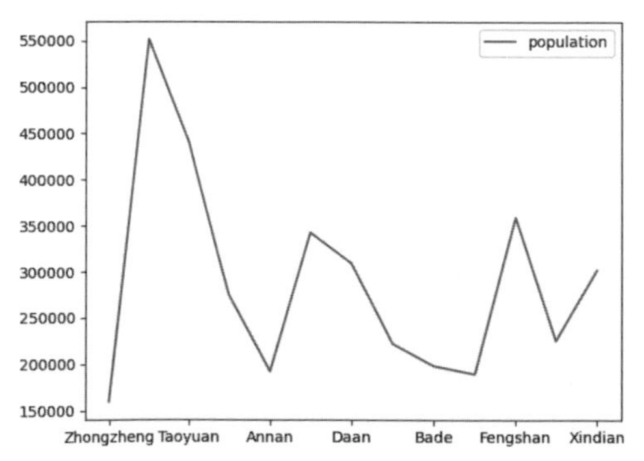

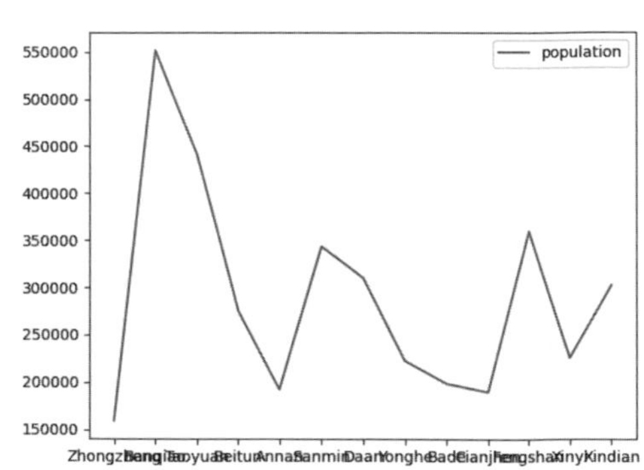

9-4-3 使用兩軸的折線圖

當 DataFrame 物件有多個欄位時，每一個欄位就是一條線，可以同時繪出多條折線，也可以搭配 Matplotlib 套件來建立多軸折線圖。

☆ 使用 2 個資料集來繪製折線圖：ch9-4-3.py

DataFrame 物件的每一個欄位是一個資料集，如果有 2 個資料集，就可以在折線圖繪出 2 條折線（資料集已改成中文版），如下所示：

```
dists = {"區名": ["中正區", "板橋區", "桃園區", "北屯區",
                  "安南區", "三民區", "大安區", "永和區",
                  "八德區", "前鎮區", "鳳山區",
                  "信義區", "新店區"],
         "人口": [159598, 551452, 441287, 275207,
                  192327, 343203, 309835, 222531,
                  198473, 189623, 359125,
                  225561, 302070],
         "面積": [7.6071, 23.1373, 34.8046, 62.7034,
                  107.2016, 19.7866, 11.3614, 5.7138,
                  33.7111, 19.1207, 26.7590,
                  11.2077, 120.2255]}

df = pd.DataFrame(dists,
                  columns=["人口", "面積"],
                  index=dists["區名"])
print(df)
df.to_html("ch9-4-3.html")
df["面積"] *= 1000
df.plot(xticks=range(len(df.index)),
        use_index=True,
        rot=90)
plt.show()
```

上述 Python 字典新增各區面積，所以建立 DataFrame 物件時，columns 屬性有 2 個欄位**人口**和**面積**，因為面積是平方公里，和人口數差距太大，所以先乘以 1000，改為平方公尺，其執行結果如下圖所示：

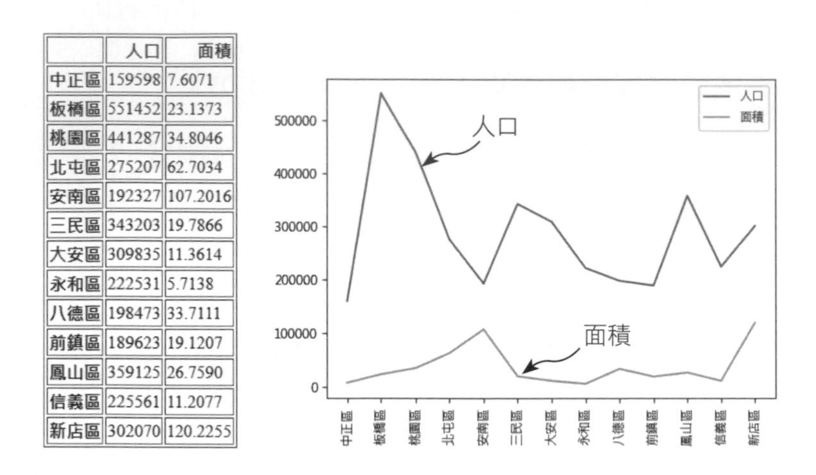

	人口	面積
中正區	159598	7.6071
板橋區	551452	23.1373
桃園區	441287	34.8046
北屯區	275207	62.7034
安南區	192327	107.2016
三民區	343203	19.7866
大安區	309835	11.3614
永和區	222531	5.7138
八德區	198473	33.7111
前鎮區	189623	19.1207
鳳山區	359125	26.7590
信義區	225561	11.2077
新店區	302070	120.2255

☆ 使用 Matplotlib 套件繪製兩軸的折線圖：ch9-4-3a.py

Python 程式使用和 ch9-4-3.py 相同的 DataFrame 物件，只是改用 Matplotlib 套件繪製兩軸折線圖，如下所示：

```
…
fig, ax = plt.subplots()
fig.suptitle("分區統計")
ax.set_ylabel("人口")
ax.set_xlabel("分區")
ax2 = ax.twinx()
ax2.set_ylabel("面積")
df["人口"].plot( ax=ax,
                style="b--o",
                use_index=True,
                rot=90)
df["面積"].plot( ax=ax2,
                style="g-s",
                use_index=True,
                rot=90)
plt.show()
```

上述程式碼呼叫 subplots() 函數建立子圖，在回傳 fig 和 ax 軸後，呼叫 suptitle() 函數新增標題文字，在指定 ax 的 2 軸標籤後，再呼叫 twinx() 函數建立第 2 軸 ax2，此軸的是**面積**。

接著分別在**人口**和**面積**欄位呼叫 plot() 函數繪出折線圖，ax 參數可以指定是哪一軸，style 屬性是線條外觀，其執行結果如下圖所示：

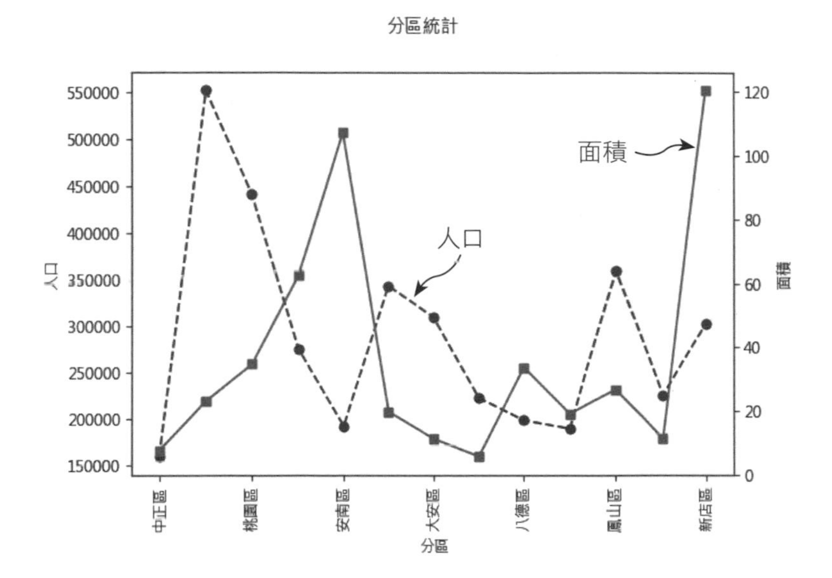

9-4-4 使用 Pandas 套件繪製長條圖

除了折線圖，Pandas 套件也支援繪製長條圖，Python 程式可以使用 Series 物件或 DataFrame 物件來繪製長條圖。

☆ 使用 Series 物件繪製長條圖：ch9-4-4.py

Python 程式只需建立數值資料的 Series 物件，就可以使用 plot() 函數繪製長條圖，如下所示：

```
data = [100, 110, 150, 170, 190, 200, 220]
s = pd.Series(data)
s.plot(kind="bar", rot=0)
plt.show()
```

上述 plot() 函數使用 kind 屬性指定 "bar" 長條圖，其執行結果如下圖所示：

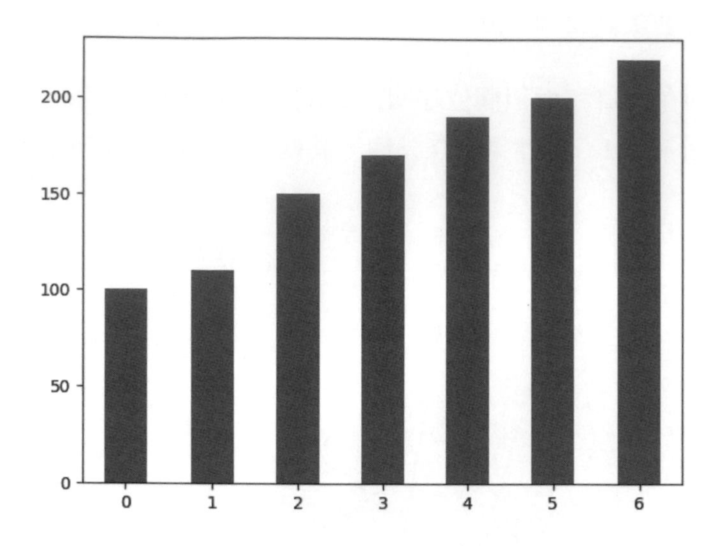

☆ 使用 DataFrame 物件繪製長條圖：ch9-4-4a.py

Python 程式只需建立數值資料的 DataFrame 物件，就可以使用 plot() 函數繪製長條圖，例如：繪製作業系統市佔率的長條圖，如下所示：

```
usage = {"os": ["Windows","Mac OS","Linux","Chrome OS","BSD"],
         "percentage": [88.78, 8.21, 2.32, 0.34, 0.02]}

df = pd.DataFrame(usage,
                  columns=["percentage"],
                  index=usage["os"])
print(df)
df.plot(kind="bar")
plt.show()
```

上述 DataFrame 物件指定欄索引的欄位是 **percentage**，列索引是 usage["os"] 串列，plot() 函數使用 kind 屬性指定 "bar" 長條圖，其執行結果如下圖所示：

	percentage
Windows	88.78
Mac OS	8.21
Linux	2.32
Chrome OS	0.34
BSD	0.02

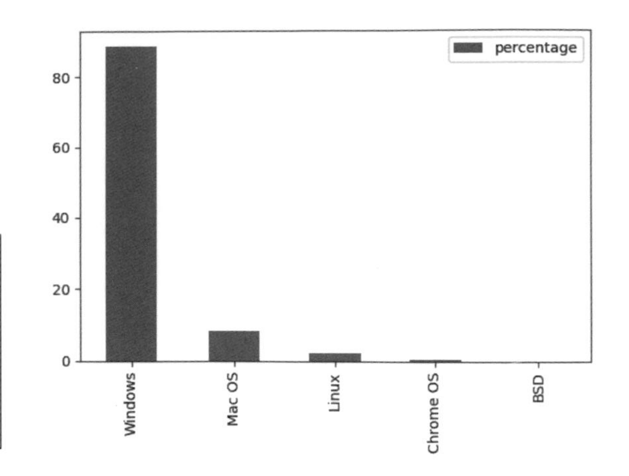

9-4-5 使用 Pandas 套件繪製派圖

Pandas 套件也可以繪製派圖，在這一節是使用 Series 物件繪製派圖。

☆ 使用 Series 物件繪製派圖：ch9-4-5.py

Python 程式只需建立數值資料的 Series 物件和指定索引，就可以使用 plot() 函數繪製派圖，例如：水果銷售量的派圖，如下所示：

```
fruits = ["蘋果","梨子","香蕉","橙子"]
percentage = [30, 10, 40, 20]

s = pd.Series(percentage, index=fruits, name="水果")
print(s)
s.plot(kind="pie")
plt.show()
```

上述 Series 物件指定索引 fruits，name 屬性是名稱，在plot() 函數使用 kind 屬性指定 "pie" 派圖，其執行結果如下圖所示：

```
蘋果    30
梨子    10
香蕉    40
橙子    20
Name: 水果, dtype: int64
```

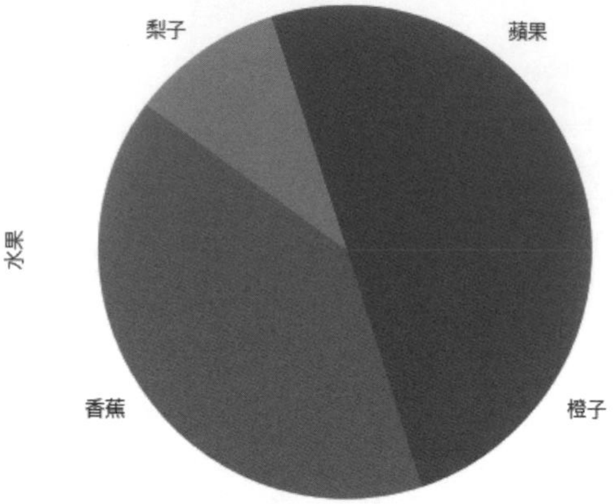

梨子 蘋果 水果 香蕉 橙子

☆ 使用突增值標示派圖的切片：ch9-4-5a.py

Python 程式只需建立 explode 串列的突增值，就可以使用 plot() 函數繪製標示切片突出的派圖，如下所示：

```
fruits = ["蘋果","梨子","香蕉","橙子"]
percentage = [30, 10, 40, 20]

s = pd.Series(percentage, index=fruits, name="水果")
print(s)
explode = [0.1, 0.3, 0.1, 0.3]
s.plot(kind="pie",
       figsize=(6, 6),
       explode=explode)
plt.show()
```

上述 explode 串列是對應各切片的突增值，plot() 函數使用 kind 屬性指定 "pie" 派圖，figsize 屬性指定尺寸長寬相同，這是正圓，explode 屬性是突增值，其執行結果如下圖所示：

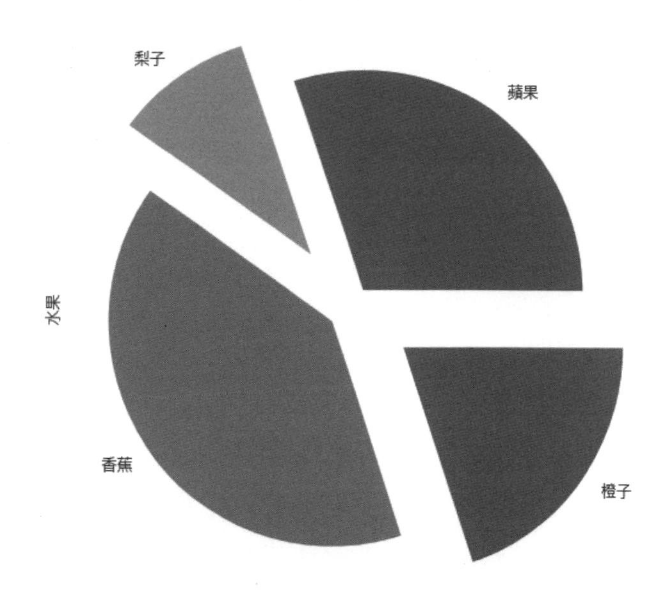

9-4-6 使用 Pandas 套件繪製散佈圖和箱形圖

Pandas 套件的 plot() 函數也支援繪製散佈圖和箱形圖，只需建立 DataFrame 物件，就可以馬上指定欄位來繪製散佈圖和箱形圖。

☆ 繪製散佈圖：ch9-4-6.py

Python 程式準備將第 9-2-1 節 Sin() 函數的散佈圖改用 Pandas 套件的 plot() 函數來繪製，如下所示：

```
x = np.linspace(0, 2*np.pi, 50)
y = np.sin(x)
df = pd.DataFrame({"x":x, "y":y})
df.plot(kind="scatter", x="x", y="y",
        title="Sin(x)")
plt.show()
```

上述程式碼建立 NumPy 陣列 x 和 y 後，使用此資料建立 DataFrame 物件，即可使用 plot() 函數繪出散佈圖，參數 kind 是 scatter，x 參數是 X 軸的欄位名稱；y 參數是 Y 軸，title 參數是標題文字，其執行結果如下圖所示：

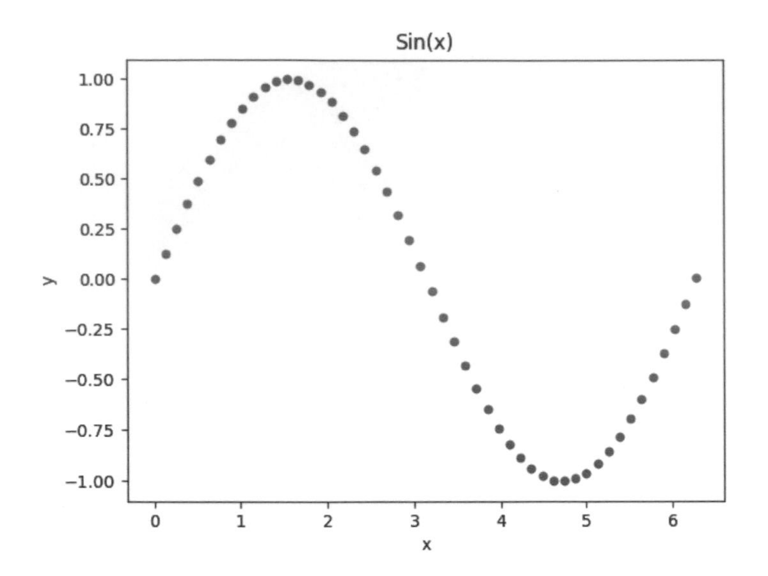

☆ 繪製箱形圖：ch9-4-6a.py

箱形圖（Box Plot）是一種用來顯示數值分佈的圖表，可以清楚顯示資料的最小值、前 25%、中間值、前 75% 和最大值，如下所示：

```
iris = pd.read_csv("iris.csv")

iris.boxplot(column="sepal_length",
             by="target",
             figsize=(6,5))
plt.show()
```

上述程式碼載入 iris.csv 鳶尾花資料集後（註：這是學習資料科學常會使用的現成資料集，記錄 Setosa、Versicolour 和 Virginica 三類鳶尾花的花瓣和花萼尺寸資料，後續章節還會常用到），呼叫 boxplot() 函數繪製花萼（Sepal）長度的箱形圖，參數 column 是欄索引或欄索引串列，參數 by 是群組欄位，以此例是 target 欄位的三種類別，figsize 參數是圖表尺寸的元組，其執行結果如下圖所示：

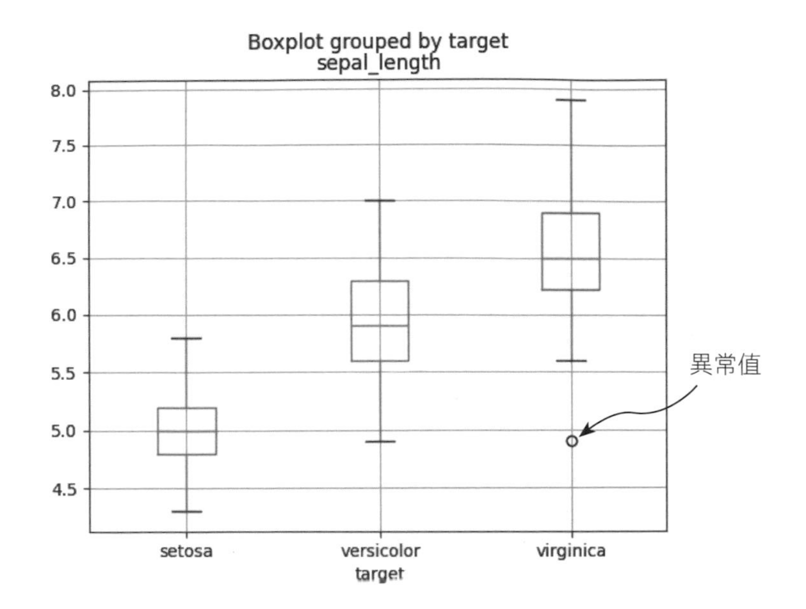

上述圖表中的箱形中間是中間值，箱形上緣是 75%；下緣是 25%，最上方的橫線是最大值，最下方的橫線是最小值，透過箱形圖，可以清楚顯示三種類別的花萼長度分佈，在 virginica 的箱形線上有 1 個小圓形，這是異常值 4.9 的標示。

★ 學習評量 ★

1. 請簡單說明什麼是 Matplotlib 套件？
2. 請問 Matplotlib 套件可以繪製哪幾種不同類型的圖表？
3. 請問什麼是散佈圖？何謂箱形圖？
4. 請舉例說明 Matplotlib 套件的子圖？這些子圖是如何排列？
5. Pandas 套件可以使用 ________ 函數繪製圖表，DataFrame 物件是呼叫 ________ 函數繪製箱形圖。
6. X 是 1~50；Y 是 X 值的 3 倍，請建立 Python 程式繪出一條線的折線圖，標題文字是 Draw a Line.。
7. 在下方是 2 條線的 X 和 Y 軸座標，請建立 Python 程式使用 Matplotlib 套件繪出這 2 個資料集的折線圖，和顯示圖例，如下所示：

```
x1 = [10,20,30]
y1 = [20,40,10]
x2 = [10,20,30]
y2 = [40,10,30]
```

8. 現在有公司 5 天股價資料的 CSV 檔案 stock.csv，請建立 Python 程式使用 Pandas 套件載入檔案後，繪出 5 天股價的折線圖。
9. 請建立 Python 程式使用 Pandas 套件載入 anscombe_i.csv 檔案後，使用 x 和 y 欄位繪出散佈圖。
10. 請建立 Python 程式使用 Pandas 套件載入 iris.csv 檔案，然後使用 petal_length 欄位繪出箱形圖。

CHAPTER

10

大數據分析 (二)：Seaborn 統計資料視覺化

10-1 大數據分析 - 資料視覺化

大數據（Big Data）也稱為海量資料或巨量資料，也就是非常龐大的資料，我們需要將這些巨量資料轉換成結構化資料後，才能進行資料視覺化，這就是大數據分析工作的內涵。

10-1-1 認識資料視覺化

「資料視覺化」（Data Visualization）是使用圖形化工具（例如：各式統計圖表等）運用視覺方式來呈現從大數據萃取出的有用資料，簡單的說，資料視覺化可以將複雜資料使用圖形抽象化成易於聽眾或閱讀者吸收的內容，讓我們透過圖形或圖表，更容易識別出資料中的模式（Patterns）、趨勢（Trends）和關聯性（Relationships）。

資料視覺化並不是一項新技術，早在西元前 27 世紀，蘇美人已經將城市、山脈和河川等原始資料繪製成地圖，幫助辨識方位，這就是資料視覺化，在 18 世紀出現了曲線圖、面積圖、長條圖和派圖等各種圖表，奠定現代統計圖表的基礎，從 1950 年代開始使用電腦運算能力處理複雜資料，並且幫助我們繪製圖形和圖表，逐漸讓資料視覺化深入日常生活中，現在，你無時無刻可以在雜誌報紙、新聞媒體、學術報告和公共交通指示等發現資料視覺化的圖形和圖表。

基本上，資料視覺化需要考量三個要點，如下所示：

- **資料的正確性**：不能為了視覺化而視覺化，資料在使用圖形抽象化後，仍然需要保有資料的正確性。
- **閱讀者的閱讀動機**：資料視覺化的目的是為了讓閱讀者快速了解和吸收，如何引起閱讀者的動機，讓閱讀者能夠突破心理障礙，理解不熟悉領域的資訊，這就是視覺化需要考量的重點。
- **傳遞有效率的資訊**：資訊不只需要正確，還需要有效，資料視覺化可以讓閱讀者短時間理解圖表和留下印象，才是真正有效率的傳遞資訊。

資訊圖表（Infographic）是另一個常聽到的名詞，資訊圖表和資料視覺化的目的相同，都是使用圖形化方式來簡化複雜資訊。不過，兩者之間有些不一樣，資料視覺化是客觀的圖形化資料呈現，資訊圖表則是主觀呈現創作者的觀點、故事，並且使用更多圖形化方式來呈現，所以需要相當的繪圖技巧。

10-1-2 資料視覺化的過程

資料視覺化（Data Visualization）就是使用圖表來述說你從資料中找到的故事。視覺化過程的基本步驟（源自 Jorge Camoes 著作："Data at Work: Best practices for creating effective charts and information graphics in Microsoft Excel"），如右圖所示：

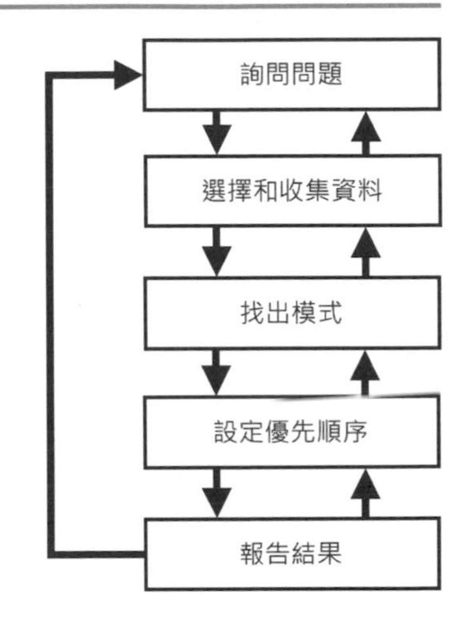

☆ 步驟一：詢問問題（Asking Questions）

資料視覺化的第一步是詢問問題，然後製作圖表來回答問題，我們可以反過來從圖表適合回答哪些問題的種類來了解需要如何詢問問題，如下所示：

- **分佈問題**：分佈問題是資料在座標軸範圍的分佈情況，我們可以使用直方圖或箱形圖來回答客戶年齡和收入的分佈。
- **趨勢問題**：這是時間軸的比較問題，我們可以使用折線圖顯示公司業績是否有成長？
- **關聯性問題**：關聯性問題是二個或多個變數之間的關係，我們可以使用散佈圖顯示周年慶行銷活動是否可以增加業績的成長。
- **排序問題**：個別資料的順序和排序問題可以使用長條圖，我們可以使用長條圖顯示公司銷售最佳和最差的產品，與競爭對手比較，我們的主力產品賣的比較多；還是比較少？

◆ **成分問題**：元件與成品的組成是成分問題，我們可以使用派圖顯示公司主力產品的市場佔有率。

☆ 步驟二：選擇和收集資料（Selecting and Collecting the Data）

在步驟二開始收集所有與問題相關的原始資料（Raw Data），資料來源可能是公開資料、內部資料或向外面購買的資料，可以使用網路爬蟲、Open Data 和查詢資料庫來取得這些資料。

等到收集好資料後，即可開始選擇和分類資料，將收集資料區分成回答問題所收集的主要資料，例如：針對產品和競爭對手比較問題收集的主要資料，和因為其他目的收集的次要資料，例如：使用收集到的官方人口資料來估計市場規模有多大。

☆ 步驟三：找出模式（Searching for Patterns）

接著探索資料來找出模式，也就是依據可能的線索繪製大量圖表，然後一一閱讀視覺化圖表來試著找出隱藏在資料之間的關係、樣式、趨勢或異常情況，也許有些模式很明顯，一眼就可以看出，但也有可能需要從這些模式再深入分析，以便找出更多的模式。

☆ 步驟四：設定優先順序（Setting Priorities）

在花時間探索資料後，相信對於問題已經有了進一步的了解和觀點，現在，我們可以依據觀點決定分析方向，同時設定取得資料和分析資料的優先順序，和資料的重要性。

因為每一張繪製的圖表就如同是你的一個想法，剛開始的想法可能有些雜亂無章，但等到分析到一定程度，某些想法會愈來愈明確，請專注於這些明確的想法，忘掉哪些干擾的旁技末節，也不要鑽牛角尖，並且試著將相關圖表串聯起來，讓我們從資料找出的故事愈來愈完整。

☆ 步驟五：報告結果（Reporting Results）

最後，我們需要從幾十張，甚至數百張圖表中，闡明關鍵點在哪裡？資料之間的關聯性是什麼？如何讓閱讀者理解這些資訊，然後重新整理圖表，設計出一致訊息、樣式和格式的圖表，最好是能夠吸引閱讀者興趣的圖表，以便傳達你的研究成果，讓你敘說的資料故事成為一個精彩的故事。

10-2 Seaborn 套件的基礎

Seaborn 套件是功能強大的高階資料視覺化函式庫，Anaconda 已經預設安裝，如果沒有安裝，請開啟「Anaconda Prompt」命令提示字元視窗，輸入下列指令安裝 Seaborn 函式庫，如下所示：

```
pip install seaborn==0.11.2 Enter
```

☆ 認識 Seaborn 套件

Seaborn 是建立在 Matplotlib 上的一套統計資料視覺化套件，其主要目的是補足和擴充 Matplotlib 功能，因為 Matplotlib 繪製漂亮圖表需要指定大量參數，Seaborn 提供預設參數值的佈景（Themes），和緊密整合 Pandas 資料結構，可以讓我們更容易繪製各種漂亮圖表，特別適用在繪製統計圖表。Seaborn 在資料視覺化方面增強的功能，如下所示：

- ◆ 提供預設圖形美學的佈景主題，可以快速繪製漂亮的圖表。
- ◆ 支援客製化調色盤的圖表色彩配置。
- ◆ 可以繪製漂亮和吸引人的統計圖表。
- ◆ 能夠使用多面向和彈性方式來顯示資料分佈。
- ◆ 緊密整合 Pandas 的 DataFrame 資料框物件。

☆ Seaborn 圖表函數

Seaborn 圖表函數是擴充 Matplotlib 的圖表函數，在 Matplotlib 的每一張圖表是繪製在指定軸（Axes），即一張子圖表（Subplots），多個子圖表（軸）組合成一張圖形（Figure），Python 程式需要先建立圖形，分割成表格的多個軸後，才在指定軸上繪製子圖表。

Seaborn 則可以直接依據資料分類來繪製多張子圖表（不用自行繪製每一張子圖表），幫助我們快速建立多面向的資料視覺化圖表。Seaborn 圖表函數分為兩大類，如下所示：

◆ **軸等級的圖表函數**（Axes-level Functions）：對應 Matplotlib 圖表函數，可以在指定軸上繪製圖表（單一軸），在各軸的圖表是獨立，並不會影響同一張圖形（Figure）位在其他軸的子圖表。

◆ **圖形等級的圖表函數**（Figure-level Functions）：緊密結合 Pandas 的 DataFrame 物件，可以在 Matplotlib 圖形（Figure），使用資料類別來直接擴展繪製跨多軸的多張子圖表，幫助我們最佳化資料探索和分析，而且可以使用 kind 屬性指定圖表種類。

換句話說，Seaborn **軸等級**的圖表函數只能繪製一種圖，**圖形等級**的圖表函數支援繪製多種圖表。

10-3 Seaborn 套件的基本使用

Seaborn 是除了 Matplotlib 外，一套必學的資料視覺化套件，可以輕鬆讓我們結合 Pandas 資料來繪製各種統計圖表。

10-3-1 使用 Seaborn 繪製圖表

現在，我們可以建立 Python 程式使用 Seaborn 套件來繪製圖表，首先在程式開頭需要匯入相關模組與套件，如下所示：

```
import matplotlib.pyplot as plt
import seaborn as sns
import pandas as pd
```

上述程式碼匯入 Matplotlib 和 Seaborn（別名 sns），因為緊密結合 DataFrame，如果有使用 DataFrame 物件，也需匯入 Pandas。

☆ 繪製軸等級的圖表：ch10-3-1.py

Python 程式使用 Seaborn 軸等級的圖表函數來繪製子圖表。首先在程式開頭匯入模組和套件，如下所示：

```
import matplotlib.pyplot as plt
import seaborn as sns
import math

x = [0,0.5,1,1.5,2,2.5,3,3.5,4,4.5,5,
     5.5,6,6.5,7,7.5,8,8.5,9,9.5,10]
sinus = [math.sin(v) for v in x]
cosinus = [math.cos(v) for v in x]

sns.set()
fig, axes = plt.subplots(1,2, figsize=(6,4))
ax1 = sns.lineplot(x=x, y=sinus, ax=axes[0])
ax2 = sns.scatterplot(x=x, y=cosinus, ax=axes[1])
plt.show()
```

上述程式碼使用 Python 串列作為資料來源，在建立資料後，呼叫 set() 函數指定使用 Seaborn 預設佈景，然後使用 subplots() 函數建立擁有 2 個儲存格的圖形，即在 2 個軸上繪製子圖表。

然後使用 lineplot() 函數繪製折線圖；scatterplot() 函數是散佈圖，函數回傳值是軸，函數的參數 x 是 x 軸資料；y 是 y 軸，參數 ax 是指定繪在哪一個軸上，最後呼叫 show() 函數顯示圖表，其執行結果可以看出 Seaborn 圖表比較漂亮，因為 Seaborn 套用預設佈景主題，如下圖所示：

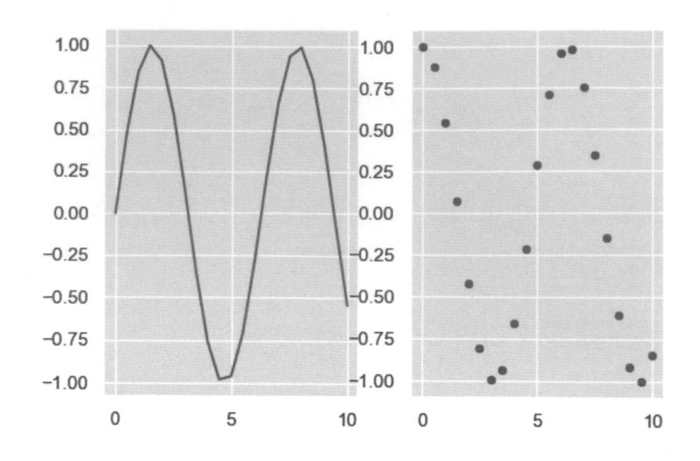

☆ 繪製圖形等級的圖表：ch10-3-1a.py

接著使用相同資料，改用圖形等級的圖表函數來繪製多張子圖表，因為此等級函數與 Pandas 資料緊密結合，Python 程式需要先建立 DataFrame 物件後，才能繪製圖表。首先匯入模組套件和建立所需資料的 Python 串列，如下所示：

```
import matplotlib.pyplot as plt
import seaborn as sns
import pandas as pd
import math

x = [0,0.5,1,1.5,2,2.5,3,3.5,4,4.5,5,
     5.5,6,6.5,7,7.5,8,8.5,9,9.5,10]
sinus = [math.sin(v) for v in x]
cosinus = [math.cos(v) for v in x]
```

上述程式碼匯入套件後，建立 3 個 Python 串列，我們準備將這 3 個串列建立成 DataFrame 物件，如下所示：

```
df = pd.DataFrame()
df["x"] = x
df["sin"]= sinus
df["cos"] = cosinus
print(df.head())
```

上述程式碼建立空 DataFrame 物件後，依序新增 x、sin 和 cos 三個欄位，其執行結果如右圖所示：

	x	sin	cos
0	0.0	0.000000	1.000000
1	0.5	0.479426	0.877583
2	1.0	0.841471	0.540302
3	1.5	0.997495	0.070737
4	2.0	0.909297	-0.416147

上述 DataFrame 物件共有 3 欄：第 1 個是 x 軸、第 2~3 個是 y 軸（sin、cos），請注意！Seaborn 圖形等級圖表函數的資料結構需要將每一欄的 sin 和 cos 溶合成同一欄位，使用新增的分類欄位來指明是 sin 或 cos 的 y 軸資料。請使用 melt() 函數處理 DataFrame 物件，如下所示：

```
df2 = pd.melt(df, id_vars=['x'], value_vars=['sin', 'cos'])
print(df2.head())
```

上述程式碼建立 df2 物件，參數 id_vars 是 x 軸資料，value_vars 參數指定 sin 和 cos 兩欄串列是欲溶合的 y 軸資料，其轉換結果如右圖所示：

多建一個分類欄位

	x	variable	value
0	0.0	sin	0.000000
1	0.5	sin	0.479426
2	1.0	sin	0.841471
3	1.5	sin	0.997495
4	2.0	sin	0.909297

上述 variable 欄位是分類欄位，其值是 2 種 y 軸資料的 sin 和 cos，value 欄位即原來 2 個 y 軸值溶合成的欄位。最後，使用 DataFrame 物件 df2 作為資料來源來繪製 Seaborn 圖表，如下所示：

```
sns.set()
sns.relplot(x="x", y="value", kind="scatter", col="variable", data=df2)
plt.show()
```

上述 relplot() 函數是 Seaborn 圖形等級的圖表函數，最後的 data 參數指定使用 DataFrame 物件，因為已經指定 df2，所以參數 x 和 y 的值是欄位名稱字串 "x" 和 "value"，kind 參數指定 "scatter" 散佈圖（預設值），值 "line" 是折線圖，col 參數指定分類欄位 "variable"，其執行結果可以看到繪製 sin 和 cos 分類的 2 張散佈圖，如下圖所示：

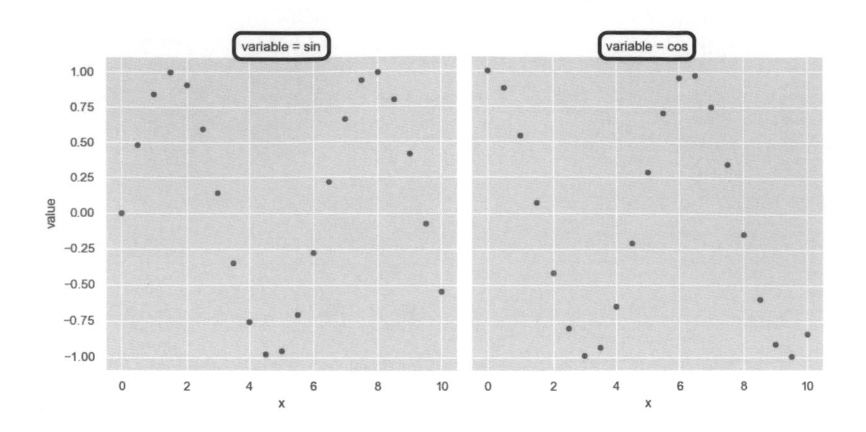

上述圖例可以看出 1 個 relplot() 函數自動依據 col 參數的 "variable" 欄位值，將資料繪成 sin 和 cos 共兩張子圖表。

10-3-2 更改 Seaborn 圖表的外觀

Seaborn 圖表在呼叫 set() 函數套用預設佈景後，可以更改 Seaborn 圖表的佈景和樣式，或直接使用 Matplotlib 函數來更改軸範圍、顯示標題文字和軸標籤。

☆ 更改 Seaborn 圖表的樣式：ch10-3-2.py

Seaborn 圖表可以使用 set_style() 函數指定圖表使用的佈景主題，可用的參數值有：darkgrid（預設值）、whitegrid、dark、white 和 ticks，如下所示：

```
x = [0,0.5,1,1.5,2,2.5,3,3.5,4,4.5,5,
     5.5,6,6.5,7,7.5,8,8.5,9,9.5,10]
sinus = [math.sin(v) for v in x]

sns.set_style("whitegrid")
sns.lineplot(x=x, y=sinus)
plt.show()
```

上述程式碼建立 x 座標和 sin(x) 值的串列後，呼叫 set_style() 函數指定 whitegrid 佈景主題，其執行結果如下圖所示：

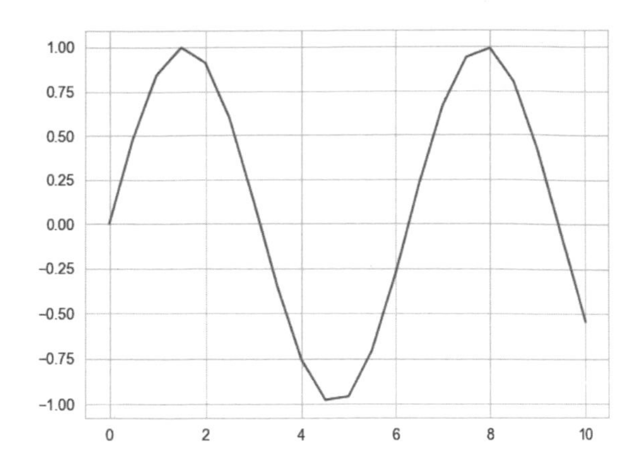

☆ 刪除上方和右方的軸線：ch10-3-2a.py

當 Seaborn 圖表使用 whitegrid 佈景主題時，可以看到位在圖表最上方和最右方顯示出完整軸線，一般來說，我們只會顯示最左方和最下方的軸線，此時，請使用 despine() 函數來移除這 2 條線，如下所示：

```
sns.set _ style("whitegrid")
sns.lineplot(x=x, y=sinus)
sns.despine()
plt.show()
```

上述程式碼是在呼叫 lineplot() 函數後，再呼叫 despine() 函數來移除這 2 條線，其執行結果如下圖所示：

☆ 更改 Seaborn 佈景的樣式：ch10-3-2b.py

在 Seaborn 的 set_style() 函數可以在第 2 個參數使用字典來更改佈景的細部樣式，如下所示：

```
sns.set_style("darkgrid", {"axes.axisbelow": False})
sns.lineplot(x=x, y=sinus)
plt.show()
```

上述程式碼更改 axes.axisbelow 屬性值為 False，表示軸線會顯示在圖表折線的上方，其執行結果如右圖所示：

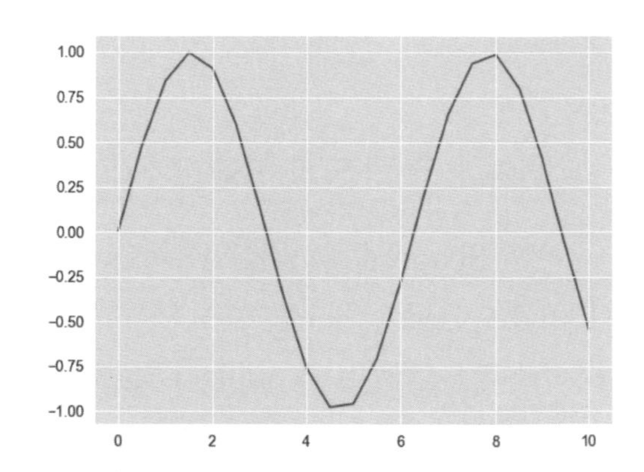

如果想知道可修改的佈景屬性有哪些，請呼叫 axe_style() 函數來顯示目前佈景主題的字典，這就是我們可以更改的屬性，如下所示：

```
print(sns.axes_style())
```

☆ 更改 Seaborn 圖表的外觀：ch10-3-2c.py

除了使用 Seaborn 圖表的佈景外，Python 程式一樣可以使用 Matplotlib 的函數來更改圖表的外觀，因為標題有中文字，所以更改 plt.rcParams 參數值，和在 set_style() 函數指定中文字型，如下所示：

```
plt.rcParams["axes.unicode_minus"] = False
sns.set_style("darkgrid", {"axes.axisbelow": False,
                           "font.sans-serif":['Microsoft JhengHei']})
sns.lineplot(x=x, y=sinus)
plt.title("Sinus 三角函數的波型")
plt.xlim(-2, 12)
```

```
plt.ylim(-2, 2)
plt.xlabel("x")
plt.ylabel("sin(x)")
plt.show()
```

上述程式碼依序新增標題文字、更改 x 和 y 軸的範圍和加上標籤說明文字，其執行結果如右圖所示：

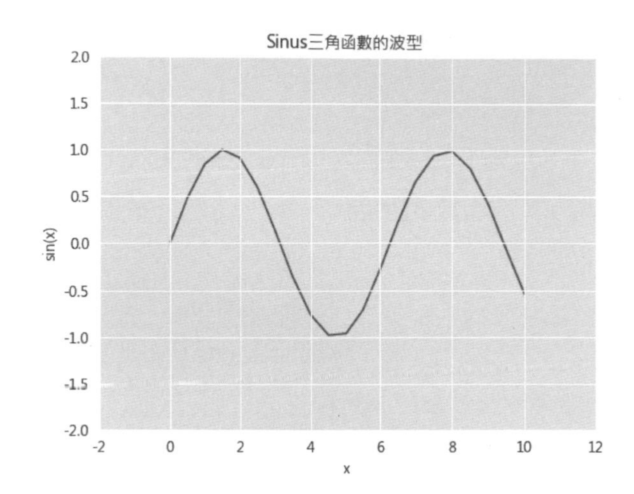

☆ 更改 Seaborn 圖表的尺寸：ch10-3-2d.py

Seaborn 軸等級圖表函數可以使用 Matplotlib 函數更改圖表尺寸，圖形等級的圖表函數只能使用 height 和 aspect 參數，如下所示：

```
sns.relplot(x="x", y="value", kind="scatter", col="variable",
            height=4, aspect=1.2, data=df2)
```

上述 relplot() 函數的 height 參數是圖表的高，單位英吋，aspect 是長寬比，圖表寬度就是 height*aspect。

10-3-3 載入 Seaborn 內建資料集

Seaborn 套件內建資料集，可以讓我們學習 Seaborn 資料視覺化時，直接使用這些資料集來進行測試，這些資料集就是 DataFrame 物件。

☆ 載入 Seaborn 內建的 tips 資料集：ch10-3-3.py

Seaborn 內建 tips 資料集是客人小費 (tips) 資料的資料集，Python 程式可以使用load_dataset() 函數來載入資料集，如下所示：

```
df = sns.load_dataset("tips")
print(df.head())
```

上述程式碼載入 tips 資料集後，因為是 DataFrame 物件，可以呼叫 head() 函數顯示前 5 筆，其執行結果如下圖所示：

	total_bill	tip	sex	smoker	day	time	size
0	16.99	1.01	Female	No	Sun	Dinner	2
1	10.34	1.66	Male	No	Sun	Dinner	3
2	21.01	3.50	Male	No	Sun	Dinner	3
3	23.68	3.31	Male	No	Sun	Dinner	2
4	24.59	3.61	Female	No	Sun	Dinner	4

☆ 顯示 Seaborn 套件內建資料集串列：ch10-3-3a.py

Python 程式可以呼叫 get_dataset_names() 函數來顯示 Seaborn 套件內建資料集的 Python 串列，如下所示：

```
print(sns.get_dataset_names())
```

上述程式碼的執行結果可以看到內建資料集串列，如下所示：

```
['anagrams', 'anscombe', 'attention', 'brain_networks', 'car_crashes',
'diamonds', 'dots', 'exercise', 'flights', 'fmri', 'gammas', 'geyser',
'iris', 'mpg', 'penguins', 'planets', 'taxis', 'tips', 'titanic']
```

在本章 Python 程式使用的資料集有：anscombe、fmri、iris 和 tips。

10-4 繪製資料集關聯性的圖表

統計分析（Statistical Analysis）是一個了解資料集中的變數是如何關聯其他變數，即各變數之間是否擁有關聯性的過程，基本上，我們是透過圖表來找出資料集中隱藏的模式（Patterns）和趨勢（Trends）。

資料集關聯性圖表（Relational Plots）就是統計分析視覺化，我們是使用散佈圖了解資料集中 2 個變數之間的關聯性，和使用折線圖了解變數在連續時間下的趨勢改變。

10-4-1 兩個數值資料的散佈圖

統計視覺化的重點是繪製散佈圖，可以合併 2 個變數（數值資料）來描述資料點的分佈情況，其每一個點代表資料集中的一個觀察結果，可以讓我們使用眼睛從資料點分佈找出有意義的關聯性，或特定模式。

Seaborn 支援多種散佈圖函數，在其低層都是軸等級 scatterplot() 函數，圖形等級 relplot() 函數的 kind 參數預設繪製散佈圖。

☆ 使用 Seaborn 繪製散佈圖：ch10-4-1.py

Seaborn 內建 tips 資料集是帳單金額和小費資料，其消費日是星期幾、午餐/晚餐時段、是否抽煙等資料，如下所示：

```
df = sns.load_dataset("tips")

sns.set()
sns.relplot(x="total_bill", y="tip", data=df)
plt.show()
```

上述程式碼載入 tips 資料集後，呼叫 relplot() 函數繪製散佈圖，data 參數是 DataFrame 物件 df，參數 x 和 y 分別是 **total_bill** 總金額和 **tip** 小費欄位，其執行結果如下圖所示：

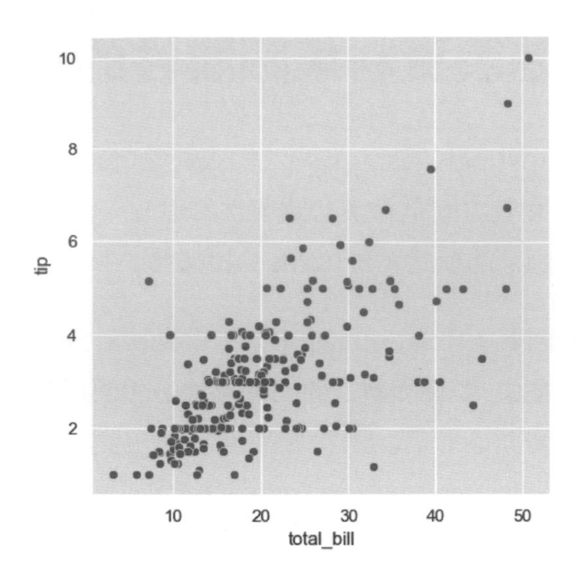

☆ 使用第三維的色調語意：ch10-4-1a.py

散佈圖是使用 2 個資料作為 x 和 y 軸在二維平面繪出點，Python 程式可以增加第三維的色彩，即使用分類型欄位來指定不同點的色調（Hue），如下所示：

```
sns.relplot(x="total_bill", y="tip", hue="smoker", data=df)
```

上述 hue 參數值是 **smoker** 抽煙欄位，欄位值是分類型資料 Yes 或 No，可以看到不同色彩繪出的 2 種資料點，其執行結果如右圖所示：

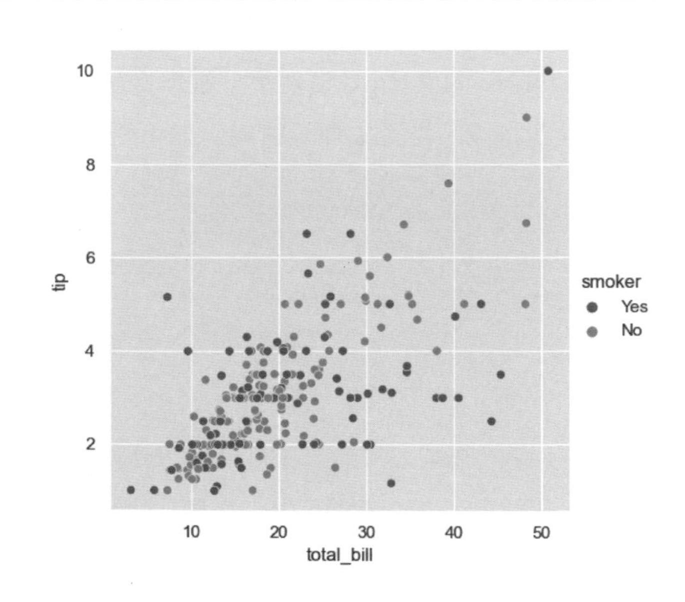

☆ 使用不同標記樣式顯示資料點：ch10-4-1b.py

如果為了強調是否有抽煙，Python 程式可以使用不同標記樣式來顯示資料點，如下所示：

```
sns.relplot(x="total _ bill", y="tip", hue="smoker",
            style="smoker", data=df)
```

上述 style 參數是點樣式，可以看到除了不同色彩，不抽煙的點標記也不同，其執行結果如右圖所示：

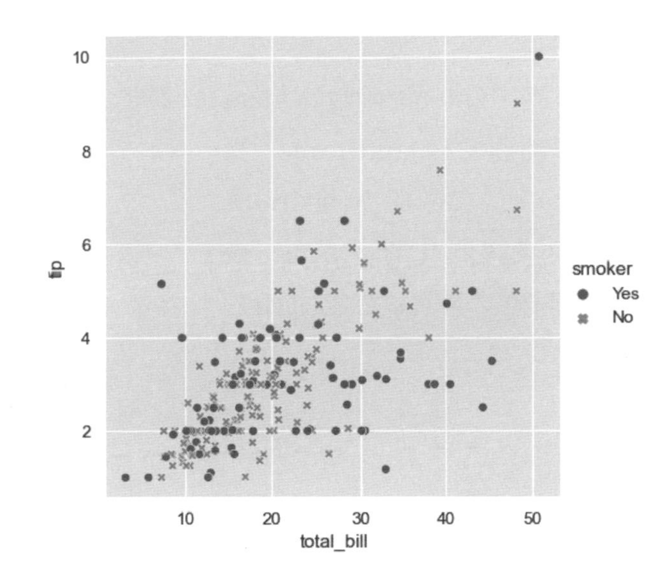

10-4-2 時間趨勢的折線圖

如果想了解資料集的時間趨勢，散佈圖就沒有作用，我們需要使用軸等級的 lineplot() 函數來繪製折線圖，relplot() 函數繪製折線圖的 kind 參數值是 "line"。

☆ 一個時間點只有一筆觀察資料：ch10-4-2.py

Python 程式繪製 Kobe Bryant 生涯的平均每場得分趨勢，首先載入 Kobe_stats.csv 檔案後，建立 **Season** 和 **PTS** 兩欄的 DataFrame 物件，如下所示：

```
df = pd.read _ csv("Kobe _ stats.csv")
data = pd.DataFrame()
data["Season"] = pd.to _ datetime(df["Season"])
data["PTS"] = df["PTS"]

sns.set()
sns.relplot(x="Season", y="PTS", data=data, kind="line")
plt.show()
```

上述 relplot() 函數的 data 參數是新建的 DataFrame 物件 data，x 參數是 **Season** 欄位；y 參數是 **PTS**，kind 參數是 "line"，其執行結果如右圖所示：

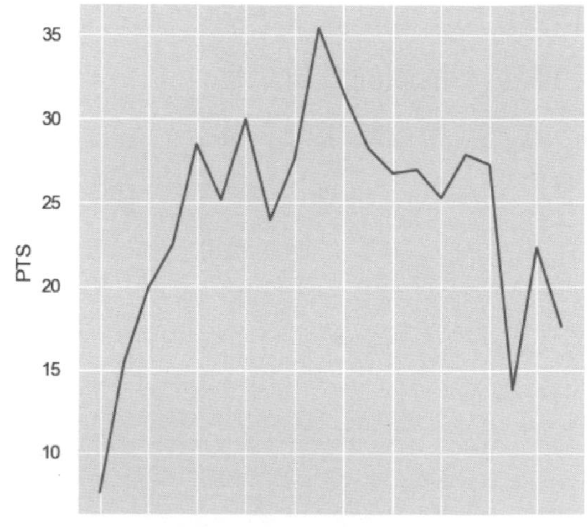

☆ 一個時間點有多筆觀察資料：ch10-4-2a.py

如果在同一個時間點有多筆觀察資料，Seaborn 的 relplot() 函數在繪製折線圖時，可以自動計算多筆資料的平均值（Mean）和 95% 信賴區間（Confidence Interval）後，才繪製折線圖（關於統計學的相關說明，請參閱第 11~12 章）。

例如：Seaborn 內建 fmri 資料集是 FMRI 功能性磁振造影的資料，在每一個時間點都有多筆觀察資料，如下所示：

```
df = sns.load _ dataset("fmri")

sns.relplot(x="timepoint", y="signal", data=df, kind="line")
```

上述 relplot() 函數的參數 x 值是 **timepoint** 時間點欄位；y 值是 **signal** 信號值欄位，其執行結果如右圖所示：

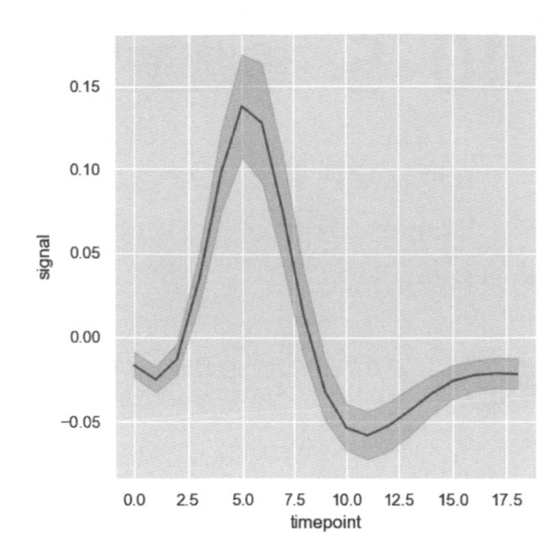

上述圖例的陰影部分是信賴區間，我們可以使用 ci 參數取消顯示信賴區間，或改計算顯示標準差（Standard Deviation），如下所示：

```
sns.relplot(x="timepoint", y="signal", ci=None, data=df, kind="line")
sns.relplot(x="timepoint", y="signal", ci="sd", data=df, kind="line")
```

上述函數的 ci 參數值 None 表示不繪出，"sd" 表示繪出標準差。如果加上 estimator=None 參數就不執行統計估計，如下所示：

```
sns.relplot(x="timepoint", y="signal",
            estimator=None, data=df, kind="line")
```

上述函數有 estimator 參數值 None，可以看到同一時間點的觀察值是一個範圍，不再只是單一的統計值，其執行結果如右圖所示：

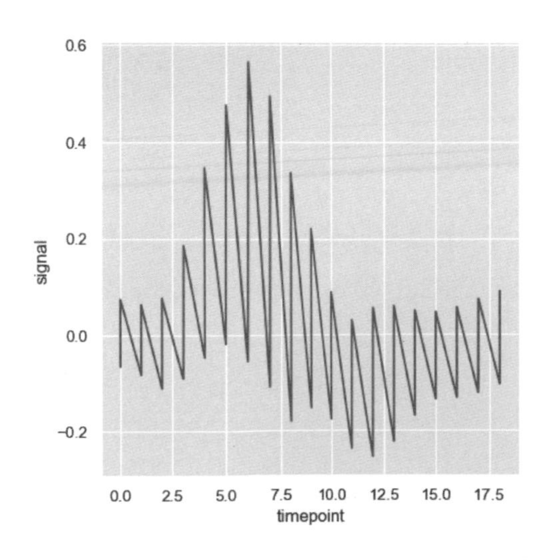

10-5 繪製資料集分佈情況的圖表

當取得資料集後，分析資料集最需要了解的是資料集的資料是如何分佈，Seaborn 提供多種函數可以繪出資料集中單變量、雙變量和各欄位配對的資料分佈情況。

變量是指統計學的變數（Variables），一種可測量或計數的特性、數值或數量，也稱為資料項目，而變數值就是資料，例如：年齡和性別等資料，在 DataFrame 就是欄位資料。

10-5-1 資料集的單變量分佈

資料集的單變量分佈（Univariate Distribution）是資料集中指定單一數值欄位資料的資料分佈，我們可以使用直方圖和核密度估計圖來繪製單變量分佈圖，在 Seaborn 是使用 distplot() 函數。

☆ 使用直方圖：ch10-5-1.py

直方圖（Histogram）是在資料範圍使用指定的區間數來進行切割，然後計算每一個區間的觀察次數來檢視資料分佈，Matplotlib 是使用 hist() 函數；Seaborn 是使用 histplot() 函數繪製直方圖，如下所示：

```
df = sns.load_dataset("tips")

sns.set()
sns.histplot(df["total_bill"], kde=False)
plt.show()
```

上述程式碼載入 tips 資料集後，呼叫 histplot() 函數，參數 kde 的值是 False，表示不會同時繪製核密度估計圖，其執行結果如下圖所示：

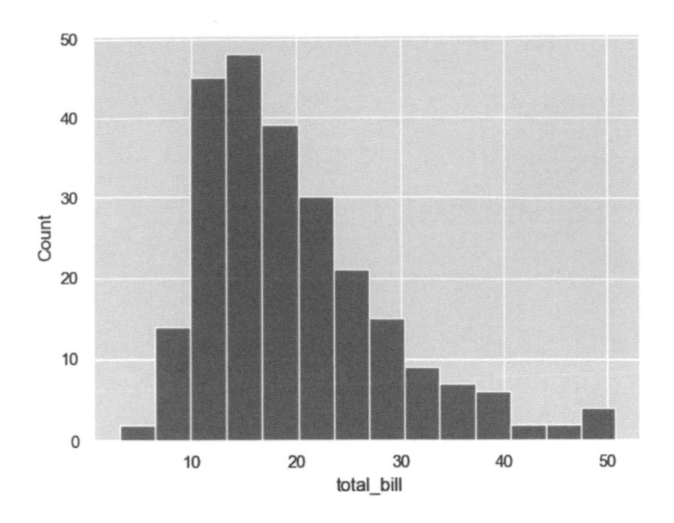

☆ 自訂區間數的直方圖：ch10-5-1a.py

基本上，histplot() 函數會自動依據資料判斷最佳的區間數，當然我們也可以自行使用 bins 參數來指定區間數，如下所示：

```
sns.histplot(df["total _ bill"], kde=False)
sns.histplot(df["total _ bill"], kde=False, bins=20, color="red")
sns.histplot(df["total _ bill"], kde=False, bins=30, color="green")
```

上述函數使用 bins 參數分別指定區間數是 20 和 30，color 參數是色彩，其執行結果可以看到繪製重疊的直方圖，如下圖所示：

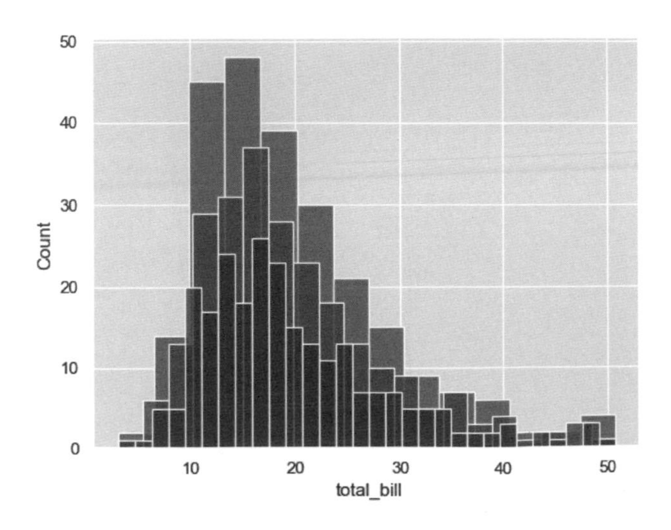

☆ 使用核密度估計圖：ch10-5-1b.py

很多統計問題需要從樣本去估計母體的機率分配，核密度估計（Kernel Density Estimation、KDE）是一種常用無母數（Non-parametric）估計方法，簡單的說，我們不用先假設母體的機率分配是什麼，就可以從樣本資料去估計出母體的機率分配。

直方圖和核密度估計圖都是用來表示資料的機率分配，因為核密度估計圖就是平滑化的直方圖，其每一個觀察值是此值的一條高斯曲線。

事實上，直方圖是在計算每一個間距次數的頻率，即此值被觀察到的機率（由區間數和起始值決定）；核密度估計圖也是使用相同觀念，觀察到此值的機率是由相近點來決定，如果相近點出現多，機率高，就表示觀察值的出現機率也高，反之機率低。

如同直方圖的區間數，核密度估計圖是由頻寬（Bandwidth）決定，Python 程式準備改用 kdeplot() 函數來繪製核密度估計圖，如下所示：

```
sns.kdeplot(df["total_bill"], label="default")
sns.kdeplot(df["total_bill"], bw_adjust=2, label="bw_adjust: 2")
sns.kdeplot(df["total_bill"], bw_adjust=5, label="bw_adjust: 5")
plt.legend()
```

上述 kdeplot() 函數指定 bw_adjust 參數的頻寬，label 是圖例的標籤名稱，其執行結果如右圖所示：

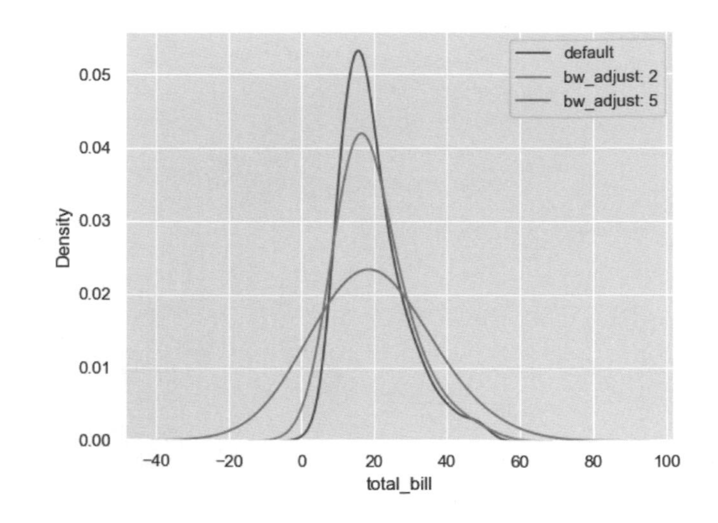

☆ 擬合母數分配：ch10-5-1c.py

擬合（Fitting）是將取得資料集吻合一個連續函數（即曲線），此過程稱為擬合。histplot() 函數可以視覺化資料集的母數分配，即擬合母數分配（Fitting Parametric Distribution），如下所示：

```
sns.histplot(df["total _ bill"], kde=True)
```

上述 histplot() 函數的 kde 參數值是 True，可以繪製直方圖和擬合的核密度估計圖的曲線，其執行結果如下圖所示：

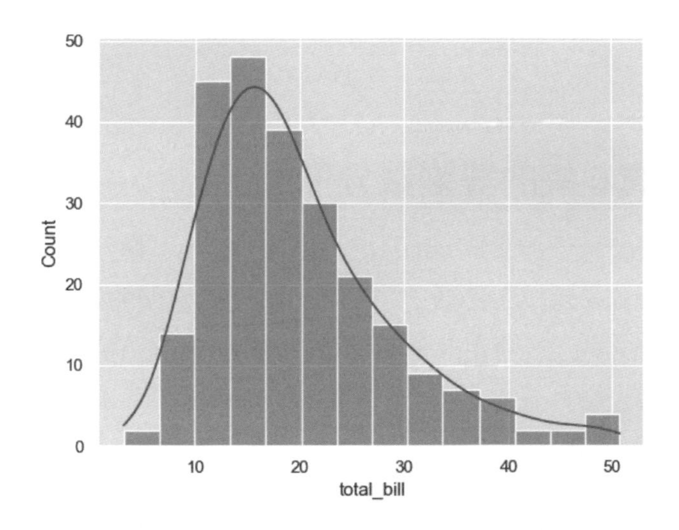

☆ 使用地毯圖顯示實際值：ch10-5-1d.py

Seaborn 的 displot() 函數也可以繪製直方圖，同時支援地毯圖（Rug Plots），地毯圖是實際在 x 軸上顯示每一筆資料點，讓我們看到實際值的密度或頻率，如下所示：

```
sns.displot(df["total _ bill"], kde=True, rug=True)
```

上述 displot() 函數參數 rug 的值是 True，即可在 x 軸顯示如同地毯般的實際值，如下圖所示：

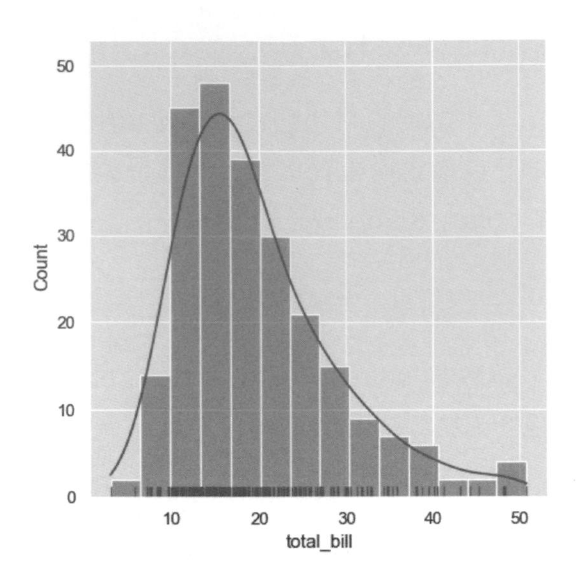

10-5-2 資料集的雙變量分佈

資料集的雙變量分佈（Bivariate Distribution）是資料集中兩個數值欄位資料的資料分佈，可以幫助我們了解 2 個變數之間的關係，在第 10-4-1 節是使用 relplot() 函數繪製散佈圖，這一節改用 jointplot() 函數，可以整合多種圖表來顯示資料分佈。

Seaborn 的 jointplot() 函數在同一圖表結合雙變量分析的散佈圖，和單變量分析的直方圖，讓我們從不同角度了解資料集的資料分佈。

☆ 鳶尾花資料集：ch10-5-2.py

Seaborn 內建 iris 鳶尾花資料集，這是 Setosa、Versicolour 和 Virginica 三類鳶尾花的花瓣（Petal）和花萼（Sepal）尺寸資料，如下所示：

```
df = sns.load_dataset("iris")
print(df.head())
```

上述程式碼匯入 iris 資料集後，顯示前 5 筆資料，如下圖所示：

	sepal_length	sepal_width	petal_length	petal_width	species
0	5.1	3.5	1.4	0.2	setosa
1	4.9	3.0	1.4	0.2	setosa
2	4.7	3.2	1.3	0.2	setosa
3	4.6	3.1	1.5	0.2	setosa
4	5.0	3.6	1.4	0.2	setosa

上述 sepal_length 和 sepal_width 欄位分別是花萼（Sepal）的長和寬，單位是公分，petal_length 和 petal_width 是花瓣（Petal）的長和寬，最後 species 欄位是三種鳶尾花。

☆ 使用散佈圖顯示雙變量分佈：ch10-5-2a.py

Python 程式準備使用 iris 鳶尾花資料集的花瓣（Petal）長和寬來繪製散佈圖，在兩軸分別顯示長和寬的直方圖，如下所示：

```
sns.jointplot(x="petal _ length", y="petal _ width", data=df)
```

上述 jointplot() 函數使用 data 參數指定資料來源的 DataFrame 物件，參數 x 是花瓣的長；y 是寬，其執行結果如下圖所示：

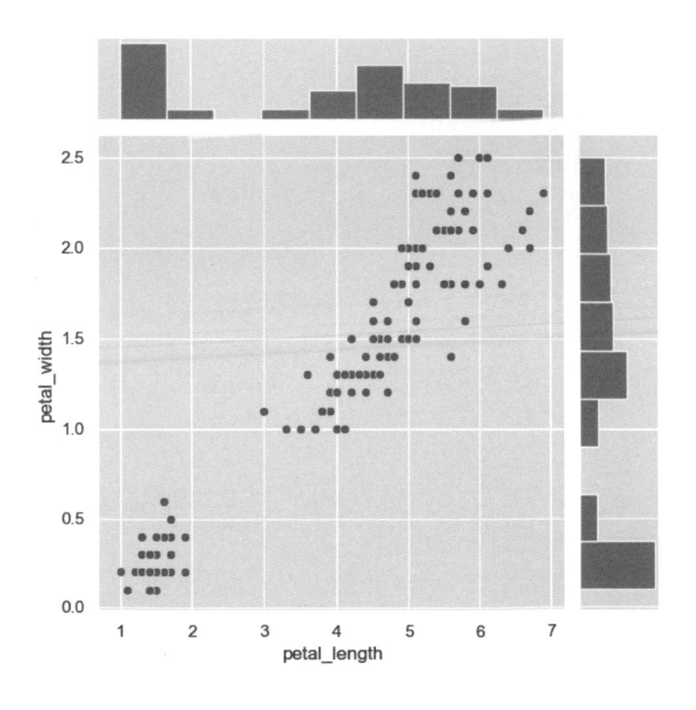

☆ 使用六角形箱圖顯示雙變量分佈：ch10-5-2b.py

當資料集的資料量十分龐大且分散時，散佈圖繪出的點將非常分散，可以改用六角形箱圖（Hexbin Plots）顯示雙變量分佈，如下所示：

```
sns.jointplot(x="petal_length", y="petal_width", kind="hex", data=df)
```

上述 jointplot() 函數的 kind 參數是 "hex"，就是六角形箱圖，如下圖所示：

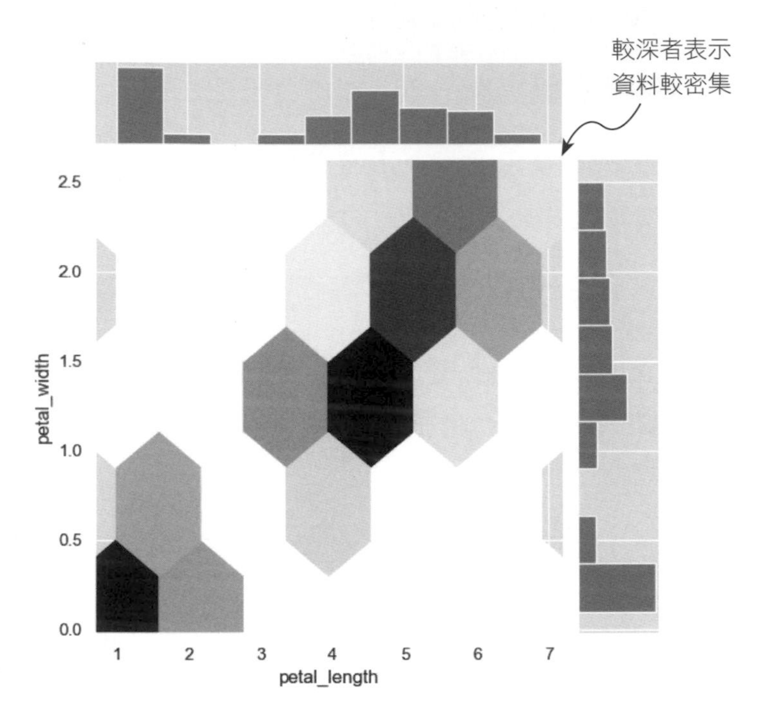

☆ 雙變量的核密度估計圖：ch10-5-2c.py

核密度估計圖也可以使用在雙變量，此時會如同繪製地圖等高線來呈現，如下所示：

```
sns.jointplot(x="petal_length", y="petal_width", kind="kde", data=df)
```

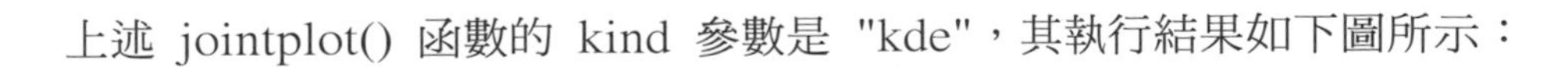

上述 jointplot() 函數的 kind 參數是 "kde"，其執行結果如下圖所示：

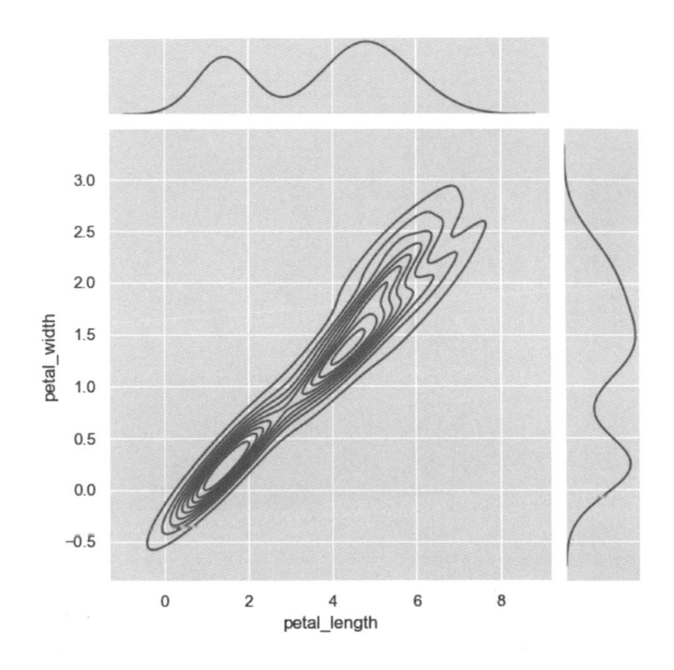

10-5-3 資料集各欄位配對的雙變量分佈

當資料集包含多個數值資料的欄位時，我們可以針對各欄位資料的配對來了解各種不同組合的雙變量分佈，在 Seaborn 是使用 pairplot() 函數建立各欄位配對的雙變量分佈。

基本上，pairplot() 函數是使用 PairGrid 物件建立多圖表，將資料對應至欄和列分割的多個格子來建立軸（此格子的欄列數相同）後，使用軸等級圖表函數在上/下三角形區域繪出雙變量分佈，和在對角線繪製指定的圖表。

☆ 鳶尾花資料集各欄位配對的雙變量分佈：ch10-5-3.py

Seaborn 的 pairplot() 函數可以快速繪製各欄位配對的散佈圖，在對角線預設是繪製直方圖，如下所示：

```
sns.pairplot(df)
```

上述 pairplot() 函數的參數是資料集的 DataFrame 物件，其執行結果可以看到 4×4 共 16 張子圖表，如下圖所示：

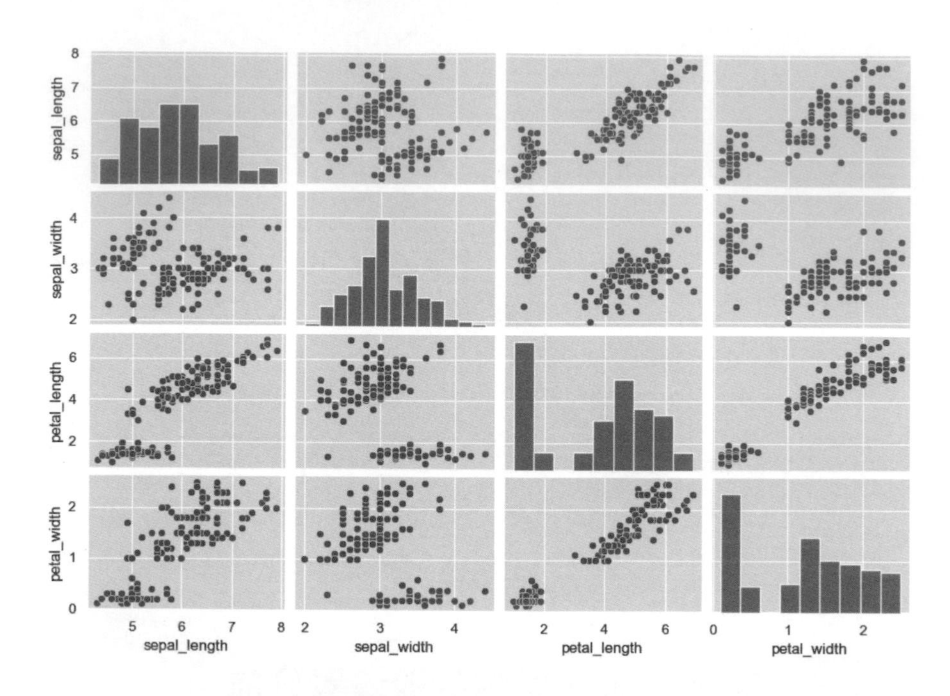

☆ 客製化 pairplot() 函數繪製的圖表：ch10-5-3a.py

Seaborn 的 pairplot() 函數可以指定圖表是 scatter 散佈圖或 req 迴歸圖，對角線顯示 hist 直方圖或 kde 核密度估計圖，如下所示：

```
sns.pairplot(df, kind="scatter", diag_kind="kde",
          hue="species", palette="husl")
```

上述 pairplot() 函數的 kind 參數是 "scatter"；diag_kind 參數的對角線是 "kde"，一樣可以使用 hue 參數是 **species** 欄位，並且指定 palette 調色盤是 "husl"（調色盤的值有：deep、muted、bright、pastel、dark、colorblind、coolwarm、hls 和 husl 等），其執行結果如下圖所示：

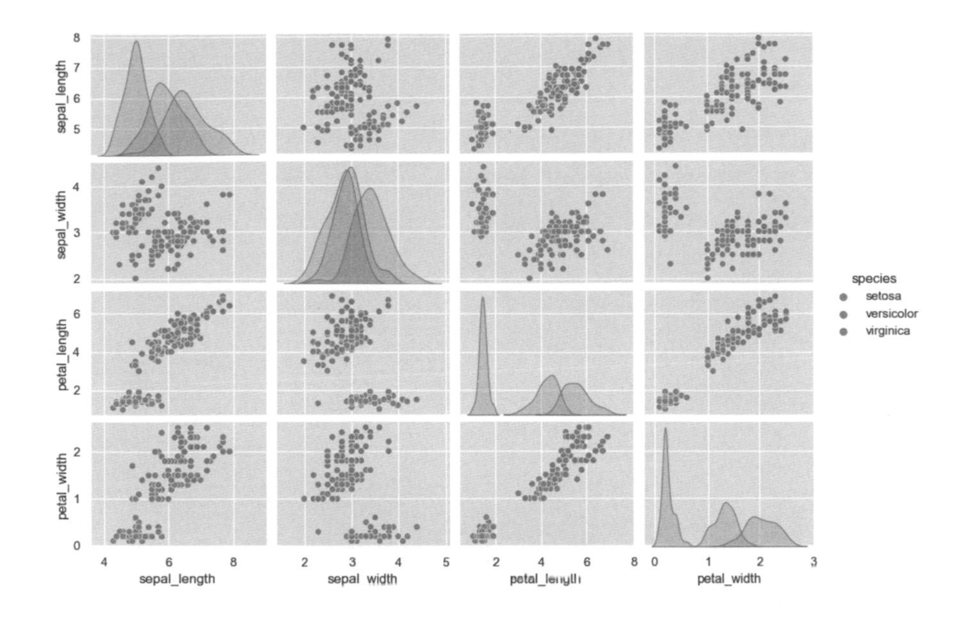

10-6 分類型資料的圖表

當資料集擁有分類的欄位資料時，例如：鳶尾花資料集的 species 欄位是三種鳶尾花，此欄位就是「分類型資料」（Categorical Data），我們可以將資料集以此欄位進行分類，分別繪製各分類的圖表。

10-6-1 繪製分類型的資料圖表

如果資料集的欄位擁有分類型資料，Seaborn 可以使用 stripplot() 和 swarmplot() 函數繪製分類型資料的圖表，以分類方式來繪製資料集的資料分佈。

☆ 繪製分類散佈圖（一）：ch10-6-1.py

如果 x 軸是使用分類型資料的欄位，Seaborn 的 stripplot() 函數可以使用 x 軸欄位進行分類，繪製 y 軸資料分佈的分類散佈圖（Categorical Scatter Plots），如下所示：

```
sns.stripplot(x="species", y="sepal_length", data=df)
```

上述程式碼是使用 iris 鳶尾花資料集，stripplot() 函數的 x 參數是 **species** 欄位，參數 y 是 **sepal_length** 花萼長度欄位，因為 species 欄位是分類型資料，所以繪製出三種鳶尾花的分類散佈圖，其執行結果如下圖所示：

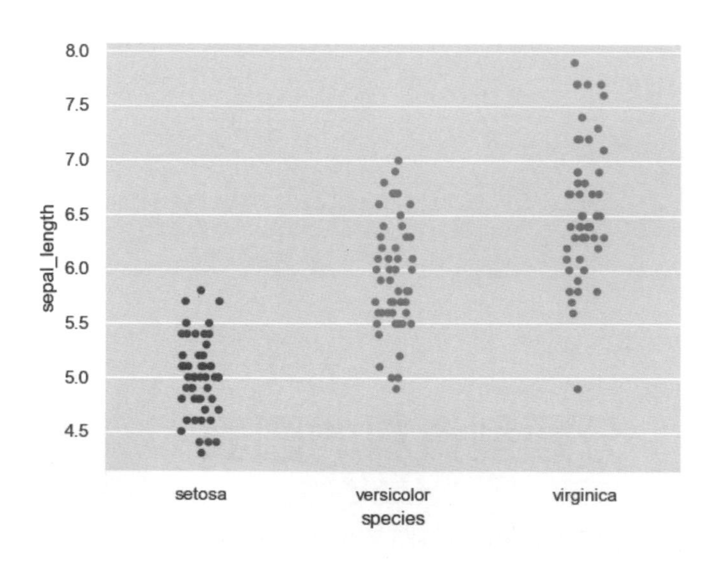

上述分類散佈圖因為函數的 jitter 參數的預設值是 True，預設會沿著分類軸隨機水平抖動資料來觀察資料分佈，所以資料點並不會重疊在同一條線上，這是資料視覺化觀察資料密度的常用方法。

如果將 stripplot() 函數的 jitter 參數設為 False，資料就會重疊顯示在同一條線（Python 程式：ch10-6-1a.py），如下所示：

```
sns.stripplot(x="species", y="sepal_length", jitter=False, data=df)
```

上述函數有指定 jitter 參數值為 False，其執行結果如下圖所示：

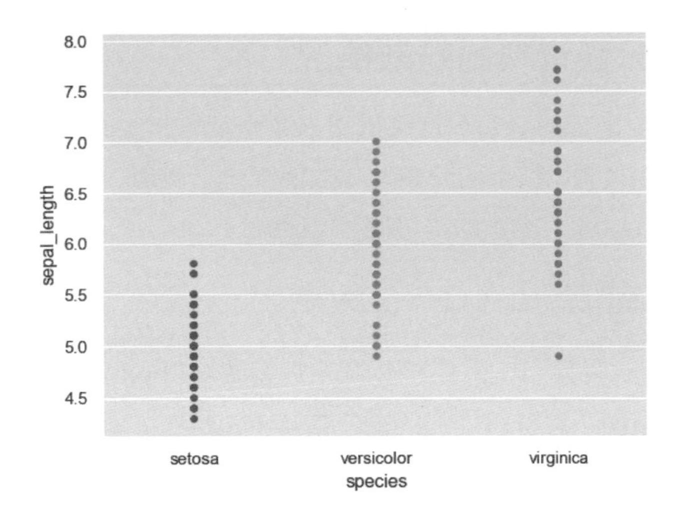

☆ 繪製分類散佈圖（二）：ch10-6-1b.py

Seaborn 的 swarmplot() 函數類似 stripplot() 函數，可以將分類資料分散顯示來繪製分類散佈圖，如下所示：

```
sns.swarmplot(x="species", y="sepal_length", data=df)
```

上述 swarmplot() 函數的 x 參數是 **species** 欄位，參數 y 是 **sepal_length** 花萼長度欄位，其執行結果如下圖所示：

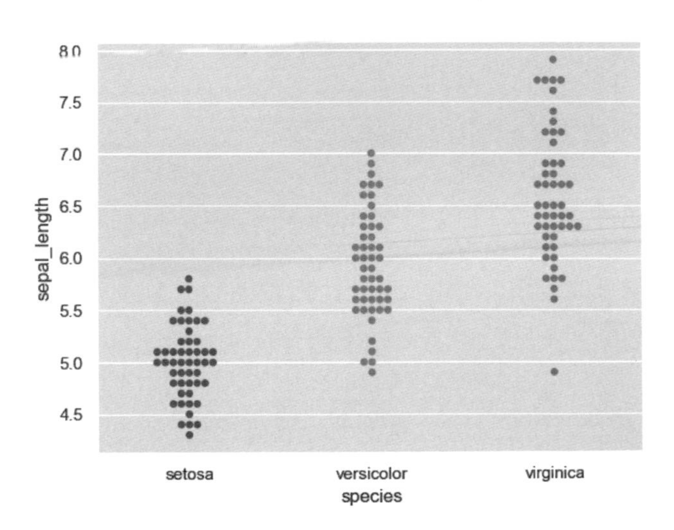

10-6-2 分類資料的離散情況

在第 10-6-1 節的分類散佈圖是用來觀察資料密度的分佈，其提供的資訊十分有限，如果想比較不同分類的離散情況，請使用 boxplot() 函數的箱型圖，或 violinplot() 函數的提琴圖（Violin Plots）。

☆ 繪製分類箱型圖：ch10-6-2.py

Python 程式與第 10-6-1 節相同，只是改用 boxplot() 函數繪製分類的箱型圖，可以顯示各群組資料的最小值、前 25%、中間值、前 75% 和最大值，如下所示：

```
sns.boxplot(x="species", y="petal_length", data=df)
```

上述程式碼改用 boxplot() 函數，其執行結果如右圖所示：

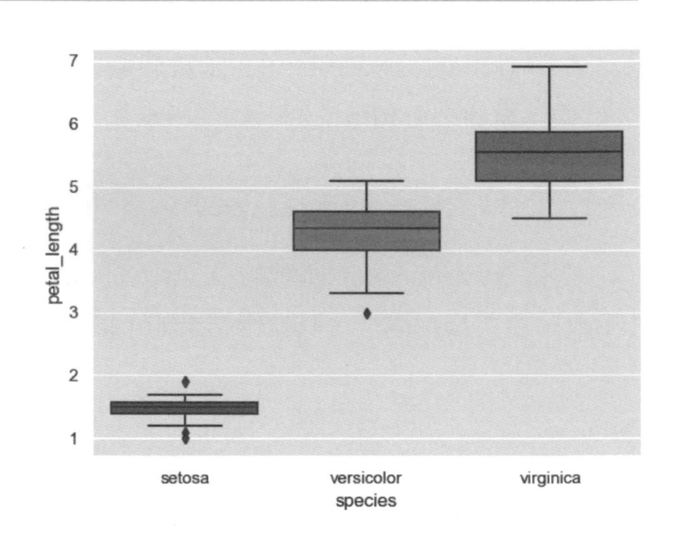

☆ 繪製分類提琴圖：ch10-6-2a.py

Seaborn 還可以使用 violinplot() 函數繪製分類型提琴圖，這是一種結合箱型圖和核密度估計圖的圖表，如下所示：

```
sns.violinplot(x="day", y="total_bill", data=df)
```

上述程式碼使用 tips 小費資料集和 violinplot() 函數，參數 x 的值是 **day** 欄位的分類資料，其執行結果如下圖所示：

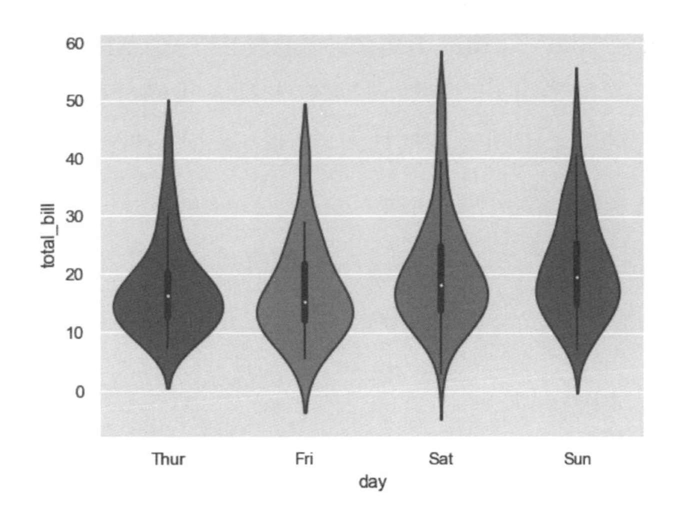

上述圖表顯示每日（day、星期幾）的帳單總金額（total_bill），提琴外形是核密度估計圖，在中間是箱型圖的最小值、前 25%、中間值、前 75% 和最大值。

☆ 使用第三維色調的分類提琴圖：ch10-6-2b.py

Seaborn 的 violinplot() 函數除了使用 **day** 欄位進行分類，還可以增加 hue 色調參數的第三維度來繪製分類的提琴圖，如下所示：

```
sns.violinplot(x="day", y="total _ bill", hue="sex", data=df)
```

上述 violinplot() 函數新增參數 hue 色調的值是 **sex** 欄位，其執行結果如右圖所示：

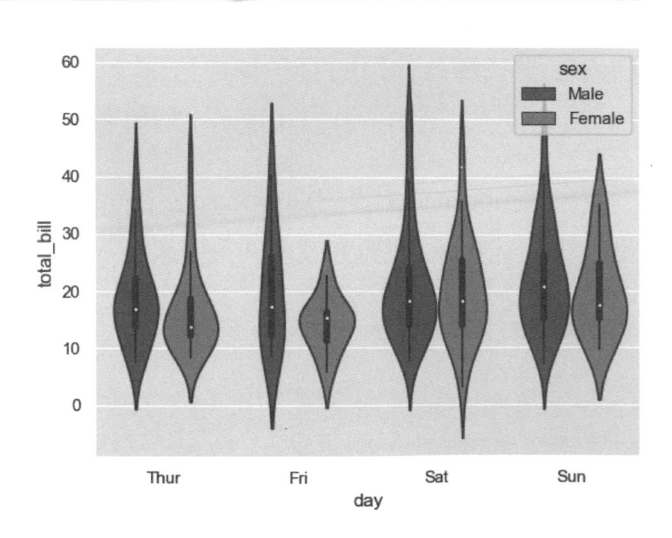

上述圖表除了 day 分類外，再依 sex 性別分成 Male 和 Female，並且分別繪製獨立的提琴圖，因為性別只有 2 種。我們還可以進一步簡化提琴圖，即在兩邊分別顯示不同性別的核密度估計圖（Python 程式：ch10-6-2c.py），如下所示：

```
sns.violinplot(x="day", y="total _ bill", hue="sex",
               split=True, data=df)
```

上述 violinplot() 函數新增 split=True 參數，其執行結果可以看到不對稱的分類提琴圖，如右圖所示：

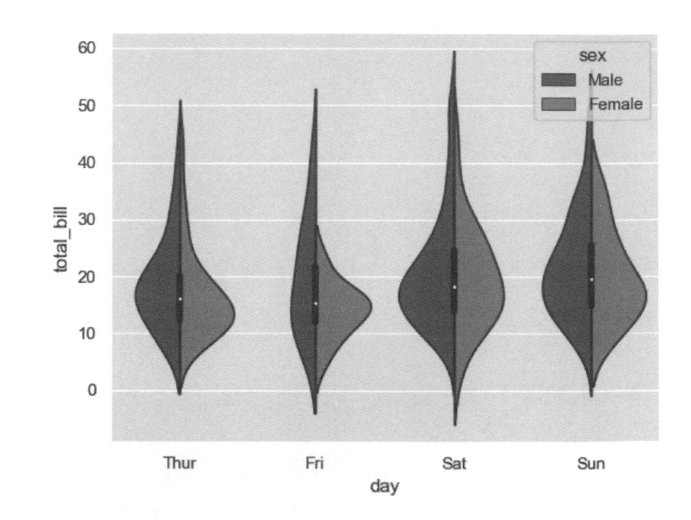

10-6-3 分類資料的集中情況

對於分類型資料來說，除了希望了解各分類的資料離散情況外，我們也需要了解各分類的資料集中情況，即所謂「統計估計」（Statistical Estimation），例如：計算和顯示平均值和中位數等資料的集中趨勢。

在 Seaborn 是使用 barplot() 和 countplot() 函數的長條圖和 pointplot() 函數的點圖來視覺化分類資料的集中趨勢。

☆ 繪製分類長條圖（一）：ch10-6-3.py

Python 程式準備繼續使用 tips 小費資料集，使用性別分類來顯示每日帳單總金額的平均，如下所示：

```
sns.barplot(x="sex", y="total _ bill", hue="day", data=df)
```

上述 barplot() 函數的 x 參數值是分類型欄位 **sex**，參數 hue 的值是第三維的 **day** 欄位，其執行結果如右圖所示：

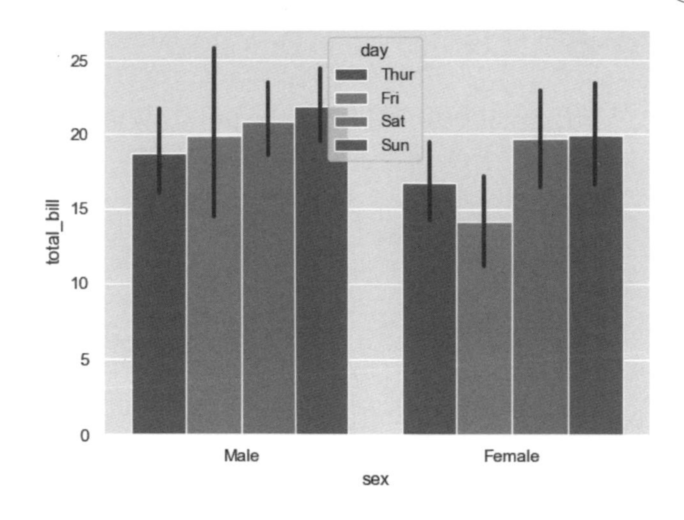

上述圖例可以看到分成 Male 和 Female 兩大類，在兩大類別中，顯示每日（day）帳單總金額（total_bill）的平均。

☆ 繪製分類長條圖（二）：ch10-6-3a.py

除了計算欄位的平均，有時我們還需要計算欄位出現的次數，在 Python 程式是使用 countplot() 函數，如下所示：

```
sns.countplot(x="sex", data=df)
```

上述 countplot() 函數的 x 參數值是分類型欄位 **sex**，其執行結果可以顯示 Male 和 Female 各有多少人，如下圖所示：

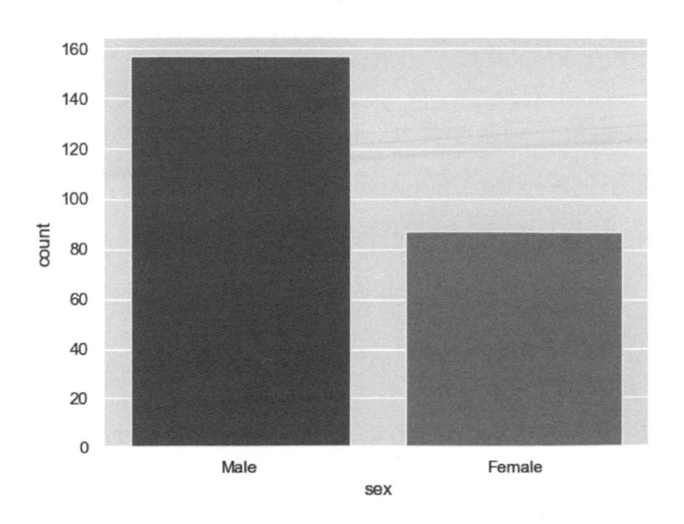

☆ 繪製分類點圖：ch10-6-3b.py

在 Seaborn 還可以使用 pointplot() 函數的點圖來重繪 ch10-6-3.py 的長條圖，如下所示：

```
sns.pointplot(x="sex", y="total _ bill", hue="day", data=df)
```

上述 pointplot() 函數的參數和 ch10-4-3.py 的 barplot() 函數完全相同，其執行結果如右圖所示：

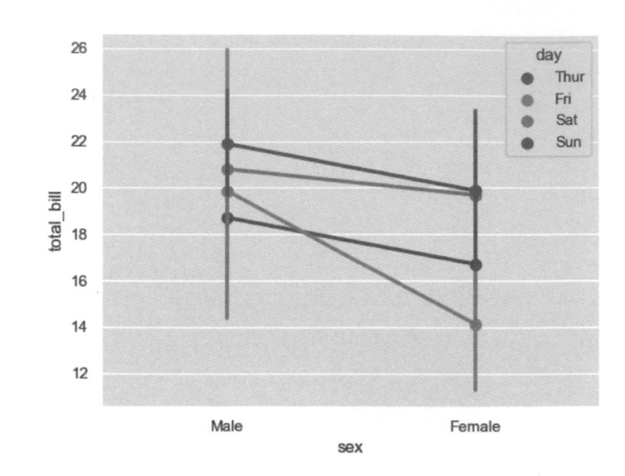

上述圖表是使用圓點代表 hue 參數的平均值，而且自動連接相同 hue 類別的點來看出之間的高低變化。

10-6-4 多面向的分類型資料圖表

到目前為止，Seaborn 圖表函數都是使用軸等級圖表函數，在這一節準備說明 catplot() 函數（舊版名為 factorplot），這個圖形等級圖表函數可以建立多面向的分類型資料圖表。

基本上，catplot() 函數是使用 FacetGrid 物件建立多面向圖表，可以將資料對應至欄和列格子的矩形面板，讓一個圖表看起來成為多個圖表，特別適合用來分析 2 個分類型資料的各種組合。

☆ 使用 catplot() 繪製分類型資料的圖表：ch10-6-4.py

Seaborn 的 catplot() 函數如果沒有使用 col 參數，就只是通用型的圖表函數，可以使用 kind 參數指定繪製第 10-6-1~10-6-3 節的各種圖表，如下所示：

```
sns.catplot(x="day", y="total _ bill", data=df,
            kind="bar", hue="sex")
```

上述 catplot() 函數使用 tips 小費資料集，kind 參數值 "bar" 指定繪製長條圖，可用參數值有：strip（預設）、swarm、box、violin、point、bar 和 count，同時使用第三維的 hue 參數，其執行結果如下圖所示：

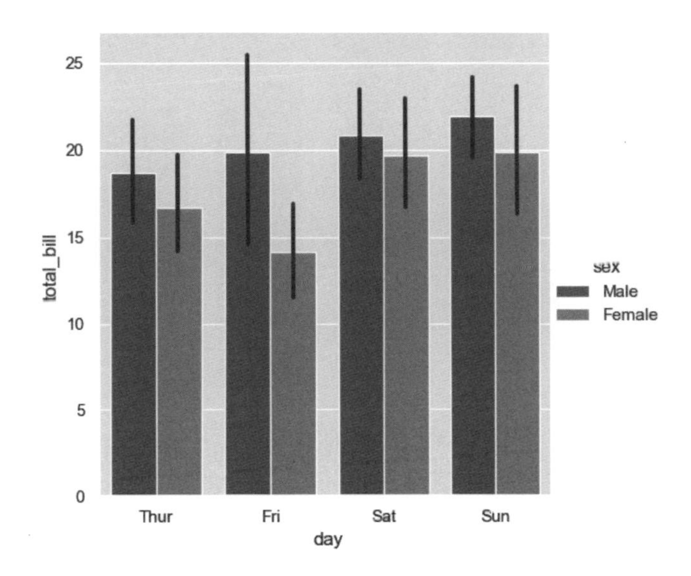

上述圖表因為使用 hue 參數，所以同一日分割成 Male 和 Female 兩個長條圖。

☆ 使用 catplot() 建立多面向圖表：ch10-6-4a.py

當 catplot() 函數使用 hue 參數建立第三維時，這只是合併多張圖表在同一張圖表顯示，catplot() 函數還可以使用 col 參數建立多面向圖表，來繪製出多張圖表，如下所示：

```
sns.catplot(x="day", y="total _ bill", data=df,
            kind="bar", col="sex")
```

上述 catplot() 函數將 hue 參數改為 col 參數值 **sex** 欄位，因為此欄位是分類型資料，其值有兩種，所以 catplot() 函數共繪製兩張圖表，分別是 Male 和 Female，其執行結果如下圖所示：

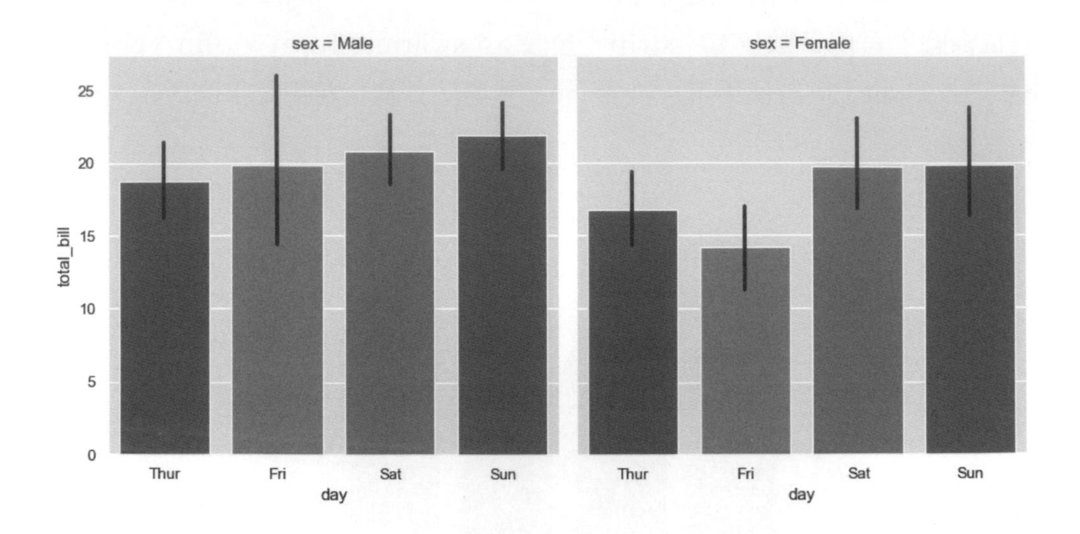

☆ 使用 catplot() 指定矩陣格子有幾欄：ch10-6-4b.py

Python 程式 ch10-6-4a.py 因為只有 2 個分類值，2 張圖表預設是橫向排列成一列，如果將 col 參數值換成 4 個分類值的 **day** 欄位，繪製的 4 張圖表預設仍是排成一列，我們可以指定 col_warp 參數來換行，超過就換至下一列來顯示，如下所示：

```
sns.catplot(x="sex", y="total_bill", data=df,
            kind="bar", col="day", col_wrap=2)
```

上述 catplot() 函數的 col 參數值改為 **day** 欄位，因為共有四種值，所以加上 col_wrap 參數值 2，表示每繪 2 張圖就換行，其執行結果如下圖所示：

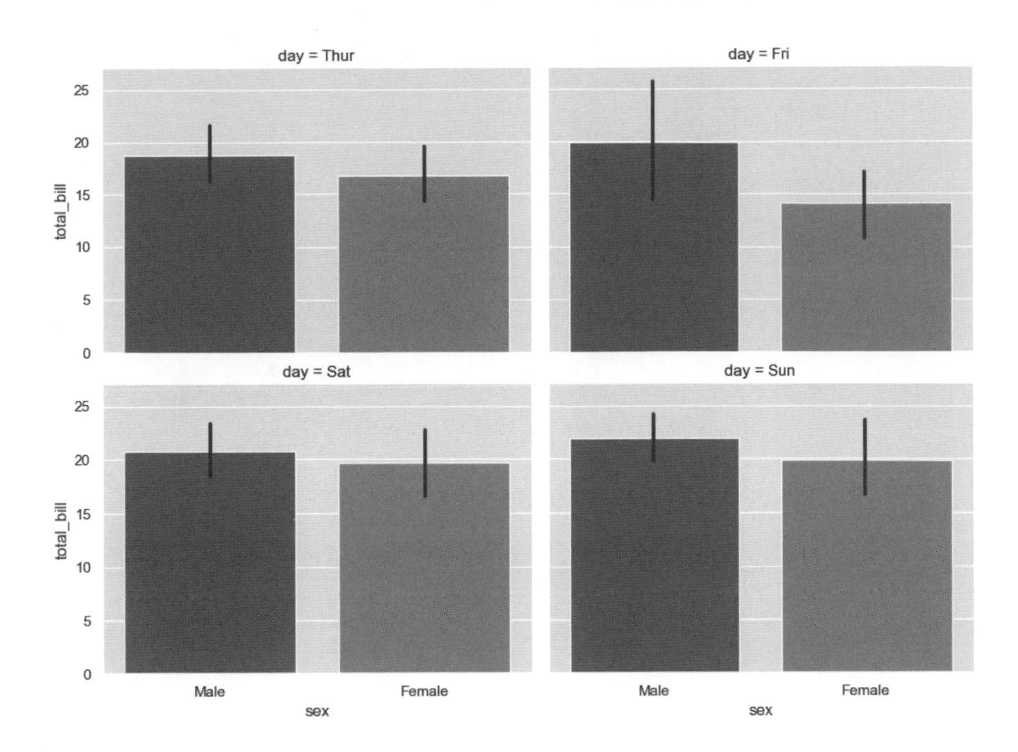

10-7 水平顯示的寬圖表

到目前為止，Seaborn 繪製的都是垂直圖表，但因為資料集的關係，我們可能需要繪製水平顯示的寬圖表，在這一節筆者準備說明如何使用 Seaborn 圖表函數來繪製水平顯示的寬圖表。

☆ 繪製水平顯示圖表（一）：ch10-7.py

如果 Seaborn 圖表函數有參數 x 和 y，只需對調欄位名稱，即可繪製水平顯示圖表，例如：修改 ch10-6-2.py 的箱形圖，如下所示：

```
sns.boxplot(x="petal_length", y="species", data=df)
```

上述函數的參數 x 和 y 值欄位已經對調，其執行結果可以看到水平顯示的圖表，如下圖所示：

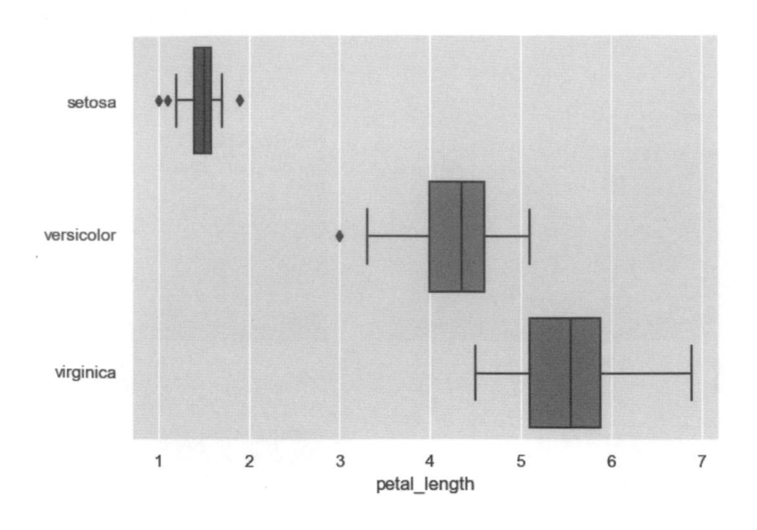

☆ 繪製水平顯示圖表（二）：ch10-7a.py

如果 Seaborn 圖表函數只有指定資料來源的 data 參數，並沒有指定參數 x 和 y，請使用 orient 參數指定圖表顯示方向，如下所示：

```
sns.boxplot(data=df, orient="h")
```

上述 boxplot() 函數指定資料來源的 DataFrame 物件 df 後，使用 orient 參數值 "h" 指定繪製水平方向顯示的圖表，其執行結果如下圖所示：

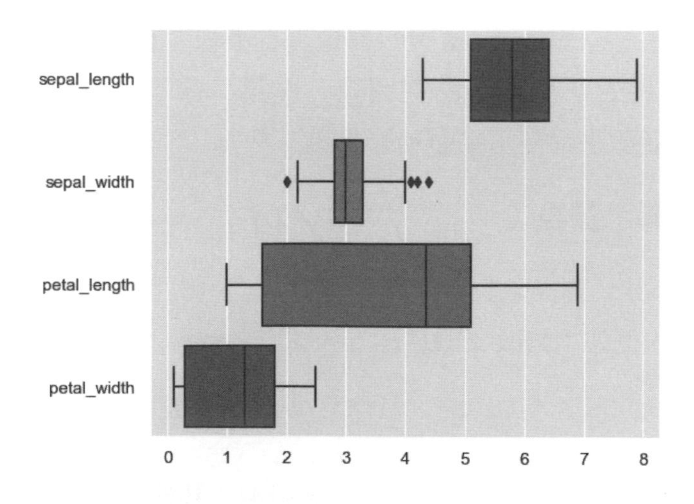

上述圖表因為 boxplot() 函數沒有指明參數 x 和 y，所以 Seaborn 自動繪製資料集 4 個數值欄位的箱形圖。

10-8 迴歸圖表

對於資料集的多個數值資料來說，除了顯示關聯性和雙變量的資料分佈外，我們還可以找出資料之間的線性關係，這就是統計的迴歸分析（Regression Analysis），詳見第 15-2 節的說明。

10-8-1 繪製線性迴歸線

當我們準備預測資料的走向時，就會使用散佈圖來呈現資料點，此時可以看出散布圖的眾多點分布在一條直線的周圍，這條線可以使用數學公式來表示和預測點的走向，稱為「迴歸線」（Regression Line）。

☆ 使用 DataFrame 物件繪製線性迴歸線：ch10-8-1.py

Seaborn 可以使用 regplot() 和 lmplot() 函數繪製線性迴歸線，如下所示：

```
sns.regplot(x="total_bill", y="tip", data=df)
sns.lmplot(x="total_bill", y="tip", data=df)
```

上述 lmplot() 函數只能使用 DataFrame 物件的資料來源，其執行結果（下圖左是 regplot() 函數，線下陰影是信賴區間；下圖右是 lmplot() 函數）如下圖所示：

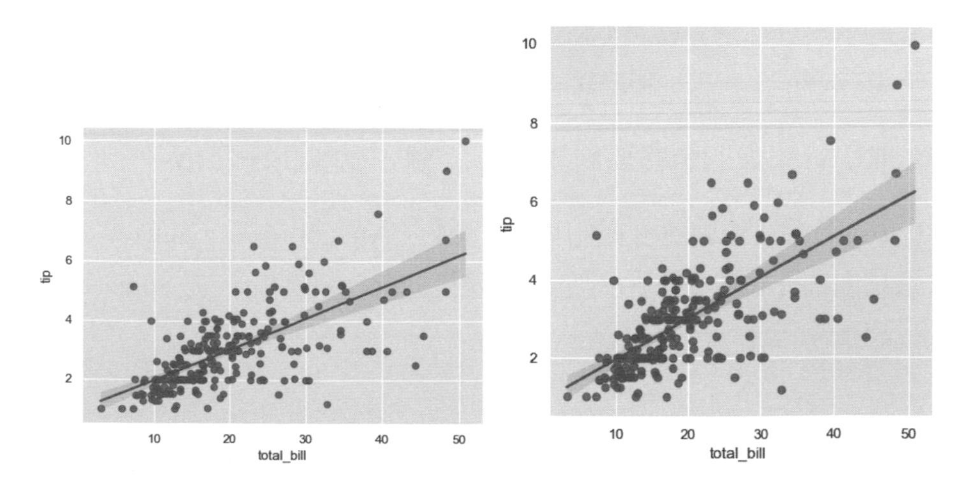

☆ 使用 Series 物件繪製線性迴歸線：ch10-8-1a.py

Seaborn 的 lmplot() 函數只能使用 DataFrame 物件的資料來源，regplot() 函數還可以使用 Series 物件等其他資料來源，如下所示：

```
sns.regplot(x=df["total_bill"], y=df["tip"])
```

上述 regplot() 函數使用 Series 物件，其執行結果如下圖所示：

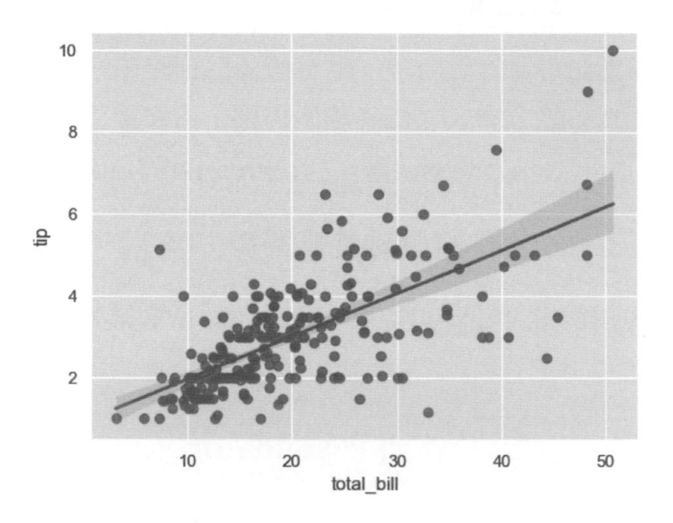

10-8-2 擬合各種類型資料集的迴歸模型

在第 10-8-1 節的資料集很容易可以看出擬合線性迴歸模型，但是，當資料集的資料分佈是非線性（Non-linear）時，Seaborn 圖表函數就無法繪製擬合這種資料集的線性迴歸線。

☆ 繪製安斯庫姆四重奏資料集的迴歸線：ch10-8-2.py

Python 程式準備使用安斯庫姆四重奏（Anscombe's Quartet）的資料集，這是由統計學家 FJ Anscombe 建構的統計數據集，在 Seaborn 是名為 anscombe 資料集，如下所示：

```
sns.lmplot(x="x", y="y", col="dataset", hue="dataset", data=df,
           col_wrap=2, ci=None, height=4)
```

上述程式碼載入 anscombe 資料集後，呼叫 lmplot() 函數繪製迴歸線，col 參數值是 "dataset"，可以繪製 4 張圖表，參數 col_wrap=2，所以每繪 2 張圖表換行，ci=None 不繪出信賴區間，其執行結果如下圖所示：

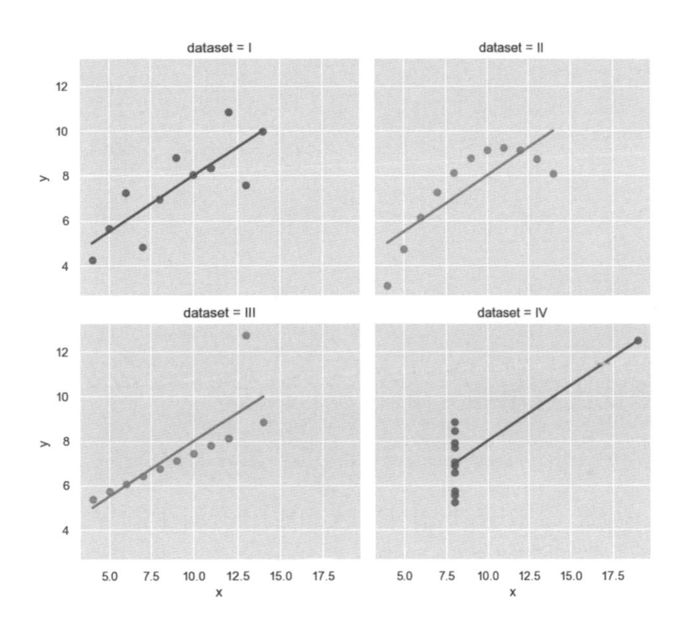

上述左上角圖表的資料集很明顯擬合線性迴歸模型，右上角圖表可以看出資料集並不是線性，這是多項式迴歸模型（Polynomial Regression Model），位在左下角圖表有異常值，可以使用殘差圖來顯示此異常值。

☆ 多項式迴歸模型：ch10-8-2a.py

Seaborn 的 lmplot() 函數可以使用 order 參數，當參數值大於 1 時，使用 Numpy 的 ployfit() 函數繪出多項式迴歸線，如下所示：

```
sns.lmplot(x="x", y="y", data=df.query("dataset=='II'"), order=2)
```

上述函數的 data 參數使用 query() 函數取出第 2 張圖表的資料集，order 參數值是 2，其執行結果可以擬合多項式迴歸模型，如下圖所示：

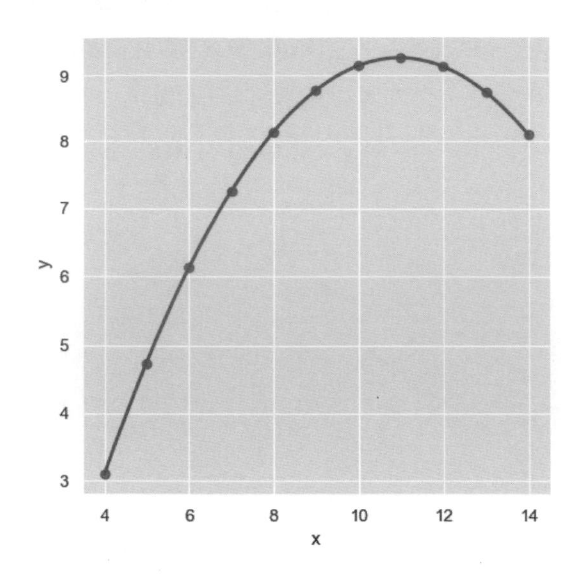

☆ 使用殘差圖找出異常值：ch10-8-2b.py

對於線性迴歸來說，異常值（Outlier）會大幅影響正確性，Python 程式可以使用「殘差圖」（Residual Plots）找出資料中的異常值，如下所示：

```
sns.residplot(x="x", y="y", data=df.query("dataset=='III'"))
```

上述 residplot() 函數可以繪製殘差圖，其執行結果明顯看到上方這 1 個突出的異常值，如下圖所示：

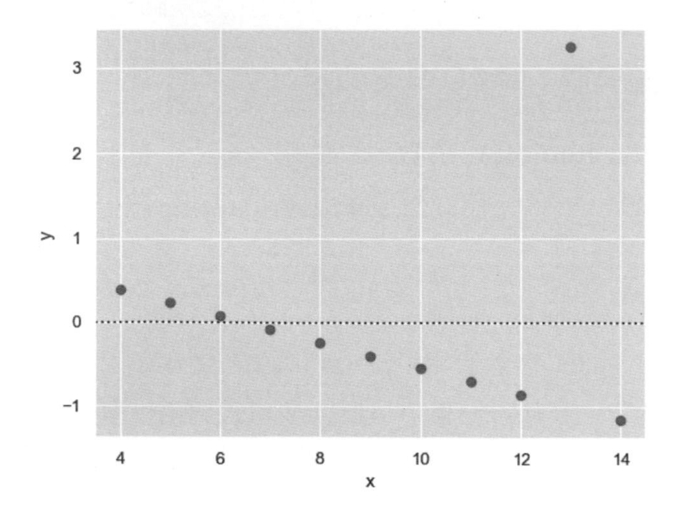

★ 學習評量 ★

1. 請說明什麼是大數據分析和資料視覺化？
2. 請問什麼是 Seaborn 套件？Seaborn 圖表函數可以分為哪兩種？
3. 請簡單說明什麼是核密度估計圖、地毯圖、六角形箱圖和提琴圖？
4. 請舉例說明什麼是迴歸線？何謂殘差圖？
5. 請使用 Seaborn 內建 iris 鳶尾花資料集，建立 Python 程式繪製 petal_length 欄位的直方圖和核密度估計圖。
6. 請使用 Seaborn 內建 tips 資料集，建立 Python 程式繪製資料集各欄位配對的雙變量分佈，並且指定 hue 參數值是 sex 欄位；palette 參數是 coolwarm。
7. 請使用 Seaborn 內建 tips 資料集，建立 Python 程式繪製資料集的分類散佈圖，x 參數是 day 欄位；y 參數是 total_bill 欄位；hue 參數是 sex 欄位。
8. 請使用 Seaborn 內建 tips 資料集，建立 Python 程式繪製資料集的分類箱形圖，x 參數是 day 欄位；y 參數是 total_bill 欄位；hue 參數是 smoker 欄位。
9. 請使用 Seaborn 內建 iris 鳶尾花資料集，建立 Python 程式繪製 sepal_length 欄位的分類長條圖。
10. 請使用 Seaborn 內建 iris 資料集，建立 Python 程式繪製三種分類 sepal_length 和 sepal_width 欄位的線性迴歸線（指定 hue 參數）。

M E M O

CHAPTER

11

機率與統計

接下來的第 11、12 章我們要介紹資料科學必備的機率與統計知識，這些知識對於後續章節的探索性資料分析（Exploratory Data Analysis，EDA）或機器學習來說都十分重要。

11-1 認識機率

在日常生活中，我們常常會遇到一些涉及可能性或發生機會等概念的事件（Event）。例如：

「從一班 50 名學生中隨意選出一個人，此人會是男生嗎？」

「刮刮樂中頭獎的機會為何？」

當我們使用「…可能會發生嗎？」句型來詢問時，就表示關注事件發生的機會，這就是「機率」（Probability）。

11-1-1 機率的基礎

機率（Probability）又稱為或然率、概率或可能性，其來源就是賭博，例如：簽大樂透贏得彩金的可能性就是機率，機率就是發生事件的機會。在說明機率的數學公式前，我們需先了解幾個名詞，如下所示：

- **試驗**（Trials）：執行動作觀察結果的過程稱為試驗，例如：丟 1 個銅板或擲出 1 個骰子導致正面、反面和點數的結果。
- **事件**（Events）：在試驗獲得的結果中，符合條件的試驗結果集合，稱為事件，例如：丟 1 個銅板出現正面的事件，或擲 1 個骰子出現偶數點數的事件，即點數 2、4 和 6 的集合。而且，每一個事件是一個簡單事件（Simple Event），因為事件的試驗並不能再次分割，例如：擲 2 個骰子的試驗，可以分割成 2 個簡單事件，擲第 1 個骰子和擲第 2 個骰子。
- **樣本空間**（Sample Space）：所有可能試驗結果的集合，例如：丟 1 個銅板的樣本空間是正面和反面，擲 1 個骰子的樣本空間是點數 1~6 的集合，更進一步，如果依序丟 3 次銅板，其樣本空間是：{正正正, 正正反, 正反反, 正反正, 反反反, 反反正, 反正正, 反正反}，共有 8 種排列組合。

☆ 機率公式

如果 A 是事件，P(A) 是發生事件 A 的機率，我們可以定義事件 A 的機率，如右所示：

$$P(A)=\frac{\text{發生事件A的次數}}{\text{樣本空間的尺寸}}$$

上述公式是將「該事件的數量」除以「所有可能發生的事件數量」，若事件發生的機率越高（越接近 1），就表示此事件越可能發生。例如：電影院有 100 位觀眾，女性有 25 位，男性有 75 位，如下所示：

- **觀眾是女性的機率**：P(A) = 25/100，即 0.25（25%）。
- **觀眾是男性的機率**：75/100，即 0.75（75%），我們也可以直接使用 1-(25/100)，稱為事件 A 的互補事件（Complementary Event），符號是 $\overline{A}$。

從上述電影院選出 1 個人是男性的機率有 75%；女性是 25%，男性的機率比較高。如果使用圖形表示，電影院觀眾的整個樣本空間是大圓形的 100 人，事件 A 是位在大圓形中的小圓形 25 人，如右圖所示：

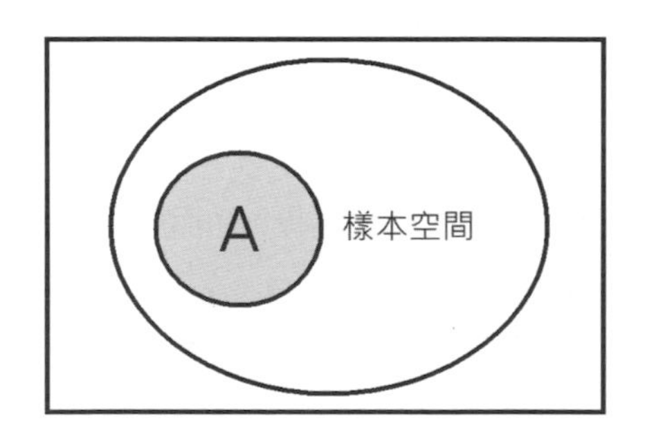

上述圖例的大圓形是電影院的人數 100人，事件 A 是女性人數 25 人，所以 P(A) = 25/100 = 0.25，其機率值範圍是 0~1 之間，也就是說，任何事件的機率最大值就是 1。

☆ 樣本空間（Sample Space）

樣本空間是我們試驗結果的所有可能值，例如：丟 2 個銅板的所有正面朝上和背面朝上可能值有 4 種：{正正, 正反, 反正, 反反}，第 1 個正反代表第 1 個銅板，第 2 個正反是第 2 個銅板，丟 2 個銅板都是正面的機率：P(正正) = 1/4 = 0.25。

我們可以使用表格證明 P(正正) 的機率，如右表所示：

	銅板 1 正面	銅板 1 反面
銅板 2 正面	True	False
銅板 2 反面	False	False

上表共有 4 種可能，只有 1 種是 2 個都正面，所以機率是 1/4。

11-1-2 頻率論

現在有一個問題，如果樣本空間根本無法完整試驗出來，也就是說，因為我們無法試驗出所有可能發生的事件，所以樣本空間的尺寸並無法得知，此時可以使用**頻率論**（Frequentist Approach）來計算機率。

頻率論是以實驗（Experimentation）方式計算機率，以實際重複試驗的次數來計算出發生次數的機率，其公式如右所示：

$$P(A)=\frac{\text{發生次數}}{\text{重複試驗的次數}}$$

例如：丟 10 次銅板，有 4 次正面，所以銅板正面的機率是 P(正)= 4/10 = 0.4（40%），如果銅板是一個公正的銅板，其正反機率相同，當丟了 100 次銅板，可能有 54 次是正面，P(正)= 54/100 = 0.54（54%），如果丟了 1000 次銅板，正面的機率就會越接近實際機率 50%，這個稱為大數法則（The Law of Large Numbers），在第 11-1-3 節有進一步的說明。

事實上，頻率論是在計算相對頻率（Relative Frequency），即事件多常發生的機率，可以讓我們使用過去的資料來預測未來。例如：計算網站訪客的重複造訪率是一個相對頻率，我們可以從訪客的記錄檔找出上個月共有 5467 名訪客造訪網站，其中 1345 位是重複造訪，所以 P(重複造訪) =1345/5467 = 0.246，即 24.6% 的重複造訪機率。

機率計算除了使用頻率論外，另外一個著名方法是「貝葉斯推論」（Bayesian Inference），這是源於貝氏理論（Bayes Theorem）的機率學，也是機器學習貝葉斯分類器的基礎，在本書並沒有討論此部分，有興趣的讀者可以自行參閱線上資料或相關圖書。

11-1-3 大數法則

「**大數法則**」（The Law of Large Numbers）是指當使用頻率論計算機率時，當重複試驗的次數夠多夠大時，實驗結果相對頻率的機率就等於是實際機率。

例如：丟 1 個銅板 10 次是正面的機率不一定是 0.5，但丟 10000 次，機率就會接近 0.5 的實際機率。同理，擲 1 個骰子 10 次是 1 點的機率不一定是 0.167，但擲 10000 次，機率就會接近 0.167 的實際機率。

☆ 丟 1 個銅板正面機率的大數法則：ch11-1-3.py

丟 1 個公正銅板是正面的實際機率是 1/2 = 0.5（50%），Python 程式可以使用亂數來模擬丟 1 個銅板是正面或反面，然後使用迴圈丟 1 次至丟 10000 次，可以計算每一次實驗出現正面的機率，如下所示：

```
...
results = []
for num_throws in range(1, 10001):
    throws = np.random.randint(low=0, high=2, size=num_throws)
    probability_of_throws = throws.sum()/num_throws
    results.append(probability_of_throws)
```

上述 for/in 迴圈是 1~10000 次，num_throws 是丟 1 個銅板的總次數，在迴圈首先呼叫 random.randint() 函數產生 num_throws 次數的 0 或 1 值，值 1 代表正面；0 是反面，然後呼叫 sum() 函數計算總和後（即正面次數），除以 num_throws 次數就是丟出銅板正面的機率，然後使用 results 串列建立 DataFrame 物件和繪出折線圖，如下所示：

```
df = pd.DataFrame({"投擲" : results})

df.plot(color="b")
plt.title("大數法則(Law of Large Numbers)")
plt.xlabel("投擲次數")
plt.ylabel("平均機率")
plt.show()
```

上述程式碼可以繪出藍色線條的折線圖，其執行結果如下圖所示：

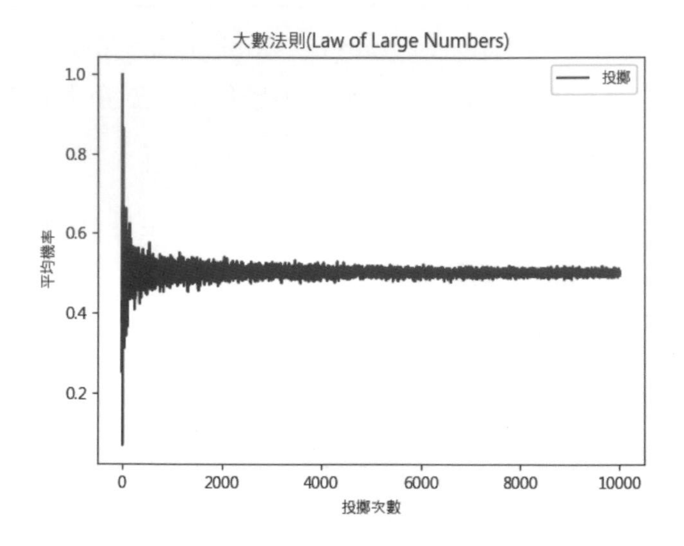

上述折線圖可以看出當次數很大時，機率就越接近實際機率 0.5。

☆ 擲 1 個骰子是 1 點機率的大數法則：ch11-1-3a.py

因為骰子點數有 1~6 點，丟 1 個公正骰子是 1 點的實際機率是 1/6 = 約 0.167（16.7%），Python 程式可以使用亂數模擬丟 1 個骰子的 6 種點數，和使用迴圈執行1次至 10000 次，然後計算每一次實驗出現 1 點的機率，如下所示：

```
...
results = []
for num _ throws in range(1, 10001):
    throws = np.random.randint(low=1, high=7, size=num _ throws)
    mask = (throws == 1)
    probability _ of _ throws = len(throws[mask])/num _ throws
    results.append(probability _ of _ throws)
```

上述 for/in 迴圈是 1~10000 次，num_throws 是丟 1 個骰子的總次數，在迴圈首先呼叫 random.randint() 函數產生 num_throws 次數的 1~6 值，代表 1~6 點，因為需從 NumPy 陣列找出值是 1 的有幾個，所以建立條件遮罩 mask 陣列是 throws 等於 1，len(throws[mask]) 函數計算出 1 點的次數，除以 num_throws 總次數就是丟骰子出現 1 點的機率，然後使用 results 串列建立 DataFrame 物件和繪出折線圖，如下所示：

```
df = pd.DataFrame({"投擲" : results})

df.plot(color="r")
plt.title("大數法則 (Law of Large Numbers)")
plt.xlabel("投擲次數")
plt.ylabel("平均機率")
plt.show()
```

上述程式碼可以繪出紅色線條的折線圖，其執行結果如下圖所示：

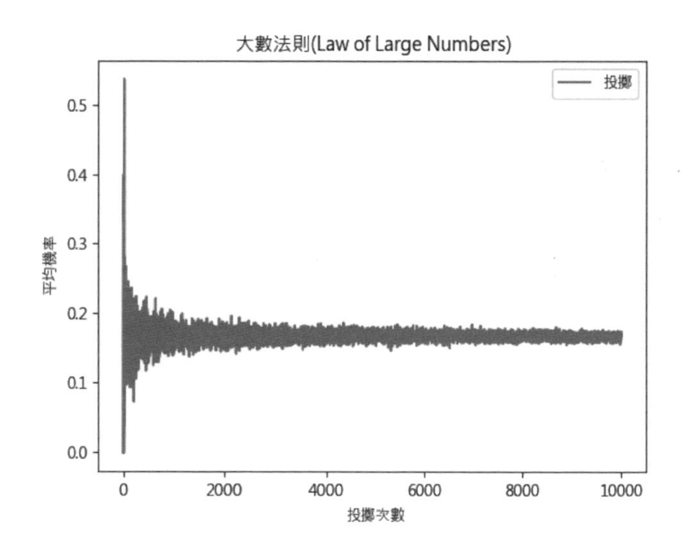

上述折線圖可以看出當次數很大時，機率就越接近實際機率約 0.167。

11-2 組合事件與條件機率

目前說明的機率都是單一事件，如果是涉及 2 個或更多事件時，我們需要探討組合事件和條件機率。

11-2-1 組合事件

組合事件（Compound Events）是在處理 2 個或更多個事件，這是指事件擁有 2 或更多個簡單事件。例如：現在有事件 A 和事件 B，則：

- 事件 A 和 B 同時發生的機率，因為是交集，所以使用交集符號表示：$P(A \cap B)$。
- 事件 A 或事件 B 任 1 個發生的機率（沒有同時發生），因為是聯集，所以使用聯集符號表示：$P(A \cup B)$。

我們準備使用擲 1 個骰子為例，事件 A 是「出現點數 4（含）以下的事件」；事件 B 是「出現點數是偶數的事件」，如右圖所示：

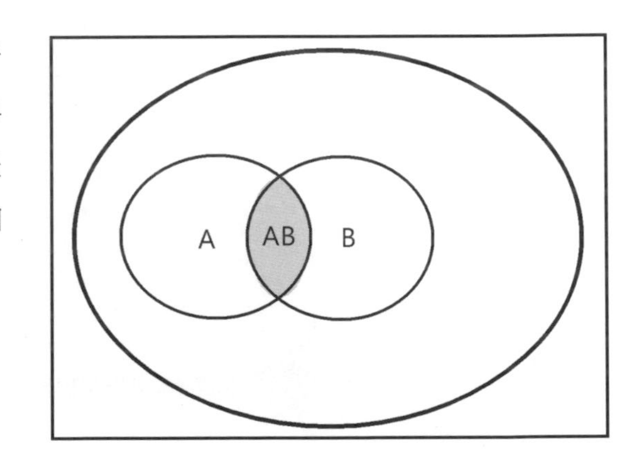

上述圖例的事件 A 是 1、2、3、4 點，事件 B 是 2、4、6 點，AB 是 $A \cap B$，即 2、4 點，如右圖所示：

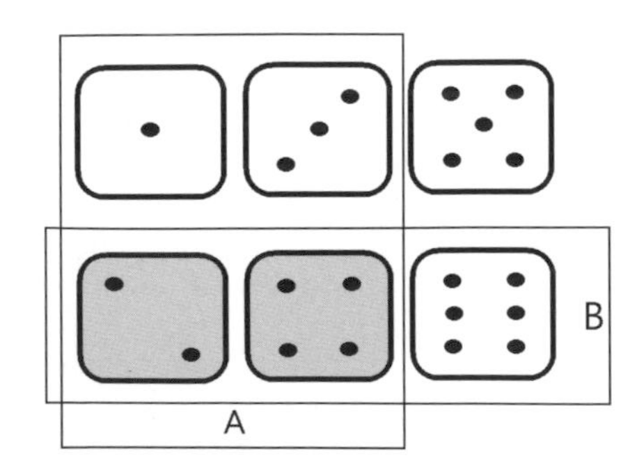

從上述圖例可以計算出 $P(A \cap B)$ 和 $P(A \cup B)$ 的機率，如右所示：

$$P(A \cap B) = \frac{2}{6} = \frac{1}{3}$$

$$P(A \cup B) = \frac{5}{6}$$

上述 $P(A \cap B)$ 的分子是 2 和 4 點兩種，所以是 2；$P(A \cup B)$ 的分子是 1、2、3、4、6 點數，所以是 5。

11-2-2 條件機率

條件機率（Conditional Probability）是當一個事件已經發生，在此事件上發生另一事件的機率，例如：現在有事件 A 和事件 B，$P(A \mid B)$ 是條件機率，這是指事件 A 在事件 B 發生的樣本空間上發生的機率，簡單的說，這是轉換分母的樣本空間，從原來全部的樣本空間改成只有 B 事件發生的樣本空間，其公式如下所示：

$$P(A \mid B) = \frac{P(A \cap B)}{P(B)} = \frac{\text{事件A和B同時發生的機率}}{\text{事件B發生的機率}}$$

上述 $P(A|B)$ 條件機率的圖例，如右圖所示：

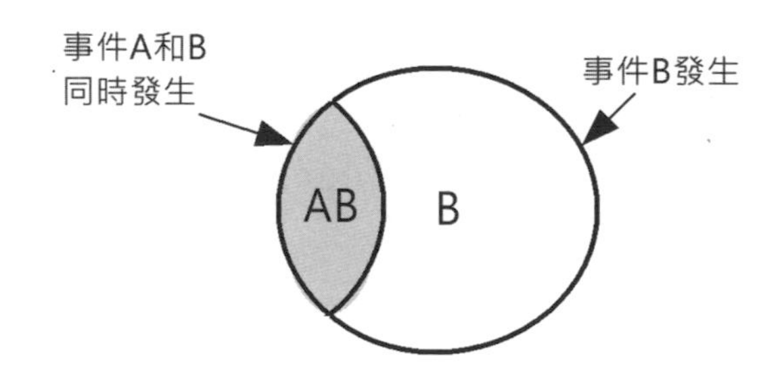

我們準備使用擲 1 個骰子為例，事件 A 是「出現點數 4（含）以下的事件」；事件 B 是「出現點數是偶數的事件」，如右圖所示：

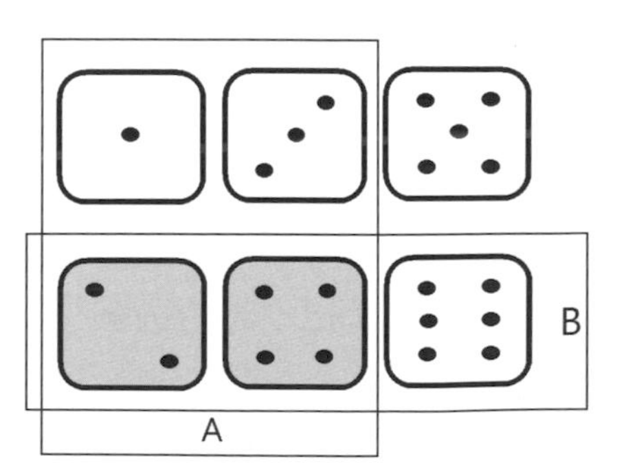

依據上述圖例可以計算 P(A|B) 和 P(B|A) 的條件機率，如下所示：

◆ P(A|B)：當出現點數是偶數的事件時（事件 B），出現點數 4（含）以下的事件（事件 A），事件 B 的機率 P(B) 是分母 3/6，分子是 P(A∩B) =2/6=1/3，所以 P(A|B) 是 (1/3)/(3/6) = 2/3，如下所示：

$$P(A \mid B) = \frac{\frac{1}{3}}{\frac{3}{6}} = \frac{\frac{1}{3} \times 6}{\frac{3}{6} \times 6} = \frac{2}{3}$$

◆ P(B|A)：當出現點數 4（含）以下的事件時（事件 B），出現點數是偶數的事件（事件 A），事件 A 的機率 P(A) 是分母 4/6，分子是 P(A∩B) =2/6=1/3，所以 P(B|A) 是 (1/3)/(4/6) = 1/2，如下所示：

$$P(B \mid A) = \frac{\frac{1}{3}}{\frac{4}{6}} = \frac{\frac{1}{3} \times 6}{\frac{4}{6} \times 6} = \frac{2}{4} = \frac{1}{2}$$

11-3 機率定理與排列組合

機率定理（The Rule of Probability）是用來幫助我們計算出組合事件的機率，另外，我們還需要了解排列組合，才能真正計算出除了組合，還有排列的機率。

11-3-1 加法定理

在第 11-2-1 節已經說明過事件 A 或事件 B 任 1 個發生機率的計算，我們可以改用加法定理來計算 P(A∪B) 的機率，其公式如下所示：

```
P(A∪B) = P(A) + P(B) - P(A∩B)
```

上述公式是將事件 A 和 B 的機率加起來，然後減掉共同部分的機率，以第 11-2-1 節的範例為例，事件 A 是「出現點數 4（含）以下的事件」，P(A)=4/6；事件 B 是「出現點數是偶數的事件」，P(B)=3/6，其計算過程如下：

```
P(A∪B) = 4/6 + 3/6 - 2/6 = 5/6
```

如果 2 個事件 A 和 B 是互斥的，不可能同時發生，因為 P(A∩B)=0，此時的公式如下所示：

```
P(A∪B) = P(A) + P(B)
```

例如：一個星期有星期一~六加上星期日，事件 A 是「今天是星期一」；事件 B 是「今天是星期五」，依據加法定理，P(A∪B) = 1/7+1/7 = 2/7。

11-3-2 乘法定理

在第 11-2-1 節已經說明過事件 A 和 B 同時發生機率的計算，我們可以改用乘法定理來計算 P(A∩B) 的機率，其公式如下所示：

```
P(A∩B) =P(A) * P(B|A)
```

上述公式是乘以 P(B|A)，不是 P(B)，因為事件 A 和 B 可能相關（Dependence），簡單的說，事件 A 和事件 B 同時發生的機率，就是 A 事件發生的機率，乘以當 A 發生時，事件 B 發生的機率。

以第 11-2-1 節的範例為例，事件 A 是「出現點數 4（含）以下的事件」，P(A)=4/6；事件 B 是「出現點數是偶數的事件」，P(B|A) 是 1/2，其計算過程如下：

```
P(A∩B) =4/6 * 3/6 = 12/36=1/3
```

如果事件 A 和事件 B 是獨立事件（Independence Events），不受其他因素影響，此時 P(B|A) 就是 P(B)，所以公式如下所示：

```
P(A∩B) =P(A) * P(B)
```

基本上，獨立事件的機率計算如同是在選路線，例如：從甲城鎮前往丙城鎮一定需要先到乙城鎮，我們選擇從甲到乙的路線，不會影響到選擇從乙到丙的路線，如下圖所示：

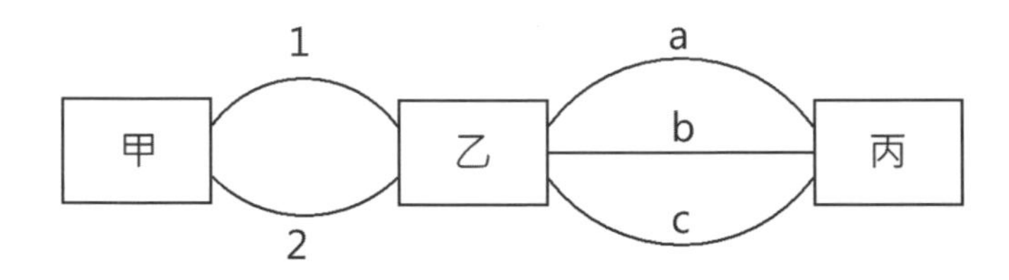

上述圖例從甲到乙的路線有 1 和 2 兩種；從乙到丙的路線有 a、b、c 三種，從甲到丙共有 1a、1b、1c、2a、2b、2c 共六種走法，每一種前往方法的機率都是 1/6，依據乘法定理，P(A∩B) = 1/2 * 1/3 = 1/6。

11-3-3 排列與組合

在了解機率後，因為計算機率需要知道發生此情況的數量，也就是有關「計數」（Counting）的問題，我們需要利用排列組合來找出有多少種可能，例如：大樂透開獎結果有幾組可能，密碼、身分證字號的組合有多少種等。

☆ 組合公式

組合公式是在計算如果有 n 個不同東西，從中選出 r 個的方式有幾種，其公式如下所示：

$$C_r^n = \frac{n!}{r!(n-r)!}$$

上述公式的 C 是英文 Combination 組合，n! 是階層函數，n 的值大於 0，而且 0!=1，如下所示：

```
n!=n*(n-1)*(n-2)* … *3*2*1
```

例如：4!=4*3*2*1=24，5!=5*4*3*2*1=120。基本上，組合問題是在計算從 n 個不同東西選出 r 個的方式有幾種，例如：現在有 5 種水果，從 5 種之中選出 3 種的組合方式有幾種，此時的 n=5；c=3，如下所示：

$$C_3^5 = \frac{5!}{3!(5-3)!} = \frac{5!}{3!2!} = 10$$

上述公式的運算結果可以知道有 10 種組合方式。再看一個例子，0~9 共有 10 個數字，選出 3 個的組合方式有幾種，此時的 n=10；c=3，如下所示：

$$C_3^{10} = \frac{10!}{3!(10-3)!} = \frac{10!}{3!7!} = 120$$

☆ 排列公式

排列公式是在計算如果有 n 種不同的東西，從中選出 r 種排成一列的方式有幾種，其公式如下所示：

$$P_r^n = \frac{n!}{(n-r)!}$$

例如：現在有 3 隻狗，從 3 隻中選出 2 隻狗排成一列的方式有幾種，此時的 n=3；r=2，如下所示：

$$P_2^3 = \frac{3!}{(3-2)!} = \frac{3!}{1!} = 6$$

上述公式的運算結果可以知道有 6 種排列組合方式。如果不考慮排列，只計算可能的組合，可以看到是 3 種，如下所示：

$$C^3_2 = \frac{3!}{2!(3-2)!} = \frac{3!}{2!1!} = 3$$

因為排列有順序性，AB 和 BA 是不同的，如果只有組合，AB 和 BA 是相同的。

11-4 統計的基礎

「統計」（Statistics）是一門收集、組織、展示、分析和解釋資料的科學，可以讓我們了解資料，和利用這些資料的協助來做出更有效率的決策。

11-4-1 認識統計

統計就是在分析資料，了解資料特徵和趨勢的方法，換句話說，就是讓資料說話，我們需要適當的使用統計來組織、評估、分析這些資料，以便讓這些資料的意義呈現出來。

基本上，統計就是從理解我們調查的資料（稱為**樣本**）開始，接著使用這些樣本以機率理論來推理和理解尚未調查的資料，如同從冰山的一角推論了解整座冰山的形狀，如右圖所示：

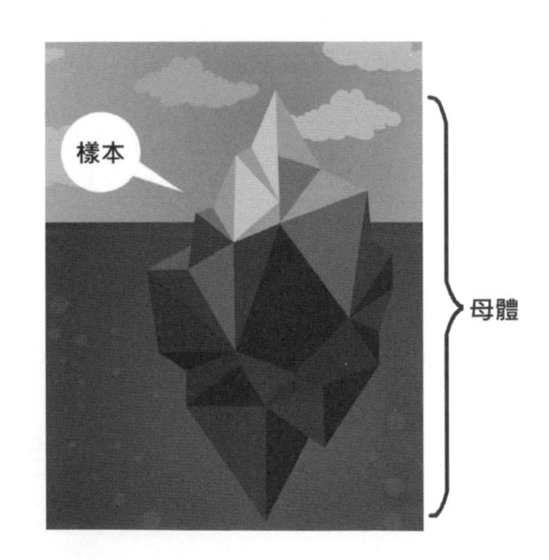

上述圖例的冰山，我們可以看的到的部分只是浮出海面的一小部分，這也是我們可以觀察的部分，冰山大部分都位在海面下，海面上我們看得到的是樣本，包含樣本和海面下的整座冰山是母體，其說明如下所示：

- **母體**（Population）：包含已經調查和沒有調查的全部資料，也就是擁有共同特徵的個體、物體或測量值的全部集合。

- **樣本**（Sample）：樣本就是已經調查的資料，屬於母體的一部分。

11-4-2 統計的分類

傳統統計可以分成兩大類：敘述統計和推論統計，如下圖所示：

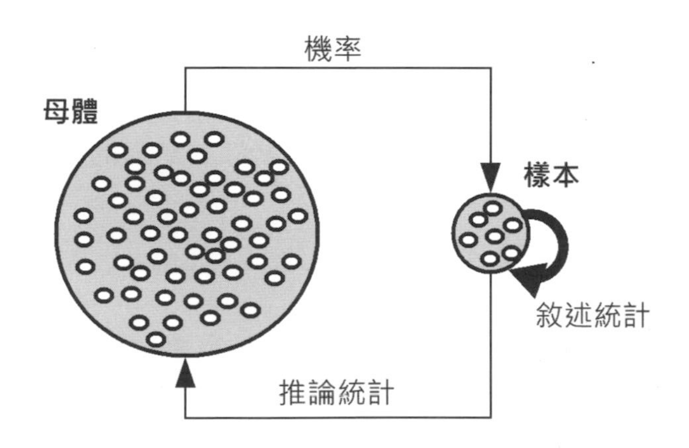

上述圖例的母體是使用機率取出樣本，然後使用敘述統計來理解樣本，最後以推論統計來理解母體（即使用機率），換句話說，統計不只需要理解樣本特徵，還需要理解樣本來源的母體。

☆ 敘述統計（Descriptive Statistics）

敘述統計是在觀察樣本資料，測量資料重要特徵的摘要，可以從資料中將特徵與特性明確化，也就是讓我們了解資料背後隱含的特徵和特性，然後使用資訊化方式來組織、摘要與展示資料，其中最有效的方法是將資料整理成表格，和使用第 9~10 章的各種圖表來展示。

敘述統計的目的就是替過去的資料做一個總結，如下所示：

- 在取得去年整年周日飲料銷售量的樣本資料後，我們可以取得資料特徵：「手搖飲料店在周日平均可以賣出 100 杯飲料」。
- 在取得上一個月蛋糕店營收的樣本資料，我們可以取得資料特徵：「蛋糕店平均一天可以賣 15 個蛋糕」。

☆ 推論統計（Inferential Statistics）

推論統計是從資料中分析資料的趨勢，可以從部分資料的樣本推論出全部情形，即母體，簡單的說，推論統計就是從樣本資料推論母體特徵的統計，其基礎就是機率，如下所示：

- 針對手搖飲料店數年每周日的營收，我們可以預測在下一個周日可以賣出 80~120 杯飲料。
- 針對蛋糕店的每日營收，我們可以預測明天有 95% 的機率可以賣出 20 個蛋糕。

11-5 集中量數與離散量數

統計基本上就是使用數學技術來幫助我們進一步的了解資料，我們可以使用資料集（Data Sets）的集中量數與離散量數來描述這些資料。

資料科學的探索性資料分析（Exploratory Data Analysis，EDA）就需要使用集中和離散量數來進一步了解資料，然後配合第 9~10 章的視覺化圖表來進行分析。

11-5-1 集中量數

統計的集中量數（Measure of Central Tendency）是在描述資料的集中趨勢，也就是使用一個數值來描述在樣本資料中，哪一個值是最常見、位在中間和最具代表性的資料是什麼。

☆ 眾數（Mode）

眾數是一組資料中出現次數最多的資料，這是第 1-2-3 節的名目尺度資料唯一可用的集中量數（其他尺度的資料都可使用眾數），眾數可以計算出現次數，即在資料集中，找出出現最多次數的資料。

眾數是最簡單的集中量數，但是有一些缺點，如下所示：

◆ 如果資料集的分配很平均時，眾數就會失去意義。

◆ 最常出現的數值，不能代表是最接近整體分配中心的數值。

Python 程式：ch11-5-1.py 使用 Pandas 套件的 mode() 函數來計算 DataFrame 物件指定欄位，或 Series 物件的眾數，如下所示：

```
import pandas as pd

df = pd.read_csv("titanic.csv")
s =  pd.Series([30,1,5,10,30,50,30,15,40,45,30])

print(df["Age"].mode())
print(s.mode())
```

上述程式碼讀入 Titanic 鐵達尼號乘客名單的資料集後，分別計算 **Age** 欄位和 Series 物件的眾數，可以看到執行結果如下所示：

```
0    22.0
dtype: float64
0    30
dtype: int64
```

☆ 中位數（Median）

中位數是將資料集排序後，取出最中間位置的值，這是一種和位置相關的數值，順序尺度（含）以上的尺度都可以使用中位數，例如：學生成績，如下所示：

```
18、35、56、78、95
```

上述底線數值 56 是中位數，當中位數找出來後，就可以知道 50% 高於此分數；50% 低於此分數。在資料中找出中位數需視資料量而定，如下所示：

◆ 如果樣本數 N 是奇數，中位數就是 (N+1)/2，例如：上述分數有 5 個，中位數位置是 (5+1)/2=3，即第 3 個。

◆ 如果樣本數 N 是偶數，中位數是最中間 2 個數的平均數，在使用 N/2 和 (N/2)+1 找出這 2 個數後，即可計算出中間數，如下所示：

```
18、35、43 、 64 、78、95
```

上述底線數值 43 和 64 是最中間的 2 個數，此時的中位數是 (43+64)/2=53.5。

Python 程式：ch11-5-1a.py 使用 Pandas 套件的 median() 函數來計算 DataFrame 物件指定欄位，或 Series 物件的中位數，如下所示：

```
df = pd.read_csv("titanic.csv")
s =  pd.Series([30,1,5,10,30,50,30,15,40,45,30])

print(df["Age"].median())
print(s.median())
```

上述程式碼計算 **Age** 欄位和 Series 物件的中位數，可以看到執行結果如下所示：

```
28.0
30.0
```

☆ 四分位數（Quartiles）

四分位數是將樣本數分成四個等份，第 1 個是 25%，表示有 25% 低於此值，第 2 個四分位數就是中位數，第 3 個是 75%，順序尺度（含）以上的尺度都可以使用四分位數。

Python 程式：ch11-5-1b.py 使用 Pandas 套件的 quantile() 函數來計算 DataFrame 物件指定欄位，或 Series 物件的四分位數，如下所示：

```
print(df["Age"].quantile(q=0.25))
print(df["Age"].quantile(q=0.5))
print(df["Age"].quantile(q=0.75))
print(s.quantile(q=0.25))
print(s.quantile(q=0.5))
print(s.quantile(q=0.75))
```

上述 quantile() 函數的參數 q 值 0.25 是 25%，0.5 是 50%，0.75 是 75%，可以看到執行結果如下所示：

```
21.0
28.0
39.0
12.5
30.0
35.0
```

☆ 算術平均數（Arithmetic Mean）

算術平均也可以直接稱為平均數（Mean），這是將一組樣本加總後，除以樣本個數，即此資料集的平均值，平均數是最常使用的集中量數，區間尺度（含）以上的尺度都可以使用平均數，其公式如下所示：

$$\overline{x} = \frac{x_1 + x_2 + \ldots + x_n}{n}$$

上述平均數是小寫 $\overline{x}$，n 是樣本數，算術平均的公式是樣本值的總和除以樣本數。例如：現在有一個 12 位成員團體的年齡資料，如下所示：

```
44,44,48,50,50,52,53,53,53,62,62,65
```

上述 12 位成員團體年齡資料的平均數計算，如下所示：

```
(44+44+48+50+50+52+53+53+53+62+62+65)/12=53
```

Python 程式：ch11-5-1c.py 使用 Pandas 套件的 mean() 函數來計算 DataFrame 物件指定欄位，或 Series 物件的平均數，如下所示：

```
print(df["Age"].mean())
print(s.mean())
```

上述程式碼計算 **Age** 欄位和 Series 物件的平均數，可以看到執行結果如下所示：

```
30.397989417989415
26.0
```

請注意！雖然中位數和平均數都可以給我們資料中心的感覺，但這 2 個值並不一定相同，而且平均數很容易受到樣本中每一個值的影響，如果資料中有 1~2 個極大或極小的極端值，平均數就會馬上受到很大的影響。

11-5-2 離散量數

統計的離散量數（Measure of Dispersion）是在描述資料的分散趨勢，如果離散量越大，就表示資料的離散程度越高，

☆ 全距（Range）

全距的計算是將樣本資料的最大值減去最小值，所以，全距是表示資料分配中的最大值和最小值之間的距離，區間尺度（含）以上的尺度都可以使用全距。

Python 程式：ch11-5-2.py 使用 Pandas 套件的 max() 和 min() 函數來計算 DataFrame 物件指定欄位，或 Series 物件的全距，如下所示：

```
import pandas as pd

df = pd.read_csv("titanic.csv")
s =  pd.Series([30,1,5,10,30,50,30,15,40,45,30])

print(df["Age"].max() - df["Age"].min())
print(s.max() - s.min())
```

上述程式碼讀入 Titanic 鐵達尼號乘客名單的資料集，然後分別計算 **Age** 欄位和 Series 物件的全距，可以看到執行結果如下所示：

```
70.83
49
```

☆ 四分位差（Interquartile Range）

因為樣本的最大和最小值常常有極端值出現，所以最好使用四分位差，區間尺度（含）以上的尺度都可以使用四分位差。四分位差是將樣本資料排序後，找出第 1 個和第 3 個四分位數，將第 3 個減去第 1 個四分位數，如下圖所示：

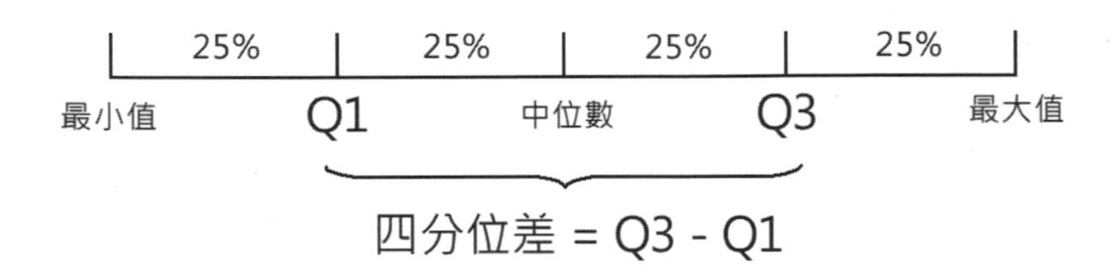

Python 程式：ch11-5-2a.py 使用 Pandas 套件的 quantile(0.75) 和 quantile(0.25) 函數來計算 DataFrame 物件指定欄位，或 Series 物件的四分位差，如下所示：

```
print(df["Age"].quantile(0.75) - df["Age"].quantile(0.25))
print(s.quantile(0.75) - s.quantile(0.25))
```

上述程式碼讀入 Titanic 鐵達尼號乘客名單的資料集，然後分別計算 **Age** 欄位和 Series 物件的四分位差，可以看到執行結果如下所示：

```
18.0
22.5
```

☆ 變異數（Variance）

全距和四分位差在計算上十分簡單明瞭，但問題是都只有使用 2 個值來表示資料的離散程度，而不是全部的樣本資料。為了使用全部的樣本資料，我們可以將每一個值減去第 11-5-1 節的平均數，這個值稱為偏差（Deviations），表示資料偏離平均數多少，如果資料越離散，偏差也會更大，如下所示：

$$\text{偏差} = x_i - \bar{x}$$

然後，將全部資料的偏差值平方後，加總起來，這就是偏差平方和（平方的目的是為了避免負值，否則總和值會正負相抵），如下所示：

$$\text{偏差平方和} = (x_1 - \bar{x})^2 + (x_2 - \bar{x})^2 + ... + (x_n - \bar{x})^2$$

最後將偏差平方和除以資料量，即可計算出變異數（Variance），比率尺度的資料可以使用變異數，其公式如下所示：

$$\text{變異數} s^2 = \frac{(x_1 - \bar{x})^2 + (x_2 - \bar{x})^2 + ... + (x_n - \bar{x})^2}{n}$$

例如：我們有 2 個樣本 A 和 B，各有 6 個數值，其平均值都是 10，如下所示：

```
樣本 A={10, 9, 12, 8, 11, 10}
樣本 B={2, 2, 2, 4, 4, 46}
```

上述樣本 A 的變異數計算，如下：

```
((10-10)²+(9-10)²+(12-10)²+(8-10)²+(11-10)²+(10-10)²)/6 = 約 1.67
```

樣本 B 的變異數計算，如下：

```
((2-10)²+(2-10)²+(2-10)²+(4-10)²+(4-10)²+(46-10)²)/6 = 260
```

上述樣本 B 因為擁有一個極端值 46，其資料離散程度大，變異數也大；樣本 A 的資料離散程度小，變異數也小。Python 程式：ch11-5-2b.py 使用 Pandas 套件的 var() 函數來計算 DataFrame 物件指定欄位，或 Series 物件的變異數，如下所示：

```
print(df["Age"].var())
print(s.var())
```

上述程式碼讀入 Titanic 鐵達尼號乘客名單的資料集，然後分別計算 **Age** 欄位和 Series 物件的變異數，可以看到執行結果如下所示：

```
203.32047012439133
264.0
```

☆ 標準差（Standard Deviation）

變異數的平方根就是標準差，比率尺度的資料可以使用標準差，其公式如下所示：

$$\text{標準差}s=\sqrt{\frac{(x_1-\bar{x})^2+(x_2-\bar{x})^2+\ldots+(x_n-\bar{x})^2}{n}}$$

Python 程式：ch11-5-2c.py 使用 Pandas 套件的 std() 函數來計算 DataFrame 物件指定欄位，或 Series 物件的標準差，如下所示：

```
print(df["Age"].std())
print(s.std())
```

上述程式碼讀入 Titanic 鐵達尼號乘客名單的資料集，然後分別計算 Age 欄位和 Series 物件的標準差，可以看到執行結果如下所示：

```
14.259048710359023
16.24807680927192
```

不只如此，Python 程式：ch11-5-2d.py 還可以使用 Pandas 套件的 describe() 函數來顯示 DataFrame 物件指定欄位，或 Series 物件的資料描述，依序是資料長度、平均值、標準差、最小值，25%、50%（中位數）、75% 和最大值，如下所示：

```
print(df["Age"].describe())
print("---------------------------")
print(s.describe())
```

上述程式碼讀入 Titanic 鐵達尼號乘客名單的資料集，然後分別顯示 Age 欄位和 Series 物件的資料描述，可以看到執行結果如下所示：

```
count    756.000000
mean      30.397989
std       14.259049
min        0.170000
25%       21.000000
50%       28.000000
75%       39.000000
max       71.000000
Name: Age, dtype: float64
---------------------------
count    11.000000
mean     26.000000
std      16.248077
min       1.000000
25%      12.500000
50%      30.000000
75%      35.000000
max      50.000000
dtype: float64
```

11-6 隨機變數與機率分配

在了解機率、統計的集中和離散量數後，我們需要進一步了解隨機變數與機率分配，因為這才是真正連接機率和推論統計之間的橋樑。

11-6-1 認識隨機變數與機率分配

統計的變數（Variable）或稱變量是一種可測量或計數的特性、數值或數量，也可以稱為資料項目，變數值就是資料，例如：年齡和性別等，變數如同第 1-2-2 節的資料可以分成質的變數和量的變數，也可以區分成第 1-2-3 節的四種尺度變數。

請注意！變數之所以稱為變數，因為變數值可能因母體的資料單位或時間而改變，例如：收入是一個變數，母體的個人、家庭和公司收入可能不同，而且收人會因時間而增加或減少。

基本上，統計與機率之間的關係就是使用隨機變數（一種變數）與機率分配作為橋樑，如下圖所示：

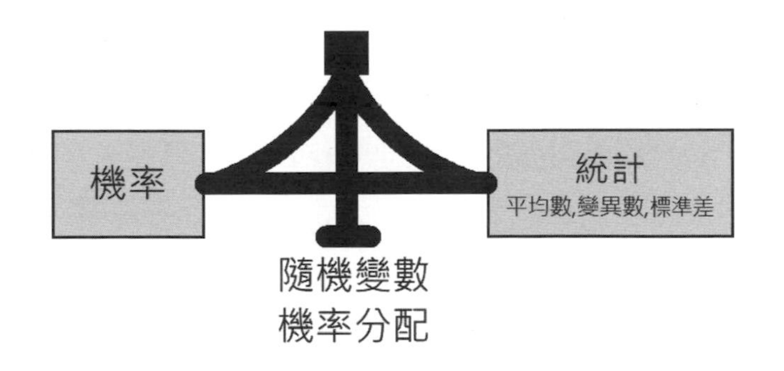

☆ 隨機變數（Random Variables）與機率分配（Probability Distribution）

隨機變數也稱為隨機變量，這是一種變數（並非程式語言的變數），可以讓我們使用一個數值來描述一個機率的事件，隨機變數在特定時間點是一個值，但是，它會依環境而擁有多種不同值，通常我們是使用大寫英文字母來表示隨機變數，例如：X、Y 或 Z 等。

例如：擲 1 個骰子的隨機變數 X，可以使用點數來描述擲 1 個骰子的事件，點數的可能值有 1~6，每一次擲的點數因機率而不同（機率的事件），所以這是一個變數，一個隨機變數。

一般來說，隨機變數都會伴隨著一個隨機過程的試驗，而這個試驗產生的是一個隨機結果，例如：擲 1 個骰子、選一張卡片、選一個賓果球等，不過，我們並無法準確的預測結果，其結果是在一個範圍內的一個值（代表一個事件），我們只能計算出每一個事件（每一個值）的發生機率，這就是**機率分配**（Probability Distribution），或稱為**機率分佈**。

機率分配通常是使用圖形來呈現，可以描述隨機變數的分佈情況，哪些隨機變數常常出現；哪些比較少出現。例如：擲 1 個骰子的可能結果是隨機變數 X，X 的值可能是 1~6 點數，我們可以計算出每一種點數的機率是 1/6，其機率分配表（適用離散型隨機變數）如下表所示：

點數值	X=1	X=2	X=3	X=4	X=5	X=6
機率	1/6	1/6	1/6	1/6	1/6	1/6

在上表擲出各骰子點數的機率是相同的，如果是擲 2 個骰子，點數出現的機率就不一樣。事實上，隨機變數 X 就是樣本空間對應到值的一個 f() 函數，其參數值代表對應的事件，可以回傳此事件的機率，如下所示：

$$f(\text{事件}) = \text{機率}$$

以上述試驗擲 1 個骰子為例，f(X=1)=1/6、f(X=2)=1/6 等。

☆ 隨機變數的種類

隨機變數依據變數值的性質不同可以分成兩種，如下所示：

◆ **離散型變數**（Discrete Variable）：這些值之間通常有「間隔」。例如：骰子點數 1、2、3、4、5、6，一間房子的房間數量 1、2、3、4 間等。

◆ **連續型變數**（Continuous Variable）：這種變數值擁有無限可能的值，換句話說，其變數值是在一定範圍之內的任何值（沒有間隔）。例如：台北飛到金門花費的時間、身高、體重、溫度、費用和輪胎的胎壓等。

☆ 機率分配的用途

隨機變數的機率分配有很多種，一些常見的機率分配有：常態分配（Normal Distribution）、二項分配（Binomial Distribution）、波瓦松分配（Poisson Distribution）等等。

機率分配可以幫助我們建立不同種類的隨機事件模型來進行統計分析，也就是將複雜現象使用簡單的數學模型來表示。換個角度來說，不同種類的機率分配可以回答不同問題的隨機事件，所以，我們需要先了解問題是什麼，才能選擇適當的機率分配來建立模型，如下所示：

◆ 個別事件發生的機率。

◆ 在多次重複試驗中，事件會發生幾次。

◆ 事件多久會發生。

11-6-2 離散型隨機變數與機率分配

離散型隨機變數的值是有限的，這是一個不連續的值（有間隔），例如：丟 1 個正反機率相同的銅板，正面是 1；反面是 0，離散型隨機變數 Y 的機率分配表，如下表所示：

正反值	Y=1	Y=0
機率	1/2	1/2

上一節的擲 1 個骰子問題，這也是一種離散型隨機變數 X，其機率分配表如下表所示：

點數值	X=1	X=2	X=3	X=4	X=5	X=6
機率	1/6	1/6	1/6	1/6	1/6	1/6

上述離散型隨機變數 X 的機率是使用表格列出，如果是使用第 11-6-1 節的 f() 機率函數，稱為「機率質量函數」（Probability Mass Function，PMF），可以回傳指定點數事件的機率。

☆ 離散型隨機變數的期望值

離散型隨機變數最主要的兩個屬性是期望值（Expected Value）和變異數（Variance）。期望值 μ 也稱為隨機變數的平均值，其公式如下所示：

$$\mu = x_1 p_1 + x_2 p_2 + ... + x_n p_n$$

上述期望值 μ 是隨機變數 X 的值乘以對應的機率 p 的總和，p 可以從隨機變數函數 f(x) 取得機率（正確的說是機率質量函數），例如：擲 1 個骰子是點數 1 的機率是 f(1)=1/6、2 點是 f(2)=1/6、3 點也是 1/6 直到 6 點，期望值的運算過程，如下所示：

```
1*1/6+2*1/6+3*1/6+4*1/6+5*1/6+6*1/6=3.5
```

期望值 μ 之所以稱之為隨機變數的平均值，因為在重複多次試驗後，依據第 11-1-3 節的大數法則，期望值就會逐漸接近至算數平均值，如下所示：

```
(1+2+3+4+5+6)/6=3.5
```

Python 程式：ch11-6-2.py 首先執行 100 次試驗，如下所示：

```
import random

def dice_roll():
    v = random.randint(1, 6)
    return v

trials = []
num_of_trials = 100
for trial in range(num_of_trials):
    trials.append(dice_roll())
print(sum(trials)/float(num_of_trials))
```

上述程式碼使用亂數建立擲1個骰子的 dice_roll() 函數，for/in 迴圈執行 100 次，然後顯示 100 次的平均值，其執行結果如下所示：

```
3.48
```

上述 100 次的平均值是 3.48 左右（請注意！每一次的執行結果會不同）。Python 程式：ch11-6-2a.py 準備從 100 次增加試驗次數至 10000 次，並且繪出折線圖，如下所示：

```
...
num_of_trials = range(100, 10000, 10)
avgs = []
for num_of_trial in num_of_trials:
    trials = []
    for trial in range(num_of_trial):
        trials.append(dice_roll())
    avgs.append(sum(trials)/float(num_of_trial))

plt.plot(num_of_trials, avgs)
plt.xlabel("Number of Trials")
plt.ylabel("Average")
plt.show()
```

上述程式碼使用 Matplotlib 套件繪製圖表，可以看到逐漸接近算術平均值 3.5，如右圖所示：

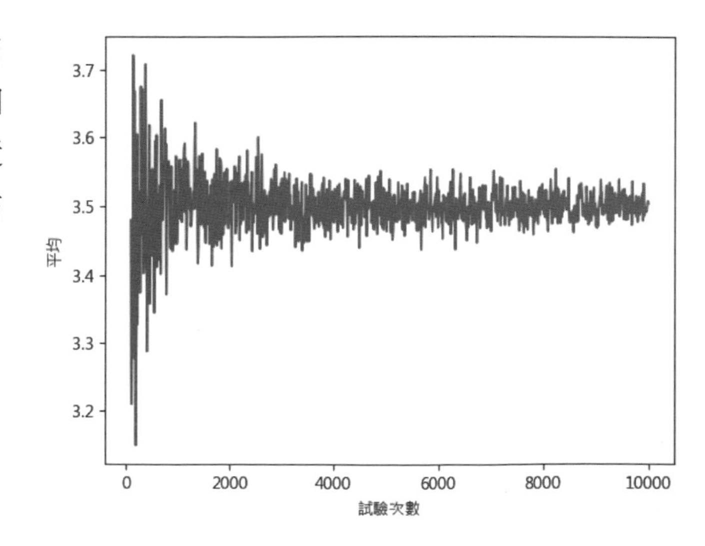

☆ 離散型隨機變數的變異數和標準差

如同第 11-5-2 節的離散量數，我們一樣可以計算出離散型隨機變數的變異數，其公式如下所示：

$$\sigma^2 = (x_1 - \mu)^2 p_1 + (x_2 - \mu)^2 p_2 + \ldots + (x_n - \mu)^2 p_n$$

上述 μ 是期望值，p 是對應的機率（可用機率質量函數 PMF 取得）。例如：擲 1 個骰子的期望值 μ 是 3.5，變異數 σ^2 的計算如下所示：

$$\sigma^2 = (1-3.5)^2 \times \frac{1}{6} + (2-3.5)^2 \times \frac{1}{6} + \ldots + (6-3.5)^2 \times \frac{1}{6} = \frac{35}{12} = \text{約}2.9$$

標準差 σ 就是變異數開根號，如下所示：

$$\sigma = \sqrt{\sigma^2} = \sqrt{\frac{35}{12}} = \text{約}1.7$$

11-6-3 連續型隨機變數與機率分配

連續型隨機變數是一種有無限可能值的隨機變數，例如：離散型隨機變數值是 1 和 2，連續型隨機變數就是 1~2 之間的無限值：1.00、1.01、1.001、1.0001…。一些連續型隨機變數的範例，如下所示：

◆ **時間**（Time）：在電腦完成指定工作所花費的時間，看起來時間好像可以計數，事實上，時間只是區間的大約值，可以在向下細分，例如：1.3 秒可能是 1.333333333333333…秒，這是一個連續值。

◆ **體重**（Weight）：一位成人的體重是 75 公斤，其值可能是 75.10 或 75.1110 公斤，成人體重的可能值是無限的。

◆ **年齡**（Age）：年齡 20 歲，可能是 20 年 10 天 1 秒加上 1 毫秒，如同時間，年齡也是無限可能值的連續變數。

◆ **收入**（Income）：年收入看起來是可計數的值吧？但是，誰知道是否有人年收入達 100 萬、1000 萬，收入可能是任何的可能值。

☆ 機率密度函數（Probability Density Function）

因為離散型隨機變數是可計數的數值，機率函數能夠依事件回傳對應的機率，但是，連續型隨機變數基本上是連續且無法計數的值，我們需要使用的「機率密度函數」（Probability Density Function，PDF）來取得機率，如右圖所示：

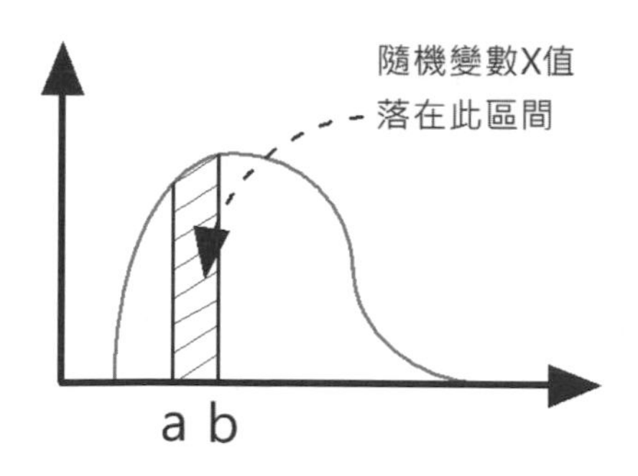

上述圖形是機率密度函數的曲線，當隨機變數 X 落在 a 和 b 區間：a <= x <= b 時，機率就是此區域的**面積**。請注意！連續型隨機變數當隨機變數 X 的值是 x 時，機率是 0，因為 x 在某一特定值出現的機率都是 0，機率密度函數回傳的機率值是區間寬度 a 和 b 切割成無限小長方形的面積，需要使用積分來計算面積值。

☆ 連續型隨機變數的期望值與變異數

連續型隨機變數的期望值與變異數公式需要使用積分概念，如下所示：

$$\text{期望值}\mu = [\text{隨機變數X與機率密度函數乘積}]\text{的積分}$$
$$\text{變異數}\sigma^2 = [(\text{X值 - 期望值}\mu)^2\text{與機率密度函數乘積}]\text{的積分}$$

上述公式需要使用數學的積分來計算，傳統統計學是使用查表方式（因為已經都算好）來替代複雜的計算，在第 12 章說明估計時，我們會使用 Python 語言 Scipy 套件的統計函數來進行計算。

11-6-4 累積分配函數

機率分配的「**累積分配函數**」（Cumulative Distribution Function，CDF）或直接稱為分配函數，可以完整描述隨機變數 X 的機率分配。

☆ 認識累積分配函數

累積分配函數的觀念類似統計的「累積次數表」（Cumulative Frequency Table），這是將次數和相對次數分別做累加，如右表所示：

類型	次數	累積次數
1~1000	22	22
1001~2000	45	67
2001~3000	57	124
3001~4000	97	221
4001~5000	152	373
5001~6000	241	614
6001~7000	52	666

上表的累積次數都是之前次數的總和，累積分配函數也是使用相同的觀念，只是累加的是機率；不是次數。當隨機變數 X 的值是 x 時，累積分配函數的計算，如下所示：

- **離散型隨機變數**：所有 x 之前的機率總和。
- **連續型隨機變數**：所有 x 之前機率密度函數的積分。

☆ 累積分配函數的用途

累積分配函數的目的是用來找出特定值之上、之下，或兩個值之間的機率，例如：現在已經有一個小狗體重的累積分配函數，我們可以依此函數找出：

- 小狗體重大於 3 公斤的機率。
- 小狗體重小於 3 公斤的機率。
- 小狗體重在 2~3 公斤之間的機率。

11-6-5 二項分配

二項分配（Binomial Distribution）就是二項隨機變數的機率分配，這是一種離散型隨機變數的機率分配。

☆ 二項隨機變數（Binomial Random Variables）

二項隨機變數是在重複發生的單一事件中，計算出成功的次數（如果不能計數，就一定不是二項隨機變數），其需要符合的條件，如下所示：

- 樣本尺寸是固定的，也就是固定的試驗次數。
- 對於每一次試驗，成功情況一定會出現；或沒有出現。
- 每一個事件的機率必須是相等的。
- 每一次試驗都是獨立事件，即 2 個試驗之間沒有任何關聯。

一些二項隨機變數的範例，如下所示：

- 丟 1 個公正銅板 10 次，計算正面的次數。
- 擲 1 個公正骰子 5 次，計算出現 1 點的次數。
- 購買 20 次刮刮樂（Scratch-off Lottery），計算中獎的次數。
- 隨機選擇 200 人的樣本，計算左撇子的人數。

☆ 二項分配（Binomial Distribution）

二項隨機變數的機率分配就是二項分配，二項分配擁有 2 個重要特性，如下所示：

- 固定試驗次數 n。
- 每一次試驗的成功機率 p。

二項隨機變數的機率質量函數 PMF，如下所示：

$$P(X=k)=C_k^n p^k (1-p)^{n-k}$$

$$C_k^n=\frac{n!}{(n-k)!k!}$$

上述 P(x=k) 是 PMF，在下方的就是第 11-2-1 節的組合公式，例如：擲 1 公正骰子 5 次，計算出現 1 點的次數，n 的值是 5；p 的值是 1/6，k 的值可能值是 0 次 ~ 5 次，隨機變數 X 是二項分配，P(X=0) 和 P(X=1)…的計算如下所示：

$$P(X=0)=C_0^5 \frac{1}{6}^0 (1-\frac{1}{6})^{5-0}$$

$$P(X=1)=C_1^5 \frac{1}{6}^1 (1-\frac{1}{6})^{5-1}$$

...

Python 程式：ch11-6-5.py 使用 Scipy 套件的 stats 統計模組來計算 PMF 的機率，如下所示：

```
from scipy import stats

n = 5
p = 1/6
for k in range(n+1):
    v = stats.binom.pmf(k, n, p)
    print(k, v)
```

上述程式碼匯入模組後，指定 n 和 p 的值，for/in 迴圈是 k 值從 0~5，我們可以呼叫 stats.binom.pmf() 函數計算二項隨機變數的機率質量函數 PMF（binom 是二項分配，第 11-6-4 節的累積分配函數是 cdf()），其執行結果如下所示：

```
0 0.401877572016461
1 0.40187757201646074
2 0.16075102880658423
3 0.03215020576131686
4 0.0032150205761316865
5 0.00012860082304526745
```

Python 程式：ch11-6-5a.py 使用 Scipy 套件的 stats 統計模組函數，可以產生各種機率分配的資料，如下所示：

```
import pandas as pd
import matplotlib.pyplot as plt
from scipy import stats

fair_dice_rolls = stats.binom.rvs(n=5,
                                  p=1/6,
                                  size=10000)
print(fair_dice_rolls)
df = pd.DataFrame(fair_dice_rolls)
df.hist(range=(-0.5, 5.5), bins=6)
```

上述程式碼呼叫 stats.binom.rvs() 函數產生二項分配的隨機資料，如下所示：

```
fair_dice_rolls = stats.binom.rvs(n=5,
                                  p=1/6,
                                  size=10000)
```

上述程式碼的中間 binom 是指二項分配；norm 是第 11-6-6 節的常態分配，然後使用 rvs() 函數產生隨機資料，參數 n 是每一次的試驗次數；p 是成功機率，size 是總共的試驗次數 10000 次，在建立 DataFrame 物件後，呼叫 hist() 函數繪出直方圖，如下所示：

```
df.hist(range=(-0.5, 5.5), bins=6)
plt.show()
```

上述參數 range 大約是隨機變數 X 值的範圍 0~5（左右大 0.5），區間 bin 是 5+1，執行結果繪出的直方圖可以對比之前機率質量函數 PMF 計算的機率，如下圖所示：

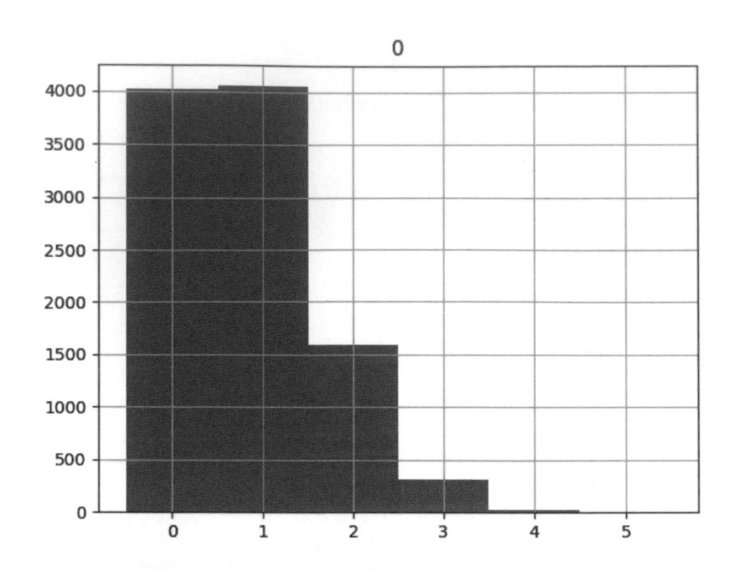

上述圖例的 0 和 1 約 4000 次，除以 10000 次的機率約 0.4，2 是 1600 左右，所以是 0.16，以此類推。

例如：丟 1 個公正銅板 10 次，計算正面的次數，參數 n 是 10，p 是 1/2=0.5（Python 程式：ch11-6-5b.py），如下所示：

```
fair_dice_rolls = stats.binom.rvs(n=10,
                                  p=0.5,
                                  size=10000)
print(fair_dice_rolls)
df = pd.DataFrame(fair_dice_rolls)
df.hist(range=(-0.5, 10.5), bins=11)
plt.show()
```

上述程式碼也是 10000 次，執行結果繪出的直方圖，如下圖所示：

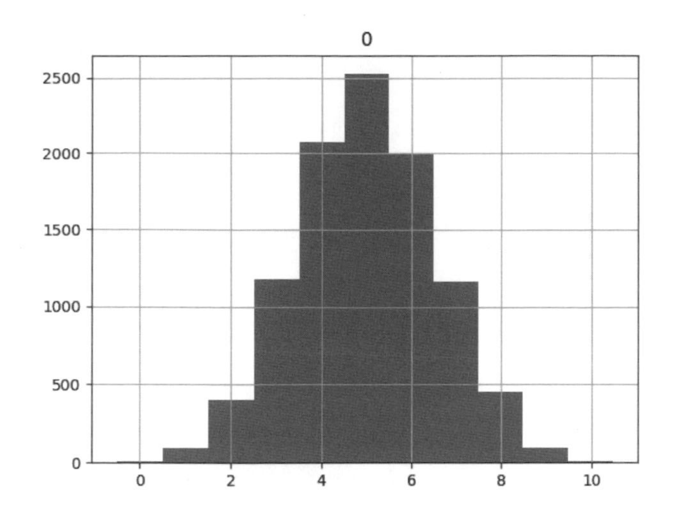

Python 程式：ch11-6-5c.py 是呼叫 stats.binom.pmf() 函數計算機率質量函數 PMF，讀者可以自行和上圖比較隨機變數 X 的機率。

例如：本市共有 14 家新餐廳開張，第 1 年可以存活的機率是 20%，請計算出第 1 年存活 3 家的機率有多少，以此例的 n 是 14，p 是 0.2，我們需要計算 p(X=3)，如下所示：

$$P(X=3) = C_3^{14}\, 0.2^3 (1-0.2)^{14-3} = 約0.25$$

上述運算結果可以知道存活 3 家的機率有 25%，Python 程式 ch11-6_5d.py 是使用 stats.binom.pmf() 函數計算新餐廳的存活機率。

☆ 二項隨機變數的期望值和變異數

二項隨機變數的期望值和變異數公式，如下所示：

$$期望值\mu = np$$
$$變異數\sigma^2 = np(1-p)$$

11-6-6 常態分配

常態分配（Normal Distribution）也稱為**高斯分配**（Gaussiam Distribution），這是一種常見連續型隨機變數的機率分配。

☆ 認識常態分配

常態分配是統計學一個非常重要的機率分配，經常使用在自然和社會科學用來代表一個隨機變數，配合平均數和標準差，可以讓我們進行精確的描述和推論。常態分配的形狀是一個常態曲線（The Normal Curve），其主要特性如下所示：

- 常態曲線的外形是以平均值為中心，左右對稱的鐘形曲線，請注意！對稱不一定是常態分配，但常態分配一定是對稱形狀。
- 常態曲線的眾數、中位數和平均數是三合一。
- 常態曲線的兩尾是向兩端無限延伸。
- 常態曲線的形狀完全是以平均數和標準差來決定。

常態分配之所以重要，因為我們可以使用常態分配來發現真實世界的現象，例如：IQ 測驗、身高、體重、收入和支出等。這些真實世界的現象基本上都遵循著常態分配的理論模型，所以我們常常需要使用常態分配來模型化隨機變數，大部分常用的統計檢定也都是假設資料分配是一種常態分配。

☆ 常態分配的機率密度函數

常態分配的機率密度函數 PDF，如下所示：

$$\text{常態分配} f(x) = \frac{1}{\sqrt{2\pi\sigma^2}} e^{-\frac{(x-\mu)^2}{2\sigma^2}}$$

上述公式的 μ 是隨機變數的平均數（即期望值），σ 是標準差。Python 程式：ch11-6-6.py 建立此公式的 normal_pdf() 函數，如下所示：

```
import numpy as np
import matplotlib.pyplot as plt

def normal_pdf(x, mu, sigma):
    pi = 3.1415926
    e = 2.718281
    f = (1./np.sqrt(2*pi*sigma**2))*e**(-(x-mu)**2/(2.*sigma**2))
    return f

ax = np.linspace(-5, 5, 100)
ay = [normal_pdf(x, 0, 1) for x in ax]
plt.plot(ax, ay)
plt.show()
```

上述 normal_pdf() 函數是常態分配的機率密度函數，當 $\mu=0$，$\sigma=1$ 時稱為「標準常態分配」(Standard Normal Distribution)，在第 12-2 節有進一步的說明，其執行結果如下圖所示：

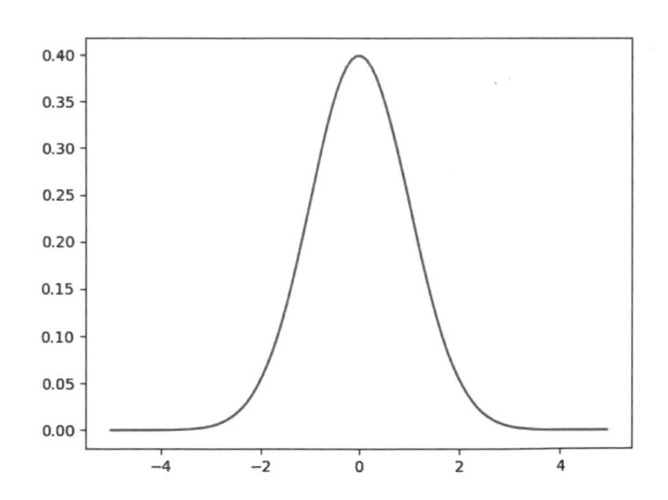

如同二項分配，Python 程式：ch11-6-5.py 是使用 Scipy 套件的 stats 統計模組來計算常態分配 PDF 的機率，常態分配是 norm，如下所示：

```
...
x = [x/10.0 for x in range(-50, 60)]
plt.plot(x, stats.norm.pdf(x, 0, 1),
       'r-', lw=1, alpha=0.6, label='mu=0,sigma=1')
plt.plot(x, stats.norm.pdf(x, 0, 2),
       'b--', lw=1, alpha=0.6, label='mu=0,sigma=2')
plt.plot(x, stats.norm.pdf(x, 2, 1),
       'g-.', lw=1, alpha=0.6, label='mu=2,sigma=1')
plt.legend()
plt.title("常態分配 PDF 的機率")
plt.show()
```

上述程式碼呼叫 3 次 stats.norm.pdf() 函數的 PDF 函數，第 1 個參數是隨機變數 X 的值，第 2 個是平均值，第 3 個是標準差，其執行結果如下圖所示：

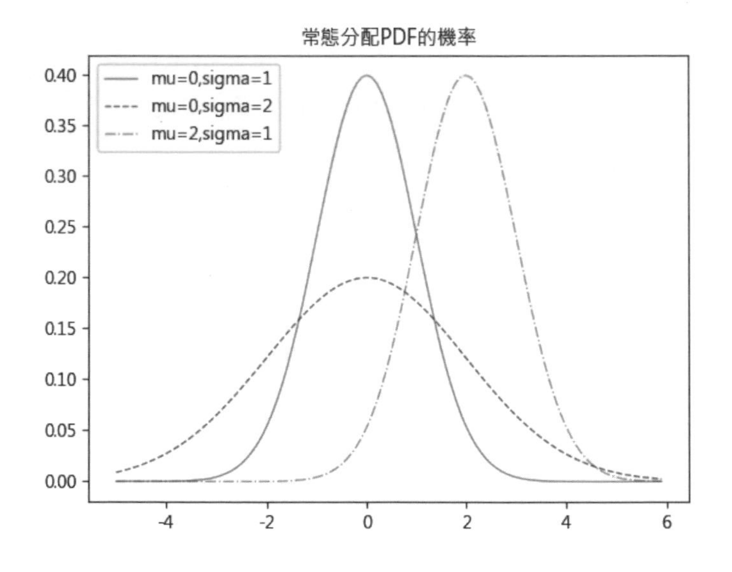

上述 3 條常態曲線的平均值 μ 和標準差 σ 依序是 0, 1、0, 2 和 2, 1，可以看到相同的平均值 1 時，不同的標準差 1 和 2 就會影響鐘形常態曲線的高度和寬度；當標準差相同都是1時，不同的平均值 0 和 2，可以看到常態曲線平行位移。

★ 學習評量 ★

1. 請舉例說明什麼是機率？何謂頻率論？
2. 請舉例說明大數法則（The Law of Large Numbers）？
3. 請問什麼是組合事件與條件機率？
4. 請舉例說明什麼是機率定理？排列和組合的機率差異為何？
5. 請使用簡單圖例說明什麼是統計？統計分成哪兩大類？
6. 請問什麼是統計的集中量數與離散量數？
並且分別說明 Pandas 套件如何計算出集中量數與離散量數？
7. 請舉例說明什麼是隨機變數與機率分配？
8. 請問離散型和連續型隨機變數是什麼？其差異為何？
9. 請問什麼是二項分配（Binomial Distribution）？
10. 請問什麼是常態分配（Normal Distribution）？

M E M O

CHAPTER

12

估計與檢定

12-1 抽樣與抽樣分配

推論統計可以從部分資料的樣本推論出全部資料的母體，其做法和任務有兩項，如下所示：

- **估計**（Estimation）：從樣本資料推論樣本來源的母體特徵（平均數和標準差）的過程。
- **假設檢定**（Hypothesis Testing）：先針對母體提出假設，然後透過分析比較樣本來驗證提出的假設是否有效。

12-1-1 母數與統計量

一般來說，我們不可能有足夠經費來收集完整的母體（Population）資料，也可能根本就無法調查出整個母體資料，例如：調查全國男性是否抽煙，我們只能使用抽樣方式調查選出母體的部分資料，即樣本（Sample），例如：在了解樣本平均數後，使用推論統計來推測出母體的平均數。

母體特徵的平均數和標準差等量數稱為「母數」（Parameters），樣本特徵稱為「統計量」（Statistic），如下圖所示：

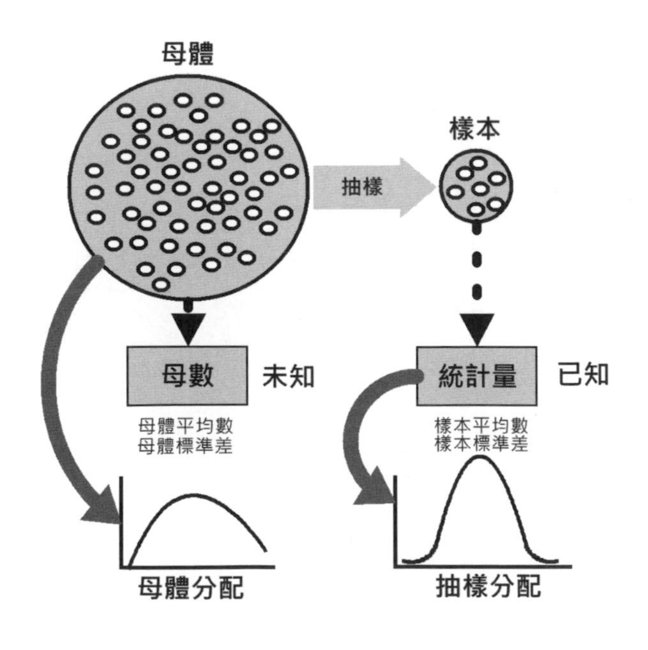

上述圖例是從母體中抽樣出部分資料的樣本，樣本特徵的統計量是我們已知且可以掌握的資訊，母體是未知，這就是我們準備進一步了解的資訊，即母數（或稱為參數），如下圖所示：

☆ 母數與母體分配

母體是使用母體平均數 μ 和母體標準差 σ 等集中或離散量數來描述母體的特徵，即母數，如果我們從母體中隨機抽出 1 個值，並且將之視為變數，這就是第 11 章的隨機變數，對應隨機變數的機率分配稱為「母體分配」（Population Distribution）。

實際上，我們並無從得知母體分配是哪一種分配，但是，我們通常都會假設母體是一種常態分配，稱為常態母體（Normal Population），如此才可以使用推論統計來進行估計和檢定。

☆ 統計量與抽樣分配

樣本是母體的部分資料，我們是從母體中抽樣取得樣本，可以計算出樣本平均數 $\overline{x}$ 和樣本標準差 s 等集中或離散量數來描述樣本的特徵，即統計量。因為統計量本身就是一個隨機變數，對應隨機變數的機率稱為「抽樣分配」（Sampling Distribution），在第 12-1-3 節有進一步的說明。

因為我們可以從樣本計算出樣本平均數和標準差，這些統計量才是我們真正可以掌控的資訊。

12-1-2 抽樣方法

從母體中抽出的樣本稱為「樣本資料」（Sampling Data），我們主要是使用隨機抽樣（Random Sampling）來選擇樣本，這是一種常用的「機率抽樣」（Probability Sampling）方法。

基本上，不論機率抽樣是使用哪一種方法，其目標是希望抽出的樣本能夠代表母體，例如：母體中有 40% 是男性，樣本如果有代表性，樣本的男性比例應該也接近 40%。為了確保樣本有代表性，我們需要使用「均等機率選擇方式」（Equal Probability of Selection Method，EPSEM）來抽出樣本。

推論統計只能使用 EPSEM 抽樣方法取得的樣本，常用 EPSEM 抽樣方法的簡單說明，如下所示：

◆ **簡單隨機抽樣**（Simple Random Sampling、SRS）：將母體的成員列成一個清單（即 Python 串列），然後使用機率均等方式隨機從清單挑選出所需的樣本，例如：使用亂數表來進行抽樣。

◆ **系統抽樣**（Systematic Sampling）：不同於簡單隨機抽樣的每一個樣本都是隨機挑選，系統抽樣只有第 1 個是隨機選取，然後以母體大小除以樣本大小的間距來挑出樣本。例如：第 1 次抽到 11，母體有 10000；樣本需 200，間隔就是 10000/200=50，所以第 2 個是 61；第 3 個是 111，依此類推。

◆ **分層抽樣**（Stratified Sampling）：分層抽樣是一種隨機抽樣，首先將母體分成性質不同或互斥的若干群組，每一組就是一「層」（Strata），同屬一層的性質需儘量相近，然後在每一層以一定比例使用簡單隨機抽樣來抽出樣本。例如：從大學在學生進行抽樣，我們可以先分成僑生、交換生和一般學生，然後針對每一類學生抽樣 2% 的學生。

◆ **叢集抽樣**（Cluster Sample）：如果無法取得母體的完整成員清單時，我們可以使用叢集抽樣，從大至小進行抽樣，例如以學校為單位，首先隨機選出幾所學校，然後每所學校再以班為單位選出幾個班，最後從班中抽出幾位學生。

12-1-3 抽樣分配

當我們從母體抽出樣本，然後參考第 11-5 節計算出樣本的集中量數與離散量數，問題是雖然已經知道樣本的特徵，但是對於其背後的母體，我們仍然一無所知，推論統計需要使用抽樣分配觀念來推論母體，使用的就是第 11-6 節的機率分配，因為有抽樣分配，我們才能運用機率分配來從樣本推論母體。

☆ 認識抽樣分配

抽樣分配（Sampling Distribution）是將所有可能樣本統計值（例如：平均數）的發生機率轉換成隨機變數和機率分配，每一次抽樣的樣本平均數是一個隨機變數 X，對應的機率是機率分配，稱為算術平均數抽樣分配（Sampling Distribution of the Mean）。

例如：從 5 個數值的母體隨機抽取固定大小 3 個樣本數的樣本，在計算算術平均數後，將樣本放回母體，再抽出大小 3 個樣本數的樣本，計算算術平均數後放回，我們需要重複執行抽樣和計算平均數的操作，如下圖所示：

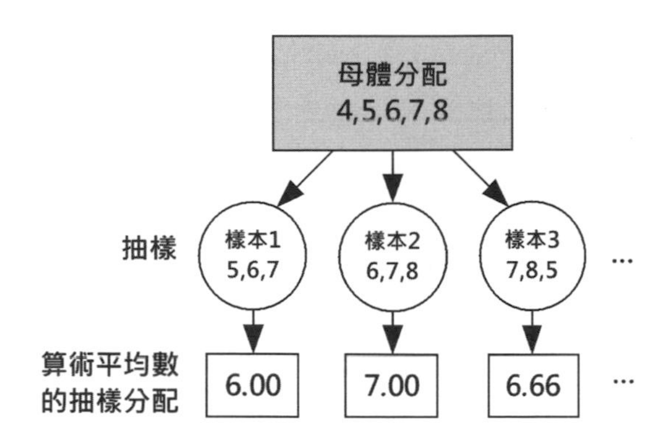

當上述圖例的抽樣次數很多時，我們遲早會抽出和母體特徵相同的樣本，而且因為樣本的組成不同，我們可以分別計算出平均數 6.00、7.00 和 6.66…等的發生機率，這就是第 11-6 節的機率分配。

事實上，所有可能得到的樣本統計值就是一種隨機變數 X 的機率分配，但是，我們不可能無限次的進行抽樣，所以這是一個理論上的機率分配，以此例因為是使用平均數，所以稱為算術平均數的抽樣分配，當然樣本統計量也可以是變異數或比例等。

☆ 常態分配的抽樣分配

如果母體是一個常態分配（常態母體），母體的平均數是 μ；標準差是 σ，當我們重複從母體抽出 n 個樣本數的樣本，所有樣本平均數 $\overline{x}$ 組成的抽樣分配也是一種常態分配，而且分配的平均數也是 μ（和母體平均數相同），標準差是 $\frac{\sigma}{\sqrt{n}}$。

因為樣本平均數的抽樣分配是一種常態分配，所以我們可以使用已知的常態分配特性來進行估計，詳見第 12-2 節和第 12-4 節。

12-2 標準常態分配與資料標準化

在第 11-6-6 節已經說明過常態分配的機率分配，這一節我們準備進一步說明常態分配的特性和標準常態分配，使用的是資料標準化的 Z 分數（Z-score）。

12-2-1 標準常態分配

常態分配是統計學中最重要的機率分配，我們所有的統計分析都是基於常態分配，標準常態分配是平均數 0、標準差 1 的特殊版本的常態分配。

☆ 常態分配的特性

常態分配的曲線是以母體平均數（期望值）為中心，因為左右對稱，任何位在左邊的點與之間在常態曲線下的面積和另一相對在右邊同距離之點與之間的面積是相等，如下圖所示：

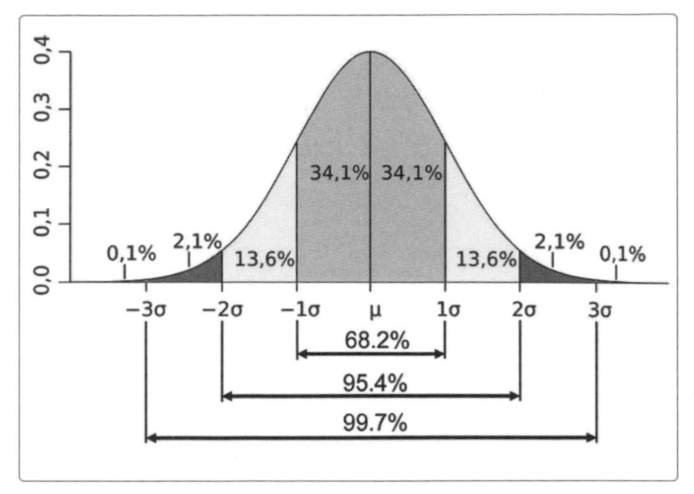

圖片來源: http://www.muelaner.com/wp-content/uploads/2013/07/Standard_deviation_diagram.png

上述圖例可以看出母體平均數 μ 和標準差 σ 所佔面積的比例有一定的關係，如下所示：

- 68.2% 面積是位在 $\mu \pm \sigma$ 區間，即母體平均數加減 1 個標準差。
- 95.4% 面積是位在 $\mu \pm 2\sigma$ 區間，即母體平均數加減 2 個標準差。
- 99.7% 面積是位在 $\mu \pm 3\sigma$ 區間，即母體平均數加減 3 個標準差。

當隨機變數的分配是常態分配時，其面積的比例就是樣本比例，例如：樣本數 1000，樣本平均數加減 1 個標準差大約是 682（1000*68.2%），所以，「絕大部分的樣本平均數會落在母體平均數加減 2 個標準差之內」，只有極少數樣本平均數會落在母體平均數加減 3 個標準差之外，也就是說，樣本平均數極少數會比母體平均數加 3 個標準差大；或比母體平均數減 3 個標準差小。

☆ 標準常態分配

在了解常態分配的特性後，我們可以進一步將分配使用第 12-2-2 節的資料標準化，轉換成為「**標準常態分配**」（Standard Normal Distribution），即平均數 μ=0 和標準差 σ=1 的常態分配，如下所示：

$$\text{標準常態分配} f(x) = \frac{1}{\sqrt{2\pi}} e^{\frac{x^2}{2}}$$

上述公式和第 11-6-6 節類似，只是 μ=0 和 σ=1，Python 程式 ch12-2-1.py 所繪出的就是標準常態分配曲線，如下圖所示：

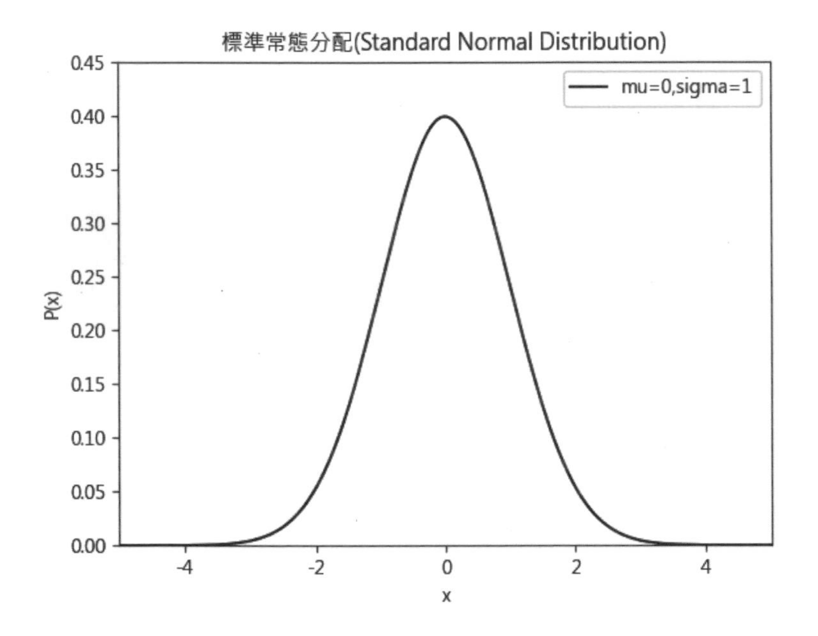

12-2-2 資料標準化

因為從樣本計算出的平均數和標準差，會因為單位的不同而造成數值上的變化，例如：公尺、公分或公斤、公克等，進一步更可能造成統計分析上產生完全不同的結果，資料標準化就是在解決此問題。

資料標準化是在刪除資料原來的單位，統一使用「標準分數」（Standard Score）或稱為 Z 分數（Z-score）作為單位，在轉換成 Z 分數後，平均數成為 0；標準差成為 1，其公式如下所示：

$$\text{標準化} z = \frac{x_i - \bar{x}}{s}$$

從上述公式可知當變數 x 等於平均數時，z=0，所以標準常態分配下的平均數是 0，原是 $\bar{x}+s$ 時，轉換後 z=1，如下所示：

$$z = \frac{(\bar{x}+s)-\bar{x}}{s} = 1$$

標準化的目的是將原來的資料轉換成一種標準分數，如此不同的樣本分配在經過標準化後，因為擁有相同單位的 Z 分數，我們就可以比較這些樣本分配。

例如：在 Facebook 隨機選 24 位朋友的樣本，並且一一記下其朋友數，Python 程式：ch12-2-2.py 首先檢視樣本的統計量，如下所示：

```
import pandas as pd

friends = [110, 1017, 1127, 417, 624, 957, 89,
           951, 947, 797, 981, 125, 455, 731,
           1641, 486, 1307, 472, 1131, 1771, 905,
           532, 742, 622]

s_friends = pd.Series(friends)
print(s_friends.describe())
```

上述 friends 串列是樣本資料，呼叫 describe() 函數顯示相關的統計量，其執行結果如下所示：

```
count       24.000000
mean       789.041667
std        434.014173
min         89.000000
25%        482.500000
50%        769.500000
75%        990.000000
max       1771.000000
dtype: float64
```

然後，Python 程式：ch12-2-2a.py 準備依據上述公式進行標準化，如下所示：

```
s_friends = pd.Series(friends)
m = s_friends.mean()
print("平均數: ", m)
s = s_friends.std()
print("標準差: ", s)

z_scores = []
for x in friends:
    z = (x - m)/s   # 公式
    z_scores.append(z)
print(z_scores)
```

上述程式碼先計算出樣本平均數和標準差後，在 for/in 迴圈使用公式計算標準化後的 Z 分數，其執行結果如下所示：

```
平均數:  789.0416666666666
標準差:  434.01417319741057
[-1.5645610410925583, 0.5252324633869663, 0.7786804077009107,
-0.8572108692345495, -0.38026791948012656, 0.38698813012481464,
-1.6129465577343114, 0.3731636967985995, 0.36394740791445607,
0.018336574759077136, 0.4422858634296753, -1.5299999577770205,
-0.7696561248351869, -0.13373219182928958, 1.9629735293133426,
-0.6982298859830752, 1.1934134074873655, -0.7304868970775772,
0.7878966965850542, 2.2625029180480043, 0.26717637463094995,
-0.5922425638154256, -0.10838739739789514, -0.3848760639221983]
```

Python 程式 ch12-2-2b.py 繪出 Z 分數的長條圖，如下圖所示：

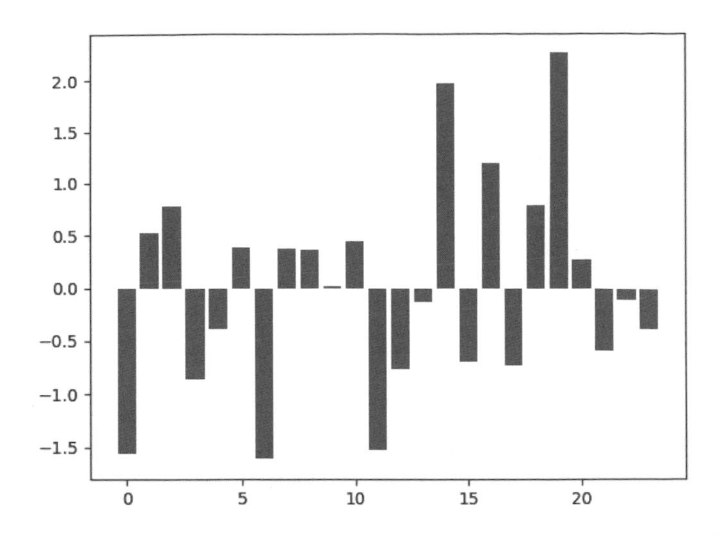

上述圖例的負值表示資料小於平均數，正值是大於平均數，在長條圖的長方形並不是朋友數，而是朋友數和平均數相差的程度。

12-3 中央極限定理

中央極限定理（Central Limit Theorem）是第 12-1-3 節算術平均數抽樣分配（Sampling Distribution of the Mean）的重要定理，因為統計分析的理論基礎是常態分配，而中央極限定理可以證明「算術平均數的抽樣分配就是一種常態分配」。

☆ 認識中央極限定理

中央極限定理簡單的說，不論母體是哪一種分配，算術平均數的抽樣分配就是一種常態分配，其定理如下：

「母體平均數是 μ；標準差是 σ，當我們從母體重複抽出 n 個樣本數的樣本，當 n 越大時，樣本平均數組成的抽樣分配會近似常態分配，此分配的平均數也是 μ（和母體平均數相同），標準差是 $\frac{\sigma}{\sqrt{n}}$。」

上述定理和第 12-1-3 節的差異在於我們不用考量母體是否是常態分配，當樣本數 n 夠大時（通常是指 n 大於 100），算術平均數的抽樣分配就是一種常態分配。

請注意！中央極限定理的 n 越大是指樣本數要夠大，並不是指每次抽樣的樣本數越來越大，每一次抽樣仍然是使用固定樣本數 n。

☆ 擲骰子的中央極限定理

我們準備使用擲骰子來說明中央極限定理，當擲一個公正骰子，隨機變數 X 的點數都擁有相同的機率 1/6，稱為「均勻分配」（Uniform Distribution），換句話說，擲骰子的母體是均勻分配，並非常態分配。

現在，我們從擲骰子的母體重複抽出數個樣本來計算樣本平均數，Python 程式：ch12-3.py 使用的樣本數是 1，並且重複擲 100 次骰子來計算樣本平均數，如下所示：

```
import pandas as pd
import matplotlib.pyplot as plt
import numpy as np

dice = [1, 2, 3, 4, 5, 6]
sample_means = []
for x in range(100):
    sample = np.random.choice(a=dice, size=1)
    sample_means.append(sample.mean())

df = pd.DataFrame(sample_means)
df.plot(kind="density")
plt.show()
```

上述 dice 串列是骰子的點數，sample_means 串列是 100 次的樣本平均數，for/in 迴圈共重複擲 100 次骰子，呼叫 np.random.choice() 函數來模擬擲骰子，參數 size 是樣本數。

接著建立 DataFrame 物件後，呼叫 plot() 函數來繪圖，參數 kind 是 "density"，即 Kernel Density Estimation（KDE），KDE 是使用非參數方法來估計隨機變數的機率密度函數，如下圖所示：

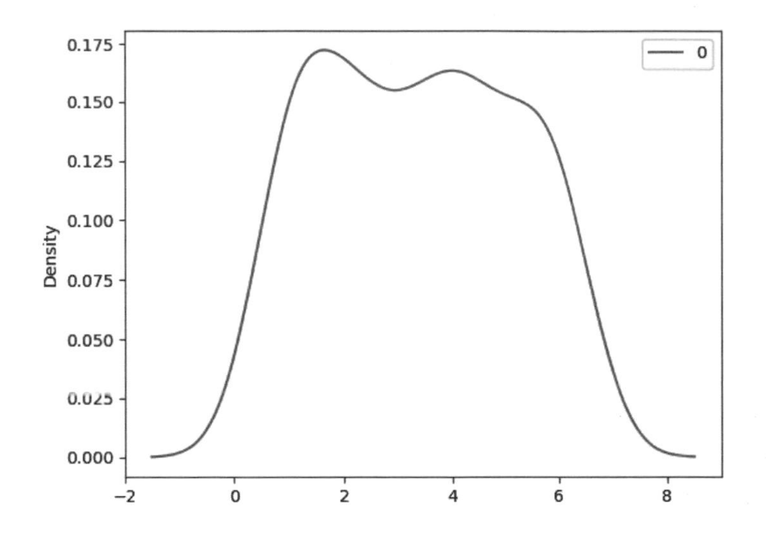

Python 程式 ch12-3a.py 的樣本數是 10，圖表的曲線已經很像常態分配，如下圖所示：

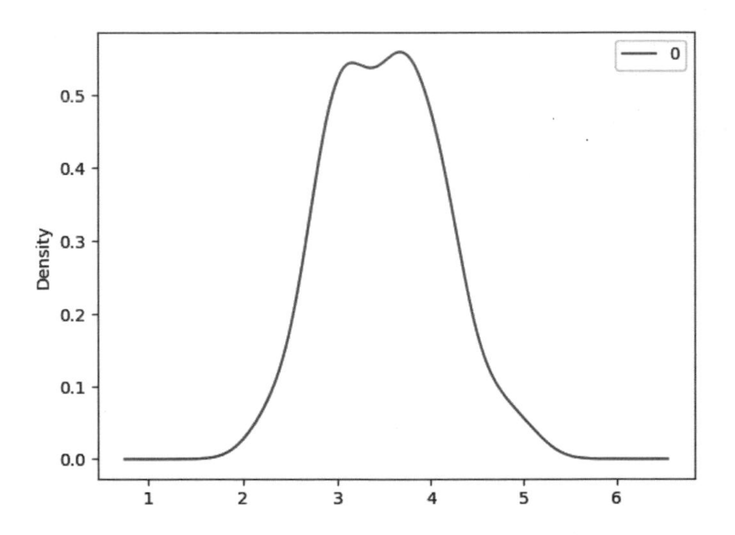

Python 程式 ch12-3b.py 的樣本數是 100，圖表的曲線會更接近常態分配，如下圖所示：

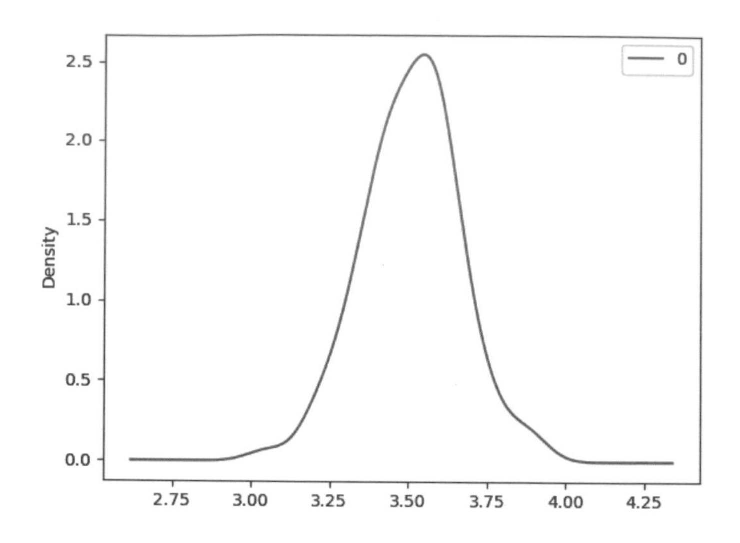

12-4 估計

在了解抽樣分配和中央極限定理後，我們就可以從樣本計算出統計量，然後進一步推估出母體的母數，這就是「估計」（Estimation）。

12-4-1 認識估計

估計是在推測母體的性質，例如：從樣本平均數推測出母體的平均數，或從樣本比例推測出母體比例，例如：從樣本的客家人比例推論全國的客家人比例等。

☆ 估計的種類

估計的方法可以分為兩種，如下所示：

- **點估計**（Point Estimate）：從樣本得到的統計量來估計母數，例如：國內男性身高的母體平均數是 170 公分；民意調查結果全部選民有 45% 會投給 1 號候選人。

◆ **區間估計**（Interval Estimate）：對於統計來說，區間是指一個範圍值，例如：平均數落在 10~100 之間，換句話說，區間估計是一個範圍，這個範圍稱為「信賴區間」（Confidence Intervals），不同於點估計是單一值。例如：國內男性身高的母體平均數是 161~179 公分之間，39%~48% 會投給 1 號候選人。

☆ 估計使用的估計量

不論是採用點估計或區間估計，我們都是從樣本統計量來推估母數的「估計量」（Estimators），至於樣本的哪一些統計量是可以使用的「好」估計量，需要滿足三大特性，如下所示：

◆ **不偏性**（Unbiased）：不偏性估計量是指樣本統計量和母體相等，沒有誤差，所以不偏，目前我們知道有樣本平均數滿足不偏性，樣本比例也滿足。

◆ **有效性**（Efficiency）：估計量的標準差要最小，也就是說所有樣本的估計量是集中在抽樣分配的母數平均量附近。

◆ **一致性**（Consistency）：樣本數 n 越大時，估計量會越接近母數，也就是說，當樣本數大時，估計量與母數的差異會減少。

12-4-2 點估計

點估計（Point Estimate）是在估計母體的母數，使用的是樣本資料的統計量，換句話說，我們只需計算出樣本的平均數和標準差等統計量，就可以使用點估計來推估出母體的母數。

☆ 樣本平均數的點估計

樣本平均數的點估計是以樣本平均數來推估母體的平均數。Python 程式：ch12-4-2.py 準備使用擲骰子（每次擲 100 次計算平均）建立常態分配的母體 10000，然後隨機抽樣來計算樣本平均，如下所示：

```
import numpy as np

dice = [1, 2, 3, 4, 5, 6]
population = []
for x in range(10000):
    sample = np.random.choice(a=dice, size=100)
    population.append(sample.mean())
print("母體平均數:", sum(population)/10000.0)
```

上述程式碼建立母體 population 串列後，計算母體平均數，然後使用 for/in 迴圈分別從母體抽樣 10、100 和 1000 個樣本來計算樣本平均數，如下所示：

```
size_range = [10, 100, 1000]
for sample_size in size_range:
    sample = np.random.choice(a=population, size=sample_size)
    sample_mean = sample.mean()
    print(sample_size, "樣本平均數:", sample_mean)
```

上述程式碼可以計算 10、100 和 1000 樣本的平均數，其執行結果如下所示：

```
母體平均數: 3.5020340000000076
10 樣本平均數: 3.601
100 樣本平均數: 3.4878000000000005
1000 樣本平均數: 3.4947
```

上述執行結果可以看出，當樣本數越大時，樣本平均數就越接近母體平均數。

☆ 樣本比例的點估計

樣本比例的點估計是以樣本的比例來推估母體的比例，例如：台灣的母語比例是「臺灣閩南語」（73.3%）、「臺灣客家語」（12%）、「其他漢語方言」（13%）及「原住民語」（1.7%）。Python 程式：ch12-4-2a.py 準備使用母語比例來模擬樣本比例的點估計，如下所示：

```
import random

population = (["臺灣閩南語"]*7330) + (["臺灣客家語"]*1200) + \
             (["其他漢語方言"]*1300) + (["原住民語"]*170)
sample_size = 1000
sample = random.sample(population, sample_size)
for lang in set(sample):
    print(lang+"比例估計:", sample.count(lang)/sample_size)
```

上述程式碼建立母體後，抽樣 1000 個樣本來計算母語比例，當樣本數夠大時，其執行結果可以看出和母體比例相近，如下所示：

```
其他漢語方言比例估計: 0.144
臺灣客家語比例估計: 0.085
原住民語比例估計: 0.015
臺灣閩南語比例估計: 0.756
```

12-4-3 區間估計的基礎

點估計是數值預測，當樣本數越大；估計的效果越好，但是不可避免仍然有可能會非常的不準，區間估計是一種比較保險的作法，我們推論的母體是一個包含信賴度的區間範圍。

☆ 信賴係數與信賴區間

當使用點估計預測「國內男性身高的平均數是 170 公分」後，如果換成區間估計，其結果是「國內男性身高有 95% 的機率是在 161~179 公分之間」，95% 機率是信賴係數（Confidencc Coefficient）或稱為信賴水準，161~179 公分的範圍稱為信賴區間（Confidence Intervals），信賴區間的兩端值 161 和 179 稱為「信賴界限」（Confidence Limit），如右圖所示：

信賴係數95%
身高
信賴區間
161
179

上述信賴係數是 95%，表示準確度是 95%，剩下的 5% 會不準，稱為「顯著水準」（Significance Level）。基本上，如果信賴係數越高，信賴區間就越大，反之，如果降低信賴係數，信賴區間就會變小。

☆ 區間估計的基本步驟

區間估計不論是使用哪一種分配，平均數或比例，其基本步驟是相同的，如下所示：

Step 1 **決定信賴係數**：我們需要確認允許不準的錯誤機率有多少，稱為 α，通常是取 0.05，也就是 95% 信賴係數。

Step 2 **查詢 Z 分配表**：在決定信賴係數後，傳統作法是查分配表（Python 語言可以使用 scipy.stats 套件），以 α=0.05（95%）來說，因為常態分配是對稱的兩邊，所以除以 2，$\alpha/2$=0.025，可以查出 Z 分數是 ±1.96，即第 12-2-1 節的常態分配特性，位在 $\mu \pm 1.96\sigma$ 區間。

Step 3 **建立信賴區間**：我們可以隨機抽取樣本數 n 的樣本，然後從樣本推論出母體平均數 μ 的信賴範圍，其公式如下所示：

$$\text{信賴區間}c.i. = \bar{x} \pm Z\frac{\sigma}{\sqrt{n}}$$

上述公式的樣本數 n 和樣本平均數 $\bar{x}$ 已知，Z 可查出，唯一未知的是 σ（母體標準差），我們可以使用樣本標準差 s（使用第 11-5-2 節的公式）來估計 σ，不過，因為有偏差，樣本數需要使用自由度，此時的公式如下所示：

$$\text{信賴區間}c.i. = \bar{x} \pm Z\frac{s}{\sqrt{n-1}}$$

上述 n-1 是自由度（Degrees of Freedom），這是因為樣本平均數 $\bar{x}$ 已知，計算時實際只有 n-1 個樣本可以隨機選擇，最後 1 個 n 不用選，我們可以從平均數反推而得，換句話說，最後 1 個樣本並非隨機，所以自由度是 n-1。

樣本比例的區間估計步驟和上述相同，因為樣本比例的抽樣分配也是一種常態分配，信賴區間的公式如下所示：

$$\text{信賴區間} c.i. = P_s \pm Z\sqrt{\frac{P_u(1-P_u)}{n}}$$

上述 Ps 是樣本比例，Pu 是母體比例（可以使用點估計取得），n 是樣本數，Z 是 Z 分數。在第 12-4-4 節和 12-4-5 節我們準備使用本節步驟的公式來進行大樣本 Z 分數和小樣本 t 分數的母體平均數的區間估計。

12-4-4 大樣本的區間估計

估計是假設母體是常態分配，如果樣本數夠大（30 個以上），區間估計就是使用常態分配來進行估計，使用的是 Z 分數。

Python 程式：ch12-4-4.py 準備使用和第 12-4-2 節相同的常態母體來實作大樣本的區間估計，樣本數是 100，如下所示：

```
import numpy as np
from scipy import stats
import math

dice = [1, 2, 3, 4, 5, 6]
population = []
for x in range(10000):
    sample = np.random.choice(a=dice, size=100)
    population.append(sample.mean())
print("母體平均:", sum(population)/10000.0)
```

上述程式碼使用擲骰子（每次擲 100 次計算平均）建立常態分配的母體 10000 後，計算母體平均數，然後抽取樣本數 100 個樣本，如下所示：

```
sample_size = 100
sample = np.random.choice(a=population, size=sample_size)

sample_mean = sample.mean()
print("樣本平均:", sample_mean)
sample_stdev = sample.std()
print("樣本標準差:", sample_stdev)
sigma = sample_stdev/math.sqrt(sample_size-1)
print("樣本計算出的母體標準差:", sigma)
```

上述程式碼依序計算樣本平均數和樣本標準差後，使用第 12-4-3 節的公式從樣本計算母體標準差，可以看到 sample_size-1 的自由度，然後呼叫 stats.norm.ppf() 函數取得 Z 分數，如下所示：

```
z_critical = stats.norm.ppf(q=0.975)
print("Z分數:", z_critical)
```

上述程式碼的參數 q 值是 0.975，因為是兩邊雙尾，一邊是 0.025，這是正的 95%，即 1.959963984540054，另一邊的 q 值是 0.025（負值），然後可以計算出信賴區間，如下所示：

```
margin_of_error = z_critical * sigma
confidence_interval = (sample_mean - margin_of_error,
                       sample_mean + margin_of_error)
print(confidence_interval)
conf_int = stats.norm.interval(alpha=0.95,
                               loc=sample_mean,
                               scale=sigma)
print(conf_int[0], conf_int[1])
```

上述程式碼共計算 2 次，第 1 次是自行套用第 12-4-3 節的公式，第 2 次是呼叫 stats.norm.interval() 函數，參數 alpha 是信賴係數，loc 是樣本平均數，scale 是標準差，其執行結果如下所示：

```
母體平均: 3.4999449999999954
樣本平均: 3.5037999999999996
樣本標準差: 0.16171443967685759
樣本計算出的母體標準差: 0.016252912714869658
Z 分數: 1.959963984540054
(3.471944876434982, 3.535655123565017)
3.471944876434982 3.535655123565017
```

上述執行結果的最後 2 個信賴區間是相同的，只是一個是自己算的；另一個是呼叫 Scipy 套件的函數所計算出。

以 95% 信賴係數來說，信賴區間的真正意義是指我們有 95% 的機率，得到的樣本經估計算出的信賴區間會包含母體平均數 μ，5% 的機會不會包含母體平均數 μ，如下圖所示：

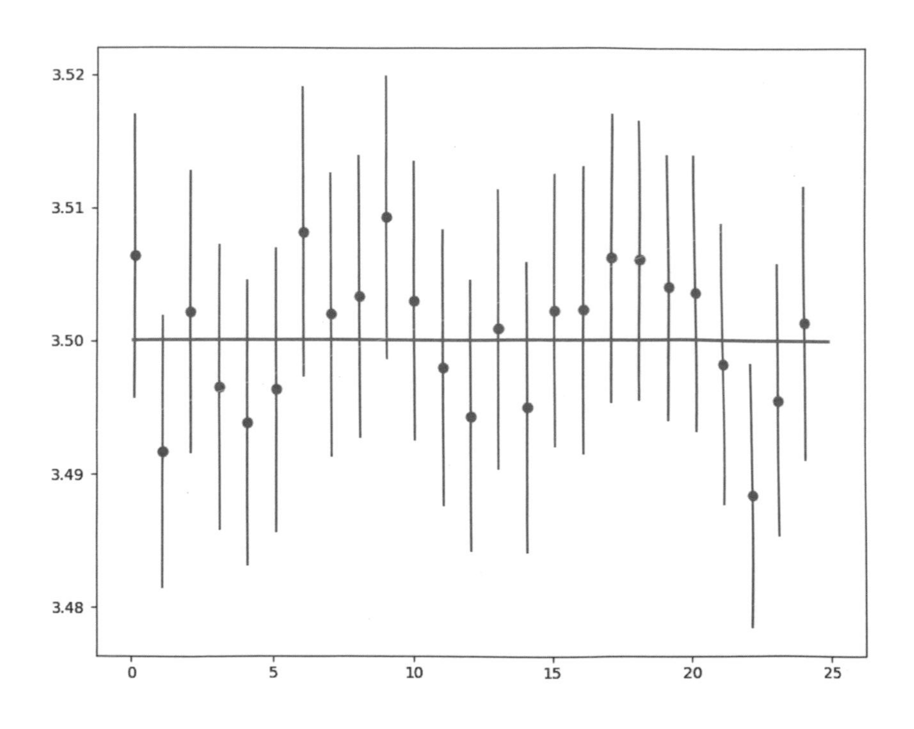

12-4-5 小樣本的區間估計

在區間估計實務上，如果是小樣本的區間估計（小於 30 個），使用第 12-4-4 節的方法，就會發生低估誤差的情形，為了解決此問題，我們需要改用t分配（Student's t-distribution）的 t 分數進行區間估計。

基本上，t 分配與常態分配密切相關，隨著樣本數增加，t 分配就會變得更加接近常態分配，一般來說，當樣本數是 30 個以下時，t 分數與 Z 分數就有相當的差距，當樣本數超過 30 個後，兩者就極為接近，而不再需要使用 t 分配。

Python 程式：ch12-4-5.py 和第 12-4-4 節相似，只是樣本數改為 20，而且使用 t 分數來實作小樣本的區間估計，如下所示：

```
sample_size = 20
sample = np.random.choice(a=population, size=sample_size)

sample_mean = sample.mean()
print("樣本平均:", sample_mean)
sample_stdev = sample.std()
print("樣本標準差:", sample_stdev)
sigma = sample_stdev/math.sqrt(sample_size-1)
print("樣本計算出的母體標準差:", sigma)
t_critical = stats.t.ppf(q=0.975, df=sample_size-1)
print("t 分數:", t_critical)
```

上述程式碼取得 t 分數，stats.t.ppf() 函數多了 1 個 df 參數的自由度，即 sample_size-1，然後同樣使用 2 種方式來計算信賴區間，如下所示：

```
margin_of_error = t_critical * sigma
confidence_interval = (sample_mean - margin_of_error,
                       sample_mean + margin_of_error)
print(confidence_interval)
```

```
conf _ int = stats.t.interval(alpha=0.95,
                              df=sample _ size-1,
                              loc=sample _ mean,
                              scale=sigma)
print(conf _ int[0], conf _ int[1])
```

上述程式碼第 2 次計算是呼叫 stats.t.interval() 函數，同樣多了 df 自由度參數，其執行結果如下所示：

```
母體平均: 3.5026259999999914
樣本平均: 3.5225
樣本標準差: 0.14788086421170252
樣本計算出的母體標準差: 0.03392619698854062
t 分數: 2.093024054408263
(3.4514916536283913, 3.5935083463716087)
3.4514916536283913 3.5935083463716087
```

12-5 假設檢定

在第 12-4 節的點估計和信賴區間是基本的推論工具，也是統計假設檢定（Statistical Hypothesis Testing）推論技術的基礎，可以幫助我們查明觀查到的樣本是否偏離我們所期望的母體。

12-5-1 認識假設檢定

統計上的假設檢定可以查明樣本資料是否真的來自我們預期的母體，或根本是來自一個不同的母體。請注意！雖然抽樣的樣本是來自同一個母體，但是因為信賴區間，我們觀察到的樣本統計量仍然有可能和預期母體不符，如同是一個來自其他母體的樣本資料，假設檢定就是在查明是否有此問題。

☆ 假設與檢定的關係

統計上的假設是指針對母體性質的推論，例如：成年男性平均身高是 170 公分、住校生的成績和全校平均成績相同、成年女性的平均體重位在 46~56 公斤之間等。檢定則是根據抽樣的樣本來檢驗這些針對母體性質的假設是否正確，如果檢定結果成立，則接受（Accept）假設；反之是棄卻（Reject）假設。

記得嗎？在第 12-4-3 節區間估計的信賴係數是 95% 時，表示準確度是 95%，剩下 5% 會不準，稱為「顯著水準」（Significance Level），我們就是依據這 5% 的顯著水準來判定檢定的結果。

現在，我們假設「成年男性平均身高是 170 公分」，接著從母體抽出樣本和計算出平均身高，此時有 2 種情況，如下所示：

- **落在 5% 的顯著水準**：因為這種機率很少見卻發生了，表示假設有誤，所以應該棄卻假設，5% 的區域稱為「臨界區」（Critical Region），或「棄卻區」（Region of Rejection）。
- **落在信賴係數 95%**：表示樣本真的是來自我們預期的母體，所以應該接受假設。

回到第 12-2-1 節常態分配的特性：「絕大部分的樣本平均數會落在母體平均數加減 2 個標準差之內」。如果樣本平均數落在 5% 顯著水準，表示這並不是隨機結果，已經離開太遠了，遠到出現的機率太小，所以，抽出的樣本並不能代表母體，應該棄卻假設。

☆ 虛無假設與對立假設

檢定的目的是在檢驗我們所提出的假設，一般來說，我們需要建立兩種互相對立的假設，如下所示：

- **虛無假設**（Null Hypothesis）：假設樣本是來自母體，樣本的特性是從母體而來，這也是目前狀態或預設正確的答案（包含「=」等於），使用 H_0 表示，如下所示：

○ H_o：成年男性平均身高是 170 公分。

○ H_o：交換生的成績和全校平均成績相同。

◆ **對立假設**（Alternative Hypothesis）：對立假設和虛無假設是互相對立，對立假設是表示樣本和母體之間的差異真的存在，樣本並不是來自母體（所以不包含「=」等於），使用 H_a 表示，如下所示：

○ H_a：成年男性平均身高「不」是 170 公分。

○ H_a：交換生的成績和全校平均成績「不」相同。

所以，當我們棄卻虛無假設，就表示接受對立假設，反之接受虛無假設，就表示棄卻對立假設。

☆ 單尾檢定與雙尾檢定

統計的假設檢定需要使用虛無假設和對立假設，當我們提出虛無假設：「成年男性平均身高是 170 公分」後，共有三種方式來提出對立假設，如下所示：

◆ 成年男性平均身高「不是」170 公分。

◆ 成年男性平均身高「大於」170 公分。

◆ 成年男性平均身高「小於」170 公分。

第 1 種情況是「不是」，因為包含「大於」和「小於」，如果顯著水準 5%，需除以 2 即左右兩側的棄卻域各 2.5%，稱為「雙尾檢定」（Two-tailed Test）。

第 2 情況是「大於」，顯著水準 5% 的臨界區是右側 5%（不需除以 2），第 3 種情況的臨界區是左側 5%，因為只有左或右單側，稱為「單尾檢定」（One-tailed Test）。

12-5-2 假設檢定的基本步驟

一般來說，因為研究者的結論是對立假設，假設檢定的目的是希望可以棄卻虛無假設，接受對立假設，即結論成立，所以，我們需要好好思考如何定出對立假設，和設定棄卻虛無假設所需的棄卻域，例如：當顯著水準是 5%，對立假設使用雙尾檢定，就是左右兩側各 2.5%；單尾檢定是一側 5%。

例如：學校最近幾年來了很多交換生，有人認為交換生的成績比較好，有人認為比較差，所以，我們從交換生使用隨機抽樣抽出樣本數 n 是 100 位學生，得到平均成績 $\overline{x}$ 是 71.5 分，並且從學校教務處得知全校學生的平均成績是 70（母體平均數 μ）；母體標準差 σ 是 2.5，其假設檢定的基本步驟如下所示：

☆ 步驟一：提出假設

首先我們需要提出虛無假設和對立假設，如下所示：

- H_o：交換生的成績和全校平均成績相同。
- H_a：交換生的成績和全校平均成績「不」相同。

☆ 步驟二：選擇抽樣分配和決定臨界區

因為抽樣分配有很多種，以此例是使用平均數的抽樣分配，並且選擇常態分配的 Z 分配，在決定信賴係數 95% 後，即 5% 的顯著水準（α = 0.05），我們可以使用查表或 Scipy 套件得知 Z 分數，如右所示：

$$Z_{(critical)} = \pm 1.96$$

因為對立假設是「不」相同，所以是雙尾檢定。

☆ 步驟三：計算檢定統計量

接著將樣本平均數 71.5 轉換成 Z 分數（使用第 12-2-2 節的公式，$S = \frac{\sigma}{\sqrt{n}}$），稱為「檢定統計量」（Test Statistic），也稱為 $Z_{(obtained)}$，其計算過程如下所示：

$$Z_{(obtained)} = \frac{\bar{x}-\mu}{\frac{\sigma}{\sqrt{n}}} = \frac{71.5-70}{\frac{2.5}{\sqrt{100}}} = \frac{1.5}{0.25} = 6$$

上述 $Z_{(obtained)}=6$，表示 71.5 離虛無假設的預設母數平均數 70，有 6 個標準差之遠。Python 程式：ch12-5-2.py 可以計算上述檢定統計量，如下所示：

```
import numpy as np
from scipy import stats
import math

population_mean = 70
sample_size = 100
sample_mean = 71.5
print("樣本平均:", sample_mean)
sigma = 2.5
print("母體標準差:", sigma)
z_obtained = (sample_mean-population_mean)/(sigma/math.sqrt(sample_size))
print("Z 檢定統計量:", z_obtained)
z_critical = stats.norm.ppf(q=0.975)
print("Z 分數:", z_critical)
```

上述程式碼依據上述公式計算出 $Z_{(obtained)}=6$，其執行結果如下所示：

```
樣本平均: 71.5
母體標準差: 2.5
Z 檢定統計量: 6.0
Z 分數: 1.959963984540054
```

☆ 步驟四：解釋假設檢定的結果

因為 $Z_{(critical)}$ 是 ±1.96，而 $Z_{(obtained)}=6$，位在常態分配右側的臨界區內（6 >= 1.96），也就是說樣本平均數 71.5 是落在臨界區內，這可不是隨機結果，而是來自不同的母體，所以，我們必須棄卻虛無假設，接受對立假設，研究者的結論成立，交換生的成績和全校平均成績「不」相同。

本節範例因為母體標準差 σ 是 2.5，如果是 25，此時的$Z_{(obtained)}$=0.6，沒有落在臨界區內（0.6 < 1.96），我們必須接受虛無假設，也就是說：「在 5% 的顯著水準下，交換生和全校學生成績之間的差異並未達到統計上的顯著差異。」

12-5-3 t 檢定

t 檢定是使用 t 分配的假設檢定，這是一種小樣本的檢定（樣本數小於 30），我們準備使用 Scipy 的 stats 模組進行母體平均數的 t 檢定。

☆ t 檢定的範例

國內某家保特瓶工廠生產平均容量 500ml 的保特瓶，管理人員為了驗證保特瓶的容量是不是 500ml，所以隨機抽樣了 9 個保特瓶，如下所示：

```
502.2, 501.6, 499.8, 502.8,498.6, 502.2, 499.2, 503.4,499.2
```

根據上述結果以 5% 顯著水準，我們提出了虛無假設和對立假設，如下所示：

- ◆ H_o：保特瓶容量是 500ml。
- ◆ H_a：保特瓶容量「不是」500ml。

Python 程式 ch12-5-3.py 分別使用 NumPy 和 Scipy 的 stats 來計算範例的檢定統計量，如下所示：

```
import numpy as np
from scipy import stats
import math

population_mean = 500
sample = np.array([502.2, 501.6, 499.8, 502.8,
                   498.6, 502.2, 499.2, 503.4,
                   499.2])
sample_size = len(sample)
```

上述程式碼指定母體平均數 500ml，然後建立 NumPy 陣列和
本數，然後依序計算樣本平均數和標準差，如下所示：

```
sample_mean = sample.mean()
print("樣本平均:", sample_mean)
sample_stdev = sample.std()
print("樣本標準差:", sample_stdev)
sigma = sample_stdev/math.sqrt(sample_size-1)
print("樣本計算出的母體標準差:", sigma)
```

上述程式碼從樣本計算出的母體標準差，然後就可以計算出檢定統計量 $T_{(obtained)}$，因為是 t 檢定，如下所示：

```
t_obtained = (sample_mean-population_mean)/sigma
print("t 檢定統計量:", t_obtained)
print(stats.ttest_1samp(a=sample, popmean=population_mean))
```

上述程式碼首先使用第 12-5-2 節公式計算檢定統計量，然後呼叫 stats.ttest.1sample() 函數計算檢定統計量，參數 a 是樣本，popmean 是母體平均數，在計算出檢定統計量後，我們可以使用 stats.t.ppf() 函數計算出 t 分數，如下所示：

```
t_critical = stats.t.ppf(q=0.975, df=sample_size-1)
print("t 分數:", t_critical)
```

上述程式碼計算 5% 顯著水準的 t 分數，其執行結果如下所示：

```
樣本平均: 501.0
樣本標準差: 1.6970562748477092
樣本計算出的母體標準差: 0.5999999999999982
檢定統計量: 1.6666666666666716
Ttest_1sampResult(statistic=1.6666666666666714, pvalue=0.1341406410741751)
t 分數: 2.3060041350333704
```

上述執行結果可以看出檢定統計量是 1.667 左右，右側 t 分數是 2.306；左側是 -2.306，當檢定統計量 >=2.306 或 <=-2.306，就是落在臨界區內，但是，我們算出的檢定統計量並沒有落在臨界區內（因為 -2.306 < 1.667 < 2.306），所以必須接受虛無假設：保特瓶容量是 500ml。

當 t 檢定的樣本數大於 30，其樣本分配就會接近常態分配，換句話說，大樣本的母體平均數檢定，一樣可以使用 stats.ttest.1sample() 函數來計算檢定統計量。

☆p 值

當我們使用 stats.ttest.1sample() 函數計算檢定統計量後，回傳的值除了檢定統計量，還有 pvalue=0.1341406410741751，pvalue 就是 p 值。

對於虛無假設來說，在計算出檢定統計量後，我們可以得到相對於對立假設來說有利的機率，這就是 p 值。其判斷條件是當 p 值小於顯著水準（例如：5% 就是 0.05），我們必須棄卻虛無假設，接受對立假設。

以本節保特瓶範例來說，使用 p 值的雙尾和單尾檢定，如下所示：

◆ **雙尾檢定**：對立假設是「保特瓶容量不是 500ml」，因為 p 值約 0.134 明顯大於顯著水準 0.05，所以必須接受虛無假設。

◆ **單尾檢定**：對立假設是「保特瓶容量大於 500ml」，p 值除以 2，即 0.134/2=0.067，仍然大於顯著水準 0.05，所以必須接受虛無假設。

12-5-4 型 1 和型 2 錯誤

因為假設檢定的顯著水準決定我們是否棄卻虛無假設的機率，再加上我們無法得知取得的樣本是否是真的具代表性的樣本，所以假設檢定永遠擁有不確定性，而且可能犯錯，即型 1 和型 2 錯誤，如下表所示：

虛無假設	檢定後接受虛無假設	檢定後棄卻虛無假設
虛無假設為真	正確決策	型1錯誤
虛無假設為假	型2錯誤	正確決策

☆ 型 1 錯誤（Type I Error）

當虛無假設為真時，因為抽樣檢定有偏差而讓統計檢定量落在臨界區內，所以我們棄卻虛無假設，但是虛無假設是真，所以犯了錯誤，不應該棄卻虛無假設，此種錯誤稱為型 1 錯誤。

為了避免型 1 錯誤，我們應該使用較小的顯著水準（例如：5%），即減少臨界區的面積。事實上，當我們決定顯著水準，就已經將統計檢定量分成兩類，如下所示：

- **統計檢定量落在臨界區內**：因為我們認為不太可能發生，所以棄卻虛無假設。
- **統計檢定量落在非臨界區**：因為我們認為這很容易發生，所以接受虛無假設。

☆ 型 2 錯誤（Type II Error）

當虛無假設是假時，因為抽樣檢定有偏差而讓統計檢定量「沒有」落在臨界區內，所以我們接受虛無假設，但是虛無假設為假，所以犯了錯誤，不應該接受虛無假設，此種錯誤稱為型 2 錯誤。

請注意！當我們使用較小的顯著水準來避免型 1 錯誤發生時，相對的卻增加型 2 錯誤發生的可能，因為臨界區的面積變少，非臨界區的面積增加，換句話說，統計檢定量不容易落在臨界區內，反而增加型 2 錯誤的可能。

12-6 卡方檢定

卡方檢定（Chi-square Test）或稱為 χ^2 檢定是用來進行適合度檢定和獨立性檢定最常使用的統計方法之一，這是一種 2 個名目尺度變數之間的假設檢定方法。

12-6-1 適合度檢定

卡方檢定的適合度檢定（Test of Goodness of Fit）是用來判斷樣本資料的分配是否和預期分配相同，簡單的說，就是判斷每一個欄位的觀察值是否與期望值相同。

例如：披薩店希望各種披薩的銷售量相同，即期望值是 30，以方便備料，而不會造成過多庫存，現在，我們有某假日的披薩銷售量，如下表所示：

披薩	蔬菜	地中海	總匯	夏威夷	海鮮	燻雞	總計
銷售量	20	16	34	40	38	32	180
期望量	30	30	30	30	30	30	180

在上表共有 6 個欄位，我們準備使用卡方檢定執行適合度檢定，以 5% 顯著水準，虛無假設和對立假設如下所示：

- H_o：披薩銷售量和期望銷售量相同。
- H_a：披薩銷售量和期望銷售量「不」相同。

如果我們可以推翻虛無假設，就表示接受對立假設。接著，我們需要計算卡方檢定統計量，其公式如下所示：

$$\text{卡方檢定統計量}\chi^2 = \sum_{i=1}^{n} \frac{(\text{觀查值}_i - \text{期望值})^2}{\text{期望值}}$$

上述公式的觀察值就是上表的銷售量，期望值是 30，n 是欄位數 6，我們可以計算出卡方檢定統計量，如下所示：

$$\frac{(20-30)^2}{30}+\frac{(16-30)^2}{30}+\frac{(34-30)^2}{30}+\frac{(40-30)^2}{30}+\frac{(38-30)^2}{30}+\frac{(32-30)^2}{30}=16$$

上述計算結果是 16。Python 程式 ch12-6-1.py 可以計算出卡方檢定統計量，首先建立觀察值和期望值的 NumPy 陣列，自由度是欄位數減 1，如下所示：

```
observed = np.array([20, 16, 34, 40, 38, 32])
expected = np.array([30, 30, 30, 30, 30, 30])

df = len(observed) - 1
print("自由度:", df)
chi_squared_stat = (((observed-expected)**2)/expected).sum()
print("卡方檢定統計量:", chi_squared_stat)

chi_squared, p_value = stats.chisquare(f_obs=observed, f_exp=expected)
print(chi_squared, p_value)

crit = stats.chi2.ppf(q = 0.95, df=df)
print("臨界區: ", crit)
```

上述程式碼首先使用上述公式計算卡方檢定統計量，然後使用 stats.chisquare() 函數來計算，最後使用 stats.chi2.ppf() 函數計算臨界區，參數 df 是自由度，其執行結果如下所示：

```
自由度: 5
卡方檢定統計量: 16.0
16.0 0.006844073922420431
臨界區:  11.070497693516351
```

上述執行結果可以看到卡方檢定統計量是 16.0，p 值約 0.0068，臨界區是 11.07，我們可以分別使用 p 值或臨界區來解釋假設檢定的結果，如下所示：

- ◆ **p 值**：p 值 0.0068 小於顯著水準 0.05，所以必須棄卻虛無假設，接受對立假設。
- ◆ **臨界區**：臨界區在右側是 11.07，卡方檢定統計量 16.0 落在臨界區中，所以必須棄卻虛無假設，接受對立假設。

12-6-2 獨立性檢定

機率的獨立性（Independence）觀念是當知道一個變數值後，對於另一個變數值，我們依然一無所知，也就是說，2 個變數之間沒有任何關聯性，例如：性別和網站喜好之間擁有關聯性，出生月份和喜好哪一種瀏覽器之間沒有關聯性，這就是獨立性。卡方檢定的獨立性檢定（Test of Independence）是在判斷 2 個分類變數之間是否擁有獨立性。

因為卡方檢定的獨立性檢定會使用到交叉分析表，所以我們準備先建立交叉分析表後，再來進行卡方檢定的獨立性檢定。

☆ 建立交叉分析表

交叉分析是使用統計方法來瞭解 2 個變數之間的關聯性，我們必須將收集的資料區分成 2 個變數的資料，然後使用交叉分析表來呈現。例如：產品新口味調查結果的交叉分析表，共進行 1215 人的調查，如下表所示：

	喜歡	不喜歡
男	331	217
女	315	352

然後，我們分別針對列和欄進行小計的加總，如右表所示：

	喜歡	不喜歡	小計
男	331	217	548
女	315	352	667
小計	646	569	1215

Python 程式 ch12-6-2.py 使用 DataFrame 物件建立上述表格，如下所示：

```
import numpy as np
import pandas as pd

voter_gender = np.array((["男"]*352)+(["男"]*315)+ \
                        (["女"]*217)+(["女"]*331))
voter_favorite = np.array((["喜歡"]*352)+(["不喜歡"]*315)+ \
                          (["喜歡"]*217)+(["不喜歡"]*331))
voters = pd.DataFrame({"gender":voter_gender,
                       "favorite":voter_favorite})
voter_tab = pd.crosstab(voters.gender, voters.favorite, margins=True)
voter_tab.columns = ["喜歡", "不喜歡", "小計"]
voter_tab.index = ["男", "女", "小計"]
observed = voter_tab.iloc[0:3, 0:3]
print(observed)
```

上述程式碼依據出現次數建立 2 個 NumPy 陣列後，使用這 2 個陣列建立 DataFrame 物件，pd.corsstab() 函數建立交叉分析表，在指定索引和欄位名稱後，只顯示我們需要的資料，其執行結果如下所示：

```
      喜歡   不喜歡   小計
男    331    217     548
女    315    352     667
小計  646    569     1215
```

☆ 計算期望次數

在建立交叉分析表後，我們需要針對每一個儲存格計算期望次數，其公式如下所示：

$$E_{i,j} = n \times \frac{Cell_{i,小計}}{n} \times \frac{Cell_{小計,j}}{n}$$

上述公式是計算儲存格（i, j）的期望次數，Cell 是指最後 1 欄或最後 1 列小計的儲存格，第 1 個 $Cell_{i,小計}$ 是指第 i 列最後 1 個小計欄的值，第 2 個 $Cell_{小計,j}$ 是指最後 1 列小計列第 j 欄的值。

例如：值 331 儲存格（1, 1）的期望次數計算，如右所示：

$$E_{1,1} = 1215 \times \frac{548}{1215} \times \frac{646}{1215} = 291.4$$

上述 548 是第 1 列最後 1 個值；646 是最後 1 列的第 1 個。Python 程式 ch12-6-2a.py 使用上述公式計算儲存格的期望次數，如下所示：

```
expected = np.outer(voter_tab["小計"][0:2],
                    voter_tab.loc["小計"][0:2]) / 1215
expected = pd.DataFrame(expected)
expected.columns = ["喜歡", "不喜歡"]
expected.index = ["男", "女"]
print(expected)
```

上述程式碼使用 np.outer() 函數計算期望次數，其執行結果如下所示：

```
            喜歡         不喜歡
男    291.364609   256.635391
女    354.635391   312.364609
```

☆ 卡方檢定的獨立性檢定

在成功建立期望次數表格後，我們準備使用卡方檢定來執行獨立性檢定，使用 5% 顯著水準，虛無假設和對立假設如下所示：

- H_o：對於產品新口味的好惡「不會」因為男女而不同。
- H_a：對於產品新口味的好惡「會」因為男女而有差異。

Python 程式：ch12-6-2b.py 可以計算卡方檢定統計量，如下所示：

```
rows = 2
columns =2
df = (rows-1)*(columns-1)
print("自由度:", df)
```

上述程式碼計算自由度，即欄和列數減 1 後相乘，以此例是 (2-1)*(2-1)=1，然後使用檢定統計量公式計算卡方檢定統計量，如下所示：

```
chi_squared_stat = (((observed-expected)**2)/expected).sum().sum()
print("卡方檢定統計量:",chi_squared_stat)

chi_squared, p_value, degree_of_freedom, matrix = \
        stats.chi2_contingency(observed=observed)
print(chi_squared, p_value)

crit = stats.chi2.ppf(q = 0.95, df=df)
print("臨界區: ", crit)
```

上述程式碼也使用 stats.chi2_contingency() 函數來計算檢定統計量，最後使用 stats.chi2.ppf() 函數計算臨界區，參數 df 是自由度，其執行結果如下所示：

```
自由度: 1
卡方檢定統計量: 20.972198011409198
20.972198011409198 0.00032071378002l6429
臨界區:   3.841458820694124
```

上述執行結果可以看到卡方檢定統計量是 20.972，p 值約 0.00032，臨界區是 3.84，我們可以分別使用 p 值或臨界區來解釋假設檢定的結果，如下所示：

- **p 值**：p 值 0.00032 小於顯著水準 0.05，所以必須棄卻虛無假設，接受對立假設。
- **臨界區**：臨界區在右側是 3.84，卡方檢定統計量 20.972 落在臨界區中，所以必須棄卻虛無假設，接受對立假設。

★ 學習評量 ★

1. 請說明什麼是母數與統計量？
2. 請舉例說明什麼是抽樣分配？
3. 請問什麼是標準常態分配？什麼是 Z 分數？
4. 請舉例說明中央極限定理（Central Limit Theorem）？
5. 請問什麼是估計（Estimation）？
6. 請簡單說明點估計（Point Estimate）和區間估計（Interval Estimate）？
7. 請問統計上假設與檢定的關係為何？什麼是虛無假設與對立假設？
8. 請問單尾檢定與雙尾檢定有什麼不同？什麼是t檢定？何謂 p 值？
9. 請問什麼是型 1 和型 2 錯誤？
10. 請簡單說明卡方檢定？

CHAPTER

13

探索性資料分析實作案例

- 13-1 找出資料的關聯性
- 13-2 特徵縮放與標準化
- 13-3 資料整理 - 資料轉換與清理
- 13-4 資料預處理與探索性資料分析
- 13-5 實作案例：鐵達尼號資料集的探索性資料分析

13-1 找出資料的關聯性

資料科學的研究目標是資料，探索資料的目的就是在說出資料背後的故事，不只可以讓我們進一步了解資料本身，還可以幫助我們找出資料趨勢的線索，這個線索就是資料之間的關聯性（Relationship）。

實務上，我們可以使用多種方法來幫助我們找出資料之間的線性關係（Linear Relationship），即探索 2 個變數之間走勢是否一致的關係，事實上，這就是第 15 章線性迴歸的基礎。

13-1-1 使用散佈圖

基本上，我們只需將 2 個變數的資料繪製成散佈圖的圖表，就可以從圖表的資料視覺化來觀察 x 和 y 兩軸變數之間的關係，例如：收集到智慧型手機擁有者的使用時數與工作效率的資料，如下表所示：

使用小時	0	0	0	1	1.3	1.5	2	2.2	2.6	3.2	4.1	4.4	4.4	5
工作效率	87	89	91	90	82	80	78	81	76	85	80	75	73	72

上表是手機使用小時數和工作效率的分數（滿分 100 分）。Python 程式：ch13-1-1.py 可以依據上表資料繪製散佈圖，如下所示：

```
hours_phone_used = [0,0,0,1,1.3,1.5,2,2.2,2.6,3.2,4.1,4.4,4.4,5]
work_performance = [87,89,91,90,82,80,78,81,76,85,80,75,73,72]

df = pd.DataFrame({"手機使用時間 (小時)":hours_phone_used,
                   "工作效率":work_performance})

df.plot(kind="scatter", x="手機使用時間 (小時)", y="工作效率")
plt.title("手機使用時數與工作效率")
plt.show()
```

上述程式碼建立 2 個串列後，建立 DataFrame 物件和呼叫 plot() 函數繪製散佈圖，如下圖所示：

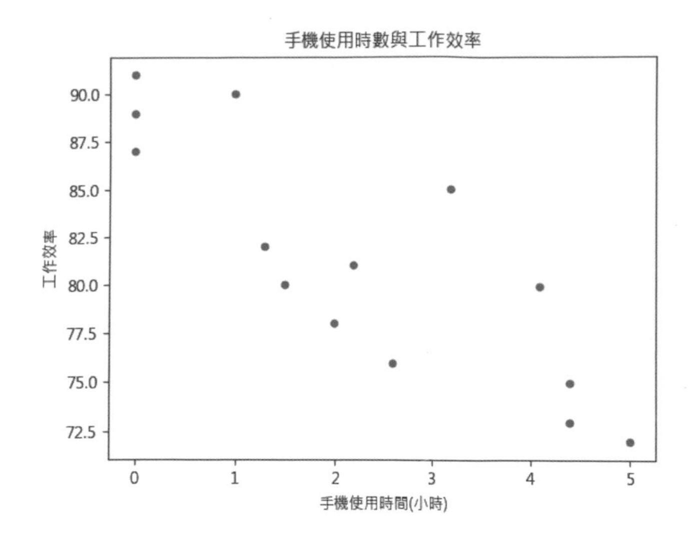

上述散佈圖的資料點可以幫助我們找出 X 和 Y 軸資料之間的關係是正相關、負相關或無相關，其說明如下所示：

◆ **正相關**（Positive Relation）：圖表顯示當一軸增加時；同時另一軸也增加，資料排列成一條往右上方斜的直線，例如：身高增加；體重也同時增加，如右圖所示：

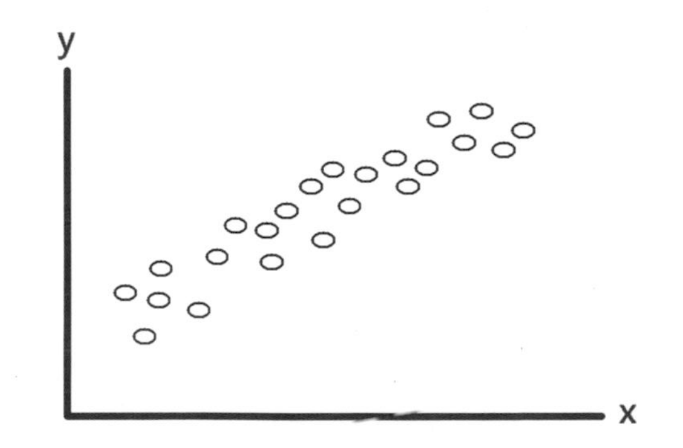

◆ **負相關**（Negative Relation）：圖表顯示當一軸增加時；同時另一軸卻減少，資料排列成一條往右下方斜的直線，例如：打手遊的時間增加；讀書的時間就會減少，如右圖所示：

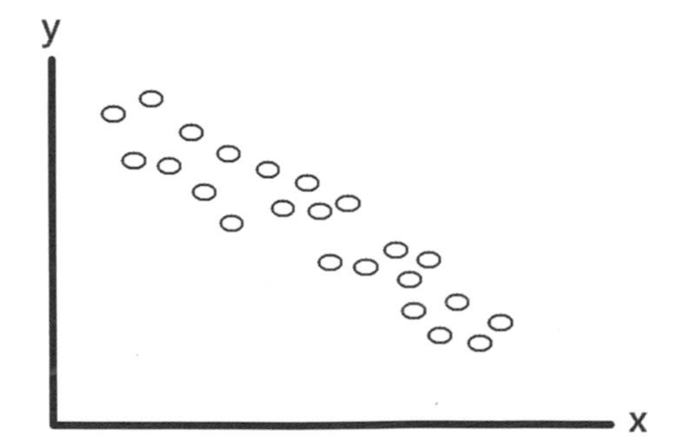

◆ **無相關**（No Relation）：圖表顯示的資料點十分分散，根本看不出有任何直線的趨勢，例如：學生身高和期中考成績，如右圖所示：

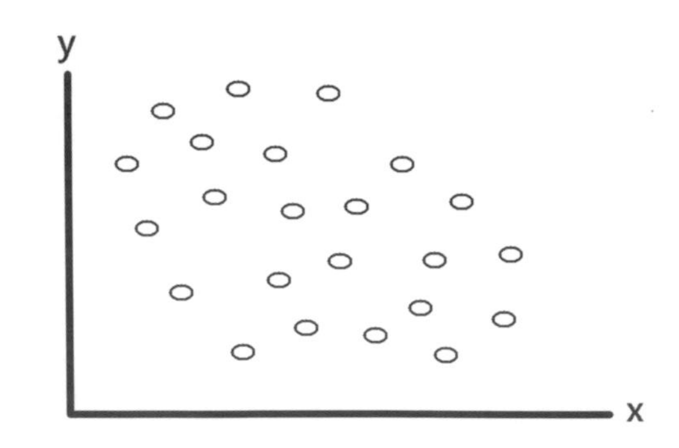

看出來了嗎！我們觀察上述散佈圖的資料點就是在找出 2 個資料之間是否呈現出一條直線關係，這種關係是線性關係，當 2 個資料擁有線性關係，就可以從其中 1 個資料來預測出另一個資料。

13-1-2 使用共變異數

統計的「共變異數」（Covariance）是用來測量 2 個隨機變數之間的關係，也可以幫助我們找出變數之間的線性關係。在第 11-5-2 節的變異數（Variance）可以告訴我們單一變數的離散程度，共變異數多了「共」，呈現的是 2 個變數一起的離散程度。共變異數和第 11-5-2 節的變異數公式有些相似，其公式如下所示：

$$\text{共變異數} S_{xy} = \frac{(x_1-\overline{x})(y_1-\overline{y})+(x_2-\overline{x})(y_2-\overline{y})+\ldots+(x_n-\overline{x})(y_n-\overline{y})}{n}$$

上述 n 是資料數，$\overline{x}$ 和 $\overline{y}$ 是平均數。Python 程式：ch13-1-2.py 準備使用第 13-1-1 節的資料，使用 NumPy 套件計算出共變異數，如下所示：

```
hours_phone_used = [0,0,0,1,1.3,1.5,2,2.2,2.6,3.2,4.1,4.4,4.4,5]
work_performance = [87,89,91,90,82,80,78,81,76,85,80,75,73,72]

x = np.array(hours_phone_used)
y = np.array(work_performance)
n = len(x)
x_mean = x.mean()
y_mean = y.mean()
```

上述程式碼使用串列建立 NumPy 陣列後，呼叫 mean() 函數計算平均數，len() 函數是計算資料數，如下所示：

```
print("資料數:", n)
print("x 平均:", x_mean)
print("y 平均:", y_mean)

diff = (x-x_mean)*(y-y_mean)
print("x 偏差 *y 偏差和:", diff.sum())
covar = diff.sum()/n
print("共變異數:", covar)
```

上述程式碼使用公式計算 **x 偏差 *y 偏差**的和，在除以 n 後，即可計算出共變異數，其執行結果如下所示：

```
資料數: 14
x 平均: 2.264285714285714
y 平均: 81.35714285714286
x 偏差 *y 偏差和: -119.42142857142856
共變異數: -8.530102040816326
```

上述執行結果的共變異數值是 -8.53，其判斷原則如下：

- **負相關**：共變異數值小於 0 是負相關，以此例 -8.53 是負相關。
- **正相關**：共變異數值大於 0 是正相關。
- **無相關**：共變異數值約等於 0，就是無相關。

請注意！因為共變異數的範圍和使用的單位有關，我們並無法從共變異數值的大小明顯看出相關性的強弱，例如：體重和身高資料，如果身高單位從公分改為公尺，共變異數值馬上變成 1/100。此時，我們需要進一步使用第 13-1-3 節的相關係數來判斷相關性的強弱。

13-1-3 使用相關係數

「相關係數」（Correlation Coefficient）也稱為皮爾森積差相關係數（Pearson Product Moment Correlation Coefficient），可以計算 2 個變數的線性相關性有多強（其值的範圍是 -1~1 之間）。不過，在說明相關係數之前，我們需要先了解什麼是相關性？何謂因果關係？

☆ 因果關係和相關性

基本上，如果 2 個變數之間擁有因果關係，表示一定有相關性，但是，反之 2 個變數之間擁有相關性，並不表示 2 個變數之間擁有因果關係，其說明如下所示：

- **相關性**（Correlation）：量化相關性的值範圍在 -1~1 之間，即相關係數，我們可以使用相關係數的值來測量 2 個變數的走勢是如何相關和其強度，例如：相關係數的值接近 1，表示 1 個變數增加；另一個變數也增加，接近 -1，表示 1 個變數增加；另一個變數減少。

- **因果關係**（Causation）：一個變數真的能夠影響另一個變數，也就是說，一個變數真的可以決定另一個變數的值。

簡單的說，如果變數 X 影響變數 Y，相關性只是 X 導致 Y 的原因之一（因為可能還有其他原因），因果關係是指變數 X 是 Y 的決定因素，我們需要如何證明 2 個變數之間的因果關係，此時就需要使用第 12 章的檢定。

☆ 相關係數（Correlation Coefficient）

相關係數是一種統計檢定方法，可以測量 2 個變數之間線性關係的強度和方向。相關係數的公式是 x 和 y 的共變異數除以 x 和 y 的標準差，如下所示：

$$\text{相關係數} r_{xy} = \frac{S_{xy}}{S_x S_y}$$

上述 S_{xy} 是共變異數，S_x 和 S_y 分別是變數 x 和 y 的標準差。Python 程式：ch13-1-3.py 準備使用第 13-1-1 節的資料，分別使用 NumPy 和 Pandas 套件來計算相關係數，如下所示：

```
hours_phone_used = [0,0,0,1,1.3,1.5,2,2.2,2.6,3.2,4.1,4.4,4.4,5]
work_performance = [87,89,91,90,82,80,78,81,76,85,80,75,73,72]

x = np.array(hours_phone_used)
y = np.array(work_performance)
n = len(x)
x_mean = x.mean()
y_mean = y.mean()

diff = (x-x_mean)*(y-y_mean)
covar = diff.sum()/n
print("共變異數:", covar)

corr = covar/(x.std()*y.std())
print("相關係數:", corr)
```

上述程式碼首先使用 NumPy 套件計算相關係數，在計算出共變異數後，使用 std() 函數計算出標準差，即可計算出相關係數，其執行結果如下所示：

```
共變異數: -8.530102040816326
相關係數: -0.8384124440330989
```

在 DataFrame 物件可以使用 corr() 函數計算每一個欄位之間的相關係數，如下所示：

```
df = pd.DataFrame({"手機使用時間 (小時)":hours_phone_used,
                   "工作效率":work_performance})
print(df.corr())
```

上述程式碼使用串列建立 DataFrame 物件後，呼叫 corr() 函數計算出相關係數，如下表所示：

	手機使用時間(小時)	工作效率
手機使用時間(小時)	1.000000	-0.838412
工作效率	-0.838412	1.000000

上表從左上至右下的對角線值是 1.000000，因為是自己和自己欄位計算的相關係數，其他是各欄位之間相互計算的相關係數，可以看到值是 -0.838，屬於高度負相關。相關係數的判斷標準如下表所示：

相關性	相關係數值
完美（Perfect）	接近 +1 或 -1，這是完美的正相關和負相關
高度（High）	在 +0.5~1 和 -0.5~-1 之間，表示有很強的相關性
中等（Moderate）	在 +0.3~0.49 和 -0.3~-0.49 之間，表示是中等強度的相關性
低度（Low）	值低於 -0.29 和 0.29，表示有一些相關性
無（No）	值是 0，表示無相關

13-2 特徵縮放與標準化

在了解什麼是資料之間的線性關係後，接著我們需要面對的問題是單位差異，當資料單位不同時，在資料之間很難進行比較，所以，我們需要標準化比較的基準，以便在同一標準下進行比較，這就是「特徵縮放與標準化」（Feature Scaling and Normalization）。

13-2-1 資料標準化

資料標準化（Standardization）就是第 12-2-2 節的 Z 分數，可以位移資料分配的平均值是零，標準差是 1。在實務上，如果機器學習演算法的資料是依據統計學的資料分配，就可以使用資料標準化。

基本上，我們可以自行使用第 12-2-2 節的公式執行資料標準化，另一種方式是使用第 15 章 Scikit-learn 套件的 preprocessing 模組來執行資料標準化。Python 程式：ch13-2-1.py 準備標準化 Facebook 朋友追蹤數和快樂程度的調查資料，如下所示：

```
import pandas as pd
from sklearn import preprocessing

f_tracking  = [110, 1018, 1130, 417, 626,
              957, 90, 951, 946, 797,
              981, 125, 456, 731, 1640,
              486, 1309, 472, 1133, 1773,
              906, 532, 742, 621, 855]
happiness = [0.3, 0.8, 0.5, 0.4, 0.6,
             0.4, 0.7, 0.5, 0.4, 0.3,
             0.3, 0.6, 0.2, 0.8, 1,
             0.6, 0.2, 0.7, 0.5, 0.7,
             0.1, 0.4, 0.3, 0.6, 0.3]
```

上述程式碼匯入 Scikit-learn 套件的 preprocessing 模組後，建立資料的 2 個 Python 串列，然後建立 DataFrame 物件，如下所示：

```
df = pd.DataFrame({"FB 追蹤數" : f_tracking,
                   "快樂程度" : happiness})
print(df.head())
```

上述程式碼建立 DataFrame 物件 df 後，顯示前 5 筆資料，如右圖所示：

	FB追蹤數	快樂程度
0	110	0.3
1	1018	0.8
2	1130	0.5
3	417	0.4
4	626	0.6

從上述表格資料可以看出 2 個變數的單位差異很大，所以，我們準備使用 Z 分數來執行資料標準化，如下所示：

```
df _ scaled = pd.DataFrame(preprocessing.scale(df),
            columns=["標準化 FB 追蹤數", "標準化快樂程度"])
print(df _ scaled.head())
```

上述程式碼呼叫 preprocessing.scale() 函數執行標準化，並且建立新的 DataFrame 物件 df_scaled 後，顯示前 5 筆，如右圖所示：

	標準化FB追蹤數	標準化快樂程度
0	-1.636807	-0.870370
1	0.541891	1.444444
2	0.810629	0.055556
3	-0.900176	-0.407407
4	-0.398692	0.518519

現在，因為資料已經標準化，我們就可以繪製散佈圖，如下所示：

```
df _ scaled.plot(kind="scatter", x="標準化 FB 追蹤數",
                 y="標準化快樂程度")
plt.show()
```

上述程式碼繪製資料標準化後 DataFrame 物件的散佈圖，如下圖所示：

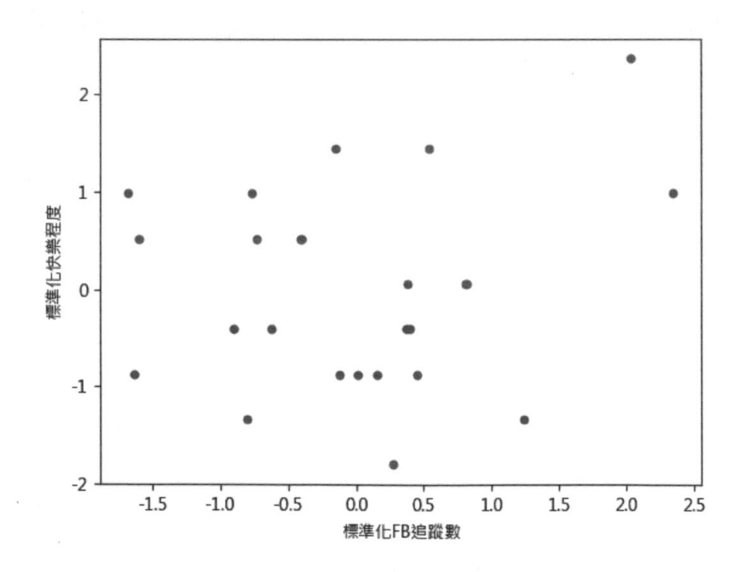

Python 程式：ch13-2-1a.py 改用 StandardScaler 物件來執行資料標準化，如下所示：

```
scaler = preprocessing.StandardScaler()
np_std = scaler.fit_transform(df)
df_std = pd.DataFrame(np_std,
         columns=["標準化 FB 追蹤數", "標準化快樂程度"])
print(df_std.head())
```

上述程式碼首先建立 StandardScaler 物件後，呼叫 fit_transform() 函數執行資料轉換，即標準化 DataFrame 物件的資料。

13-2-2 最小最大值縮放

最小最大值縮放（Min-max Scaling）是另一種常用的特徵縮放方法，也稱為**正規化**（Normalization）。這是將數值資料轉換成 0~1 區間，可以使用在第 15 章的線性迴歸和第 16 章 KNN 演算法。

資料正規化是使用下列公式來執行最小最大值縮放，如下所示：

$$X_{norm} = \frac{X - X_{\min}}{X_{\max} - X_{\min}}$$

上述公式的分母是最大和最小值的差，分子是與最小值的差。Python 程式：ch13-2-2.py 準備使用和第 13-2-1 節相同的資料來執行最小最大值縮放，如下所示：

```
...
scaler = preprocessing.MinMaxScaler(feature_range=(0, 1))
np_minmax = scaler.fit_transform(df)
df_minmax = pd.DataFrame(np_minmax,
    columns=["最小最大值縮放 FB 追蹤數", "最小最大值縮放快樂程度"])
print(df_minmax.head())

df_minmax.plot(kind="scatter", x="最小最大值縮放 FB 追蹤數",
                  y="最小最大值縮放快樂程度")
plt.show()
```

上述程式碼建立 MinMaxScaler 物件，參數指定範圍是 0~1，然後呼叫 fit_transform() 函數執行資料轉換，即正規化 DataFrame 物件的資料和繪製散佈圖，如下圖所示：

	最小最大值縮放FB追蹤數	最小最大值縮放快樂程度
0	0.011884	0.222222
1	0.551396	0.777778
2	0.617944	0.444444
3	0.194296	0.333333
4	0.318479	0.555556

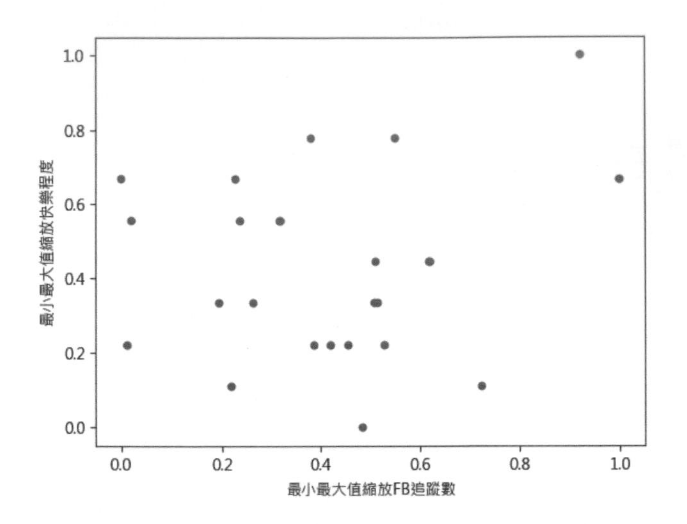

上述執行結果可以看出轉換後的資料和標準化不同，不過，繪成散佈圖後，可以看到資料點的分佈相同。

13-3 資料整理 - 資料轉換與清理

「資料整理」（Data Munging）的英文原意是資料轉換和清理，事實上，資料整理操作就包含資料清理。在本書定義的資料整理和第 5-1 節的資料清理，其差異如下所示：

- ◆ **資料清理**（Clean the Data）：單純刪除網路資料中的多餘字元和取出所需的目標資料。
- ◆ **資料整理**（Data Munging）：資料整理是一種更廣泛的資料清理，除了刪除外，還包含格式化等轉換方式來執行資料清理。

13-3-1 處理遺漏值

資料整理的主要的工作之一，就是處理遺漏值（Missing Data），因為這些資料並無法進行運算，我們需要針對遺漏值進行特別處理。基本上，我們有兩種方式來處理遺漏值，如下所示：

- ◆ **刪除遺漏值**：如果資料量夠大，我們可以直接刪除遺漏值。
- ◆ **補值**：將遺漏值填補成固定值、平均值、中位數和亂數值等。

DataFrame 物件的欄位值如果是 NumPy 的 nan（NaN），表示此欄位是遺漏值。Python 程式 ch13-3-1.py 載入 test.csv 檔案建立 DataFrame 物件，如下所示：

```
df = pd.read_csv("test.csv")
print(df)
```

上述程式碼讀取 test.csv 檔案建立 DataFrame 物件後，顯示資料內容，可以看到很多 NaN 欄位值的遺漏值，如右圖所示：

	A	B	C	D
0	0.5	0.9	0.4	NaN
1	0.8	0.6	NaN	NaN
2	0.7	0.3	0.8	0.9
3	0.8	0.3	NaN	0.2
4	0.9	NaN	0.7	0.3
5	0.2	0.7	0.6	NaN

在這一節我們準備使用上述資料說明如何處理遺漏值。

☆ 顯示遺漏值的資訊：ch13-3-1a.py

Python 程式可以顯示每一欄位有多少個非 NaN 欄位值，使用的是 info() 函數，如下所示：

```
df.info()
```

上述程式碼可以顯示每一欄位有多少是非 NaN 值，其執行結果如下所示：

```
<class 'pandas.core.frame.DataFrame'>
RangeIndex: 6 entries, 0 to 5
Data columns (total 4 columns):
 #   Column  Non-Null Count  Dtype
---  ------  --------------  -----
 0   A       6 non-null      float64
 1   B       5 non-null      float64
 2   C       4 non-null      float64
 3   D       3 non-null      float64
dtypes: float64(4)
memory usage: 320.0 bytes
```

上述欄位有 6 筆，少於 6 就表示有 NaN 的欄位值。

☆ 刪除 NaN 的記錄：ch13-3-1b.py

因為 NaN 記錄並不能進行運算，Python 程式最簡單方式就是呼叫 dropna() 函數將它們都刪除掉，如下所示：

```
df1 = df.dropna()
print(df1)
```

上述程式碼沒有參數，就是刪除全部 NaN 記錄。我們也可以加上參數 how，如下所示：

```
df2 = df.dropna(how="any")
print(df2)
```

上述 dropna() 函數的參數 how 值是 any，表示刪除所有 NaN 記錄，其執行結果只剩下 1 筆，如右圖所示：

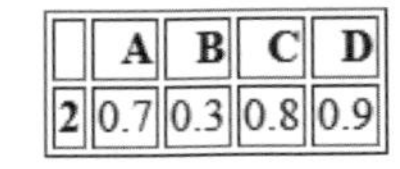

	A	B	C	D
2	0.7	0.3	0.8	0.9

如果 how 參數值是 all，就需要全部欄位都是 NaN 才會刪除，如下所示：

```
df3 = df.dropna(how="all")
print(df3)
```

上述程式碼刪除全部欄位都是 NaN 的記錄，因為沒有這種記錄，所以執行結果不會刪除任何一筆。我們也可以使用 subset 屬性指定某些欄位有 NaN 就刪除，如下所示：

```
df4 = df.dropna(subset=["B", "C"])
print(df4)
```

上述 dropna() 函數的參數 subset 值是串列，表示刪除 B 和 C 欄有 NaN 的記錄，其執行結果剩下 3 筆，如右圖所示：

	A	B	C	D
0	0.5	0.9	0.4	NaN
2	0.7	0.3	0.8	0.9
5	0.2	0.7	0.6	NaN

☆ 填補遺漏值：ch13-3-1c.py

如果不想刪除 NaN 的記錄，Python 程式可以填補這些遺漏值，將它們指定成固定值、平均值或中位數等，例如：將 NaN 值都改成固定值 1，如下所示：

```
df1 = df.fillna(value=1)
print(df1)
```

上述 fillna() 函數可以將 NaN 改為參數 value 的值 1，其執行結果如右圖所示：

	A	B	C	D
0	0.5	0.9	0.4	1.0
1	0.8	0.6	1.0	1.0
2	0.7	0.3	0.8	0.9
3	0.8	0.3	1.0	0.2
4	0.9	1.0	0.7	0.3
5	0.2	0.7	0.6	1.0

Python 程式也可以將遺漏值填入平均數，如下所示：

```
df["B"] = df["B"].fillna(df["B"].mean())
print(df)
```

上述程式碼將欄位 "B" 的 NaN 值填入欄位 "B" 的平均數，其執行結果可以看到欄位 "B" 已經沒有 NaN 值，如下圖所示：

	A	B	C	D
0	0.5	0.90	0.4	NaN
1	0.8	0.60	NaN	NaN
2	0.7	0.30	0.8	0.9
3	0.8	0.30	NaN	0.2
4	0.9	0.56	0.7	0.3
5	0.2	0.70	0.6	NaN

同樣方式，Python 程式可以將遺漏值填入中位數，如下所示：

```
df["C"] = df["C"].fillna(df["C"].median())
print(df)
```

上述程式碼是將欄位 "C" 的 NaN 值填入欄位 "C" 的中位數，其執行結果可以看到欄位 "C" 已經沒有 NaN 值，如右圖所示：

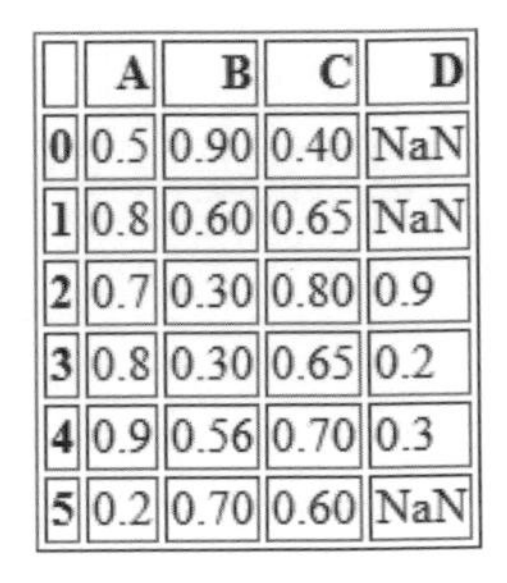

	A	B	C	D
0	0.5	0.90	0.40	NaN
1	0.8	0.60	0.65	NaN
2	0.7	0.30	0.80	0.9
3	0.8	0.30	0.65	0.2
4	0.9	0.56	0.70	0.3
5	0.2	0.70	0.60	NaN

☆ 建立布林遮罩顯示遺漏值：ch13-3-1d.py

如果需要，Python 程式可以使用 Pandas 的 isnull() 函數判斷欄位值是否是 NaN（notnull() 函數是相反不是 NaN），如下所示：

```
df1 = pd.isnull(df)
print(df1)
```

上述程式碼可以建立相同形狀 DataFrame 物件的布林遮罩，其執行結果如右圖所示：

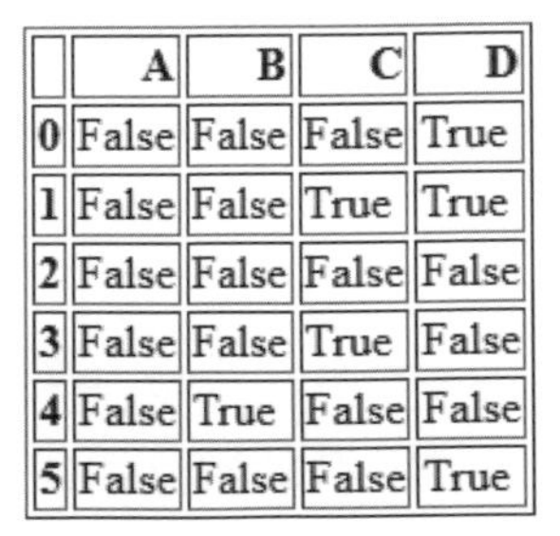

	A	B	C	D
0	False	False	False	True
1	False	False	True	True
2	False	False	False	False
3	False	False	True	False
4	False	True	False	False
5	False	False	False	True

13-3-2 處理重複資料

資料整理的另一項工作是處理資料中的重複資料，我們可以使用 DataFrame 物件的 duplicated() 和 drop_duplicates() 函數處理欄位或記錄的重複值。Python 程式 ch13-3-2.py 首先載入 test2.csv 檔案建立 DataFrame 物件，如下所示：

```
df = pd.read_csv("test2.csv")
print(df)
```

上述程式碼讀取 test2.csv 檔案建立 DataFrame 物件後，顯示資料內容，可以看到很多記錄和欄位值是重複的，如右圖所示：

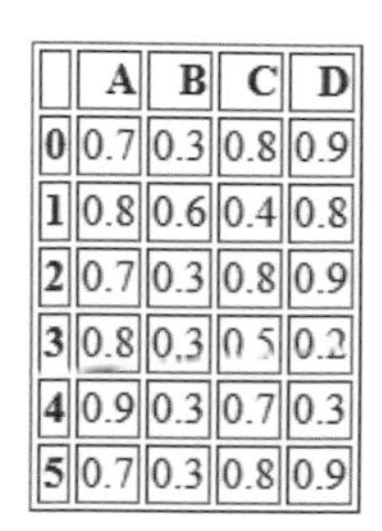

	A	B	C	D
0	0.7	0.3	0.8	0.9
1	0.8	0.6	0.4	0.8
2	0.7	0.3	0.8	0.9
3	0.8	0.3	0.5	0.2
4	0.9	0.3	0.7	0.3
5	0.7	0.3	0.8	0.9

上述表格的第 0、2 和 5 是重複記錄，各欄位也有很多重複值，在這一節我們準備使用上述資料來說明如何處理重複資料。

☆ 顯示重複記錄和欄位值：ch13-3-2a.py

DataFrame 物件只需使用 duplicated() 函數即可顯示有哪些記錄是重複值，如下所示：

```
print(df.duplicated())
```

上述程式碼可以顯示有多少重複記錄，請注意！不包含第 1 筆，其執行結果可以看到第 2 和 5 是 True，有 2 筆，第 1 筆 0 是 False，如下所示：

```
0    False
1    False
2     True
3    False
4    False
5     True
dtype: bool
```

在 duplicated() 函數只需加上欄位名稱（如果有多個，請使用欄位串列），即可顯示指定欄位的重複值，如下所示：

```
print(df.duplicated("B"))
```

上述程式碼顯示欄位 "B" 有多少重複的欄位值，True 是重複，不含第 1 筆，如下所示：

```
0    False
1    False
2     True
3     True
4     True
5     True
dtype: bool
```

☆ 刪除重複記錄：ch13-3-2b.py

DataFrame 物件可以使用 drop_duplicates() 函數來刪除重複記錄，如下所示：

```
df1 = df.drop_duplicates()
print(df1)
```

上述程式碼可以刪除重複記錄，請注意！不包含第 1 筆，其執行結果如右圖所示：

	A	B	C	D
0	0.7	0.3	0.8	0.9
1	0.8	0.6	0.4	0.8
3	0.8	0.3	0.5	0.2
4	0.9	0.3	0.7	0.3

☆ 刪除重複的欄位值：ch13-3-2c.py

在 drop_duplicates() 函數只需加上欄位名稱，就可以刪除指定欄位的重複值，如下所示：

```
df1 = df.drop_duplicates("B")
print(df1)
```

上述程式碼刪除欄位 "B" 的重複欄位值，預設保留第 1 筆，其執行結果如右圖所示：

	A	B	C	D
0	0.7	0.3	0.8	0.9
1	0.8	0.6	0.4	0.8

因為預設保留第 1 筆（即索引 0），如果想保留最後 1 筆，請使用 keep 屬性，如下所示：

```
df2 = df.drop_duplicates("B", keep="last")
print(df2)
```

上述程式碼的 keep 屬性值是 last 最後 1 筆，值 first 是保留第 1 筆，其執行結果如右圖所示：

	A	B	C	D
1	0.8	0.6	0.4	0.8
5	0.7	0.3	0.8	0.9

如果想刪除所有重複欄位值，一筆都不留，keep 屬性值是 False，如下所示：

```
df3 = df.drop_duplicates("B", keep=False)
print(df3)
```

上述程式碼的執行結果不會保留任何一筆有重複欄位值，如右圖所示：

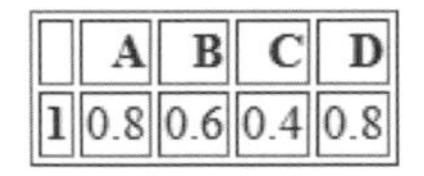

	A	B	C	D
1	0.8	0.6	0.4	0.8

13-3-3 處理分類資料

資料整理需要執行資料轉換，將非數值的分類資料轉換成可建立預測模型節所需的數值資料。例如：DataFrame 物件的欄位資料如果是尺寸的 XXL、XL、L、M、S、XS，或性別的 male、female 和 not specified 等，這些欄位值是分類的目錄資料，並非數值。

在實務上，這些分類的非數值資料需要轉換成數值資料，然後才能用來訓練預測模型。在本節使用的測試資料是 test3.csv，其內容如下圖所示：

	性別	尺寸	價格
0	male	XL	800
1	female	M	400
2	not specified	XXL	300
3	male	L	500
4	female	S	700
5	female	XS	850

☆ 使用對應表進行分類資料轉換：ch13-3-3.py

Python 程式可以使用字典建立對應值轉換表來將欄位資料轉換成數值，如下所示：

```
size_mapping = {"XXL": 5,
                "XL": 4,
                "L": 3,
                "M": 2,
                "S": 1,
                "XS": 0}

df["尺寸"] = df["尺寸"].map(size_mapping)
print(df)
```

上述程式碼建立尺寸對應值轉換表的字典後，呼叫 map() 函數將欄位值轉換成對應值，其執行結果如右圖所示：

	性別	尺寸	價格
0	male	4	800
1	female	2	400
2	not specified	5	300
3	male	3	500
4	female	1	700
5	female	0	850

☆ 使用 Scikit-learn 套件的 LabelEncoder：ch13-3-3a.py

Scikit-learn 套件的 preprocessing 模組可以使用 LabelEncoder 物件進行資料的分類轉換，如下所示：

```
import pandas as pd
from sklearn import preprocessing
```

```
df = pd.read_csv("test3.csv")

label_encoder = preprocessing.LabelEncoder()
df["性別"] = label_encoder.fit_transform(df["性別"])
print(df)
```

上述程式碼建立 LabelEncoder 物件後，呼叫 fit_transform() 函數轉換 Gender 欄位，可以將性別轉換成 0~2 的數值資料，如右圖所示：

	性別	尺寸	價格
0	1	XL	800
1	0	M	400
2	2	XXL	300
3	1	L	500
4	0	S	700
5	0	XS	850

13-4 資料預處理與探索性資料分析

資料科學的探索階段是在整理、歸納和描述資料，其主要工作是「資料預處理」（Data Preprocessing）和探索性資料分析（Exploratory Data Analysis，EDA），如下所示：

- **資料預處理**：源於資料採礦的技術，其主要目的是將取得的原始資料轉換成可閱讀的資料格式，因為真實世界的資料常常有不完整、錯誤和不一致的情況，資料預處理就是在處理這些問題。基本上，資料預處理的操作非常的多，我們常用的資料預處理操作有：處理遺漏值、處理分類資料和特徵縮放與標準化等（包含本章第 13-2 和第 13-3 節）。

- **探索性資料分析**：探索性資料分析是一種資料分析的步驟和觀念，我們可以使用各種不同的技巧，大部分是使用圖表方式來深入了解資料本身、找出資料底層的結構、從資料取出重要的變數、偵測異常值（Outlier），並且找出資料趨勢的線索，和據此提出假設（Hypotheses），例如：解釋為什麼此群組客戶的業績會下滑，目標客戶不符合年齡層造成產品銷售不佳等。

在實務上，當我們取得一份全新的資料集後，不論是否已經熟悉這些資料，我們都可以使用下列問題的指引來幫助我們進行資料探索，包含資料預處理的清理、轉換，和探索性資料分析，如下所示：

◆ **是否是有組織的資料**？資料是否是列/欄結構的結構化資料，如果是非結構化資料或半結構化資料，我們需要將資料轉換成類似 Excel 工作表或資料集列/欄結構的結構化資料，以 Python 語言來說，就是建立成 Pandas 套件的 DataFrame 物件。

◆ **資料的每一列代表什麼**？在成功轉換成結構化資料的資料集後，我們就可以開始了解這個資料集，第一步是了解每一列資料是什麼，也就是每一筆記錄列是什麼樣的資料？

◆ **資料的每一欄代表什麼**？在了解每一筆記錄列後，我們可以開始了解每一個欄位是什麼？欄位值是哪一種尺度的資料？欄位值是質的資料；或是量的資料。

◆ **是否有遺漏值**？如果資料集有遺漏值，我們需要了解哪些欄位有遺漏值？遺漏值資料有多少筆？和如何處理這些遺漏值？是直接刪除資料，或填入平均值、中位數或隨機值等

◆ **是否需要執行欄位資料轉換**？當知道欄位是哪一種尺度的資料後，我們需要判斷欄位資料是否需要進行轉換，例如：分類資料是否需轉換成數值資料，當單位差異太大時，是否需要標準化資料，或正規化資料。

◆ **資料描述是什麼**？資料是如何分佈？如果資料集本身已經提供資料描述，請詳細閱讀資料描述內容，如果沒有，我們需要自行使用敘述統計的摘要資訊，例如：最大值、最小值、平均值、標準差等來描述資料，和使用視覺化圖表顯示資料分佈（例如：直方圖、散佈圖和箱形圖），並且進一步找出資料中的異常值。

◆ **資料之間是否存在關係**？我們可以使用第 13-1 節說明的方法，使用散佈圖、共變異數和相關係數來找出資料之間的關係。

13-5 實作案例：鐵達尼號資料集的探索性資料分析

鐵達尼號（Titanic）是 1912 年 4 月 15 日在大西洋旅程中撞上冰山沈沒的一艘著名客輪，這次意外事件造成 2224 名乘客和船員中 1502 名死亡，鐵達尼號資料集（Titanic Dataset）就是船上乘客的相關資料。

在這一節我們準備使用探索性資料分析來探索鐵達尼號資料集，接著在第 15 章和第 16 章會分別使用 Logistic 迴歸和決策樹演算法執行鐵達尼號的生存預測。

☆ 載入資料集：ch13-5.py

鐵達尼號資料集是一個 CSV 檔案，Python 程式可以建立 DataFrame 物件來載入資料集，如下所示：

```
titanic = pd.read_csv("titanic_data.csv")
print(titanic.shape)
```

上述程式碼載入 CSV 檔案 titanic_data.csv 後，使用 shape 屬性顯示資料集的形狀，其執行結果如下所示：

```
(1313, 6)
```

上述鐵達尼號資料集是 1313 筆和 6 個欄位，每一列是一筆乘客，乘客數有 1313人。

☆ 描述資料：ch13-5a.py

在成功載入資料集後，首先看看前幾筆資料，如下所示：

```
print(titanic.head())
```

上述程式碼呼叫 head() 函數顯示前 5 筆，其執行結果如下圖所示：

	PassengerId	Name	PClass	Age	Sex	Survived
0	1	Allen, Miss Elisabeth Walton	1st	29.00	female	1
1	2	Allison, Miss Helen Loraine	1st	2.00	female	0
2	3	Allison, Mr Hudson Joshua Creighton	1st	30.00	male	0
3	4	Allison, Mrs Hudson JC (Bessie Waldo Daniels)	1st	25.00	female	0
4	5	Allison, Master Hudson Trevor	1st	0.92	male	1

上表的每一列是一位乘客的資料，各欄位的說明如下所示：

- PassengerId：乘客編號是乘客唯一的識別編號，因為資料有順序性，所以是第 1-2-3 節的順序尺度資料。
- Name：乘客姓名，除了姓名，還包含 Miss、Mrs 和 Mr 等資訊，這是一種名目尺度資料。
- PClass：乘客等級，等級 1 的欄位值是 1st；2 是 2nd；3 是 3rd，這是順序尺度資料。
- Age：乘客年齡是整數資料，這是比率尺度資料。
- Sex：乘客性別，欄位值是 male 男；female 女，這是名目尺度資料。
- Survived：欄位值是 0 或 1，代表乘客生存或死亡，值 1 是生存；0 是死亡，因為值只有 2 種，所以是名目尺度資料。

接著，我們可以使用 describe() 函數顯示資料描述，如下所示：

```
print(titanic.describe())
```

上述程式碼顯示敘述統計的摘要資訊，其執行結果如右圖所示：

	PassengerId	Age	Survived
count	1313.000000	756.000000	1313.000000
mean	657.000000	30.397989	0.342727
std	379.174762	14.259049	0.474802
min	1.000000	0.170000	0.000000
25%	329.000000	21.000000	0.000000
50%	657.000000	28.000000	0.000000
75%	985.000000	39.000000	1.000000
max	1313.000000	71.000000	1.000000

上述表格顯示的 3 個欄位是量的資料，可以看到欄位值的資料量、平均值、標準差、最小和最大等資料描述，其中 Age 欄位只有 756 筆，表示有遺漏值，我們可以使用 info() 函數進一步檢視各欄位是否有遺漏值，如下所示：

```
print(titanic.info())
```

上述程式碼顯示各欄位的相關資訊，其執行結果如下所示：

```
<class 'pandas.core.frame.DataFrame'>
RangeIndex: 1313 entries, 0 to 1312
Data columns (total 6 columns):
 #   Column       Non-Null Count  Dtype
---  ------       --------------  -----
 0   PassengerId  1313 non-null   int64
 1   Name         1313 non-null   object
 2   PClass       1313 non-null   object
 3   Age          756 non-null    float64
 4   Sex          1313 non-null   object
 5   Survived     1313 non-null   int64
dtypes: float64(1), int64(2), object(3)
memory usage: 61.7+ KB
None
```

上述欄位資訊可以看出只有 Age 欄位有遺漏值。

☆ 資料預處理：ch13-5b.py

在檢視資料集的描述資料後，我們知道目前需要處理的工作，如下所示：

- PassengerId 欄位是否是流水號，如果是，我們可以將此欄位改為索引欄位。
- Sex 欄位是名目尺度資料，我們需要處理分類資料轉換成數值的 0 和 1（1 是女；0 是男）。

◆ PClass 欄位是名目尺度資料，我們需要處理分類資料轉換成數值的 1、2 和 3（1 是 1st；2 是 2nd；3 是 3rd）。

◆ Age 欄位有很多遺漏值，我們準備使用 Age 欄位的平均值來補值。

◆ Name 欄位值包含 Miss、Mrs 和 Mr 等資訊，我們可以新增 Title 欄位，區分乘客是先生、女士或小姐等。

首先，我們可以使用 NumPy 套件的 unique() 函數檢查欄位值是否是唯一，如下所示：

```
print(np.unique(titanic["PassengerId"].values).size)
```

上述程式碼呼叫 unique() 函數檢查 PassengerId 欄位是否是唯一，size屬性可以知道有多少個不同值，其執行結果如下所示：

```
1313
```

上述執行結果和資料集的列數相同，表示是唯一的流程編號，我們可以指定此欄位為索引，如下所示：

```
titanic.set_index(["PassengerId"], inplace=True)
print(titanic.head())
```

上述程式碼指定索引欄位，參數 inplace 值 True 表示直接取代目前的 DataFrame 物件，其執行結果如下圖所示：

	Name	PClass	Age	Sex	Survived
PassengerId					
1	Allen, Miss Elisabeth Walton	1st	29.00	female	1
2	Allison, Miss Helen Loraine	1st	2.00	female	0
3	Allison, Mr Hudson Joshua Creighton	1st	30.00	male	0
4	Allison, Mrs Hudson JC (Bessie Waldo Daniels)	1st	25.00	female	0
5	Allison, Master Hudson Trevor	1st	0.92	male	1

接著新增 SexCode 欄位，將 Sex 欄位改為數值 0 和 1（1 是女；0 是男），如下所示：

```
titanic["SexCode"] = np.where(titanic["Sex"]=="female", 1, 0)
print(titanic.head())
```

上述程式碼使用 NumPy 套件的 where() 函數取代欄位值，第 1 個參數是條件，條件成立指定成第 2 個參數值；失敗是指定成第 3 個參數值，其執行結果如下圖所示：

	Name	PClass	Age	Sex	Survived	SexCode
PassengerId						
1	Allen, Miss Elisabeth Walton	1st	29.00	female	1	1
2	Allison, Miss Helen Loraine	1st	2.00	female	0	1
3	Allison, Mr Hudson Joshua Creighton	1st	30.00	male	0	0
4	Allison, Mrs Hudson JC (Bessie Waldo Daniels)	1st	25.00	female	0	1
5	Allison, Master Hudson Trevor	1st	0.92	male	1	0

PCass 欄位值是分類資料，我們可以使用第 13-3-3 節的方法來轉換成數值資料，如下所示：

```
class_mapping = {"1st": 1,
                 "2nd": 2,
                 "3rd": 3}
titanic["PClass"] = titanic["PClass"].map(class_mapping)
print(titanic.head())
```

上述程式碼將 3 種等級轉換成數值 1、2、3。然後處理 Age 欄位的遺漏值，首先檢查 Age 欄位的遺漏值到底有多少個，如下所示：

```
print(titanic.isnull().sum())
print(sum(titanic["Age"].isnull()))
```

上述程式碼先使用 isnull() 函數檢查所有欄位是否有 NaN 值，sum() 函數計算總數，第 2 列是計算 Age 欄位的遺漏值，其執行結果如下所示：

```
Name            0
PClass          1
Age           557
Sex             0
Survived        0
SexCode         0
dtype: int64
557
```

上述執行結果顯示只有 Age 欄位有遺漏值，共 557 筆。現在，我們可以將這些遺漏值補值成 Age 欄位的平均值，如下所示：

```
avg _ age = titanic["Age"].mean()
titanic["Age"].fillna(avg _ age, inplace=True)
print(sum(titanic["Age"].isnull()))
```

上述程式碼計算平均值後，呼叫 fillna() 函數將遺漏值取代成平均值，最後再計算一次 Age 欄位的遺漏值，其執行結果如下所示：

```
0
```

上述執行結果是 0，已經沒有遺漏值，在完成補值後，我們準備計算性別人數和男女的平均年齡，如下所示：

```
print("性別人數:")
print(titanic["Sex"].groupby(titanic["Sex"]).size())
print(titanic.groupby("Sex")["Age"].mean())
print(titanic.groupby("Sex")["Age"].mean())
```

上述程式碼使用 groupby() 函數來群組 Sex 欄位，首先計算各群組的人數，然後是 Age 欄位的平均值，其執行結果如下所示：

```
性別人數:
Sex
female    462
male      851
Name: Sex, dtype: int64
Sex
female    29.773637
male      30.736945
Name: Age, dtype: float64
```

上述執行結果顯示女性有 462 人，平均年齡 29.77；男性有 851 人，平均年齡是 30.7。

在資料集的 Name 欄位值姓名包含 Miss、Mrs 和 Mr 等資訊，我們可以使用正規表達式取出這些資料來新增 Title 欄位，如下所示：

```
import re
patt = re.compile(r"\,\s(\S+\s)")
titles = []
for index, row in titanic.iterrows():
    m = re.search(patt, row["Name"])
    if m is None:
        title = "Mrs" if row["SexCode"] == 1 else "Mr"
    else:
        title = m.group(0)
        title = re.sub(r",", "", title).strip()
        if title[0] != "M":
            title = "Mrs" if row["SexCode"] == 1 else "Mr"
        else:
            if title[0] == "M" and title[1] == "a":
                title = "Mrs" if row["SexCode"] == 1 else "Mr"
    titles.append(title)
titanic["Title"] = titles
```

上述程式碼建立正規表達式的範本字串後，使用 for/in 迴圈走訪 DataFrame 物件的每一列，以便使用範本字串取出 Title 欄位值，因為有不完整資料，巢狀 if/else 條件可以判斷這些例外，刪除多餘字元，和依據 SexCode 欄位判斷，男性是 Mr；女性是 Mrs，最後新增 Title 欄位。

當成功新增 Title 欄位後，我們需要再次確認 Title 欄位取出的類別種類，如下所示：

```
print("Title 類別:")
print(np.unique(titles).shape[0], np.unique(titles))
```

上述程式碼顯示 Title 欄位的類別有幾種，其執行結果如下所示：

```
Title 類別:
5 ['Miss' 'Mlle' 'Mr' 'Mrs' 'Ms']
```

上述執行結果顯示多出 Mlle 和 Ms 兩類，所以我們準備修正這兩個錯誤，如下所示：

```
titanic["Title"] = titanic["Title"].replace("Mlle","Miss")
titanic["Title"] = titanic["Title"].replace("Ms","Miss")
titanic.to_csv("titanic_pre.csv", encoding="utf8")
```

上述程式碼使用 replace() 函數取代 Mlle 和 Ms 成為 Miss，就完成資料集的資料預處理，最後匯出成為 titanic_pre.csv 的 CSV 檔案。

現在，乘客已經可以區分是先生、女士或小姐，我們準備計算各類別的人數，如下所示：

```
print("Title 人數:")
print(titanic["Title"].groupby(titanic["Title"]).size())
```

上述程式碼使用 Title 欄位群組資料，可以計算出各類別的人數，其執行結果如下所示：

```
Title人數:
Title
Miss     250
Mr       851
Mrs      212
Name: Title, dtype: int64
```

然後計算出平均生存率，如下所示：

```
print("平均生存率:")
print(titanic[["Title","Survived"]].groupby(titanic["Title"]).mean())
```

上述程式碼就是 Survived 欄位的平均值，其執行結果如下所示：

```
平均生存率:
        Survived
Title
Miss    0.604000
Mr      0.166863
Mrs     0.740566
```

☆ 探索性資料分析：ch13-5c.py

在完成資料預處理後，我們已經成功建立 titanic_pre.csv 的 CSV 檔案，接著，我們就可以載入此檔案來進行探索性資料分析，分別使用直方圖和長條圖來探索各欄位的資料，如下所示：

```
titanic = pd.read_csv("titanic_pre.csv")
titanic["Died"] = np.where(titanic["Survived"]==0, 1, 0)
print(titanic.head())
```

上述程式碼載入 titanic_pre.csv 檔案後，為了方便繪製圖表，筆者新增 Died 欄位，欄位值和 Survived 相反，其執行結果如下圖所示：

	PassengerId	Name	PClass	Age	Sex	Survived	SexCode	Title	Died
0	1	Allen, Miss Elisabeth Walton	1.0	29.00	female	1	1	Miss	0
1	2	Allison, Miss Helen Loraine	1.0	2.00	female	0	1	Miss	1
2	3	Allison, Mr Hudson Joshua Creighton	1.0	30.00	male	0	0	Mr	1
3	4	Allison, Mrs Hudson JC (Bessie Waldo Daniels)	1.0	25.00	female	0	1	Mrs	1
4	5	Allison, Master Hudson Trevor	1.0	0.92	male	1	0	Mr	0

從上表欄位值可知，只有 Age 欄位是比率尺度資料，我們可以繪製直方圖來顯示各種年齡的分佈，如下所示：

```
titanic["Age"].plot(kind="hist", bins=15)
df = titanic[titanic.Survived == 0]
df["Age"].plot(kind="hist", bins=15)
df = titanic[titanic.Survived == 1]
df["Age"].plot(kind="hist", bins=15)
```

上述程式碼繪製 3 個直方圖，第 1 個是年齡分佈（藍色），第 2 個是各年齡層的死亡人數（橙色），第 3 個是生存人數（綠色），其執行結果如右圖所示：

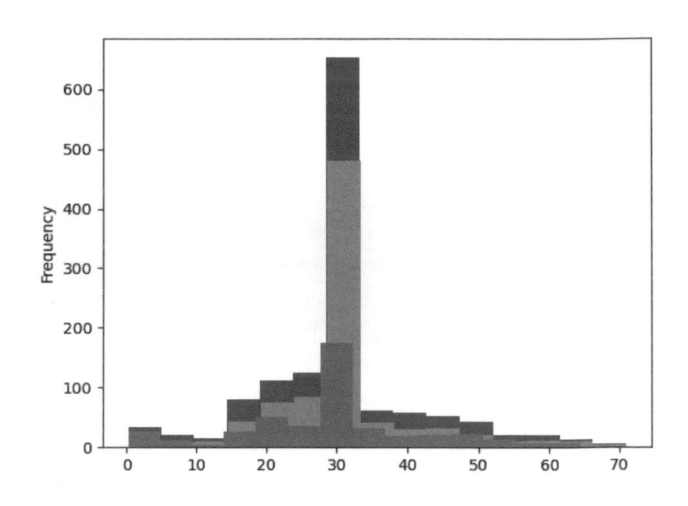

資料集的 Title、Sex 和 PClass 欄位是名目或順序尺度資料，我們可以使用長條圖來分類顯示生存和死亡人數與比率。首先是 Title 欄位，如下所示：

```
fig, axes = plt.subplots(nrows=1, ncols=2)
df = titanic[["Survived","Died"]].groupby(titanic["Title"]).sum()
df.plot(kind="bar", ax=axes[0])
df = titanic[["Survived","Died"]].groupby(titanic["Title"]).mean()
df.plot(kind="bar", ax=axes[1])
```

上述程式碼呼叫 matplotlib.pyplot 的 subplots() 函數建立水平 2 張子圖，參數 nrows 是列數；ncols 是欄數，然後群組 Title 欄位計算生存和死亡的人數和比率（即平均數），plot() 函數的參數 kind 值 bar 是長條圖，ax 參數指定顯示位置，其執行結果如下圖所示：

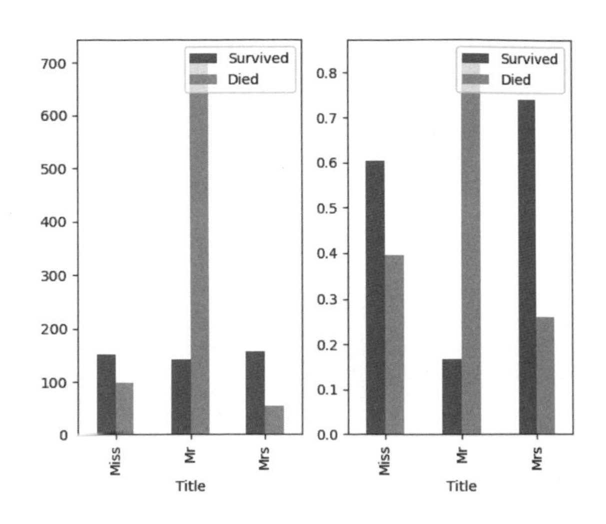

接著是 Sex 欄位的性別，如下所示：

```
fig, axes = plt.subplots(nrows=1, ncols=2)
df = titanic[["Survived","Died"]].groupby(titanic["Sex"]).sum()
df.plot(kind="bar", ax=axes[0])
df = titanic[["Survived","Died"]].groupby(titanic["Sex"]).mean()
df.plot(kind="bar", ax=axes[1])
```

上述程式碼顯示水平 2 張長條圖，我們是群組 Sex 欄位計算生存和死亡的人數和比率（即平均數），其執行結果如右圖所示：

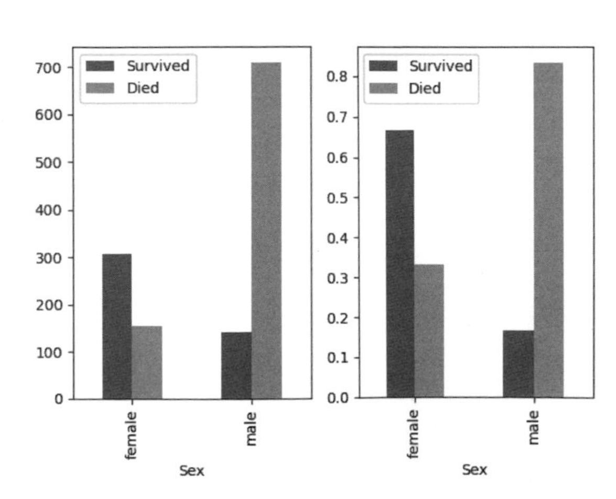

然後是 PClass 欄位的等級，如下所示：

```
df = titanic[['Survived',"Died"]].groupby(titanic["PClass"]).sum()
df.plot(kind="bar")
df = titanic[['Survived',"Died"]].groupby(titanic["PClass"]).mean()
df.plot(kind="bar")
```

上述程式碼顯示 2 張長條圖，我們是群組 PClass 欄位計算生存和死亡的人數和比率（即平均數），其執行結果如下圖所示：

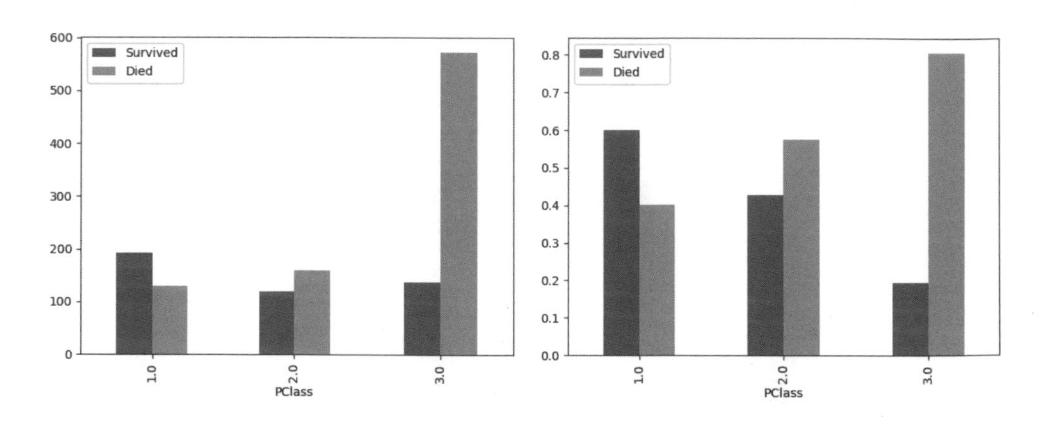

現在，我們可以計算各欄位之間的相關係數，如下所示：

```
df = titanic.drop("PassengerId", axis=1)
df = df.drop("Died", axis=1)
df = df.drop("Title", axis=1)
print(df.corr())
df.to_csv("titanic_train.csv", encoding="utf8")
```

上述程式碼刪除不需要的 PassengerId、Died 和 Title 欄位後，呼叫 corr() 函數計算相關係數，其執行結果如右圖所示：

	PClass	Age	Survived	SexCode
PClass	1.000000	-0.315551	-0.361741	-0.129711
Age	-0.315551	1.000000	-0.048236	-0.042546
Survived	-0.361741	-0.048236	1.000000	0.502891
SexCode	-0.129711	-0.042546	0.502891	1.000000

從上述表格可以看出 SexCode 性別欄位和 Survived 欄位的相關係數最高，有 0.50 左右（高度相關），然後是 PClass 欄位的 -0.36（中等強度相關），Age 欄位只有 -0.04（低度相關）。

★ 學習評量 ★

1. 請問我們共有幾種方法來找出資料之間的關聯性？

2. 請問什麼是因果關係和相關性？其差異為何？

3. 請簡單說明特徵縮放與標準化是什麼？

4. 請問資料整理主要是在作什麼事？

5. 請簡單說明資料預處理與探索性資料分析為何？

6. 書附範例檔提供有 anscombe_i.csv、anscombe_ii.csv、anscombe_iii.csv、anscombe_iv.csv 四個 CSV 檔案，請一一繪製散佈圖來檢視 x 和 y 資料之間是否有線性相關。

7. 請參考第 16-1-3 節的說明，然後依據第 13-5 節的範例來進行 iris.csv 資料集的探索性資料分析。

8. 請參考 http://archive.ics.uci.edu/ml/datasets/Wine 網站的資料集說明，使用 wine_data.csv 資料集進行探索性資料分析。

M E M O

CHAPTER

14

人工智慧與機器學習概論

14-1 人工智慧概論

隨著資料科學的興起，人工智慧和機器學習成為資訊科學界火紅的研究項目，基本上，人工智慧本身只是一個泛稱，所有能夠讓電腦有智慧的技術都可稱為「**人工智慧**」（Artificial Intelligence，AI）。

14-1-1 人工智慧簡介

人工智慧在資訊科技並不能算是一個很新的領域，因為早期電腦的運算效能不佳，人工智慧受限於電腦運算能力，實際應用非常的侷限，直到 CPU 效能大幅提昇和繪圖 GPU 應用在人工智慧，再加上深度學習的重大突破，才讓人工智慧的夢想逐漸成真。

☆ 認識人工智慧

人工智慧（Artificial Intelligence，AI）也稱為人工智能，這是讓機器變的更聰明的一種科技，也就是讓機器具備和人類一樣的思考邏輯與行為模式。簡單的說，人工智慧就是讓機器展現出人類的智慧，像人類一樣的思考，基本上，人工智慧是一個讓電腦執行人類工作廣義上的名詞術語，其衍生的應用和變化至今仍然沒有定論。

人工智慧基本上是計算機科學領域的範疇，其發展過程包括學習（大量讀取資訊和判斷何時與如何使用該資訊）、感知、推理（使用已知資訊來做出結論）、自我校正和操縱或移動物品等。

「知識工程」（Knowledge Engineering）是過去人工智慧主要研究的核心領域，可以讓機器大量讀取資料後，就能夠自行判斷物件、進行歸類、分群和統整，並且找出規則來判斷資料之間的關聯性，進而建立知識，在知識工程的發展下，人工智慧可以讓機器具備專業知識。

事實上，我們現在開發的人工智慧系統都屬於「弱人工智慧」（Narrow AI）的形式，機器擁有能力做一件或幾件事情，而且做這些事的智慧程度與人類相當，甚至可能超越人類（請注意！只限這些事），例如：人臉辨識、下棋和自然語言處理等，當然，我們在電腦遊戲中加入的人工智慧或機器學習，也都屬於弱人工智慧。

☆ 從原始資料轉換成智慧的過程

人工智慧是在研究如何從原始資料轉換成智慧的過程，這是需要經過多個不同層次的處理步驟，如右圖所示：

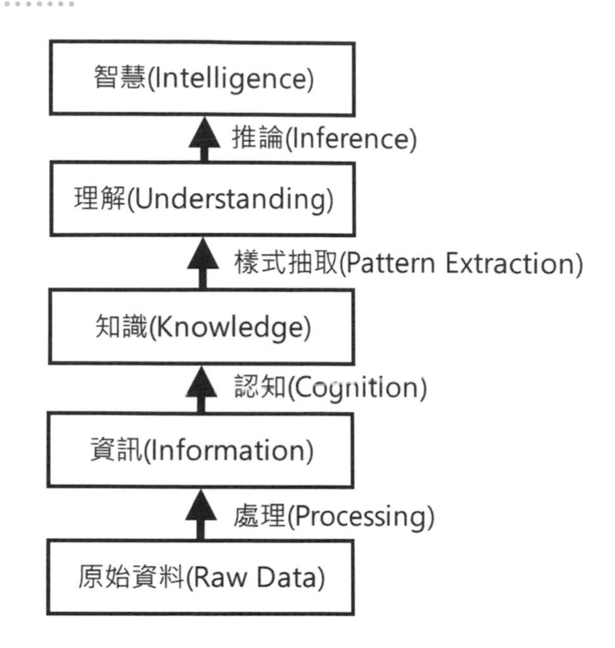

上述圖例可以看出原始資料經過處理後成為資訊；資訊在認知後成為知識，知識在樣式抽取後，即可理解，最後進行推論，就成為智慧。

☆ 圖靈測試

圖靈測試（Turing Test）是計算機科學和人工智慧之父-艾倫圖靈（Alan Turing）在 1950 年提出，一個定義機器是否擁有智慧的測試，能夠判斷機器是否能夠思考的著名試驗。

圖靈測試提出了人工智慧的概念，並且讓我們相信機器是有可能具有智慧的，簡單的說，圖靈測試是在測試機器是否能夠表現出與人類相同或無法區分的智慧表現，如下圖所示：

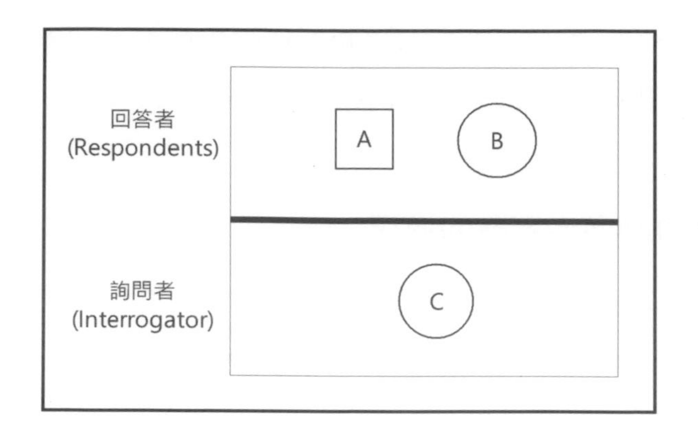

上述正方形 A 代表一台機器，圓形 B 代表人類，這兩位是回答者（Respondents），人類 C 是一位詢問者（Interrogator），展開與 A 和 B 的對話，這是透過文字模式的鍵盤輸入和螢幕輸出來進行對話，如果 A 不會被辨別出是一台機器的身份，就表示這台機器 A 具有智慧。

很明顯！建造一台具備智慧的機器 A 並不是一件簡單的事，因為在整個對話的過程中會遇到很多情況，機器 A 至少需要擁有下列能力，如下所示：

◆ **自然語言處理**（Natural Language Processing）：機器 A 因為需要和詢問者進行文字內容的對話，需要將輸入文字內容進行句子剖析、抽出內容進行分析，然後組成合適且正確的句子來回答詢問者。

◆ **知識表示法**（Knowledge Representation）：機器 A 在進行對話前需要儲存大量知識，並且從對話過程中學習和追蹤資訊，讓程式能夠處理知識達到如同人類一般的回答問題。

14-1-2 人工智慧的應用領域

目前人工智慧在真實世界應用的領域有很多，一些比較普遍的應用領域，如下所示：

◆ **手寫辨識**（Handwriting Recognition）：這是大家常常使用的人工智慧應用領域，想想看智慧型手機或平板電腦的手寫輸入法，這就是手寫辨識，系統可以辨識寫在紙上、或觸控螢幕上的筆跡，依據外形和筆劃等特徵來轉換成可編輯的文字內容。

- **語音識別**（Speech Recognition）：這是能夠聽懂和了解語音說話內容的系統，還能分辨出人類口語的不同音調、口音、背景雜訊或感冒鼻音等，例如：Apple 公司智慧語音助理系統 Siri 等。
- **電腦視覺**（Computer Vision）：一個處理多媒體圖片或影片的人工智慧系統，能夠依需求抽取特徵來了解這些圖片或影片的內容是什麼，例如：Google 搜尋相似圖片、人臉辨視犯罪預防或公司門禁管理等。
- **專家系統**（Expert Systems）：這是使用人工智慧技術提供建議和做決策的系統，通常是使用資料庫儲存大量財務、行銷、醫療等不同領域的專業知識，以便依據這些資料來提供專業的建議。
- **自然語言處理**（Natural Language Processing）：能夠了解自然語言（即人類語言）的文字內容，我們可以輸入自然語言的句子和系統直接對談，例如：Google 搜尋引擎。
- **電腦遊戲**（Game）：人工智慧早已應用在電腦遊戲，只要是擁有電腦代理人（Agents）的各種棋類遊戲，都屬於人工智慧的應用，最著名的當然是 AlphaGo 人工智慧圍棋程式。
- **智慧機器人**（Intelligent Robotics）：機器人基本上涉及多種領域的人工智慧，才足以完成不同任務，這是依賴安裝在機器人上的多種感測器來偵測外部環境，可以讓機器人模擬人類的行為或表情等。

14-1-3 人工智慧的研究領域

人工智慧的研究領域非常的廣泛，一些主要的人工智慧研究領域，如下所示：

- **機器學習和樣式識別**（Machine Learning and Pattern Recognition）：這是目前人工智慧最主要和普遍的研究領域，可以讓我們設計和開發軟體來從資料學習，和建立出學習模型，然後使用此模型來預測未知的資料，其最大限制是資料量，機器學習需要大量資料來進行學習，如果資料量不大，相對的預測準確度就會大幅降低。

- **邏輯基礎的人工智慧**（Logic-based Artificial Intelligence）：邏輯基礎的人工智慧程式是針對特別問題領域的一組邏輯格式的事實和規則描述，簡單的說，就是使用數學邏輯來執行電腦程式，特別適用在樣式比對（Pattern Matching）、語言剖析（Language Parsing）和語法分析（Semantic Analysis）等。

- **搜尋**（Search）：搜尋技術也常常應用在人工智慧，可以在大量的可能結果中找出一條最佳路徑，例如：下棋程式找到最佳的下一步、最佳化網路資源配置和排程等。

- **知識表示法**（Knowledge Representation，KR）：這個研究領域是在研究世界上圍繞我們的各種資訊和事實是如何來表示，以便電腦系統可以了解和看的懂，如果知識表示法有效率，機器將會變的聰明且有智慧來解決複雜的問題。例如：診斷疾病情況，或進行自然語言的對話。

- **AI 規劃**（AI Planning）：正式的名稱是自動化規劃和排程（Automated Planning and Scheduling），規劃（Planning）是一個決定動作順序的過程來成功執行所需的工作；排程（Scheduling）是在特定日期時間限制下，組成充足的可用資源來完成規劃。自動化規劃和排程是專注在使用智慧代理人（Intelligent Agents）來最佳化動作順序，簡單的說，就是建立最小成本和最大回報的最佳規劃。

- **啟發法**（Heuristics）：啟發法是應用在快速反應，可以依據有限知識（不完整資料）在短時間內找出問題可用的解決方案，但不保證是最佳方案，例如：搜尋引擎和智慧型機器人。

- **基因程式設計**（Genetic Programming，GP）：一種能夠找出最佳化結果的程式技術，使用基因組合、突變和自然選擇的進化方式，從輸入資料的可能組合，經過如同基因般的進化後，找出最佳的輸出結果。例如：超市或便利商店找出最佳的商品上架排列方式，以便提昇超市的業績。

14-2 機器學習

機器學習（Machine Learning）是應用統計學習技術（Statistical Learning Techniques）來自動找出資料中隱藏的規則和關聯性，可以建立預測模型來準確的進行預測。

14-2-1 機器學習簡介

機器學習的定義是：「從過往資料和經驗中自我學習並找出其運行的規則，以達到人工智慧的方法。」事實上，機器學習就是目前人工智慧發展的核心研究領域之一。

☆ 認識機器學習

機器學習是一種人工智慧，也是一種資料科學的技術，可以讓電腦使用現有資料來進行訓練和學習，以便建立預測模型，當成功建立模型後，就可以使用此模型來預測未來的行為、結果和趨勢，如下圖所示：

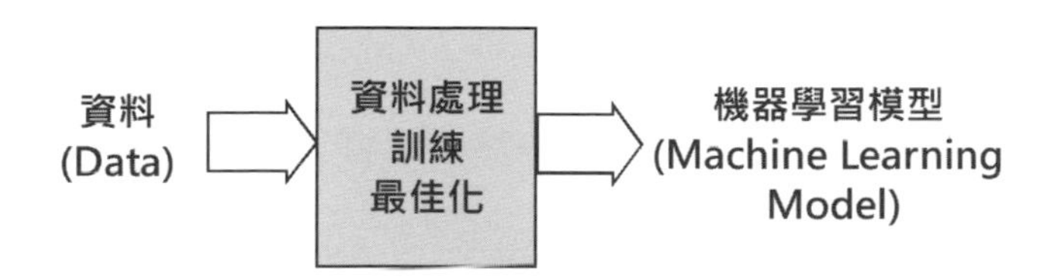

上述機器學習的核心概念是資料處理、訓練和最佳化，屬於資料科學領域的分支，透過機器學習的幫助，我們可以處理常見的分類和迴歸問題（屬於監督式學習，詳見第 14-3-1 節的說明），如下所示：

- **分類問題**：將輸入資料區分成不同類別，例如：垃圾郵件過濾可以區分哪些是垃圾郵件；哪些不是。
- **迴歸問題**：從輸入資料找出規律，並且使用統計的迴歸分析來建立對應的方程式，藉此做出準確的預測，例如：預測假日的飲料銷售量等。

請注意！機器學習是透過資料來訓練機器能夠自行辨識出運作模式，這不是寫死在程式碼的規則。事實上，機器學習也是一種弱人工智慧（Narrow AI），可以從資料得到複雜的函數或方程式來學習建立出演算法的規則，然後透過預測模型幫助我們進行未來的預測。

☆ 從資料中自我訓練學習

機器學習主要目的是預測資料，其厲害之處在於可以自主學習，和找出資料之間的關係和規則，如右圖所示：

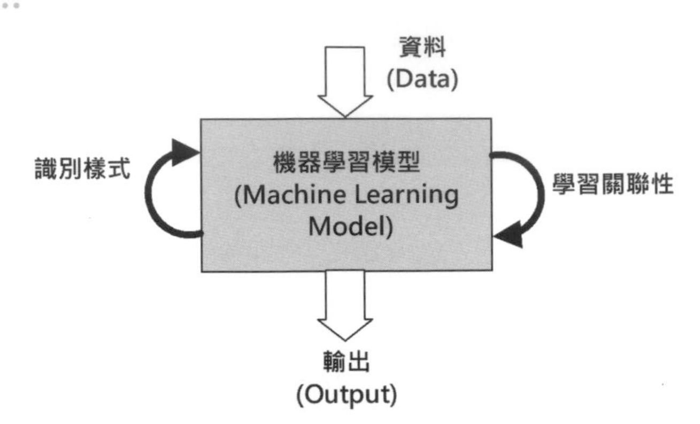

上述圖例當資料送入機器學習模型後，就會自行找出資料之間的關聯性（Relationships）和識別出樣式，其輸出結果是已經學會的模型。機器學習主要是透過下列方式來進行訓練，如下所示：

◆ 需要大量資料訓練模型。

◆ 從資料中自行學習來找出關聯性，和識別出樣式（Pattern）。

◆ 根據自行學習和識別出樣式獲得的經驗，替我們將未來的新資料做分類，並且推測其行為、結果和趨勢。

14-2-2 機器學習可以解決的問題

機器學習在實務上可以幫助我們解決五種問題：分類、異常值判斷、預測性分析、分群和協助決策。

☆ 分類

分類演算法是用來解決只有二種或多種結果的問題。**二元分類**（Two-class Classification）演算法是區分成 A 或 B 類、是或否、開或關、抽煙或不抽煙等二種結果。一些常見範例，如下所示：

◇ 客戶是否會續約？

◇ 圖片是貓，還是狗？

◇ 回饋 10 元或打 75 折，哪一種促銷方法更能提昇業績？

多元分類（Multi-class Classification）是二元分類的擴充，可以用來解決有多種結果的問題，例如：哪種口味、哪間公司或哪一位參選人等。一些常見範例，如下所示：

◇ 哪種動物的圖片？哪種植物的圖片？

◇ 雷達訊號來自哪一種飛機？

◇ 錄音裡的說話者是哪一位參選人？

☆ 異常值判斷

異常值判斷演算法是用來偵測異常情況（Anomaly Detection），簡單的說，就是辨認出不正常資料，找出奇怪的地方。基本上，異常值判斷和二元分類看起來好像十分相似，不過，二元分類一定有兩種結果，異常值判斷不一定，可以只有一種結果。一些常見範例，如下所示：

◇ 偵測信用卡盜刷？

◇ 網路訊息是否正常？

◇ 這些消費和之前消費行為是否落差很大？

◇ 管路壓力大小是否有異常？

☆ 預測性分析

預測性分析演算法解決的問題是數值而非分類，也就是預測量有多少？需要多少錢？未來是漲價；還是跌價等，此類演算法稱為迴歸（Regression）。一些常見範例，如下所示：

◇ 下星期四的氣溫是幾度？

◇ 在台北市第二季的銷售量有多少？

◆ 下周 Facebook 臉書會新增幾位追蹤者？

◆ 下周日可以賣出多少個產品？

☆ 分群

分群演算法是在解決資料是如何組成的問題，屬於第 14-3-2 節的非監督式學習，其基本作法是測量資料之間的距離或相似度，即距離度量（Distance Metric），例如：智商的差距、相同基因組的數量、兩點之間的最短距離，然後據此來分成均等的群組。一些常見範例，如下所示：

◆ 哪些消費者對水果有相似的喜好？

◆ 哪些觀眾喜歡同一類型的電影？

◆ 哪些型號的手機有相似的故障？

◆ 部落格訪客可以分成哪些不同類別的群組？

☆ 協助決策

協助決策演算法是在決定下一步是什麼？屬於第 14-3-4 節的強化式學習，其基本原理是源於大腦對懲罰和獎勵的反應機制，可以決定獎勵最高的下一步，和避開懲罰的選擇。一些常見範例，如下所示：

◆ 網頁廣告置於哪一個位置，才能讓訪客最容易點選？

◆ 看到黃燈時，應該保持目前速度、煞車還時加速通過？

◆ 溫度是調高、調低，還是不動？

◆ 下圍棋時決定下一步棋的落子位置？

14-2-3 人工智慧、機器學習和深度學習的關係

基本上，人工智慧並不是一個新概念，這個概念最早可以追溯到 1950 年代，到了 1980 年，機器學習開始受到歡迎，大約到了 2010 年，深度學習（詳見第 14-4 節）在弱人工智慧系統方面終於有了重大的進展，例如：Google DeepMind 開發的人工智慧圍棋軟體 AlphaGo，其發展年代的關係，如下圖所示：

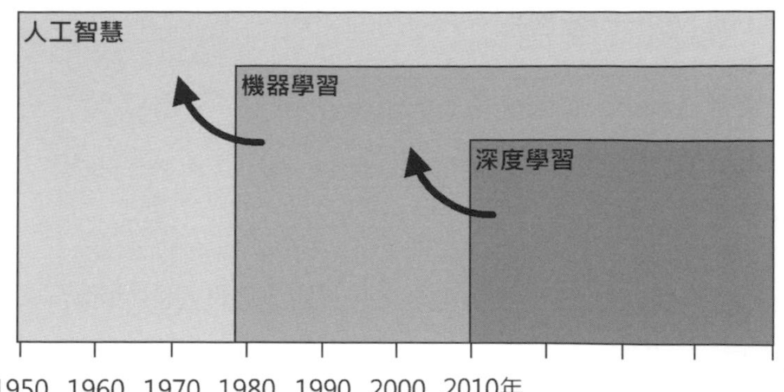

事實上，人工智慧包含機器學習，機器學習包含深度學習，機器學習本身也是一種資料科學的重要技術。人工智慧、機器學習和深度學習的關係（在最下層是各種演算法），如下圖所示：

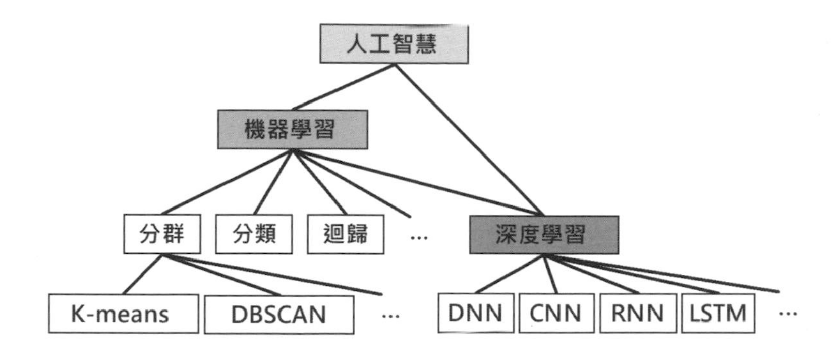

從上述圖例可以發現人工智慧、機器學習和深度學習三者彼此之間的關聯性，基本上，他們是彼此互為子集，簡單的說，深度學習驅動機器學習的發展，最後幫助我們實現了人工智慧。

14-3 機器學習的種類

機器學習根據訓練方式的不同，可以分成需要答案的**監督式學習**、不需答案的**非監督式學習**、**半監督式學習**和**強化式學習**。

14-3-1 監督式學習

監督式學習（Supervised Learning）是一種機器學習方法，可以從訓練資料（Training Data）建立學習模型（Learning Model），並且依據模型來推測新資料是什麼？

基本上，在監督式學習的訓練過程中，我們需要告訴機器答案，答案也稱為「有標籤資料」（Labeled Data），因為仍然需要老師提供答案，所以稱為監督式學習，例如：垃圾郵件過濾的機器學習，在輸入 1000 封電子郵件且告知每一封是垃圾郵件（Y））；或不是（N）後，即可從這些訓練資料建立出學習模型，然後我們可以詢問模型一封「新」郵件是否是垃圾郵件，如下圖：

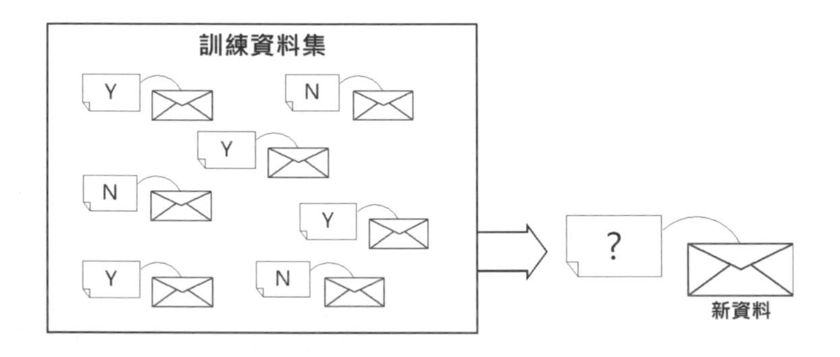

監督式學習主要可以分成兩大類，其主要差異是在預測的回應資料不同，如下所示：

☆ 分類（Classification）

分類問題是在嘗試預測可分類的回應資料，這是一些有限集合，如下所示：

- **是非題**：只有 True 或 False 兩種類別，例如：上述垃圾郵件過濾只有是垃圾或不是兩種類別，人臉辨視的是他或不是他等。
- **分級**：雖然不只 2 種類別，但仍然是有限集合，例如：癌症分成第 1~4 期，滿意度分成 1~10 級等。

☆ 迴歸（Regression）

迴歸問題是在嘗試預測連續的回應資料，一種數值資料，這是在一定範圍之間擁有無限個數的值，如下所示：

◆ **價格**：預測薪水、價格和預算等，例如：給予二手車一些基本資料，即可預測其車價。

◆ **溫度和時間**（單位是秒或分）。

以二手車估價系統來說，我們只需提供車輛特徵（Features）的廠牌、哩程和年份等資訊，稱為預報器（Predictors）。當使用迴歸來訓練機器學習，這就是使用多台現有二手車輛的特徵和標籤（即價格）來找出符合的方程式，如下圖所示：

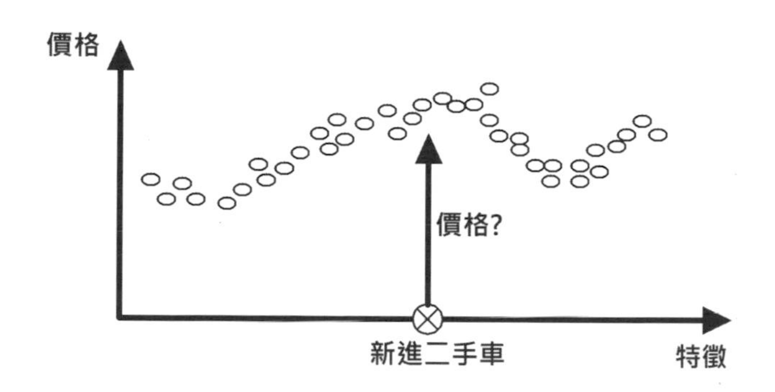

當機器學習從訓練資料找出規律，和成功的使用統計的迴歸分析建立對應的方程式後，只需輸入新進的二手車特徵，就可以幫助我們預測二手車的價格。

14-3-2 非監督式學習

非監督式學習（Unsupervised Learning）和監督式學習的最大差異是訓練資料不需有答案，即標籤，換句話說，機器是在沒有老師告知答案的情況下進行學習，例如：部落格訪客的訓練資料集是沒有標籤的資料，如下圖所示：

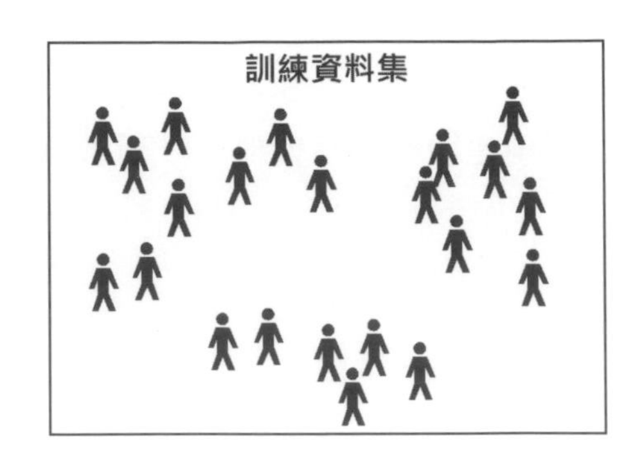

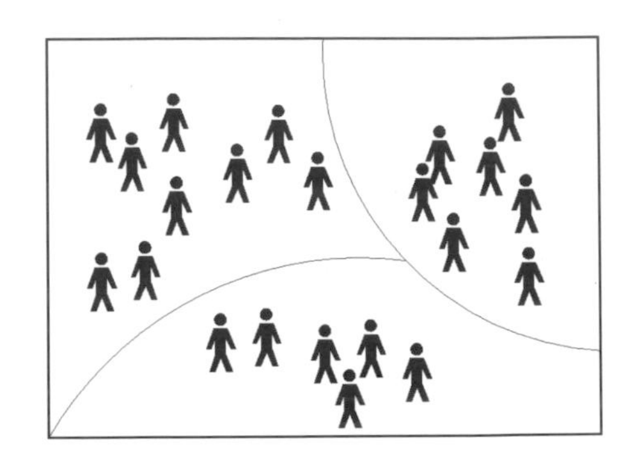

上述訓練資料集是部落格的多位訪客，並沒有標準答案，也沒有任何標籤，在訓練時只需提供上述輸入資料，機器就會自動從這些資料中找出潛在的規則和關聯性，例如：使用分群（Clustering）演算法將部落格訪客分成幾個相似的群組，如右圖所示：

簡單來說，如果訓練資料有標籤，需要老師提供答案，就是監督式學習；訓練資料沒標籤，不需要老師，機器能夠自行摸索出資料的規則和關聯性，稱為非監督式學習。

14-3-3 半監督式學習

半監督式學習（Semisupervised Learning）是介於監督式學習與非監督式學習之間的一種機器學習方法，此方法使用的訓練資料大部分是沒有標籤的資料，只有少量資料有標籤。

因為機器學習的研究者發現如果同時使用少量標籤資料和大量的無標籤資料時，可以大幅改善機器學習的正確度，如右圖所示：

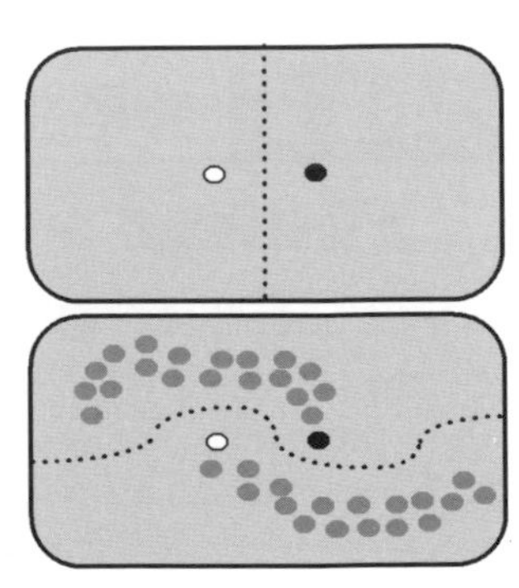

上述圖例首先使用少量有標籤資料來分割資料，可以切出一條分界的分隔線來分成群組，然後將大量無標籤資料依整體分佈來調整成 2 個群組，建立出群組新分界的分隔線，如此，只需透過少量的有標籤資料，就可以大幅增加分群的正確度。

Google 相簿就是半監督式學習的實作，當我們上傳家庭全部成員的照片後，Google 相簿就會學習分辨相片 1、2、5、11 擁有成員 A，相片 4、5、11 有成員 B，相片 3、6、9 有成員 C 等，這是使用第 14-3-2 節非監督式學習的分群結果，等到我們輸入成員 A 的姓名後（有標籤資料），Google 相簿馬上就可以在有此成員的照片上標示姓名，這就是一種半監督式學習。

14-3-4 強化式學習

如果機器學習沒有明確答案，而是一序列的連續決策，決定下一步做什麼，例如：下棋需要依據對手的棋路來決定我們的下一步棋，和是否需改變戰略，換句話說，我們需要因應環境的變動來改變我們的作法，此時使用的是「**強化式學習**」（Reinforcement Learning）。

強化式學習簡單的說就是邊做邊學，和使用嘗試錯誤方式來進行學習，如同玩猜數字遊戲，亂數在產生 0~100 之間的整數後，當輸入數字後，系統會回應太大、太小或猜中，當太大或太小時，機器需要依目前的情況來改變猜測策略，如下所示：

- **猜測值太大**：因為值太大，機器需要調整策略，決定下一步輸入一個更小的值。
- **猜測值太小**：因為值太小，機器需要調整策略，決定下一步輸入一個更大的值。

最後機器可以在猜測過程中累積輸入值的經驗，學習建立猜數字的最佳策略，這就是強化式學習的基本原理。

☆ 人類作決策的方式

基本上，強化式學習是在模擬人類作決策的方式，當人類進行決策時，我們會根據目前環境的狀態來執行所需的動作，其流程如右圖所示：

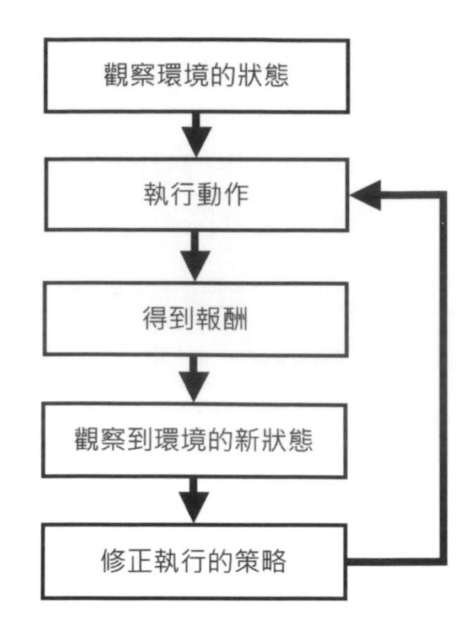

上述流程首先根據目前環境的狀態執行第 1 次動作，在得到環境的回饋，即報酬（Reward）後，因為執行動作已經改變目前環境，成為一個新環境，我們需要觀察新環境的新狀態，並且修正執行策略後，執行下一次動作，這個流程會重複執行直到滿足預期報酬，人類決策的主要目的就是在試圖極大化預期的報酬。

☆ 強化式學習的代理人

強化式學習是讓代理人（Agents）模擬人類的決策，採用邊作邊學方式，在獲得報酬後更新自己的策略模型，然後使用目前模型來決定下一步動作，下一步動作獲得報酬後，再次更新模型，不斷重複直到模型建立完成。

在強化式學習的一序列決策過程中，一位好的代理人需要具備三項元素，如下所示：

◆ **政策**（Policy）：代理人執行動作的依據，例如：執行此動作可以將價值函數最大化。

◆ **價值函數**（Value Function）：評估執行動作後目前環境的價值，實際上，價值函數是一個未知函數，我們需要透過不斷的執行動作來取得報酬，也就是收集資料，然後使用這些資料來重新估計價值函數。

◆ **模型**（Model）：模型是在預測環境的走勢，以下棋來說，就是下一步棋的走法，因為代理人在執行動作後，就會發生 2 件事，一是環境狀態的改變；一是報酬，我們的模型就是在預測這個走勢。

不只如此，強化式學習還有兩個非常重要的概念：探索（Exploration）和利用（Exploitation），如下所示：

◆ **探索**（Exploration）：如果是從未執行過的動作，可以讓機器進而探索出更多的可能性。

◆ **利用**（Exploitation）：如果是已經執行過的動作，就可以從已知動作來更新模型，以便開發出更完善的模型。

例如：小朋友學走路時可能有多種不同的走法，小步走、大步走、滑步走、顛起腳尖走、轉左走、轉右走、直行和往後退等不同的動作，當練習走路是在馬路上、樓梯、山坡和有障礙環境時，這些環境因為有不同的狀態，小朋友在學習走路時，需要探索環境來試看看不同的動作，但是不能常常跌倒，我們需要開發出一種走路方法來利用，讓小朋友走的順利。

14-4 深度學習

深度學習（Deep Learning）是機器學習的分支，其使用的演算法是模仿人類大腦功能的「神經網路」（Artificial Neural Networks，ANNS），以機器學習的分類來說，深度學習是一種能夠自我學習的非監督式（例如：樣式分析）或監督式（例如：分類）機器學習。

☆ 認識深度學習

深度學習（Deep Learning）的定義很簡單：「一種實現機器學習的技術。」所以，深度學習就是一種機器學習。記得長輩常常說過的一句話：「我吃過的鹽比你吃過的米還多」，這句話的意思是指老人家的經驗比你豐富，因為經驗豐富，看的東西多，所以他的直覺比你準確，不過，並不表示長輩真的比你聰明，或更有學問。

深度學習的目的就是在訓練機器的直覺，請注意！這是直覺訓練，並非知識的學習，例如：人臉辨識的深度學習，為了進行深度學習，我們需要使用大量現成的人臉資料，如果機器訓練的資料比你一輩子看過的人臉還多很多時，深度學習訓練出來的機器當然經驗豐富，在人臉辨識的準確度上，一定比你還強。

在實務上，大部分深度學習方法是使用模仿人類大腦神經元傳輸的神經網路架構（Neural Network Architectures），在深度學習使用的神經網路稱為「深度神經網路」（Deep Neural Networks，DNNs），這是因為傳統神經網路的「隱藏層」（Hidden Layers）只有 2~3 層，深度學習的隱藏層有很多層，很深（Deep），可能高達 100 層之上的隱藏層。

深度學習在實作上只有三個步驟：**建構神經網路**、**設定目標**和**開始學習**，例如：在 TensorFlow 範例網站展示的深度學習範例，其 URL 網址如下所示：

◆ http://playground.tensorflow.org/

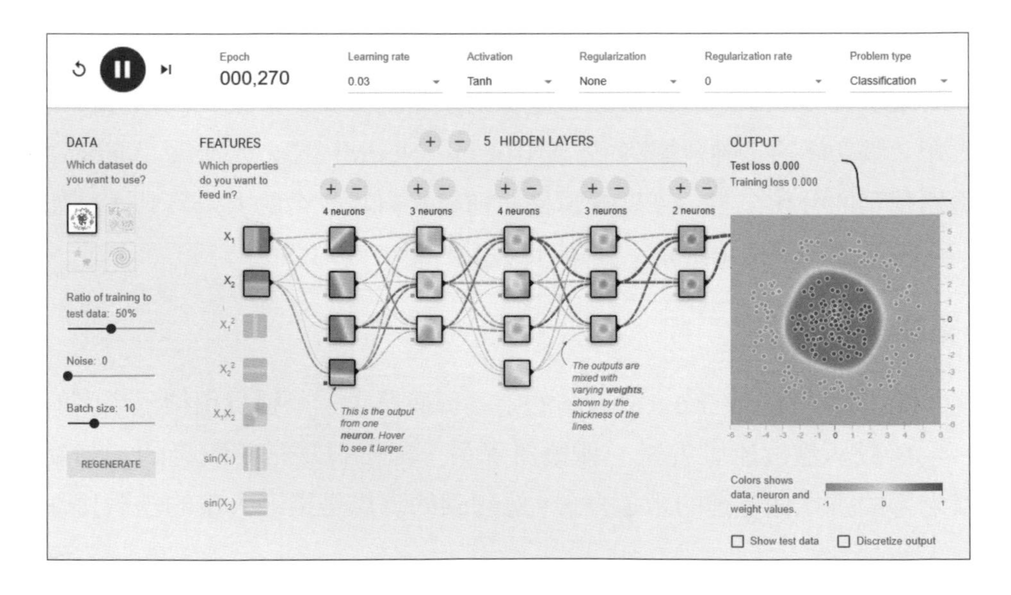

上述圖例是神經網路，在中間共有 5 層隱藏層的非線性處理單元，每一層（Layer）擁有多個小方框的神經元（Neuron）來進行特徵抽取（Feature Extraction）和轉換（Transformation），位在上一層的輸出結果就是接著下一層的輸入資料，直到最終得到一組結果。

☆ 深度學習所使用的神經網路架構

深度學習是模仿人類大腦神經元（Neuron）傳輸的一種神經網路架構（Neural Network Architectures），如右圖所示：

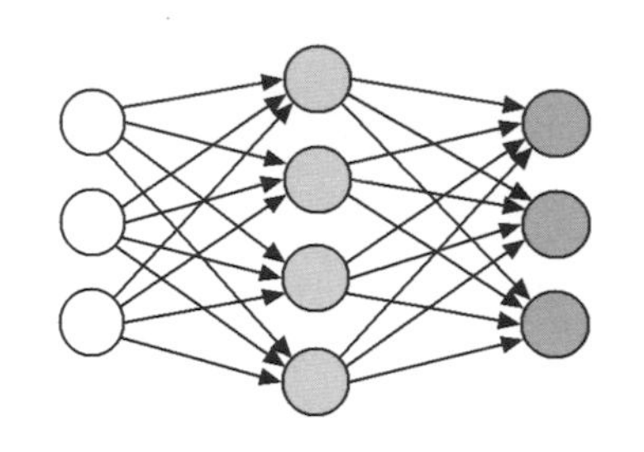

上述圖例是多層神經網路，每一個圓形的頂點是一個神經元，整個神經網路包含「**輸入層**」（Input Layer）、中間的「**隱藏層**」（Hidden Layers）和最後的「**輸出層**」（Output Layer）共 3 層。

深度學習使用的神經網路稱為「深度神經網路」（Deep Neural Networks，DNNs），其中間的隱藏層有很多層，意味著整個神經網路十分的深（Deep），可能高達上百層隱藏層。基本上，神經網路只需擁有 2 層隱藏層，加上輸入層和輸出層共四層之上，就可以稱為深度神經網路，即所謂的深度學習，如下圖所示：

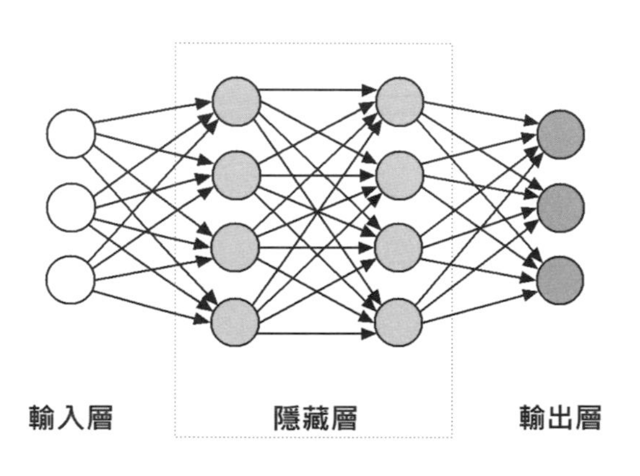

深度學習的深度神經網路是一種神經網路，早在 1950 年就已經出現，只是受限早期電腦的硬體效能和技術不純熟，傳統多層神經網路並沒有成功，為了擺脫之前失敗的經驗，所以重新包裝成一個新名稱：「深度學習」。

☆ 卷積神經網路

卷積神經網路（Convolutional Neural Network，CNN）簡稱 CNNs 或 ConvNets，是目前深度學習主力發展的領域之一，卷積神經網路在圖片辨識的準確度上，早已超越了人類的眼睛。

卷積神經網路的基礎是 1998 年 Yann LeCun 提出名為 LeNet-5 的卷積神經網路架構，基本上，卷積神經網路就是模仿人腦視覺處理區域的神經迴路，一種針對圖像處理的神經網路，例如：分類圖片、人臉辨識和手寫辨識等。

事實上，卷積神經網路的基本結構就是**卷積層**（Convolution Layers）和**池化層**（Pooling Layers），再加上多種不同的神經層來依序連接成神經網路，如下圖所示：

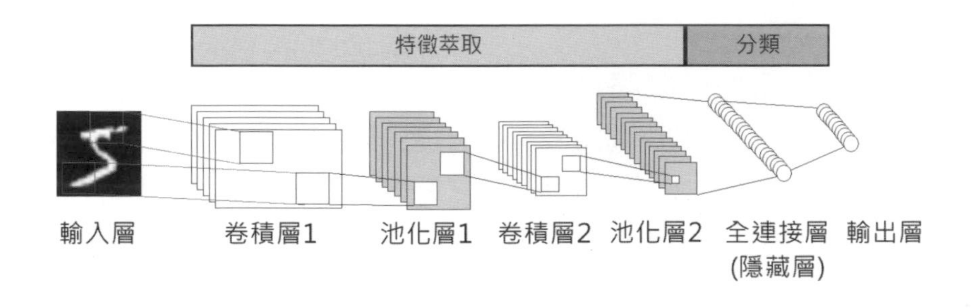

上述圖例是手寫數字辨識的卷積神經網路，數字圖片在送入卷積神經網路的輸入層後，輸入資料也稱為「特徵圖」（Feature Map），在使用 2 組或多組卷積層和池化層來自動執行特徵萃取（Feature Extraction），即可從特徵圖中萃取出所需的特徵（Features），再送入全連接層進行分類，最後在輸出層輸出辨識出了哪一個數字。

卷積神經網路的輸入層、輸出層和全連接層都和一般的 DNNs 神經網路一樣，其主要差異是卷積層和池化層，其簡單說明如下所示：

- **卷積層**（Convolution Layers）：在卷積層是執行卷積運算，使用多個過濾器（Filters）或稱為卷積核（Kernels）掃瞄圖片來萃取出特徵，而過濾器就是卷積層的權重（Weights），如右圖所示：

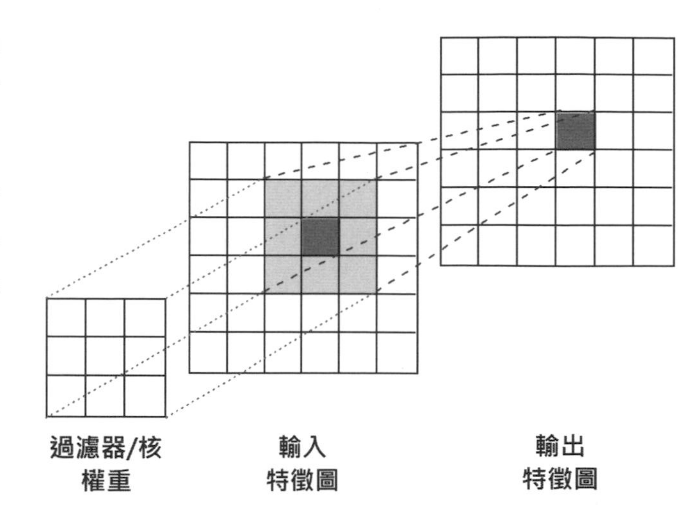

- **池化層**（Pooling Layers）：在池化層是執行池化運算，可以壓縮特徵圖來保留重要資訊，其目的是讓卷積神經網路專注於圖片中是否存在此特徵，而不是此特徵是位在哪裡？

☆ 深度學習能作什麼

深度學習可以處理所有感知問題（Perceptual Problems），例如：聽覺和視覺問題，很明顯的！這些技能對於人類來說，只不過是一些直覺和與生俱來的能力，但是這些看似簡單的技能，早已困擾傳統機器學習多年且無法解決。

事實上，深度學習已經成功解決傳統機器學習的一些困難領域，如下所示：

- 模仿人類的影像分類、物體識別、語音識別、手寫辨識和自動駕駛等。
- 大幅改進機器翻譯和文字轉語音的正確率。
- 大幅改進數位助理、搜尋引擎和網頁廣告投放的效果。
- 自然語言對話的問答系統，例如：聊天機器人。
- 持續增加中…

★ 學習評量 ★

1. 請簡單說明什麼人工智慧？何謂知識工程？
2. 請舉例說明什麼是圖靈測試？
3. 請問人工智慧的應用領域和研究領域有哪些？
4. 請簡單說明什麼是機器學習？
   機器學習可以解決的問題有哪些？
5. 請問機器學習的種類有哪些？
6. 請簡單說明什麼是深度學習？
   何謂卷積神經網路？
   深度學習能作什麼？

CHAPTER

15

機器學習演算法實作案例 - 迴歸

15-1 認識機器學習演算法

簡單的說，機器學習所使用的演算法，就是機器學習演算法。機器學習演算法是一種從資料中學習，完全不需要人類進行干預，就可以自行從資料中取得經驗，並且從經驗提昇學習能力的演算法。

15-1-1 機器學習演算法的種類

由於人工智慧的快速發展，目前已經開發出眾多種針對不同問題使用的機器學習演算法，我們可以使用第 14-3 節機器學習種類來簡單區分機器學習演算法，如下所示：

☆ 監督式學習

監督式學習的問題基本上分成兩類，如下所示：

- **迴歸問題**：預測連續的回應資料，這是一種數值資料，我們可以預測商店營業額、學生身高和體重等。常用演算法有：線性迴歸、SVR 等。
- **分類問題**：預測可分類的回應資料，這是一些有限集合，我們可以分類成男與女、成功與失敗、癌症分成第 1~4 期等。常用演算法有：Logistic 迴歸、決策樹、K 鄰近演算法、CART、單純貝氏分類器等。

☆ 非監督式學習

非監督式學習的問題基本上分成三類，如下所示：

- **關聯**：找出各種現象同時出現的機率，稱為購物籃分析（Market-basket Analysis），當超市的顧客購買米時，78% 可能會同時購買雞蛋。常用演算法有：Apriori 演算法等。
- **分群**：將樣本分成相似群組，這是資料如何組成的問題，可以幫助分群出哪些喜歡同一類電影的觀眾。常用演算法有：K-means 演算法等。
- **降維**：減少資料集中變數的個數，但仍然保留主要資訊而不失真，我們通常是使用特徵提取來實作。常用演算法有：主成分分析演算法等。

15-1-2 Scikit-learn 介紹

Scikit-learn 是 scikits.learn 的正式名稱，一套支援 Python 語言且完全免費的機器學習函式庫，內建多種迴歸、分類和分群等機器學習演算法，其官方網址如下所示：

◆ http://scikit-learn.org/stable/

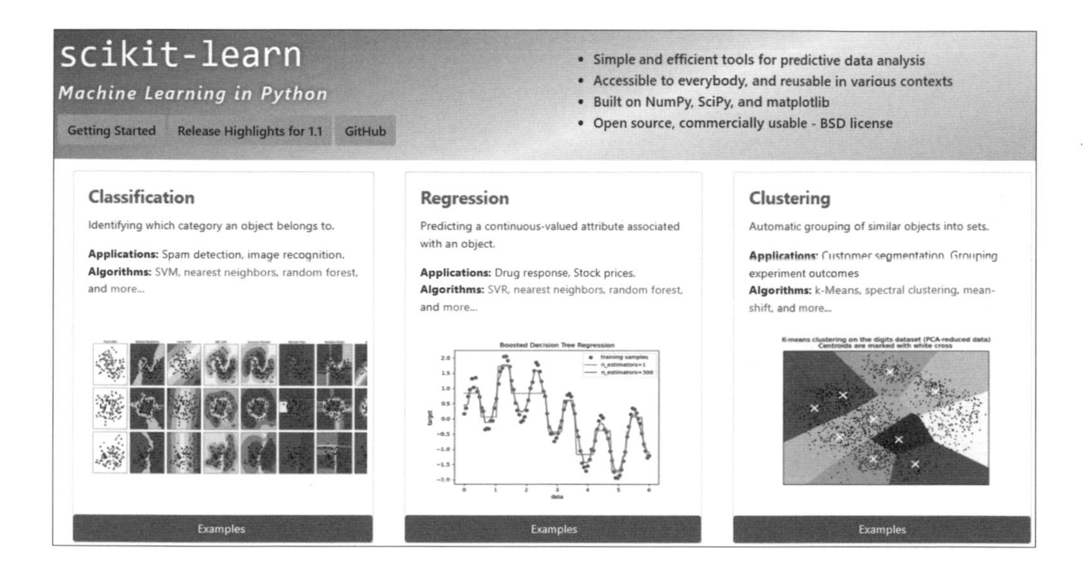

在上述官網可以免費下載和安裝 Scikit-learn，因為 Anaconda 整合安裝套件已經預設安裝 Scikit-learn，Python 程式可以直接匯入 Scikit-learn 套件，如下所示：

```
from sklearn.linear_model import LinearRegression
```

上述程式碼匯入 Scikit-learn 套件的線性迴歸模型。在 Scikit-learn 官方網站提供完整線上說明文件，和各種機器學習演算法的學習地圖，其網址如下所示：

◆ http://scikit-learn.org/stable/tutorial/machine_learning_map/index.html

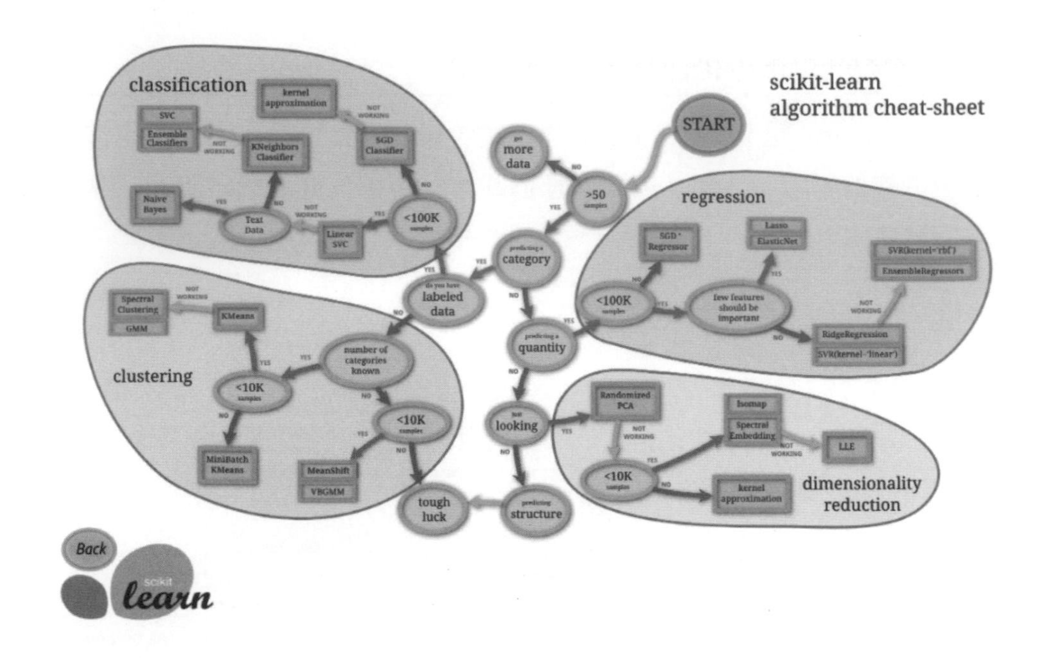

上述圖例顯示 Scikit-learn 套件支援的各種機器學習演算法，因為演算法有很多種，在本書第 15 章和第 16 章筆者準備說明常見的機器學習演算法，和使用 Scikit-learn 套件來實作各種演算法的預測模型。

15-2 線性迴歸

在統計中的迴歸分析（Regression Analysis）是透過某些已知訊息來預測未知變數，基本上，迴歸分析是一個大家族，包含多種不同分析模式，最簡單的就是「線性迴歸」（Linear Regression）。

15-2-1 認識迴歸線

在說明線性迴歸之前，我們需要先認識什麼是迴歸線，基本上，當我們預測市場走向，例如：物價、股市、房市和車市等，都會使用散佈圖以圖形來呈現資料點，如下圖所示：

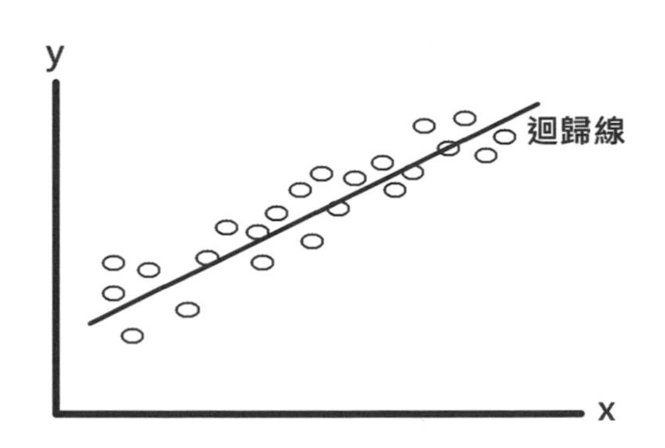

從上述圖例可以看出眾多資料點是分布在一條直線的周圍，這條線可以使用數學公式來表示和預測資料點的走向，稱為「**迴歸線**」（Regression Line）。

迴歸線這個名詞是源於 1877 年英國遺傳學家法蘭西斯高爾牛頓（Francis Galton）在研究親子之間的身高關係時，發現父母身高會遺傳到子女，但子女身高最後仍然會迴歸到人類身高的平均值，所以將之命名為迴歸線。

基本上，因為迴歸線是一條直線，其方向會往右斜向上，或往右斜向下，其說明如下所示：

◆ **迴歸線的斜率是正值**：迴歸線往右斜向上的斜率是正值（見上述圖例），x 和 y 的關係是正相關，x 值增加；同時 y 值也會增加。

◆ **迴歸線的斜率是負值**：迴歸線往右斜向下的斜率是負值，x 和 y 的關係是負相關，x 值減少；同時 y 值也會減少，如右圖所示：

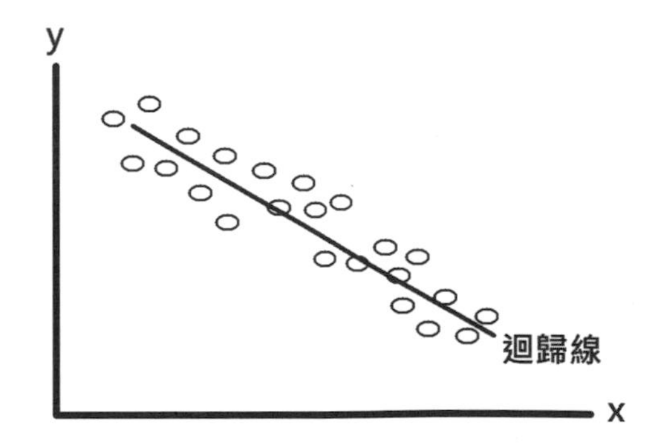

15-2-2 簡單線性迴歸

簡單線性迴歸（Simple Linear Regression）是一種最簡單的線性迴歸分析法，只有 1 個解釋變數，這條線可以使用數學的一次方程式來表示，即 2 個變數之間關係的數學公式，如下所示：

$$迴歸方程式\ y = a + bX$$

上述公式的變數 y 是反應變數（Response，或稱應變數），X 是解釋變數（Explanatory，或稱自變數），a 是截距（Intercept），b 是迴歸係數，當從訓練資料找出截距 a 和迴歸係數 b 的值後，就完成預測公式。我們只需使用新值 X，即可透過公式來預測 y 值。

☆ 範例一：使用當日氣溫來預測當日的業積

在本市捷運站旁有一家飲料店，店長記錄下在不同氣溫時的日營業額（千元），如下表所示：

氣溫	29	28	34	31	25	29	32	31	24	33	25	31	26	30
營業額	7.7	6.2	9.3	8.4	5.9	6.4	8.0	7.5	5.8	9.1	5.1	7.3	6.5	8.4

Python 程式：ch15-2-2.py 可以建立簡單線性迴歸的預測模型，讓店長提供當日氣溫，即可預測出當日的營業額，如下所示：

```
import numpy as np
import pandas as pd
from sklearn.linear_model import LinearRegression

temperatures = np.array([29, 28, 34, 31,
                         25, 29, 32, 31,
                         24, 33, 25, 31,
                         26, 30])
drink_sales = np.array([7.7, 6.2, 9.3, 8.4,
                        5.9, 6.4, 8.0, 7.5,
```

```
                           5.8, 9.1, 5.1, 7.3,
                           6.5, 8.4])
X = pd.DataFrame(temperatures, columns=["氣溫"])
target = pd.DataFrame(drink_sales, columns=["營業額"])
y = target["營業額"]
```

上述程式碼匯入 Scikit-learn 套件的線性迴歸模組後，建立氣溫和營業額的 NumPy 陣列，接著建立 X 解釋變數的 DataFrame 物件，欄位是**氣溫**，y 反應變數是 DataFrame 物件 target 的**營業額**欄位。然後在下方訓練預測模型，如下所示：

```
lm = LinearRegression()
lm.fit(X, y)
print("迴歸係數:", lm.coef_)
print("截距:", lm.intercept_)
```

上述程式碼建立 LinearRegression 物件後，呼叫 fit() 函數來訓練模型，第 1 個參數是解釋變數，第 2 個參數是反應變數，在完成後，依序可以顯示迴歸係數和截距。當建立好預測模型後，在下方輸入新溫度即可預測當日的營業額，如下所示：

```
# 預測氣溫 26, 30 度的業績
new_temperatures = pd.DataFrame(np.array([26, 30]),
                                columns=["氣溫"])
predicted_sales = lm.predict(new_temperatures)
print(predicted_sales)
```

上述程式碼新增 2 個新溫度後，使用 predict() 函數預測營業額，其執行結果如下所示：

```
迴歸係數: [0.37378855]
截距: -3.6361233480176187
[6.08237885 7.57753304]
```

我們可以將原始 X 解釋變數使用預測模型來輸出預測值，並且使用圖表來繪出這條迴歸線（Python 程式：ch15-2-2a.py），如下所示：

```
plt.scatter(temperatures, drink_sales)  # 繪點
regression_sales = lm.predict(X)
plt.plot(temperatures, regression_sales, color="blue")
plt.plot(new_temperatures["氣溫"], predicted_sales,
         color="red", marker="o", markersize=10)
plt.title("使用當日氣溫來預測當日的業積")
plt.show()
```

上述程式碼使用 Matplotlib 繪出各點的散佈圖後，再使用 X 解釋變數計算預測的 y 值，即可繪出這條藍色線，接著是 2 個預測的新溫度，其執行結果如右圖所示：

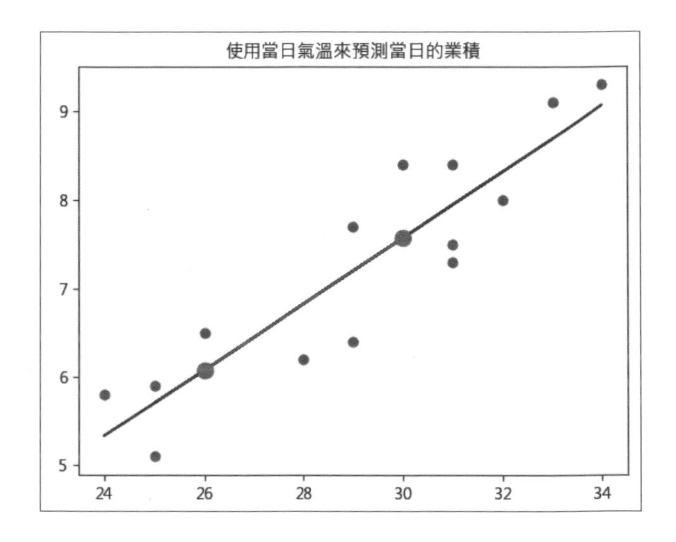

☆ 範例二：使用學生的身高來預測體重

在國內有一所高中調查了 10 位男學生的身高和體重資料，如下表所示：

身高	147.9	163.5	159.8	155.1	163.3	158.7	172.0	161.2	153.9	161.6
體重	41.7	60.2	47.0	53.2	48.3	55.2	58.5	49.0	46.7	52.5

Python 程式：ch15-2-2b.py 可以建立簡單線性迴歸的預測模型，只需輸入男學生的身高，就可以預測學生的體重，如下所示：

```
import numpy as np
import pandas as pd
from sklearn.linear_model import LinearRegression
import matplotlib.pyplot as plt

heights = np.array([147.9, 163.5, 159.8, 155.1,
                    163.3, 158.7, 172.0, 161.2,
                    153.9, 161.6])
weights = np.array([41.7, 60.2, 47.0, 53.2,
                    48.3, 55.2, 58.5, 49.0,
                    46.7, 52.5])
X = pd.DataFrame(heights, columns=["身高"])
target = pd.DataFrame(weights, columns=["體重"])
y = target["體重"]
lm = LinearRegression()
lm.fit(X, y)
print("迴歸係數:", lm.coef_)
print("截距:", lm.intercept_ )

# 預測身高 150, 160, 170 的體重
new_heights = pd.DataFrame(np.array([150, 160, 170]),
                           columns=["身高"])
predicted_weights = lm.predict(new_heights)
print(predicted_weights)

plt.scatter(heights, weights)  # 繪點
regression_weights = lm.predict(X)
plt.plot(heights, regression_weights, color="blue")
plt.plot(new_heights, predicted_weights,
        color="red", marker="o", markersize=10)
plt.title("使用學生的身高來預測體重")
plt.show()
```

上述程式碼和 ch15-2-2a.py 的結構相似，只是 X 和 y 變數值不同，其執行結果如下所示：

```
迴歸係數: [0.62513172]
截距: -48.60353530031602
[45.16622234 51.41753952 57.66885669]
```

上述執行結果可以預測身高 150、160 和 170 的體重。使用 Matplotlib 繪製的散佈圖，如右圖所示：

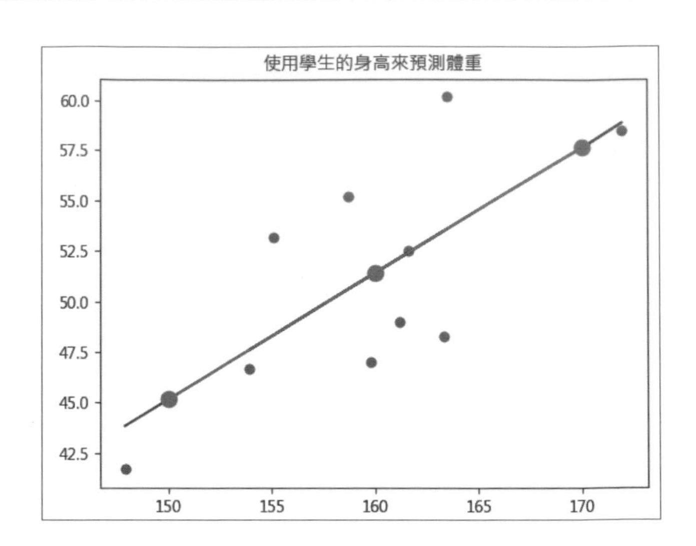

15-3 複迴歸

複迴歸（Multiple Regression）是第 15-2-2 節簡單線性迴歸的擴充，在預測模型的線性方程式不只 1 個解釋變數 X，而是有多個解釋變數 X_1、X_2…等。

15-3-1 線性複迴歸

在第 15-2-2 節的線性迴歸是研究「1 因 1 果」的問題，線性複迴歸（Multiple Linear Regression）是一個反應變數 y 和多個解釋變數 X_1、X_2、…、X_k 的關係，這就是一種「多因 1 果」的問題。

Python 程式只需將原來解釋變數的 DataFrame 物件 X，從 1 個欄位擴充成多個欄位，而每一個欄位就是一個解釋變數，即可使用和第 15-2-2 節相同的方式來建立複迴歸方程式。

☆ 範例一：使用身高和腰圍來預測體重

在國內有一所大學調查了 10 位大學生的腰圍、身高和體重資料，如下表所示：

腰圍	67	68	70	65	80	85	78	79	95	89
身高	160	165	167	170	165	167	178	182	175	172
體重	50	60	65	65	70	75	80	85	90	81

上表的解釋變數共有 2 個，即腰圍和身高。Python 程式：ch15-3-1.py 可以建立線性複迴歸的預測模型，只需輸入大學生的腰圍和身高，就可以預測其體重，如下所示：

```
import numpy as np
import pandas as pd
from sklearn.linear_model import LinearRegression

waist_heights = np.array([[67,160], [68,165], [70,167],
                          [65,170], [80,165], [85,167],
                          [78,178], [79,182], [95,175],
                          [89,172]])
weights = np.array([50, 60, 65, 65,
                    70, 75, 80, 85,
                    90, 81])
X = pd.DataFrame(waist_heights, columns=["腰圍", "身高"])
target = pd.DataFrame(weights, columns=["體重"])
y = target["體重"]
```

上述程式碼建立 1 個二維和 1 個一維 NumPy 陣列後，建立 2 個 DataFrame 物件，X 物件有 2 欄位**腰圍**和**身高**；y 是欄位**體重**。在下方訓練線性複迴歸的預測模型，如下所示：

```
lm = LinearRegression()
lm.fit(X, y)
print("迴歸係數:", lm.coef_)
```

```
print("截距:", lm.intercept _ )

# 預測腰圍和身高 [66,164],[82,172] 的體重
new _ waist _ heights = pd.DataFrame(np.array([[66, 164],
                                              [82, 172]]),
                                     columns=["腰圍", "身高"])
predicted _ weights = lm.predict(new _ waist _ heights)
print(predicted _ weights)
```

上述程式碼在成功建立預測模型後，使用新的腰圍和身高資料：[66,164] 和 [82,172]，即可呼叫 predict() 函數預測 2 位大學生的體重分別是 57.29 和 77.27，其執行結果如下所示：

```
迴歸係數: [0.71013574 1.07794276]
截距: -166.36459730650577
[57.28697457 77.2726885 ]
```

☆ 範例二：使用店面面積和車站距離來預測單月營業額

在捷運站附近開設的連鎖手搖飲料店準備再新開一間新分店，目前已知現有各分店的面積（坪）、距捷運站距離（公尺）和分店的單月營業額（萬元），如下表所示：

店面積	10	8	8	5	7	8	7	9	6	9
距捷運	80	0	200	200	300	230	40	0	330	180
月營收	46.9	36.6	37.1	20.8	24.6	29.7	36.6	43.6	19.8	36.4

上表因為解釋變數有 2 個，即分店面積和距離捷運站距離。Python 程式：ch15-3-1a.py 可以建立線性複迴歸的預測模型，只需輸入新店的面積和距捷運站的距離，就可以預測新店的月營業額，如下所示：

```
import numpy as np
import pandas as pd
from sklearn.linear _ model import LinearRegression
```

```
area_dists = np.array([[10,80], [8,0], [8,200],
                       [5,200], [7,300], [8,230],
                       [7,40], [9,0], [6,330],
                       [9,180]])
sales = np.array([46.9, 36.6, 37.1, 20.8,
                  24.6, 29.7, 36.6, 43.6,
                  19.8, 36.4])
X = pd.DataFrame(area_dists, columns=["店面積", "距捷運"])
target = pd.DataFrame(sales, columns=["月營收"])
y = target["月營收"]
```

上述程式碼同樣是建立 1 個二維和 1 個一維 NumPy 陣列，然後建立 2 個 DataFrame 物件，X 物件有 2 個欄位**店面積**和**距捷運**；y 是欄位**月營收**。在下方訓練線性複迴歸的預測模型，如下所示：

```
lm = LinearRegression()
lm.fit(X, y)
print("迴歸係數:", lm.coef_)
print("截距:", lm.intercept_ )

# 預測腰面積和距離 [10,100] 的營業額
new_area_dists = pd.DataFrame(np.array([[10, 100]]),
                              columns=["店面積", "距捷運"])
predicted_sales = lm.predict(new_area_dists)
print(predicted_sales)
```

上述程式碼在成功建立預測模型後，使用新的面積和距離捷運站距離資料：[10,100]，即可使用 predict() 函數預測新店的月營業額約 44.63，其執行結果如下所示：

```
迴歸係數: [ 4.12351586 -0.03452946]
截距: 6.845523384392735
[44.62773616]
```

15-3-2 使用波士頓資料集預測房價

對於機器學習的初學者來說，除了使用第 2 篇的網路爬蟲來取得資料外，我們還可以從網路上找到一些現成的資料集，讓我們可以直接使用這些資料集來學習如何訓練預測模型，例如：波士頓資料集是用來預測波士頓近郊的房價，其 URL 網址如下所示：

◆ http://lib.stat.cmu.edu/datasets/boston

在本書已經從上述網址下載波士頓資料集成為 boston.csv 檔，CSV 檔案的前 21 列是資料集的完整描述，和各欄位的說明，如下所示：

```
1  The Boston house-price data of Harrison, D. and Rubinfeld, D.L. 'Hedonic
2  prices and the demand for clean air', J. Environ. Economics & Management,
3  vol.5, 81-102, 1978.   Used in Belsley, Kuh & Welsch, 'Regression diagnostics
4  ...', Wiley, 1980.   N.B. Various transformations are used in the table on
5  pages 244-261 of the latter.
6
7  Variables in order:
8  CRIM     per capita crime rate by town
9  ZN       proportion of residential land zoned for lots over 25,000 sq.ft.
10 INDUS    proportion of non-retail business acres per town
11 CHAS     Charles River dummy variable (= 1 if tract bounds river; 0 otherwise)
12 NOX      nitric oxides concentration (parts per 10 million)
13 RM       average number of rooms per dwelling
14 AGE      proportion of owner-occupied units built prior to 1940
15 DIS      weighted distances to five Boston employment centres
16 RAD      index of accessibility to radial highways
17 TAX      full-value property-tax rate per $10,000
18 PTRATIO  pupil-teacher ratio by town
19 B        1000(Bk - 0.63)^2 where Bk is the proportion of blacks by town
20 LSTAT    % lower status of the population
21 MEDV     Median value of owner-occupied homes in $1000's
```

上述第 8~20 列是 13 個欄位的特徵資料，最後第 21 列 MEDV 是自住房屋的中位數房價。

☆ 載入波士頓資料集：ch15-3-2.py

Python 程式可以使用 Pandas 的 read_csv() 函數讀取 CSV 檔案的波士頓資料集，如下所示：

```
import pandas as pd
import numpy as np

raw_df = pd.read_csv("boston.csv", sep="\s+", skiprows=22, header=None)
```

上述 read_csv() 函數的 sep 參數值 "\s+" 指定欄位是使用多個空白字元分隔，skiprows 參數跳過前 22 列，最後 header 參數是沒有標題列。然後在下方使用 np.hstack() 函數以水平方向堆疊串列來建立 data 特徵資料，如下所示：

```
data = np.hstack([raw _ df.values[::2, :], raw _ df.values[1::2, :2]])
```

上述函數合併 2 個串列元素，因為每一筆特徵資料有 2 列，第 1 列是全部 11 個欄位；而第 2 列只有前 2 個欄位，「::2」是從第 1 列開始，間隔 2，所以下一筆是第 3 列；「1::2」是從第 2 列開始，間隔 2，所以下一筆是第 4 列，而且只取出前 2 欄。

然後在下方建立 target 串列是自住房屋的中位數價值，這是每一筆記錄第 2 列的第 3 個欄位，然後顯示特徵資料的尺寸和形狀，如下所示：

```
target = raw _ df.values[1::2, 2]
print(data.shape)
```

上述程式碼顯示資料有幾列和幾筆，即形狀，其執行結果顯示 13 個欄位共 506 筆，如下所示：

```
(506, 13)
```

☆ 建立 DataFrame 物件：ch15-3-2a.py

在成功載入波士頓資料集後，Python 程式就可以將資料建立成 DataFrame 物件，首先是取得 data 變數的房屋特徵資料，如下所示：

```
import pandas as pd
import numpy as np

raw _ df = pd.read _ csv("boston.csv", sep="\s+", skiprows=22, header=None)
data = np.hstack([raw _ df.values[::2, :], raw _ df.values[1::2, :2]])
target = raw _ df.values[1::2, 2]
```

```
feature_names = ['CRIM', 'ZN', 'INDUS', 'CHAS', 'NOX', 'RM',
                 'AGE', 'DIS', 'RAD', 'TAX', 'PTRATIO', 'B', 'LSTAT']
X = pd.DataFrame(data, columns=feature_names)
print(X.head())
```

上述程式碼載入波士頓資料集後，使用 data 變數建立 DataFrame 物件，欄位名稱是 feature_names，這是解釋變數 X_1、X_2、…、X_{13}，共 13 個變數，其執行結果可以顯示前 5 筆，如下圖所示：

	CRIM	ZN	INDUS	CHAS	NOX	RM	AGE	DIS	RAD	TAX	PTRATIO	B	LSTAT
0	0.00632	18.0	2.31	0.0	0.538	6.575	65.2	4.0900	1.0	296.0	15.3	396.90	4.98
1	0.02731	0.0	7.07	0.0	0.469	6.421	78.9	4.9671	2.0	242.0	17.8	396.90	9.14
2	0.02729	0.0	7.07	0.0	0.469	7.185	61.1	4.9671	2.0	242.0	17.8	392.83	4.03
3	0.03237	0.0	2.18	0.0	0.458	6.998	45.8	6.0622	3.0	222.0	18.7	394.63	2.94
4	0.06905	0.0	2.18	0.0	0.458	7.147	54.2	6.0622	3.0	222.0	18.7	396.90	5.33

接著建立應變數 y 的 DataFrame 物件，如下所示：

```
target = pd.DataFrame(target, columns=["MEDV"])
print(target.head())
```

上述程式碼使用 target 變數的中位數房價建立 DataFrame 物件，欄位名稱是 MEDV，這就是資料集完整描述的最後 1 個屬性，其執行結果可以顯示前 5 筆，如右圖所示：

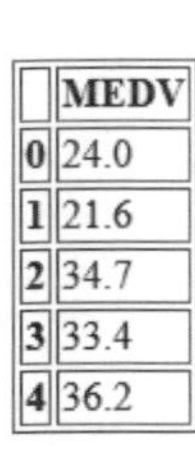

	MEDV
0	24.0
1	21.6
2	34.7
3	33.4
4	36.2

☆ 訓練預測模型：ch15-3-2b.py

現在，Python 程式可以使用波士頓資料集來訓練線性複迴歸的預測模型，如下所示：

```
raw_df = pd.read_csv("boston.csv", sep="\s+", skiprows=22, header=None)
data = np.hstack([raw_df.values[::2, :], raw_df.values[1::2, :2]])
target = raw_df.values[1::2, 2]
feature_names = ['CRIM', 'ZN', 'INDUS', 'CHAS', 'NOX', 'RM',
                 'AGE', 'DIS', 'RAD', 'TAX', 'PTRATIO', 'B', 'LSTAT']
X = pd.DataFrame(data, columns=feature_names)
target = pd.DataFrame(target, columns=["MEDV"])
```

```
y = target["MEDV"]

lm = LinearRegression()
lm.fit(X, y)
print("迴歸係數:", lm.coef_)
print("截距:", lm.intercept_)
```

上述程式碼呼叫 fit() 函數訓練模型後，可以顯示迴歸係數和截距，其執行結果如下所示：

```
迴歸係數: [-1.08011358e-01  4.64204584e-02  2.05586264e-02  2.68673382e+00
 -1.77666112e+01  3.80986521e+00  6.92224640e-04 -1.47556685e+00
  3.06049479e-01 -1.23345939e-02 -9.52747232e-01  9.31168327e-03
 -5.24758378e-01]
截距: 36.45948838509015
```

上述迴歸係數因為有 13 個解釋變數，也就是有 13 個係數，我們可以在下方建立 DataFrame 物件來顯示每一個特徵的係數，如下所示：

```
coef = pd.DataFrame(boston.feature_names, columns=["features"])
coef["estimatedCoefficients"] = lm.coef_
print(coef)
```

上述程式碼建立 DataFrame 物件擁有 feature_names 欄位後，新增係數的欄位，其執行結果如右圖所示：

	features	estimatedCoefficients
0	CRIM	-0.108011
1	ZN	0.046420
2	INDUS	0.020559
3	CHAS	2.686734
4	NOX	-17.766611
5	RM	3.809865
6	AGE	0.000692
7	DIS	-1.475567
8	RAD	0.306049
9	TAX	-0.012335
10	PTRATIO	-0.952747
11	B	0.009312
12	LSTAT	-0.524758

從上述表格可以看出 RM 特徵（RM 是每個住宅的平均房間數）的係數最大，表示 RM 與房價高度相關。我們準備繪出這 2 個資料的散佈圖，如下所示：

```
plt.scatter(X.RM, y)
plt.xlabel("每個住宅的平均房間數(RM)")
plt.ylabel("中位數房價(MEDV)")
plt.title("每個住宅的平均房間數和中位數房價的關聯性")
plt.show()
```

上述程式碼是以 X.RM 為 X 軸；y（房價）為 Y 軸來繪製散佈圖，可以看出 RM 與房價是正相關，如右圖所示：

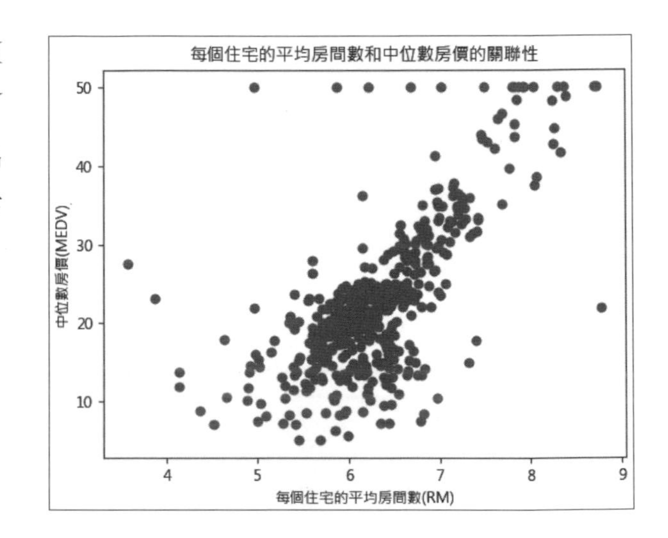

☆ 使用預測模型預測房價：ch15-3-2c.py

當成功訓練線性複迴歸的預測模型後，就可以使用線性複迴歸模型來預測房價，如下所示：

```
...
lm = LinearRegression()
lm.fit(X, y)

predicted_price = lm.predict(X)
print(predicted_price[0:5])
```

上述程式碼使用 predict() 函數預測房價，其參數是訓練資料，執行結果可以顯示前 5 筆，如下所示：

```
[30.00384338 25.02556238 30.56759672 28.60703649 27.94352423]
```

接著繪出散佈圖來比較原來房價和預測房價，如下所示：

```
plt.scatter(y, predicted _ price)
plt.xlabel("中位數房價")
plt.ylabel("預測的中位數房價")
plt.title("中位數房價 vs 預測的中位數房價")
plt.show()
```

上述程式碼可以繪出原來房價和預測房價的比較，如右圖所示：

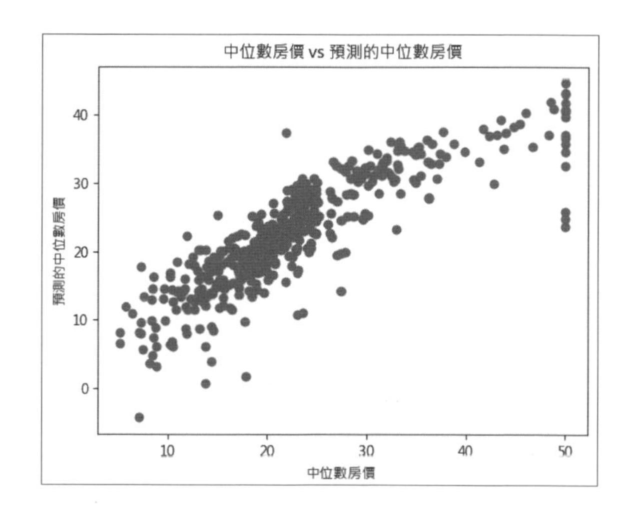

上述圖例可以看出當房價增加時，有一些預測房價是錯誤資料，例如：在 Price 約 50 時，其預測房價呈垂直排成一條線，我們可以使用第 15-3-4 節的殘差圖來找出這些「異常值」(Outlier) 的錯誤資料。

15-3-3 訓練和測試資料集

在實務上，對於取得的資料集，我們並不會使用整個資料集來訓練預測模型，通常會使用隨機方式先切割成「訓練資料集」(Training Dataset) 和「測試資料集」(Test Dataset)，然後使用訓練資料集來訓練預測模型後，使用測試資料集來驗證模型的成效。

☆ 使用 train_test_split() 函數隨機分割資料集：ch15-3-3.py

Scikit-learn 套件提供 train_test_split() 函數可以幫助我們指定比例來隨機切割資料集，如下所示：

```
import pandas as pd
from sklearn.linear_model import LinearRegression
from sklearn.model_selection import train_test_split
import matplotlib.pyplot as plt
import numpy as np
plt.rcParams['font.sans-serif'] = ['Microsoft JhengHei']
plt.rcParams['axes.unicode_minus'] = False

raw_df = pd.read_csv("boston.csv", sep="\s+", skiprows=22, header=None)
data = np.hstack([raw_df.values[::2, :], raw_df.values[1::2, :2]])
target = raw_df.values[1::2, 2]
feature_names = ['CRIM', 'ZN', 'INDUS', 'CHAS', 'NOX', 'RM',
                 'AGE', 'DIS', 'RAD', 'TAX', 'PTRATIO', 'B', 'LSTAT']
X = pd.DataFrame(data, columns=feature_names)
target = pd.DataFrame(target, columns=["MEDV"])
y = target["MEDV"]

XTrain, XTest, yTrain, yTest = train_test_split(X, y, test_size=0.33,
                                                random_state=5)
```

上述程式碼匯入 sklearn.model_selection 的 train_test_split 後，即可呼叫 train_test_split() 函數來隨機切割資料集，參數 test_size 是測試資料集的切割比例，0.33 是指測試資料集佔 33%；訓練資料集佔 67%，random_state 可以指定亂數的種子數。然後在下方使用訓練資料集來訓練預測模型，如下所示：

```
lm = LinearRegression()
lm.fit(XTrain, yTrain)

pred_test = lm.predict(XTest)
```

```
plt.scatter(yTest, pred _ test)
plt.xlabel("中位數房價")
plt.ylabel("預測的中位數房價")
plt.title("中位數房價 vs 預測的中位數房價")
plt.show()
```

上述程式碼呼叫 predict() 函數使用測試資料集來預測房價，最後，我們可以繪出測試資料集的原來房價和預測房價的比較，如右圖所示：

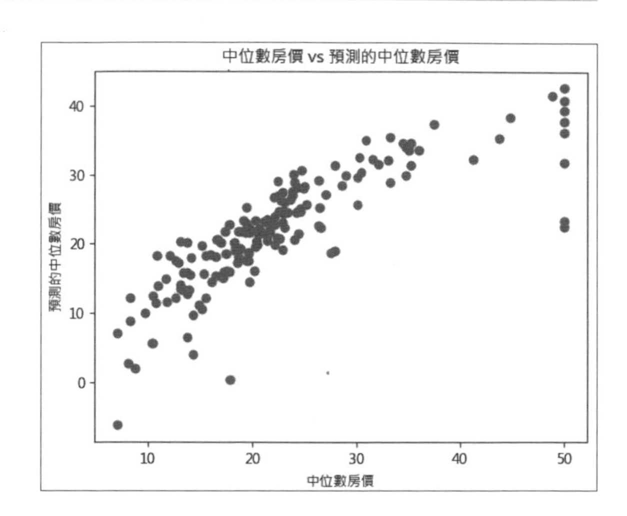

☆ 預測模型的績效：ch15-3-3a.py

預測模型的績效是用來評量訓練出的模型是否是一個好的預測模型，如右圖所示：

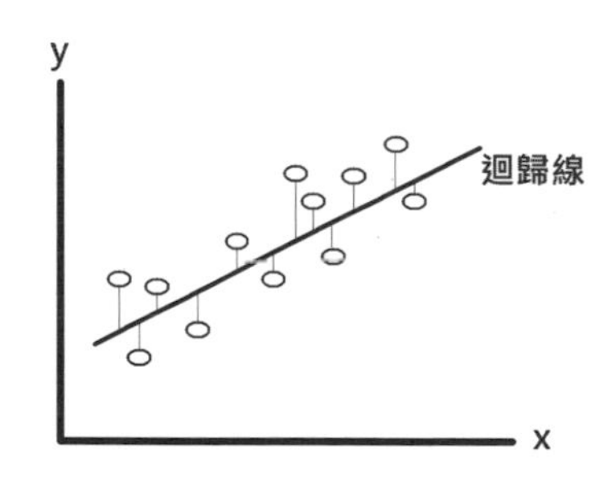

上述圖例是使用簡單線性迴歸為例，一個好模型的迴歸方程式，應該最小化各資料點至迴歸線距離的總和，也就是說，觀察值和其模型的預測值差是最小的。在實務上，我們可以使用 2 種方式來呈現預測模型的績效，如下所示：

◆ **MSE**（Mean Squared Error）：MSE 可以告訴我們資料集的點是如何接近迴歸線，即測量各點至迴歸線的距離（這些距離稱為誤差）的平方和後，計算出平均值，因為是誤差，所以值越小；模型越好。

◆ **R-squared**（R2）：R-squared 也稱為決定係數（Coefficient of Determination），可以告訴我們資料集是如何符合迴歸線，R-squared 的值是 0~1，即反應變數的變異比例，我們可以使用 Scikit-learn 的 score() 函數計算 R-squared，其值越大；模型就越好。

現在，我們可以計算 MSE 和 R-squared 來顯示預測模型的績效，如下所示：

```
...
lm = LinearRegression()
lm.fit(XTrain, yTrain)

pred_train = lm.predict(XTrain)
pred_test = lm.predict(XTest)

MSE_train = np.mean((yTrain-pred_train)**2)
MSE_test = np.mean((yTest-pred_test)**2)
print("訓練資料的 MSE:", MSE_train)
print("測試資料的 MSE:", MSE_test)
```

上述程式碼分別計算出訓練和測試資料集的 MSE，yTran 和 yTest 是房價，在減掉 pred_train 和 pred_test 且平方後，使用 mean() 函數計算出算術平均值。然後在下方計算 R-squared，如下所示：

```
print("訓練資料的 R-squared:", lm.score(XTrain, yTrain))
print("測試資料的 R-squared:", lm.score(XTest, yTest))
```

上述程式碼是呼叫 score() 函數計算訓練和測試資料集的 R-squared，其執行結果如下所示：

```
訓練資料的MSE: 19.546758473534663
測試資料的MSE: 28.530458765974604
---------------------------
訓練資料的R-squared: 0.7551332741779997
測試資料的R-squared: 0.6956551656111607
```

Python 程式 ch15-3-3b.py 是修改第 15-3-2 節的 ch15-3-2c.py 程式，新增計算 MSE 和 R-squared 的程式碼，如下所示：

```
MSE = np.mean((y-predicted_price)**2)
print("MSE:", MSE)
print("----------------------------")
print("R-squared:", lm.score(X, y))
```

上述程式碼的執行結果，如下所示：

```
MSE: 21.894831181729222
----------------------------
R-squared: 0.7406426641094095
```

15-3-4 殘差圖

對於線性迴歸的預測模型來說，異常值（Outlier）會大幅影響模型的績效，我們可以使用「殘差圖」（Residual Plots）找出這些異常值。首先需要先計算出殘差值（Residual Value），其公式如下所示：

殘差值 = 觀察值(Observed) - 預測值(Predicted)

上述公式的殘差值是原來測試資料和預測資料的差，最佳情況是等於 0，即預測值符合測試資料，「>0」正值表示預測值太低；反之「<0」負值，表示預測值太高。Python 程式：ch15-3-4.py 使用殘差值作為 Y 軸，預設值是 X 軸來繪出散佈圖，這就是殘差圖，如下所示：

```
...
plt.scatter(pred_train, yTrain-pred_train,
            c="b", s=40, alpha=0.5, label="訓練資料集")
plt.scatter(pred_test, yTest-pred_test,
            c="r", s=40, label="測試資料集")
plt.hlines(y=0, xmin=0, xmax=50)
plt.title("殘差圖(Residual Plot)")
plt.ylabel("殘差值(Residual Value)")
```

```
plt.legend()
plt.show()
```

上述程式碼繪出殘差圖的散佈圖，hlines() 函數可以在 y=0 位置繪出一條 0~50 的水平線，其執行結果如右圖所示：

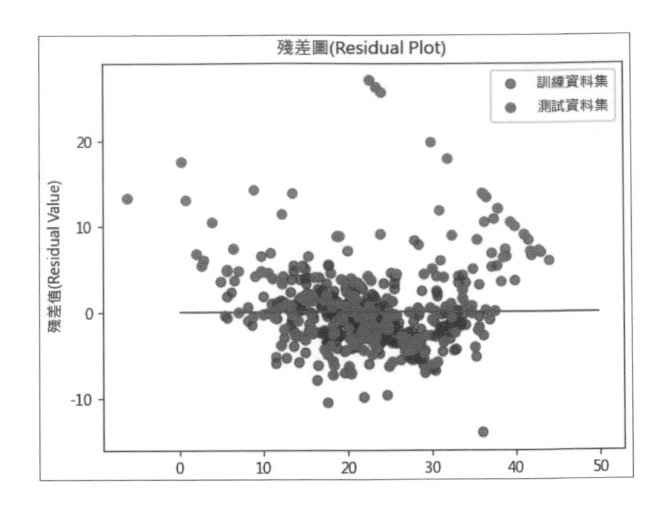

上述圖例的紅色點是測試資料集；藍色是訓練資料集，當找到資料偏離中間水平線很遠的點，例如：上方 y=20 上下附近的紅和藍點，這些點就是異常值（Outlier）。

Python 程式：ch15-3-4a.py 改用 Seaborn 套件的 residplot() 函數繪製殘差圖。

15-4 Logistic 迴歸

Logistic 迴歸也屬於迴歸分析大家族的一員，不同於線性迴歸是解決連續數值的評估和預測，Logistic 迴歸是使用在分類問題。

15-4-1 認識 Logistic 迴歸

Logistic 迴歸（Logistic Regression，中文稱為邏輯迴歸）和線性迴歸是使用相同的觀念，不過其主要應用是二元性資料，例如：男或女、成功或失敗、真或假等，所以，Logistic 迴歸和線性迴歸不同，它是在解決分類問題。

基本上，Logistic 迴歸的作法和線性迴歸相同，只不過其結果需要使用 logistic 函數或稱 sigmoid 函數（即 S 函數）轉換成 0~1 之間的機率，其公式如右所示：

$$S(t)=\frac{1}{(1+e^{-t})}$$

上述 sigmoid 函數可以使用 Matplotlib 套件繪出圖形（Python 程式：ch15-4-1.py），如下所示：

```
import numpy as np
import matplotlib.pyplot as plt
plt.rcParams['font.sans-serif'] = ['Microsoft JhengHei']
plt.rcParams['axes.unicode_minus'] = False

t = np.arange(-6, 6, 0.1)
S = 1/(1+(np.e**(-t)))

plt.plot(t, S)
plt.title("sigmoid 函數")
plt.show()
```

上述程式碼實作之前的公式，其執行結果可以看到 sigmoid 函數的圖形，如右圖所示：

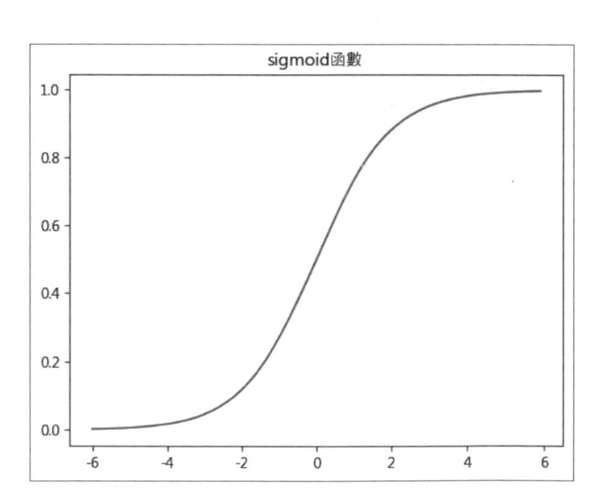

上述 sigmoid 函數是一條曲線，其值在 0~1 之間，Logistic 迴歸就是將函數值解釋成機率，可以分類成大於 0.5，或小於 0.5。

15-4-2 鐵達尼號的生存預測

著名的鐵達尼號乘客資料是一份公開資訊（在本書的鐵達尼號資料集是取自 R 語言的內建資料集），Python 程式可以使用 Logistic 迴歸進行鐵達尼號的生存預測。鐵達尼號資料集的欄位說明，如下表所示：

欄位	說明
PassengerId	乘客編號
Name	乘客姓名
Pclass	乘客等級（等級 1 是 1st；2 是 2nd；3 是 3rd）
Age	乘客年齡
Sex	乘客性別，值是 female 和 male
Survived	是否生存（0 是死亡；1 是生存）
SexCode	性別碼（1 是女；0 是男）

☆ 訓練 Logistic 迴歸預測模型：ch15-4-2.py

Python 程式使用 Pandas 載入書附 titanic.csv 檔案成為 DataFrame 物件後，使用年齡、性別和乘客等級三個欄位來訓練 Logistic 迴歸預測模型（其作法和複迴歸相同）。

不過，因為鐵達尼號資料集的 **Age** 年齡欄位有遺漏值，**PClass** 乘客等級欄位不是數值資料（Scikit-learn 機器學習模型只能使用數值資料），所以需要先執行資料預處理後，才能開始訓練預測模型，如下所示：

```
import pandas as pd
import numpy as np
from sklearn import preprocessing, linear_model

titanic = pd.read_csv("titanic.csv")
print(titanic.info())
```

上述程式碼匯入相關套件後，使用 read_csv() 函數讀取 titanic.csv 檔案成為 DataFrame 物件 titanic，然後呼叫 info() 函數顯示是否有 NaN 值，其執行結果如下所示：

```
<class 'pandas.core.frame.DataFrame'>
RangeIndex: 1313 entries, 0 to 1312
Data columns (total 7 columns):
 #   Column       Non-Null Count  Dtype
---  ------       --------------  -----
 0   PassengerId  1313 non-null   int64
 1   Name         1313 non-null   object
 2   PClass       1313 non-null   object
 3   Age          756 non-null    float64
 4   Sex          1313 non-null   object
 5   Survived     1313 non-null   int64
 6   SexCode      1313 non-null   int64
dtypes: float64(1), int64(3), object(3)
memory usage: 71.9+ KB
None
```

上述 Age 欄位只有 756 筆（全部是 1313 筆），有些 **Age** 欄位值是 NaN，我們準備在下方將年齡欄位的 NaN 值填入年齡的中位數，如下所示：

```
age_median = np.nanmedian(titanic["Age"])
print("年齡中位數", age_median)
new_age = np.where(titanic["Age"].isnull(),
                   age_median, titanic["Age"])
titanic["Age"] = new_age
```

上述程式碼呼叫 nanmedian() 計算中位數，此方法不會計入 NaN 值，然後使用 where() 函數判斷 **Age** 欄位是否是 NaN 值，如果是 NaN 值，就填入中位數，不是 NaN 值就是原來值。然後在下方處理 **PClass** 欄位，因為不是數值欄位，需要轉換成數值，如下所示：

```
label_encoder = preprocessing.LabelEncoder()
encoded_class = label_encoder.fit_transform(titanic["PClass"])
```

上述程式碼使用 Scikit-learn 套件 preprocessing 預處理的 LabelEncoder 物件，可以呼叫 fit_transform() 函數將分類字串編碼成數值資料，即將 **PClass** 欄位的 "1st"、"2nd" 和 "3rd" 轉換成數值。在下方建立訓練資料集的 X 和 y 後，就可以訓練模型，如下所示：

```
X = pd.DataFrame([encoded_class,
                  titanic["SexCode"],
                  titanic["Age"]]).T
y = titanic["Survived"]

logistic = linear_model.LogisticRegression()
logistic.fit(X, y)
print("迴歸係數:", logistic.coef_)
print("截距:", logistic.intercept_)
```

上述程式碼建立 LogisticRegression 物件 logistic 後，呼叫 fit() 函數訓練模型，在完成後，顯示迴歸係數和截距，其執行結果如下所示：

```
迴歸係數: [[-1.1832979   2.3834008   -0.03499218]]
截距: [1.99663426]
```

☆ Logistic 迴歸預測模型的準確度：ch15-4-2a.py

在成功訓練 Logistic 迴歸預測模型後，Python 程式可以使用訓練資料集 X 進行生存預測，只需和實際生存值進行比較，就可以計算出模型預測的準確度，如下所示：

```
…
logistic = linear_model.LogisticRegression()
logistic.fit(X, y)

preds = logistic.predict(X)
print(pd.crosstab(preds, titanic["Survived"]))
```

上述程式碼使用 predict() 函數進行訓練資料集的生存預測，參數是訓練資料，然後使用 crosstab() 函數建立交叉分析表，如右圖所示：

Survived	0	1
row_0		
0	805	185
1	58	265

上述交叉分析表格顯示預測分類是否存活，和實際生存的比較，稱為混淆矩陣（Confusion Matrix），我們只需看最後的 2 列和 2 欄，其說明如下所示：

- **左上角 805**：預測死亡，實際也是死亡的人數，預測正確。
- **右上角 185**：預測死亡，實際存活的人數，預測錯誤。
- **左下角 58**：預測生存，實際死亡的人數，預測錯誤。
- **右下角 265**：預測生存，實際也是存活，預測正確

從上述預測正確的人數是 805+265，我們可以計算預測的正確率，如下所示：

```
print((805+265)/(805+185+58+265))
```

```
print(logistic.score(X, y))
```

上述程式碼第 1 個是預測正確人數除以全部人數，第 2 個是呼叫 score() 函數計算正確率，其執行結果都是相同的 81% 正確率，如下所示：

```
0.814927646610815
0.814927646610815
```

從第 13-5 節探索性資料分析的結果可以知道 **Age** 和 **Survived** 欄位的相關係數很低，生存預測只需使用 **PClass** 和 **SexCode** 兩個欄位就有不錯的正確率，完整 Python 程式是 ch15-4-2b.py，正確率是 0.8134。

★ 學習評量 ★

1. 請簡單說明機器學習演算法的種類？什麼是 Scikit-learn？
2. 請繪圖說明什麼是迴歸線？何謂線性迴歸？
3. 請問什麼是複迴歸？複迴歸和簡單線性迴歸差在哪裡？
4. 請問 MSE 和 R-squared 是什麼？何謂殘差圖？
5. 請簡單說明什麼是 Logistic 迴歸？
6. 請問 Logistic 迴歸和線性迴歸差在哪裡？
7. 請使用 anscombe_i.csv 檔案的資料集建立線性迴歸的預測模型，可以使用 x 座標來預測 y 座標。
8. 在書附 iris.csv 檔案的資料集有三種鳶尾花（target 欄位），請建立 Python 程式使用 Logistic 迴歸預測是否是 virginica 類的鳶尾花，請將 target 欄位值 virginica 轉換成 1，其他類是 0，然後使用 Logistic 迴歸執行鳶尾花的分類預測。

CHAPTER

16

機器學習演算法實作案例 - 分類與分群

16-1 決策樹

在第 15 章的 Logistic 迴歸並不是在預測連續的數值資料，而是做二元分類（Binary Classification），可以分類男或女、成功或失敗、真或假等，基本上，迴歸與分類演算法都屬於一種監督式學習。

這一章準備說明另外兩種分類演算法：決策樹和 K 鄰近演算法，這兩種都是多元分類（Multiclass Classification）演算法，可以執行多種類別的分類，例如：多種類型電影、多種花等。

16-1-1 認識樹狀結構和決策樹

「樹」（Trees）是一種模擬現實生活中樹幹和樹枝的資料結構，屬於階層架構的非線性資料結構，例如：家族族譜，如下圖所示：

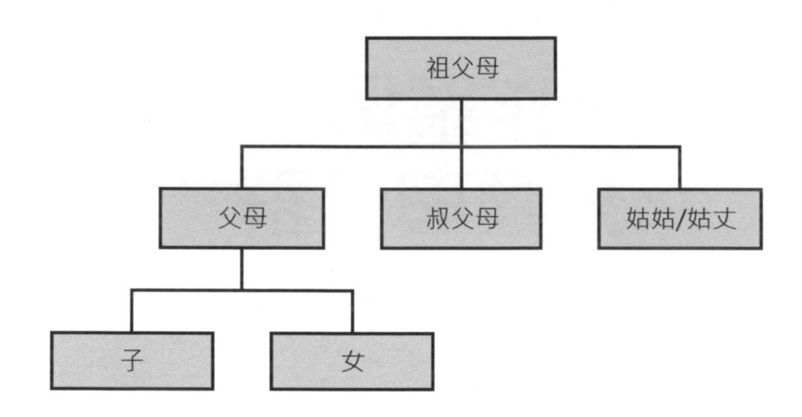

上述圖例位在最上層節點類似一棵樹的樹根，稱為「**根節點**」（Root），在根節點之下是樹的樹枝，擁有 0 到 n 個「**子節點**」（Children），稱為樹的「分支」（Branch），在每一個分支的最後 1 個節點，稱為「**葉節點**」（Leaf Node）。

「決策樹」（Decision Tree）就是使用樹狀結構顯示所有可能結果和其機率，可以幫助我們進行所需的決策，換一個角度，也就是在分類我們觀察到的現象，事實上，決策樹就是一種特殊類型的機率樹（Probability Tree）。

決策樹基本上是由一序列是與否的條件決策所組成，每一個分支（Branches）代表一個可能的決策、事件或反應，這是一個互斥選項，擁有不同的機率和分類來決定下一步，決策樹可以顯示如何和為什麼一個選擇可以導致下一步的選擇。

例如：電子郵件管理的決策樹，當信箱收到新郵件後，導致 2 個分支，我們需要決策是否需要立即回應郵件，如果是，就馬上回應郵件；如果不是，將導致另一個分支；是否在 2 分鐘內回應郵件，如果是，就在 2 分鐘內回應郵件；不是，就標記回應郵件的時間，如下圖所示：

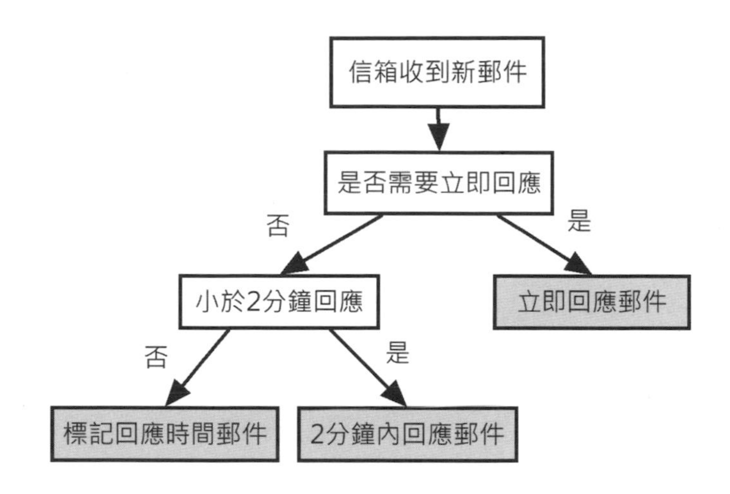

上述決策樹將信箱的郵件分成三類：立即回應郵件、2 分鐘內回應郵件和標記回應時間郵件（即樹的葉節點），這是一種多元分類問題。

16-1-2 使用決策樹的鐵達尼號生存預測

在第 15-4-2 節是使用 Logistic 迴歸進行鐵達尼號的生存預測，這一節 Python 程式：ch16-1-2.py 改用 Scikit-learn 套件的決策樹分類器來重新處理鐵達尼號的生存預測，如下所示：

```
import pandas as pd
from sklearn import preprocessing, tree
from sklearn.cross_validation import train_test_split
```

```
titanic = pd.read_csv("titanic.csv")
# 轉換欄位值成為數值
label_encoder = preprocessing.LabelEncoder()
encoded_class = label_encoder.fit_transform(titanic["PClass"])
```

上述程式碼匯入相關套件模組後，呼叫 read_csv() 函數載入鐵達尼號資料集，並且將 **PClass** 欄位轉換成數值後。在下方建立 DataFrame 物件，如下所示：

```
X = pd.DataFrame([titanic["SexCode"],
                  encoded_class]).T
X.columns = ["SexCode", "PClass"]
y = titanic["Survived"]

XTrain, XTest, yTrain, yTest = train_test_split(X, y, test_size=0.25,
                                                random_state=1)
```

上述 DataFrame 物件 X 有 2 個欄位 **SexCode**，和編碼後的 **PClass**，columns 屬性指定欄位名稱，變數 y 是欄位 **Survived**，然後切割成 75% 的訓練資料集，和 25% 的測試資料集。

現在，我們可以使用 Scikit-learn 套件的決策樹分類器進行生存與否的分類，如下所示：

```
dtree = tree.DecisionTreeClassifier()
dtree.fit(XTrain, yTrain)
```

上述程式碼建立 DecisionTreeClassifier 物件後，呼叫 fit() 函數使用訓練資料集來訓練模型，在完成後，可以使用測試資料集檢查準確度，如下所示：

```
print("準確率:", dtree.score(XTest, yTest))
```

上述程式碼使用 score() 函數計算預測模型的準確度，其執行結果如下所示：

```
準確率: 0.8419452887537994
```

然後，我們可以建立預測機率的交叉分析表，如下所示：

```
preds = dtree.predict _ proba(X=XTest)
print(pd.crosstab(preds[:,0], columns=[XTest["PClass"],
                                       XTest["SexCode"]]))
```

上述程式碼改用 predict_proba() 函數，其傳回值是一個 n 行 k 列的矩陣，在 i 行 j 列的值是模型預測第 i 個樣本為 j 的機率，然後，我們可以建立交叉分析表，如右表所示：

PClass	1		2		3		
SexCode	0	1	0	1	0	1	
row_0							
0.100000	0	53	0	0	0	0	女
0.112676	0	0	0	36	0	0	
0.603774	0	0	0	0	0	53	
0.666667	41	0	0	0	0	0	男
0.853147	0	0	29	0	0	0	
0.882199	0	0	0	0	117	0	

上表的第 1 列是 **PClass** 欄位的等級 1、2 和 3，第 2 列是性別，1 是女；0 是男，在表格 **row_0** 下的前 3 列是女性；後 3 列是男性，可以看出第 3 等級的女性死亡率超過 60%；第 1 等級是 10%，所有男性的死亡率不論哪一個等級都超過 66%。

Python 程式：ch16-1-2a.py 是建立 tree.dot 檔，可使用 GraphViz（https://dreampuf.github.io/GraphvizOnline/）繪出決策樹圖形，如下圖所示：

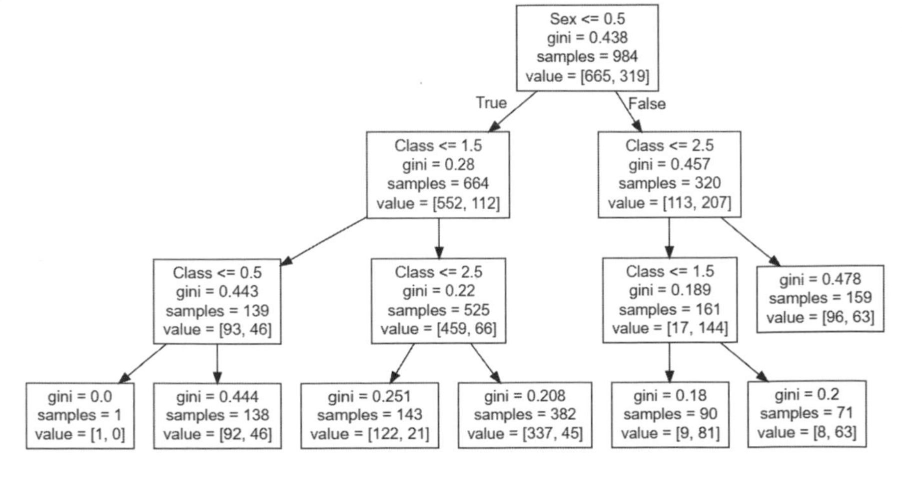

16-1-3 使用決策樹分類鳶尾花

在 Scikit-learn 套件內建的 Iris 資料集是鳶尾花資料，可以讓我們訓練模型使用花瓣和花萼來分類鳶尾花。

☆ 探索鳶尾花資料集：ch16-1-3.py

Scikit-learn 內建資料集是 datasets 物件，Python 程式只需匯入 datasets，就可以呼叫相關函數來載入資料集，如下所示：

```
from sklearn import datasets

iris = datasets.load_iris()
```

上述程式碼匯入 datasets 物件後，呼叫 load_iris() 函數載入鳶尾花資料集，除了鳶尾花資料集，還可以呼叫 load_diabetes() 函數載入糖尿病患資料集；load_breast_cancer() 函數是乳腺癌病患資料集；load_digits() 函數是 0 到 9 數字圖片資料集等。

當成功載入鳶尾花資料集後，因為是字典，我們可以先探索此資料集，首先顯示字典的鍵串列，如下所示：

```
print(iris.keys())
```

上述程式碼可以顯示鍵串列，其執行結果如下所示：

```
dict_keys(['data', 'target', 'frame', 'target_names', 'DESCR',
'feature_names', 'filename', 'data_module'])
```

上述 data 鍵是鳶尾花的特徵資料，target 鍵是分類（分成 Iris-Setosa、Iris-Versicolour 和 Iris-Virginica 三類），feature_names 鍵是特徵名稱，最後一個是資料集描述，然後顯示特徵資料的形狀，如下所示：

```
print(iris.data.shape)
```

上述程式碼顯示資料有幾列和幾筆，即形狀，其執行結果顯示 4 個欄位共 150 筆，如下所示：

```
(150, 4)
```

資料的欄位名稱是 feature_names 鍵，如下所示：

```
print(iris.feature_names)
```

上述程式碼可以顯示欄位名稱串列，其執行結果如下所示：

```
['sepal length (cm)', 'sepal width (cm)', 'petal length (cm)', 'petal width (cm)']
```

上述串列是 data 的 4 個欄位名稱，分別是花瓣（Petal）和花萼（Sepal）的長和寬，單位是公分。我們可以使用 DESCR 屬性顯示資料集描述，如下所示：

```
print(iris.DESCR)
```

上述程式碼顯示資料集的完整描述、欄位資料說明和基本統計資料，如右所示：

```
Iris plants dataset
--------------------

**Data Set Characteristics:**

    :Number of Instances: 150 (50 in each of three classes)
    :Number of Attributes: 4 numeric, predictive attributes and the class
    :Attribute Information:
        - sepal length in cm
        - sepal width in cm
        - petal length in cm
        - petal width in cm
        - class:
                - Iris-Setosa
                - Iris-Versicolour
                - Iris-Virginica

    :Summary Statistics:

    ============== ==== ==== ======= ===== ====================
                    Min  Max   Mean    SD   Class Correlation
    ============== ==== ==== ======= ===== ====================
    sepal length:   4.3  7.9   5.84   0.83    0.7826
    sepal width:    2.0  4.4   3.05   0.43   -0.4194
    petal length:   1.0  6.9   3.76   1.76    0.9490  (high!)
    petal width:    0.1  2.5   1.20   0.76    0.9565  (high!)
    ============== ==== ==== ======= ===== ====================
```

☆ 建立決策樹模型分類鳶尾花：ch16-1-3a.py

以下 Python 程式使用決策樹來進行 Scikit-learn 內建鳶尾花 Iris 資料集的分類預測，如下所示：

```
import pandas as pd
from sklearn import datasets
from sklearn import tree
from sklearn.model_selection import train_test_split

iris = datasets.load_iris()

X = pd.DataFrame(iris.data, columns=iris.feature_names)
target = pd.DataFrame(iris.target, columns=["target"])
y = target["target"]
```

上述程式碼匯入相關套件模組後，呼叫 load_iris() 函數載入鳶尾花資料集，然後使用 data 鍵建立 DataFrame 物件，DataFrame 物件 X 有 4 個欄位，columns 屬性指定欄位名稱，變數 y 是欄位 **target**。在下方切割成 67% 的訓練資料集和 33% 的測試資料集後，開始訓練模型，如下所示：

```
XTrain, XTest, yTrain, yTest = train_test_split(X, y, test_size=0.33,
                                                random_state=1)

dtree = tree.DecisionTreeClassifier(max_depth = 8)
dtree.fit(XTrain, yTrain)
```

上述程式碼建立 DecisionTreeClassifier 物件，參數 max_depth 是決策樹的最大深度，然後呼叫 fit() 函數使用訓練資料集來訓練模型，在完成後，可以使用測試資料集檢查準確度，如下所示：

```
print("準確率:", dtree.score(XTest, yTest))
```

上述程式碼使用 score() 函數計算預測模型的準確度，其執行結果如下所示：

```
準確率: 0.96
```

然後，顯示測試資料集的原始值和預測值，如下所示：

```
print(dtree.predict(XTest))
print("--------------------------")
print(yTest.values)
```

上述程式碼的第 1 列是測試資料集的預測分類，第 2 列是原始分類，其執行結果如下所示：

```
[0 1 1 0 2 1 2 0 0 2 1 0 2 1 1 0 1 1 0 0 1 1 2 0 2 1 0 0 1 2 1 2 1 2 2 0 1
 0 1 2 2 0 1 2 1 2 0 0 0 1]
--------------------------
[0 1 1 0 2 1 2 0 0 2 1 0 2 1 1 0 1 1 0 0 1 1 1 0 2 1 0 0 1 2 1 2 1 2 2 0 1
 0 1 2 2 0 2 2 1 2 0 0 0 1]
```

上述串列的 0、1、2 代表三種類別，仔細檢查可以找出預測分類和原始分類的不同處。

Python 程式：ch16-1-3b.py 是建立 tree2.dot 檔，可使用 GraphViz（https://dreampuf.github.io/GraphvizOnline/）繪出決策樹圖形，如下圖所示：

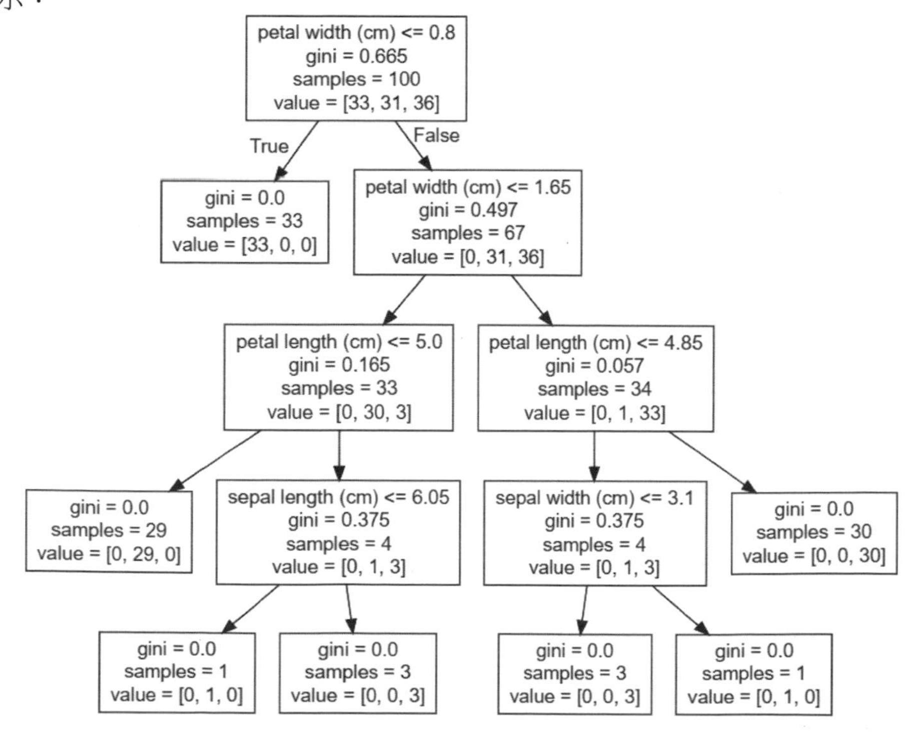

16-2 K 鄰近演算法

分類預測簡單的說，就是使用已知的分類資料建立預測模型來預測未知資料所屬的類別，除了使用第 15-4 節的 Logistic 迴歸、第 16-1 節的決策樹外，另一種常見的分類演算法是 K **鄰近演算法**（KNN）。

16-2-1 認識 K 鄰近演算法

K 鄰近演算法（K Nearest Neighbor Algorithm，KNN）從英文原意即可知，K 鄰近演算法是使用 K 個最接近目標資料的資料來預測目標資料所屬的類別。

☆K 鄰近演算法的基本步驟

我們使用一個簡單實例透過計算的過程來說明 K 鄰近演算法。例如：某家面紙廠商使用問卷調查客戶對面紙的好惡，問卷共使用 2 個屬性**耐酸性**和**強度**來判斷面紙的好與壞，如下表所示：

編號	耐酸性	強度	分類
1	7	7	壞
2	7	4	壞
3	3	4	好
4	1	4	好

面紙廠商在今年開發出面紙的新產品，其實驗室測試結果的耐酸性是 3；強度是 7，在 K 值 3 的情況下，請使用 K 鄰近演算法判斷新產品是好面紙，還是壞面紙，其步驟如下所示：

Step 1 **計算新產品與所有資料集的距離**：我們需要計算新產品與所有資料集其他面紙產品的距離，其公式是各屬性與新產品屬性差的平方和，例如：編號 1 是 (7, 7)，新產品是 (3, 7)，各屬性差的平方和是：$(7-3)^2 + (7-7)^2 = 4^2 = 16$，如下表所示：

編號	耐酸性	強度	分類	距離(3, 7)
1	7	7	壞	$(7-3)^2+(7-7)^2=16$
2	7	4	壞	$(7-3)^2+(4-7)^2=25$
3	3	4	好	$(3-3)^2+(4-7)^2=9$
4	1	4	好	$(1-3)^2+(4-7)^2=13$

Step 2 **排序找出最近的 K 筆距離**：在計算出距離後，因為這裡訂 K = 3，我們可以找出距離最近的 3 筆資料，即編號 1、3 和 4，距離分別是 16、9 和 13，其中的距離 25 被排除，如下表所示：

編號	耐酸性	強度	分類	距離(3, 7)
1	7	7	壞	$(7-3)^2+(7-7)^2=16$
2	7	4	壞	$(7-3)^2+(4-7)^2=25$
3	3	4	好	$(3-3)^2+(4-7)^2=9$
4	1	4	好	$(1\ 3)^2ı(4\ 7)^2=13$

Step 3 **新產品分類是最近 K 筆距離的多數分類**：我們已經知道距離最近的 3 筆編號是 1、3 和 4，其分類分別是壞、好和好，2 個好比 1 個壞，好的比較多，所以新產品的分類是「好」，這就是 K 鄰近演算法。

☆ 使用 K 鄰近演算法分類面紙是好或壞：ch16-2-1.py

在了解 K 鄰近演算法的運算過程後，我們可以自行建立 Python 程式來實作 K 鄰近演算法，另一種方法是使用 Scikit-learn 套件的 K 鄰近分類器，如下所示：

```
import pandas as pd
import numpy as np
from sklearn import neighbors

X = pd.DataFrame({
    "耐酸性": [7, 7, 3, 1],
    "強度":   [7, 4, 4, 4]
})

y = np.array([0, 0, 1, 1])
k = 3
```

上述程式碼匯入相關套件後，建立訓練資料 X 和 y，其資料就是之前的範例資料，變數 k 即 K 值 3。然後在下方使用 K 鄰近分類器來進行分類，如下所示：

```
knn = neighbors.KNeighborsClassifier(n_neighbors=k)
knn.fit(X, y)

# 預測新產品 [3,7] 的分類 1:好 0:壞
new_tissue = pd.DataFrame(np.array([[3, 7]]),
                          columns=["耐酸性", "強度"])
pred = knn.predict(new_tissue)
print(pred)
```

上述程式碼建立 KNeighborsClassifier 物件，參數是 K 值，然後呼叫 fit() 函數訓練模型，在完成後，使用新產品資料進行預測分類，其執行結果的分類，如下所示：

```
[1]
```

上述預測結果 1，就是「好」；值 0 是「壞」。

16-2-2 使用 K 鄰近演算法分類鳶尾花

我們準備改用 K 鄰近演算法來分類 16-1-3 節提到的鳶尾花資料集，使用的是花瓣和花萼的尺寸，在實際分類前，我們準備使用資料視覺化來探索鳶尾花資料集。

☆ 使用散佈圖探索鳶尾花資料集：ch16-2-2.py

鳶尾花 Iris 資料集的內容是花瓣和花萼尺寸的長和寬，在第 16-1-3 節已經探索過資料集，這一節準備改用資料視覺化來探索資料，即顯示花瓣和花萼長寬的散佈圖，並且套上已知分類的色彩，如下所示：

```
import pandas as pd
import numpy as np
from sklearn import datasets
import matplotlib.pyplot as plt
plt.rcParams['font.sans-serif'] = ['Microsoft JhengHei']
plt.rcParams['axes.unicode_minus'] = False

iris = datasets.load_iris()

X = pd.DataFrame(iris.data, columns=iris.feature_names)
X.columns = ["sepal_length","sepal_width","petal_length","petal_width"]
target = pd.DataFrame(iris.target, columns=["target"])
y = target["target"]
```

上述程式碼載入資料集後，建立 DataFrame 物件且更改欄位名稱。然後在下方建立 2 個子圖，和呼叫 subplots_adjust() 函數來調整間距，如下所示：

```
colmap = np.array(["r", "g", "y"])
plt.figure(figsize=(10,5))
plt.subplot(1, 2, 1)
plt.subplots_adjust(hspace = .5)
plt.scatter(X["sepal_length"], X["sepal_width"], color=colmap[y])
plt.xlabel("花萼長度(Sepal Length)")
plt.ylabel("花萼寬度(Sepal Width)")
plt.subplot(1, 2, 2)
plt.scatter(X["petal_length"], X["petal_width"], color=colmap[y])
plt.xlabel("花瓣長度(Petal Length)")
plt.ylabel("花瓣寬度(Petal Width)")
plt.show()
```

上述程式碼分別繪出花萼（Sepal）和花瓣（Petal）的長和寬座標 (x, y) 的散佈圖，其執行結果如下圖所示：

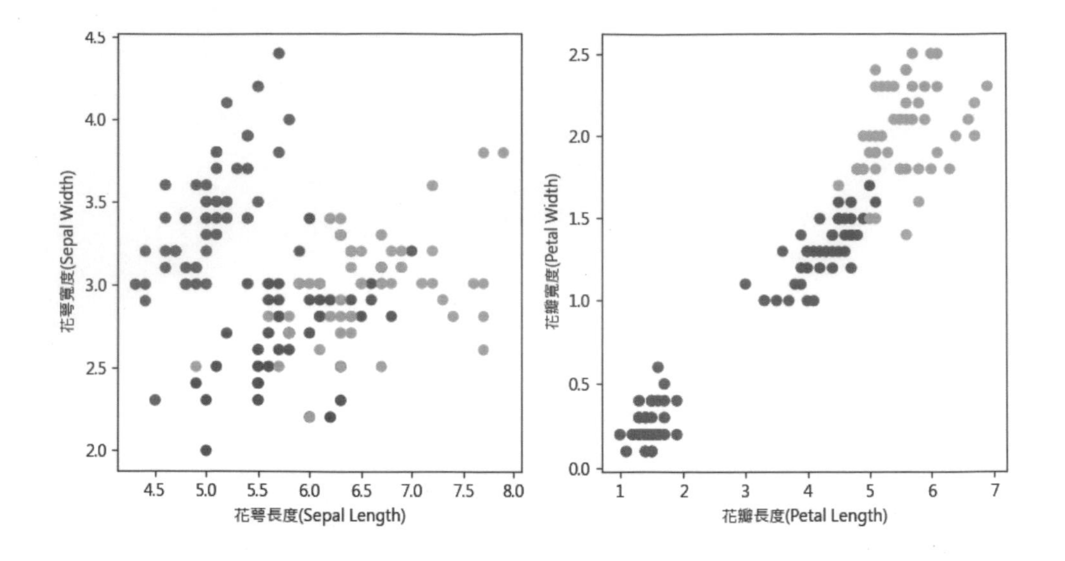

上述散佈圖已經顯示了一些分類的線索，在右邊圖例可以看出紅色點的 Iris-Sentosas 花瓣（Petal）比較小，綠色點的 Iris-Versicolor 是中等尺寸，最大的是黃色點的 Iris-Virginica（Iris-Sentosas、Iris-Versicolor 和 Iris-Virginica 是三種鳶尾花的分類）。

在左邊圖例可以看出 Iris-Sentosas 的花萼（Sepal）明顯比另外兩類的尺寸較短且較寬。

☆ 建立 K 鄰近模型分類鳶尾花：ch16-2-2a.py

Python 程式可以使用 K 鄰近演算法，分類 Scikit-learn 內建的鳶尾花 Iris 資料集，如下所示：

```
import pandas as pd
from sklearn import datasets
from sklearn import neighbors
from sklearn.model_selection import train_test_split

iris = datasets.load_iris()

X = pd.DataFrame(iris.data, columns=iris.feature_names)
X.columns = ["sepal_length","sepal_width","petal_length","petal_width"]
```

```
target = pd.DataFrame(iris.target, columns=["target"])
y = target["target"]
```

上述程式碼匯入相關套件模組後，呼叫 load_iris() 函數載入鳶尾花資料集，然後建立 DataFrame 物件，DataFrame 物件 X 有 4 個欄位，變數 y 是欄位 target。然後在下方切割成 67% 的訓練資料集和 33% 的測試資料集後，開始訓練模型，如下所示：

```
XTrain, XTest, yTrain, yTest = train_test_split(X, y, test_size=0.33,
                                                random_state=1)
k = 3

knn = neighbors.KNeighborsClassifier(n_neighbors=k)
knn.fit(X, y)
```

上述程式碼建立 KNeighborsClassifier 物件，參數 n_neighbors 是 K 值，然後呼叫 fit() 函數使用訓練資料集來訓練模型。完成後，在下方使用測試資料集檢查準確度，如下所示：

```
print("準確率:", knn.score(XTest, yTest))
```

上述程式碼使用 score() 函數計算預測模型的準確度，其執行結果如下所示：

```
準確率: 0.98
```

然後，顯示測試資料集的原始值和預測值，如下所示：

```
print(knn.predict(XTest))
print("---------------------------")
print(yTest.values)
```

上述程式碼的第 1 列是測試資料集的預測分類，第 2 列是原始分類，其執行結果如下所示：

```
[0 1 1 0 2 1 2 0 0 2 1 0 2 1 1 0 1 1 0 0 1 1 1 0 2 1 0 0 1 2 1 2 1 2 2 0 1
 0 1 2 2 0 1 2 1 2 0 0 0 1]
---------------------------
[0 1 1 0 2 1 2 0 0 2 1 0 2 1 1 0 1 1 0 0 1 1 1 0 2 1 0 0 1 2 1 2 1 2 2 0 1
 0 1 2 2 0 2 2 1 2 0 0 0 1]
```

上述串列的 0、1、2 代表三種類別，仔細檢查可以找出預測分類和原始分類的不同處。

☆ 如何選擇 K 值：ch16-2-2b.py

因為 K 鄰近演算法的 K 值會影響分類的準確度，Python 程式可以使用迴圈執行多次不同 K 值的分類來找出最佳的 K 值，一般來說，K 值的上限是訓練資料集的 20%，如下所示：

```
import pandas as pd
import numpy as np
from sklearn import datasets
from sklearn import neighbors
from sklearn.model_selection import train_test_split
import matplotlib.pyplot as plt

iris = datasets.load_iris()

X = pd.DataFrame(iris.data, columns=iris.feature_names)
X.columns = ["sepal_length","sepal_width","petal_length","petal_width"]
target = pd.DataFrame(iris.target, columns=["target"])
y = target["target"]

XTrain, XTest, yTrain, yTest = train_test_split(X, y, test_size=0.33,
                                                random_state=1)

Ks = np.arange(1, round(0.2*len(XTrain) + 1))
accuracies=[]
for k in Ks:
    knn = neighbors.KNeighborsClassifier(n_neighbors=k)
    knn.fit(X, y)
```

```
    accuracy = knn.score(XTest, yTest)
    accuracies.append(accuracy)

plt.plot(Ks, accuracies)
plt.show()
```

上述程式碼建立 K 值範圍 Ks 是從 1 至訓練資料集的 20%，在使用 for/in 迴圈計算不同 K 值的準確率後，繪出折線圖，其執行結果如下圖所示：

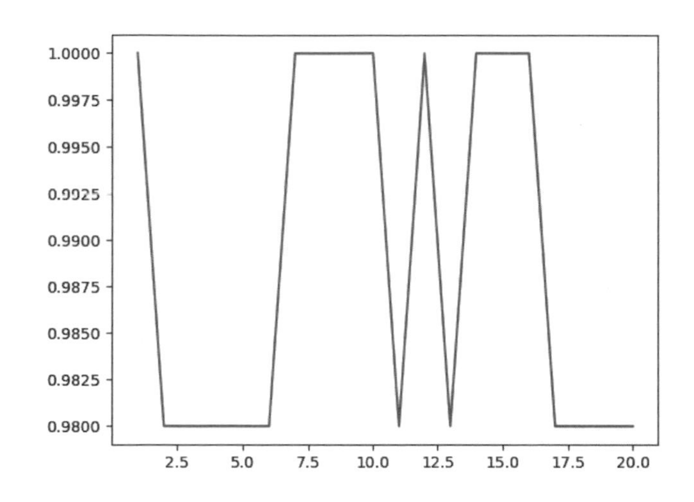

上述圖例可以看出很多 K 值的準確度都在 98% 以上，變動並非很大，並不容易看出 K 值走勢來找出最佳 K 值的區間，我們需要使用第 16-2-3 節的交叉驗證來找出最佳的K值。

16-2-3 交叉驗證的 K 值最佳化

在第 15-3-3 節是將資料集分割成訓練和測試資料集，使用訓練資料集訓練模型；測試資料集驗證模型，這種方式稱為「持久性驗證」（Holdout Validation）。

問題是有些資料並沒有用來訓練，單純只用在驗證，也就是說，我們並沒有使用完整的資料集來進行模型的訓練。

☆ K-fold 交叉驗證（K-fold Cross Validation）

「**交叉驗證**」（Cross Validation）是在解決持久性驗證的問題，交叉驗證是將資料集分割成 2 或更多的分隔區（Partitions），並且將每一個分隔區都一一作為測試資料集，將其他分隔區作為訓練資料集，最常用的交叉驗證是 K-fold 交叉驗證，如下圖所示：

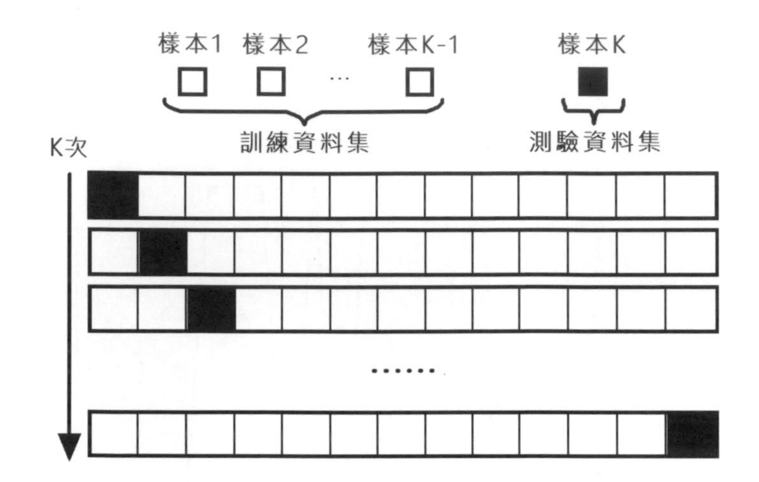

上述圖例顯示 K-fold 是將資料集隨機分割成相同大小的 K 個分隔區，或稱為「折」（Folds），第 1 次使用第 1 個作為測試資料集來驗證模型，其他 K-1 分隔區用來訓練模型，第 2 次是使用第 2 個作為測試資料集來驗證模型，其他 K-1 用來訓練模型，重複執行 K 次可以組合出最後的模型，所以，交叉驗證可以讓我們使用資料集的所有資料來訓練和建立模型。

☆ 交叉驗證的 K 值最佳化：ch16-2-3.py

在了解 K-fold 交叉驗證後，Python 程式就可以使用 K-fold 交叉驗證的 cross_val_score() 函數來找出最佳 K 值，如下所示：

```
import pandas as pd
import numpy as np
from sklearn import datasets
from sklearn import neighbors
from sklearn.model_selection import cross_val_score
import matplotlib.pyplot as plt
```

```
iris = datasets.load_iris()

X = pd.DataFrame(iris.data, columns=iris.feature_names)
X.columns = ["sepal_length","sepal_width","petal_length","petal_width"]
target = pd.DataFrame(iris.target, columns=["target"])
y = target["target"]

Ks = np.arange(1, round(0.2*len(X) + 1))
accuracies=[]
for k in Ks:
    knn = neighbors.KNeighborsClassifier(n_neighbors=k)
    scores = cross_val_score(knn, X, y, scoring="accuracy",   ← 交叉驗證
                             cv=10)
    accuracies.append(scores.mean())

plt.plot(Ks, accuracies)
plt.show()
```

上述 for/in 迴圈使用 cross_val_score() 函數計算不同 K 值的準確度後，繪出折線圖，其執行結果如下圖所示：

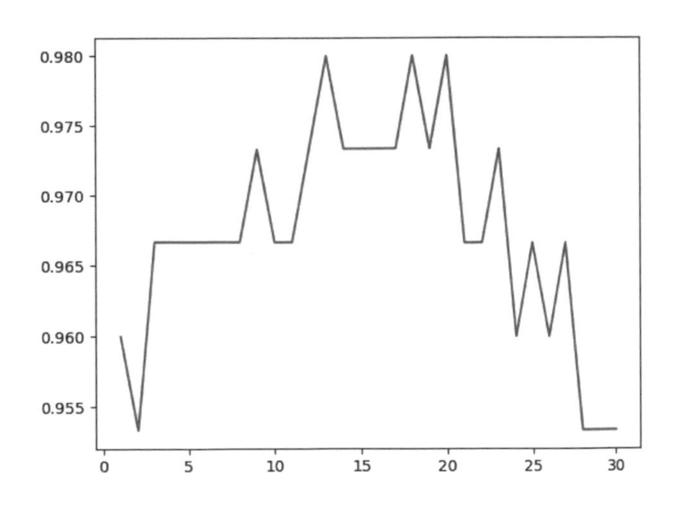

從上述圖例可以看出 K 值在 12~18 之間最好，超過 18 準確度就會開始下降。

16-3 K-means 演算法

分群和分類的差異在於：分類是在已知資料集分類的情況下，替新東西進行分類，分群是在根本不知資料集分類的情況下，直接使用特徵來進行分類，K-means 就是機器學習常用的一種分群演算法。

16-3-1 認識 K-means 演算法

K-means 分群（K-means Clustering）也稱為 K 平均數分群，因為並不用知道資料集分類的情況下，即可進行分群，這是一種非監督式學習（Unsupervised Learning）。

☆ K-means 演算法的基本步驟

K-means 分群的作法是先找出 K 個群組的重心（Centroid），資料集就以距離最近重心來分成群組後，重新計算群組的新重心後，再分群一次，反覆操作來完成分群，其步驟如下所示：

Step 1 依資料集數決定適當的 K 個重心，例如：2 個。

Step 2 一開始的重心是隨機決定，接著計算資料集和重心的距離（公式和 K 鄰近演算法相同），然後以距離最近重心的資料來分成群組，如右圖所示：

重心1

重心2

Step 3 重新計算群組資料集各特徵的算術平均數作為新的重心，如右圖所示：

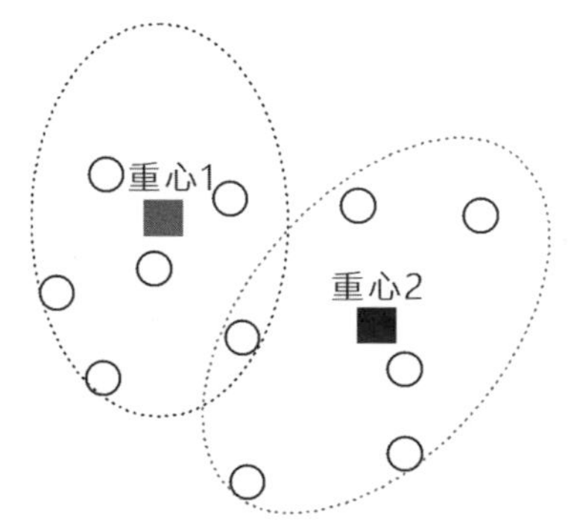

Step 4 再次計算資料集和重心的距離，然後以距離最近重心來分成群組，如右圖所示：

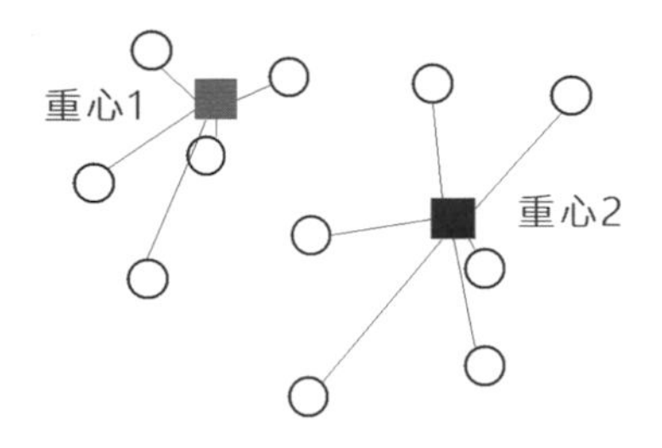

Step 5 重複操作 Step 3~4 直到重心和群組不再改變為止。

☆ 使用 K-means 演算法依據體重和身長來分群：ch16-3-1.py

有一間動物園收集到 14 隻動物的體重和身長資料，如下表所示：

身長	51	46	51	45	51	50	33	38	37	33	33	21	23	24
體重	10.2	8.8	8.1	7.7	9.8	7.2	4.8	4.6	3.5	3.3	4.3	2.0	1.0	2.0

在 K 值 3 的情況下，請使用 K-means 演算法替 14 隻動物進行分群，如下所示：

```
import pandas as pd
import numpy as np
from sklearn import cluster
import matplotlib.pyplot as plt

df = pd.DataFrame({
   "length": [51, 46, 51, 45, 51, 50, 33,
              38, 37, 33, 33, 21, 23, 24],
   "weight": [10.2, 8.8, 8.1, 7.7, 9.8, 7.2, 4.8,
              4.6, 3.5, 3.3, 4.3, 2.0, 1.0, 2.0]
})
k = 3
```

上述程式碼匯入相關套件後，建立 14 隻動物體重和身長資料的 DataFrame 物件，並且指定 K 值是 3。然後在下方建立 K-means 模型，如下所示：

```
kmeans = cluster.KMeans(n_clusters=k, random_state=12)
kmeans.fit(df)
print(kmeans.labels_)
```

上述程式碼建立 KMeans 物件，參數 n_clusters 是 K 值，random_state 是亂數種子，然後呼叫 fit() 函數訓練模型，在完成後顯示 labels_ 屬性的分群結果，其執行結果如下所示：

```
[1 1 1 1 1 1 2 2 2 2 2 0 0 0]
```

接著，我們使用散佈圖來視覺化分群的結果，如下所示：

```
colmap = np.array(["r", "g", "y"])
plt.scatter(df["length"], df["weight"], color=colmap[kmeans.labels_])
plt.show()
```

上述程式碼的 colmap 是三種點的色彩，scatter() 函數的 color 參數依據分群結果顯示不同的點色彩，其執行結果如下圖所示：

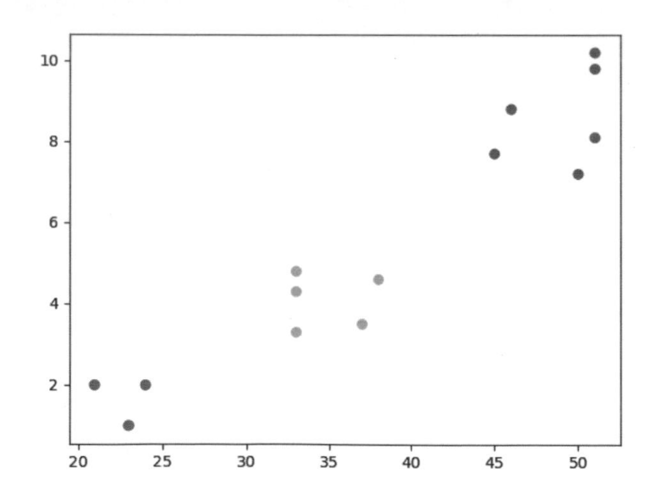

上述散佈圖可以明顯分辨出紅、黃和綠三種不同色彩點的群組，這就是 K-means 演算法的分群結果，事實上，K-means 就是在分類，只是並不知道各群組是哪一類動物。

16-3-2 使用 K-means 演算法分群鳶尾花

在第 16-2-2 節是使用 K 鄰近演算法來分類鳶尾花，和使用散佈圖來資料視覺化顯示鳶尾花資料集，這一節準備改用 K-means 演算法來分群鳶尾花，這也是在分類鳶尾花。

☆ 建立 K-means 模型分群鳶尾花：ch16-3-2.py

K-means 因為是非監督式學習，Python 程式不需要答案的標籤，只需訓練資料集 X 即可，如下所示：

```
import pandas as pd
import numpy as np
from sklearn import datasets
from sklearn import cluster
import matplotlib.pyplot as plt
plt.rcParams['font.sans-serif'] = ['Microsoft JhengHei']
plt.rcParams['axes.unicode_minus'] = False

iris = datasets.load_iris()

X = pd.DataFrame(iris.data, columns=iris.feature_names)
X.columns = ["sepal_length","sepal_width","petal_length","petal_width"]
y = iris.target
k = 3
```

上述程式碼載入相關套件後，建立 DataFrame 物件 X，這是訓練資料集，變數 y 的目的只是用來驗證分類結果，變數 k 就是 K 值。然後在下方建立 K-means 模型，如下所示：

```
kmeans = cluster.KMeans(n_clusters=k , random_state=12)
kmeans.fit(X)
print(kmeans.labels_)
print(y)
```

上述程式碼建立 KMeans 物件，參數依序是 K 值和亂數種子（指定亂數種子是為了讓每一次的執行結果都相同），然後呼叫 fit() 函數訓練模型，參數只有 X，完成後分別顯示 K-means 分類結果的 labels_ 和真實分類的變數 y，其執行結果如下所示：

```
[1 1 1 1 1 1 1 1 1 1 1 1 1 1 1 1 1 1 1 1 1 1 1 1 1 1 1 1 1 1 1 1 1 1 1 1 1
 1 1 1 1 1 1 1 1 1 1 1 1 1 2 2 0 2 2 2 2 2 2 2 2 2 2 2 2 2 2 2 2 2 2 2 2 2
 2 2 2 0 2 2 2 2 2 2 2 2 2 2 2 2 2 2 2 2 2 2 2 2 2 2 0 2 0 0 0 0 2 0 0 0 0
 0 0 2 2 0 0 0 0 2 0 2 0 2 0 0 2 2 0 0 0 0 0 2 0 0 0 0 2 0 0 0 2 0 0 0 2 0
 0 2]
[0 0 0 0 0 0 0 0 0 0 0 0 0 0 0 0 0 0 0 0 0 0 0 0 0 0 0 0 0 0 0 0 0 0 0 0 0
 0 0 0 0 0 0 0 0 0 0 0 0 0 1 1 1 1 1 1 1 1 1 1 1 1 1 1 1 1 1 1 1 1 1 1 1 1
 1 1 1 1 1 1 1 1 1 1 1 1 1 1 1 1 1 1 1 1 1 1 1 1 1 1 2 2 2 2 2 2 2 2 2 2 2
 2 2 2 2 2 2 2 2 2 2 2 2 2 2 2 2 2 2 2 2 2 2 2 2 2 2 2 2 2 2 2 2 2 2 2 2 2
 2 2]
```

上述執行結果可以看出是分群成 0、1 和 2，不過因為沒有答案，標籤名稱並不一致，我們準備使用視覺化方式的散佈圖來呈現，如下所示：

```
colmap = np.array(["r", "g", "y"])
plt.figure(figsize=(10,5))
plt.subplot(1, 2, 1)
plt.subplots_adjust(hspace = .5)
plt.scatter(X["petal_length"], X["petal_width"],
            color=colmap[y])
plt.xlabel("花瓣長度(Petal Length)")
plt.ylabel("花瓣寬度(Petal Width)")
plt.title("真實分類(Real Classification)")
plt.subplot(1, 2, 2)
plt.scatter(X["petal_length"], X["petal_width"],
            color=colmap[kmeans.labels_])
plt.xlabel("花瓣長度(Petal Length)")
plt.ylabel("花瓣寬度(Petal Width)")
plt.title("K-means 分類(K-means Classification)")
plt.show()
```

上述程式碼繪出 2 張花瓣（Petal）尺寸長和寬的子圖，下方左圖是真實分類；下方右圖是 K-means 分類，如下圖所示：

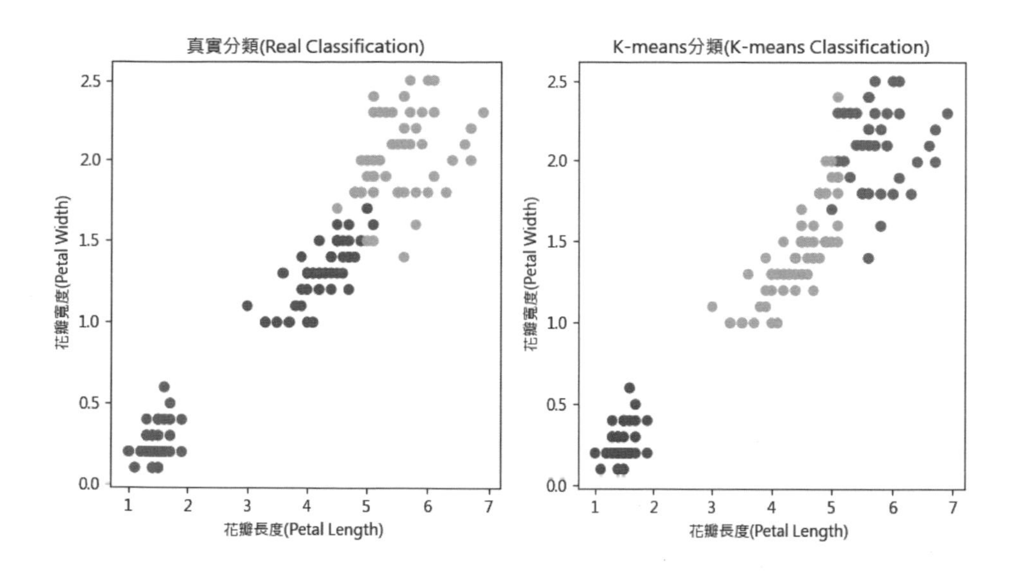

上述 2 張子圖的花瓣尺寸都是分成三類，但是色彩標示有誤，並不相同，現在，你應該了解，為什麼之前執行結果的比較，分類都是 0、1 和 2，但排列順序並不相同。

☆ 修正分群標籤錯誤重繪散佈圖：ch16-3-2a.py

因為 K-means 分群演算法並沒有標籤，所以分類結果的標籤並不對，Python 程式準備修正分群標籤的錯誤後，重新繪製散佈圖，如下所示：

```
...
kmeans = cluster.KMeans(n_clusters=k, random_state=12)
kmeans.fit(X)
print("K-means 分類(K-means Classification):")
print(kmeans.labels_)
# 修正標籤錯誤
pred_y = np.choose(kmeans.labels_, [2,0,1]).astype(np.int64)
print("K-means 修正分類(K-means Fix Classification):")
print(pred_y)
print("真實分類(Real Classification):")
print(y)
```

上述程式碼在顯示 K-means 分類後，使用 NumPy 的 choose() 函數來更改值的對應，如下所示：

```
pred_y = np.choose(kmeans.labels_, [2,0,1]).astype(np.int64)
```

上述 choose() 函數的第 1 個參數是欲修改的資料，第 2 個參數是修正對應的串列，如下所示：

```
[0, 1, 2] → [2, 0, 1]
```

上述對應是將原來順序 0、1、2，對應成 1、0、2，即值 0 改成 1；值 1 改成 0，值 2 不變，最後修改型態成為 np.int64，其執行結果顯示 K-means 分類、修正後的 K-means 分類和真實分類，如下所示：

```
K-means 分類 (K-means Classification):
[1 1 1 1 1 1 1 1 1 1 1 1 1 1 1 1 1 1 1 1 1 1 1 1 1 1 1 1 1 1 1 1 1 1 1 1 1
 1 1 1 1 1 1 1 1 1 1 1 1 1 2 2 0 2 2 2 2 2 2 2 2 2 2 2 2 2 2 2 2 2 2 2 2 2
 2 2 2 0 2 2 2 2 2 2 2 2 2 2 2 2 2 2 2 2 2 2 2 2 2 2 0 2 0 0 0 0 2 0 0 0 0
 0 0 2 2 0 0 0 0 2 0 2 0 2 0 0 2 2 0 0 0 0 0 2 0 0 0 0 2 0 0 0 2 0 0 0 2 0
 0 2]
K-means 修正分類 (K-means Fix Classification):
[0 0 0 0 0 0 0 0 0 0 0 0 0 0 0 0 0 0 0 0 0 0 0 0 0 0 0 0 0 0 0 0 0 0 0 0 0
 0 0 0 0 0 0 0 0 0 0 0 0 0 1 1 2 1 1 1 1 1 1 1 1 1 1 1 1 1 1 1 1 1 1 1 1 1
 1 1 1 2 1 1 1 1 1 1 1 1 1 1 1 1 1 1 1 1 1 1 1 1 1 1 2 1 2 2 2 2 1 2 2 2 2
 2 2 1 1 2 2 2 2 1 2 1 2 1 2 2 1 1 2 2 2 2 2 1 2 2 2 2 1 2 2 2 1 2 2 2 1 2
 2 1]
真實分類 (Real Classification):
[0 0 0 0 0 0 0 0 0 0 0 0 0 0 0 0 0 0 0 0 0 0 0 0 0 0 0 0 0 0 0 0 0 0 0 0 0
 0 0 0 0 0 0 0 0 0 0 0 0 0 1 1 1 1 1 1 1 1 1 1 1 1 1 1 1 1 1 1 1 1 1 1 1 1
 1 1 1 1 1 1 1 1 1 1 1 1 1 1 1 1 1 1 1 1 1 1 1 1 1 1 2 2 2 2 2 2 2 2 2 2 2
 2 2 2 2 2 2 2 2 2 2 2 2 2 2 2 2 2 2 2 2 2 2 2 2 2 2 2 2 2 2 2 2 2 2 2 2 2
 2 2]
```

上述執行結果可以看到最後 2 個分類值十分接近，現在，我們就可以使用散佈圖來顯示分類結果，如下所示：

```
colmap = np.array(["r", "g", "y"])
plt.figure(figsize=(10,5))
plt.subplot(1, 2, 1)
plt.subplots_adjust(hspace = .5)
plt.scatter(X["petal_length"], X["petal_width"],
            color=colmap[y])
plt.xlabel("花瓣長度(Petal Length)")
plt.ylabel("花瓣寬度(Petal Width)")
plt.title("真實分類(Real Classification)")
plt.subplot(1, 2, 2)
plt.scatter(X["petal_length"], X["petal_width"],
            color=colmap[pred_y])
plt.xlabel("花瓣長度(Petal Length)")
plt.ylabel("花瓣寬度(Petal Width)")
plt.title("K-means 分類(K-means Classification)")
plt.show()
```

上述程式碼和 ch16-3-2.py 的最後只差第 2 個子圖的 color 屬性是使用 pred_y，而不是 kmeans.labels_，其執行結果可以看出色彩分類十分相似，如下圖所示：

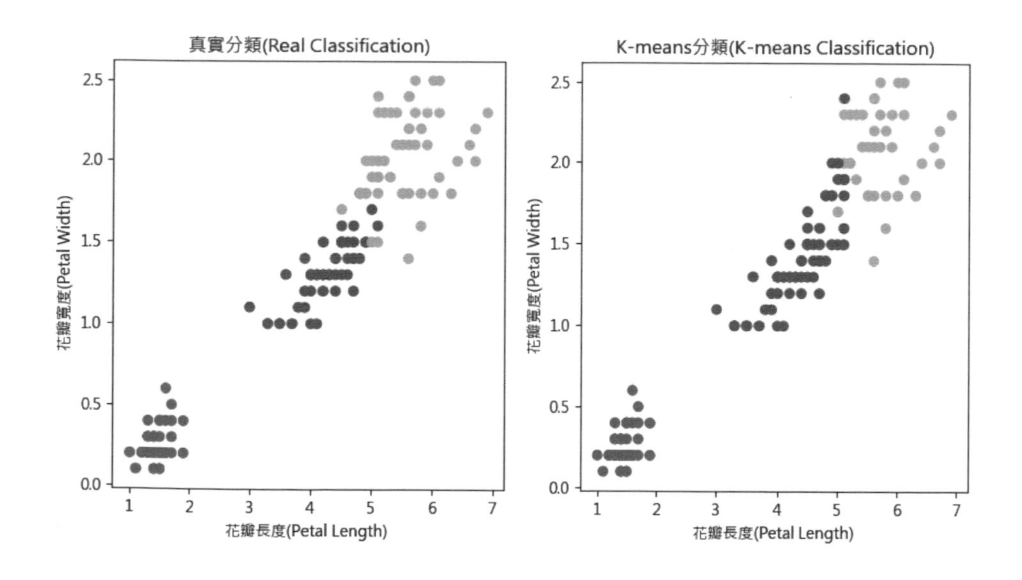

☆K-means 模型的績效測量：ch16-3-2b.py

在完成分群標籤的修正後，就可以計算 K-means 模型的績效，Python 程式是使用 Scikit-learn 套件的 metrics 物件執行模型績效測量，如下所示：

```
import sklearn.metrics as sm
```

上述程式碼匯入 metrics 物件後，使用準確度（Accuracy）和混淆矩陣（Confusion Matrix，見下頁）來進行模型的績效測量。首先計算模型的準確度，如下所示：

```
…
kmeans = cluster.KMeans(n_clusters=k, random_state=12)
kmeans.fit(X)
# 修正標籤錯誤
pred_y = np.choose(kmeans.labels_, [1,0,2]).astype(np.int64)
# 績效矩陣
print(sm.accuracy_score(y, pred_y))
```

上述程式碼在修正標籤錯誤後，呼叫 accuracy_score() 函數計算準確度，第 1 個參數是真實的分類值，第 2 個是模型的分類值，其執行結果如下所示：

```
0.8933333333333333
```

上述執行結果可以看到準確度約 89%。如果需要詳細研究準確度是如何計算出，需要使用混淆矩陣，如下所示：

```
# 混淆矩陣
print(sm.confusion_matrix(y, pred_y))
```

上述 confusion_matrix() 函數可以產生混淆矩陣，其執行結果如下所示：

```
[[50  0  0]
 [ 0 48  2]
 [ 0 14 36]]
```

上述執行結果顯示的是混淆矩陣值，筆者加上欄位說明來重新建立此混淆矩陣，如下圖所示：

預測分類 \ 真實分類	0	1	2
0	50	0	0
1	0	48	2
2	0	14	36

上述混淆矩陣的列是預測的分類值 0~2；欄是真實的分類值 0~2，可以顯示分類結果的摘要資訊，如下所示：

◆ 第 1 列：預測值是 0；真實值也是 0 的有 50，100% 正確分類。

◆ 第 2 列：預測值是 1；真實值也是 1 的有 48，但是有 2 個錯誤，應該是 1 的被分類成 2。

◆ 第 3 列：預測值是 2；真實值也是 2 的有 36，但是有 14 個錯誤，應該是 2 的被分類成 1。

★ 學習評量 ★

1. 請說明什麼是樹狀結構和決策樹？
2. 請舉例說明如何使用決策樹進行分類？
3. 請簡單說明 K 鄰近演算法？其步驟為何？
4. 請問什麼是 K-fold 交叉驗證？如何進行 K 值最佳化？
5. 本章的決策樹和 K 鄰近演算法都是分類問題，這和第 15 章的 Logistic 迴歸有何差異？
6. 請簡單說明 K-means 演算法？其步驟為何？
7. 請比較 K 鄰近演算法和 K-means 演算法？
8. 在第 16-3-1 節有 14 隻動物的體重和身長資料，如果體重 40 以上是狗；30~40 是貓；20~30 是兔，請改用 K 鄰近演算法來預測動物是狗、貓或兔。

電子書

CHAPTER

17

深度學習神經網路實作案例

電子書

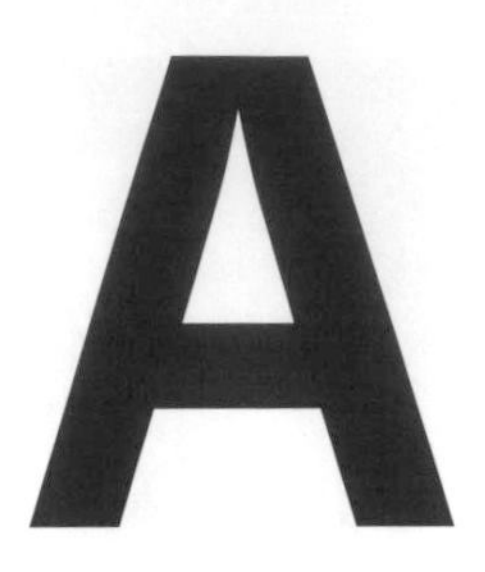

HTML 網頁結構與 CSS

電子書

APPENDIX

B

Python 文字檔案存取與字串處理

電子書

APPENDIX

C

安裝與使用 MySQL 與 MongoDB 資料庫